2023–2024
NEW EDITION

팔로우 다낭·호이안·후에

팔로우 다낭·호이안·후에

1판 1쇄 인쇄 2023년 4월 25일
1판 1쇄 발행 2023년 5월 2일

지은이 | 박진주
발행인 | 홍영태
발행처 | 트래블라이크
등 록 | 제2020-000176호(2020년 6월 24일)
주 소 | 03991 서울시 마포구 월드컵북로6길 3 이노베이스빌딩 7층
전 화 | (02)338-9449
팩 스 | (02)338-6543
대표메일 | bb@businessbooks.co.kr
홈페이지 | http://www.businessbooks.co.kr
블로그 | http://blog.naver.com/travelike1
ISBN 979-11-982694-1-6 14980
979-11-982694-0-9 14980(세트)

* 잘못된 책은 구입하신 서점에서 바꾸어 드립니다.
* 책값은 뒤표지에 있습니다.
* 트래블라이크는 ㈜비즈니스북스의 임프린트입니다.
* 비즈니스북스에 대한 더 많은 정보가 필요하신 분은 홈페이지를 방문해 주시기 바랍니다.

비즈니스북스는 독자 여러분의 소중한 아이디어와 원고 투고를 기다리고 있습니다.
원고가 있으신 분은 ms3@businessbooks.co.kr로 간단한 개요와 취지, 연락처 등을 보내 주세요.

박진주 지음

Travelike

1권 최강의 플랜북

BUCKET LIST

다낭 · 호이안 · 후에 여행 버킷 리스트

PLANNING 1

꼭 알아야 하는 다낭 · 호이안 · 후에 여행 기본 정보

PLANNING 2

다낭 · 호이안 · 후에 추천 일정과 예산

PLANNING 3

떠나기 전에 반드시 준비해야 할 것

SUMMARY

가장 많이 검색하는 다낭 · 호이안 · 후에 여행에 관한 질문

실전 가이드북

2권 실전 가이드북에는 공항과 시내를 이동하는 방법부터
추천 코스, 관광 명소, 맛집, 즐길거리, 쇼핑과 마사지 등
현지에서 바로 보고 사용 가능한 실전 여행법이
가득 소개되어 있어요!

최강의 계획을 세우고 팔로우와 함께 여행을 완성하세요!

1권 최강의 플랜북 이렇게 사용하세요

01 • 내 취향에 딱 맞는 여행법

명소Attraction, 체험Experience, 먹거리Eat &Drink, 쇼핑Shopping, 숙소Sleeping 등 다섯 가지 테마로 나누어 다낭 · 호이안 · 후에에서 꼭 해봐야 할 것과 새로운 경험이 가능한 여행법을 제안합니다.

02 • 여행에 필요한 베트남 국가 정보

다낭 · 호이안 · 후에의 지역 특징과 베트남 기초 정보, 날씨와 베스트 시즌, 문화, 역사 등 꼭 알아야 하는 국가 정보를 알려줍니다. 흥미로운 구성과 이해하기 쉬운 내용으로 읽는 재미를 더합니다.

03 • 상세한 여행 일정과 예산 가이드

여행 기간별, 테마별, 동행자별로 효율적인 추천 여행 일정을 제안합니다. 일정마다 도시 간 주요 이동 수단과 사전 예약 필수 사항, 1인 여행 경비, 여행 팁 등을 상세하게 짚어줍니다.

04 • 여행 필수 준비사항 체크 리스트

여행을 떠나기 전에 반드시 준비해야 할 체크 리스트를 제시합니다. 온라인 예약이 필요한 경우 홈페이지 또는 모바일 앱 예약 방법을 단계별로 설명해 초보 여행자도 쉽게 따라할 수 있습니다.

05 • 여행 전문가의 궁금증 해결

초보 여행자가 낯선 여행지에 대해 궁금해 할 만한 질문을 엄선해 여행 전문가가 친절하게 답변합니다. 예산, 환전, 날씨, 교통, 음식, 문화 등 세세한 궁금증을 낱낱이 해결할 수 있습니다.

06 • 친절한 베트남어 표기 기준

베트남어의 한글 표기는 국립국어원 외래어 표기법을 최대한 따랐습니다. 단, 우리에게 잘 알려진 관광지, 음식명 등의 일부 명칭은 국내에서 통용되는 발음으로 표기했습니다.

책에 수록된 정보는 2023년 4월 초까지 수집한 정보를 기준으로 하며, 이후 변동될 가능성이 있습니다. 특히 현지 교통편, 관광 명소, 상업 시설의 운영 시간과 요금 등은 현지 사정에 따라 수시로 바뀔 수 있으니 여행을 떠나기 전에 다시 한 번 확인해야 합니다. 도서를 이용하면서 잘못된 내용이나 개선할 점에 대한 의견을 보내주시면 개정판에 반영해 보다 나은 정보를 제공할 수 있도록 노력하겠습니다.

편집부 ms3@businessbooks.co.kr

다양한 지역을 취재하며 책을 만들었지만 나에게 베트남, 특히 다낭은 남다른 애정과 추억이 있는 곳이다. 일과 삶 속에서 지칠 때면 자주 찾았기에 다낭은 나에게 늘 좋은 기억으로만 남아 있다.

우리 돈 10만 원 남짓이면 야자수 가득한 열대의 이국적인 리조트에서 호사를 누릴 수 있고, 1만 원으로 시원한 마사지를 받으며 스트레스를 다 날려버릴 수도 있다. 워낙 저렴한 물가 덕분에 시장이나 마트에서 카트에 쓸어 담는 쇼핑의 즐거움도 느낄 수 있다. 현지인 사이를 비집고 들어가 엉덩이를 겨우 붙일 정도로 작은 플라스틱 의자에 앉아 먹는 단돈 1,000원짜리 쌀국수의 맛도 기가 막히다. 더위에 지쳐서 정신이 혼미해질 때 먹는 달콤 시원한 코코넛 커피의 짜릿함과 물만큼 저렴한 맥주를 종류별로 마셔보는 재미까지 느낄 수 있다.

베트남 중부를 대표하는 도시 다낭의 매력을 비롯해 과거로 시간 여행을 떠날 수 있는 이국적인 호이안, 전통과 역사가 흐르는 베트남의 옛 수도 후에까지. 여행자들이 조금 더 쉽고 재미있게 여행을 즐길 수 있길 바라는 마음으로 열심히 책을 만들었다.

이 책과 함께 두 발로 구석구석 여행하며 진짜 다낭의 매력을 발견할 수 있는 여행이 되기를, 그래서 내가 느낀 사랑스러운 다낭을 다른 여행자들도 경험하기를 바란다.

덧붙여 멋진 책이 나올 수 있도록 많은 수고를 해주신 편집부와 디자이너에게 감사의 마음을 전한다.

박진주 여행작가

일찌감치 동남아의 묘한 매력에 빠져 골목골목 누비고 다녔다. 짧게 가는 여행에 목마름만 더 해져서 하던 일을 그만두고 본격적으로 여행을 다니기 시작했고 이제 좋아하는 여행을 업으로 삼는 행운까지 얻게 되었다. 여행과 사진을 사랑해 현재는 해외 곳곳을 발로 뛰며 사진을 찍고 글을 쓰고 있다. 여행지에서 맞는 아침, 낯선 골목길 탐험, 뜨거운 태양 아래서 마시는 시원한 맥주 한잔이 그를 가장 행복하게 한다고. 'No Travel, No Life!'를 외치며 오늘도 열심히 여행 계획 중이다. 저서로는 《저스트고 타이완》, 《시크릿 발리》, 《시크릿 타이베이》, 《50만원 해외여행 베스트 코스북》, 《프렌즈 싱가포르》, 《7박8일 이스탄불》, 《지금, 홍콩》, 《서울, 단골가게》, 《말레이시아 100배 즐기기》, 《필리핀 100배 즐기기》 등이 있다.

이 정도는 알고 가자!

다낭·호이안·후에 여행 레벨 업 QUIZ

Q1 다음 설명에 해당하는 해변의 이름은 무엇일까요? 힌트 ▶P.020

다낭에서 가장 유명한 해변으로 북쪽 선짜반도에서 시작해 남쪽의 호이안 방향으로 10km나 이어진다. 미국 경제 전문지 《포브스》에서 세계 6대 해변으로 선정되기도 했다. 파도가 높은 10~2월에는 서핑을 즐기러 서퍼들이 모여들기도 한다.

① 미케 비치　② 안방 비치
③ 끄어다이 비치　④ 논느억 비치

Q2 제시어를 보고 연상되는 도시 이름을 낱말 속에서 찾아보세요(3글자). 힌트 ▶P.028

#노란 벽 #등불 #고가 #유네스코 세계문화유산

다	노	찌	냐
에	호	네	후
안	하	민	이
짱	낭	퐁	무

Q3 다음 중 베트남 대표 요리의 사진과 이름이 잘못 짝지어진 것은? 힌트 ▶P.062

① 짜조

② 퍼

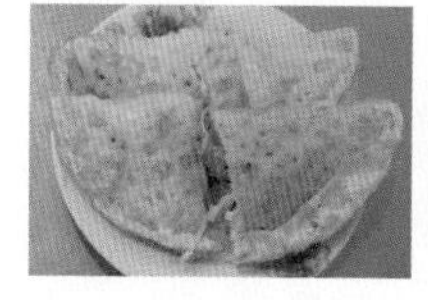

③ 반미

④ 분보남보

Q4 다음 중 대표적인 베트남 커피 메뉴에서 주로 사용되는 재료가 아닌 것은? 힌트 ▶P.090

① 달걀　② 후추
③ 연유　④ 코코넛밀크

Q5 다음 사진 속 여성이 입은 베트남 전통 의상의 이름은 무엇일까요? 힌트 ▶P.100

ⓞⓞⓩⓞ

정답 확인 1. ① 2. 호이안 3. ③ 4. ② 5. 아오자이

Da Nang · Hoi An · Hue Preview
다낭 · 호이안 · 후에 여행 미리 보기

여행 기간

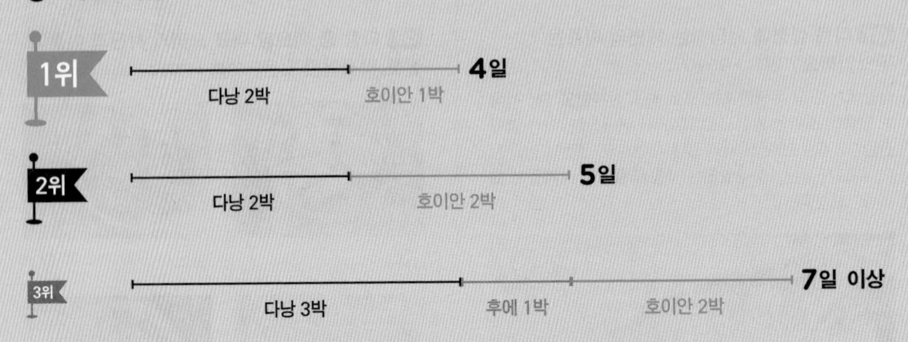

여행 시기 ※2~8월 건기, 9~1월 우기

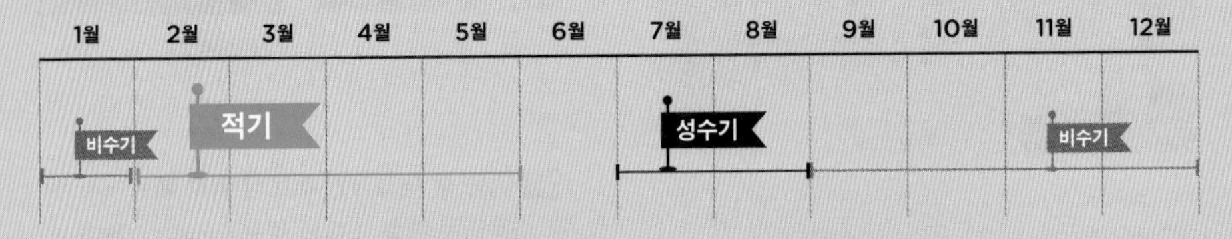

1인 여행 경비 ※여행 기간 3박 4일 기준, 항공료 · 숙박비(중급), 식비, 입장료, 교통비 포함

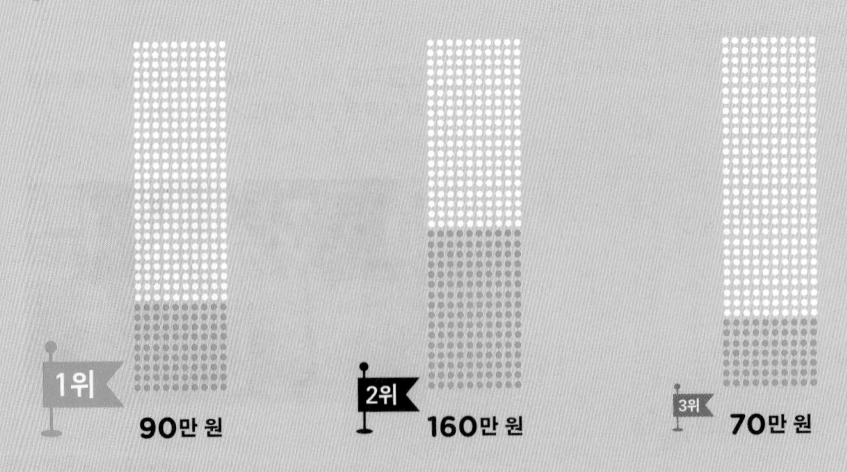

여행 메이트

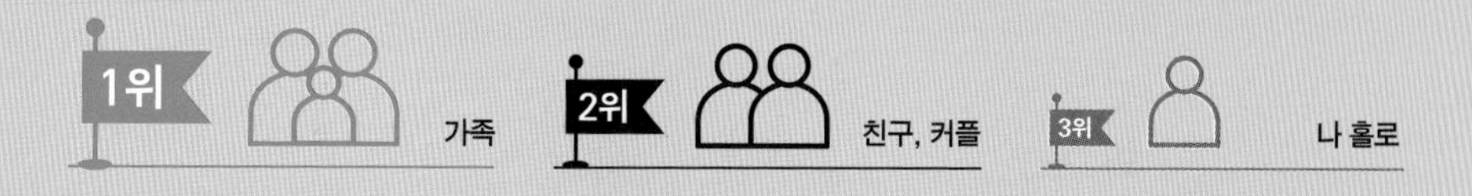

인기 관광 명소

가장 많이 이용하는 교통수단

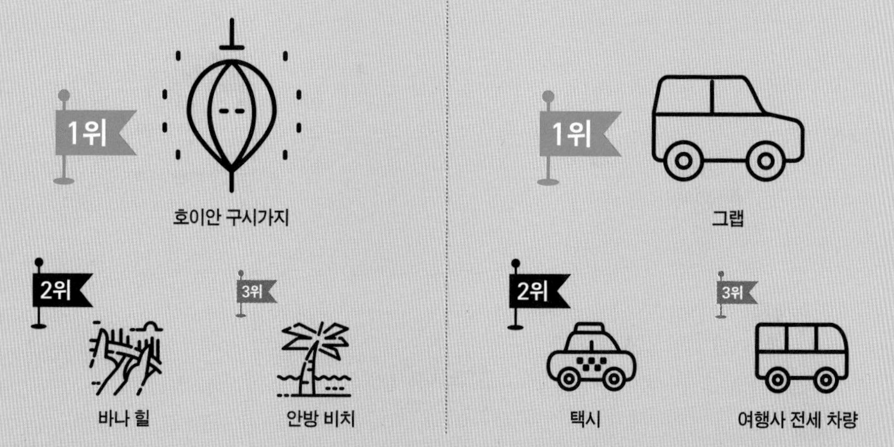

가장 많이 이용하는 숙소 유형

중국
China
하노이
Hanoi
하이퐁
Hai Phong
라오스
Laos
하이난
Hainan
비엔티안
Vientiane
베트남
Vietnam
후에
Hue
P. 13
다낭
Da Nang
호이안
Hoi An
태국
Thailand
방콕
Bang Kok
캄보디아
Cambodia
나트랑(냐짱)
Nha Trang
달랏
Da Lat
프놈펜
Phnom Penh
호찌민
Ho Chi Minh City

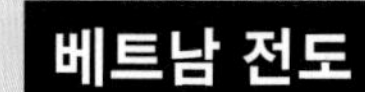
베트남 전도

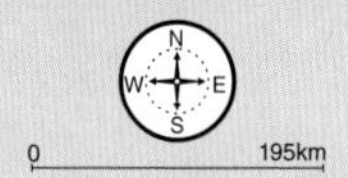
N
W
E
S
0
195km

홍콩
Hong Kong

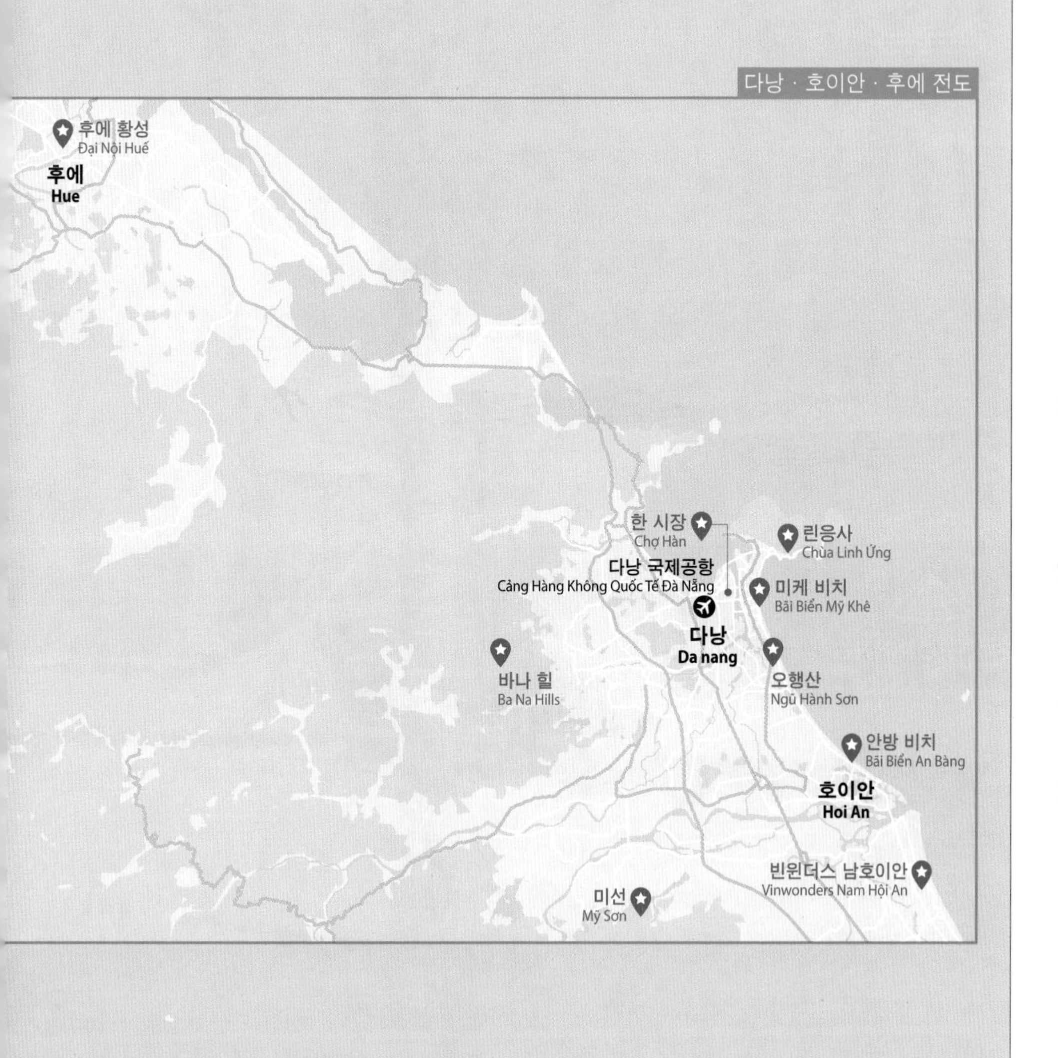
다낭 · 호이안 · 후에 전도
후에 황성
Đại Nội Huế
후에
Hue
한 시장
Chợ Hàn
린응사
Chùa Linh Ứng
다낭 국제공항
Cảng Hàng Không Quốc Tế Đà Nẵng
미케 비치
Bãi Biển Mỹ Khê
다낭
Da nang
바나 힐
Ba Na Hills
오행산
Ngũ Hành Sơn
안방 비치
Bãi Biển An Bàng
호이안
Hoi An
빈원더스 남호이안
Vinwonders Nam Hội An
미선
Mỹ Sơn

ATTRACTION
EXPERIENCE
EAT & DRINK
SHOPPING
SLEEPING

Bucket List
다낭 · 호이안 · 후에
여행 버킷 리스트

시간이 멈춘 도시 호이안 산책하기

Bucket List in
Da Nang·Hoi An·Hue

도전! 미케 비치에서 생애 첫 서핑 배우기

대표 명소에서 인생 사진 찍어 보기

베트남 커피로 카페인 충전하기

다낭의 밤 나들이 명소 알차게 즐기기

다낭 최고의 해변에서 몸과 마음 힐링하기

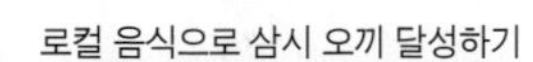

로컬 음식으로 삼시 오끼 달성하기

ATTRACTION

☑ BUCKET LIST 01

잔잔한 파도 소리 들으며

다낭 최고의 해변에서 몸과 마음 힐링하기

다낭에서 호이안까지 약 40km에 달하는 긴 해변은 이곳이 전 세계적으로 사랑받는 휴양지가 된 이유이기도 하다. 푸른 바다를 따라 이어지는 해변은 하나처럼 보이지만 각기 다른 이름과 매력을 지닌다. 고운 모래사장이 끝없이 펼쳐지는 미케 비치, 활기 넘치는 젊은 여행자들의 성지인 안방 비치, 깨끗하고 고요한 논느억 비치, 현지인의 휴양을 경험할 수 있는 끄어다이 비치 등 그날의 기분에 맞는 곳으로 방문하면 해변에서의 휴식이 더욱 달콤해진다.

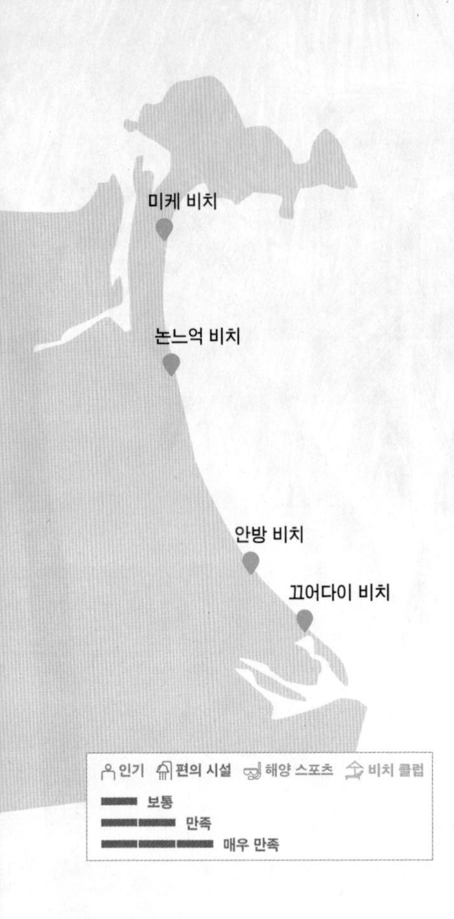

미케 비치

My Khe Beach

▶ 2권 P.046

다낭 최고의 해변

다낭 북쪽 선짜반도에서 시작해 남쪽의 호이안 방향으로 10km가량 이어지는 긴 해변으로 다낭에서 가장 유명하다. 베트남 전쟁 당시 다낭에 주둔했던 미군의 휴양지였으며 군사 작전 코드명에서 따와 T20 비치Beach T20라 불리기도 했다. 긴 해변을 따라 곳곳에 간단한 음료와 스낵을 파는 곳, 선베드 대여소, 샤워 시설 등이 있고 가격도 정찰제로 운영해 부담 없이 이용하기 좋다. 끝없이 펼쳐지는 바다와 고운 모래사장이 그림 같은 풍경을 만들어 내고 수많은 사람들의 발길이 365일 이어진다. 미국 경제 전문지인 《포브스》에서 세계 6대 해변으로 선정되기도 하였다. 맑은 날이면 북쪽으로 린응사의 해수관음상이 보이며 긴 해안선을 따라 병풍처럼 늘어선 호텔들은 멋진 전망을 자랑한다. 저렴한 가격에 선베드를 빌려 하루 종일 망중한을 즐길 수 있어 외국인과 현지인, 남녀노소 할 것 없이 즐기는 만인의 해변이다. 또한 파도가 높은 10~2월에는 서핑을 즐기러 서퍼들이 모여들기도 한다.

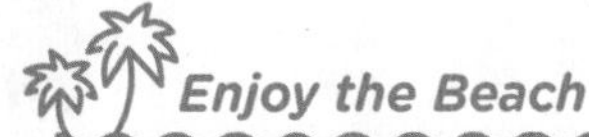

보통
만족
매우 만족

Enjoy the Beach

서핑하며 거친 파도타기

서핑에 관심이 있다면 미케 비치에서 도전해 보자. 서핑 스쿨도 여럿 있고 파도도 적당해 초보자가 쉽게 배우기 좋다. 비교적 너무 덥지 않은 오전에 주로 서핑 강습이 진행되며 바다에서 색다른 체험을 하고 싶은 이들에게 추천한다. ※서핑 정보 P.042

가슴이 탁 트이는 루프톱 바 즐기기

미케 비치 해안선을 따라 고층 호텔이 이어진 덕분에 멋진 비치 뷰를 볼 수 있는 루프톱 바도 많다. 낮에 가면 눈이 시리도록 푸른 바다 풍경을, 해 질 무렵이면 낭만적인 분위기로 물드는 미케 비치를 감상할 수 있다.

선베드에서 느긋하게 시간 보내기

미케 비치에 숙소를 잡지 않더라도 해변 곳곳에 샤워 시설(1회 5,000동)과 선베드(1일 4만 동)를 제공하는 업소가 많고 가격도 정찰제라 이용이 편리하다. 맥주와 음료 등도 함께 팔고 있으니 선베드에 누워 느긋한 시간을 보내자.

일찍 일어나 일출 맞이하기

미케 비치는 동쪽에 위치해 멋진 일출을 볼 수 있는 명소로도 통한다. 특히 숙소가 미케 비치 바로 앞이라면 조금 일찍 일어나서 창 너머로 황홀한 일출을 감상해 보자. 가벼운 차림으로 해변에 나와 아침 햇살을 받으며 모래사장을 산책해도 좋다.

안방 비치

An Bang Beach

▶▶ 2권 P.114

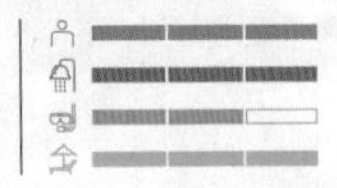

반나절 비치 트립으로 딱!

다낭에서 호이안으로 이어지는 긴 해변에서 가장 활기 넘치는 핫한 장소가 바로 안방 비치다. 다른 해변에 비해 눈에 띄는 점은 바다를 코앞에 둔 비치 프런트 레스토랑이 줄줄이 이어진다는 점이다. 모래사장에는 선베드와 파라솔이 가득한데 레스토랑에서 음료나 식사를 주문하면 얼마든지 무료로 이용할 수 있어 반나절 비치 트립으로 인기 있다. SNS에서 인기 있는 맛집도 많아 특히 젊은 층의 여행자 사이에서 힙한 비치로 통한다. 하루 종일 느긋하게 선베드에 누워 먹고 마시며 즐길 수 있으니 바다를 좋아하는 이들에게는 최고의 해변이다.

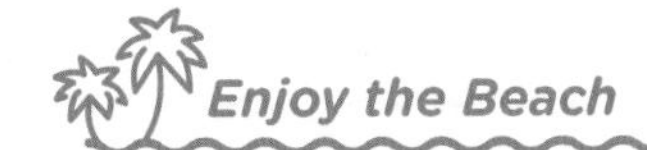

해양 스포츠 만끽하기

안방 비치에서는 제트 스키, 패러세일링과 같은 해양 스포츠도 즐길 수 있으니 색다른 체험을 하고 싶다면 도전해 보자. 가격도 정찰제라 바가지요금을 걱정하지 않아도 된다.

식사 겸 편의 시설 이용하기

레스토랑에서 식사나 음료를 주문하면 선베드, 방갈로 등을 무료로 이용할 수 있다. 샤워 시설을 갖춘 곳도 많다. 간단한 세면도구나 비치 타월 등은 없으니 챙겨 가는 것이 좋다.

논느억 비치

Non Nuoc Beach

▶▶ 2권 P.047

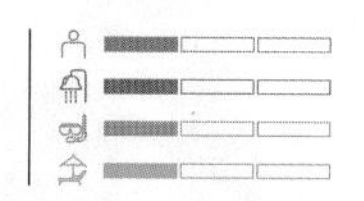

순도 높은 휴양의 시간

진정한 휴양을 원한다면 논느억 비치가 답이다. 다낭에서 호이안으로 가는 방향에 위치하는데 세계적인 브랜드의 대형 리조트들이 이곳을 차지하기 위해 경쟁하듯 몰려 있다. 조용하면서도 깨끗한 모래사장과 높게 솟은 야자수, 파란 바다 풍경이 아름다워 한 박자 느린 여유로운 휴양을 즐기기에 완벽하다. 한적한 바다에서 느긋하게 산책을 하고 싶거나 선베드에 누워 달콤한 게으름을 즐기고 싶은 이들에게 제격이다.

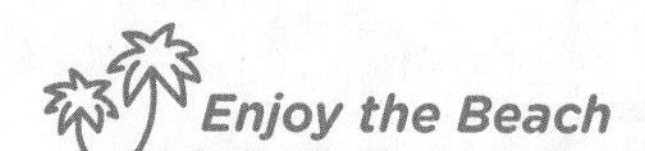

산과 바다 함께 여행하기

다낭 인기 명소인 오행산이 논느억 비치와 가깝다. 오행산과 묶어서 반나절 일정으로 즐기면 알차게 여행할 수 있다.

끄어다이 비치

Cua Dai Beach

▶▶ 2권 P.114

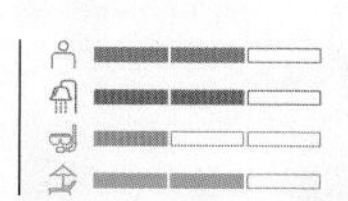

소박함이 매력적인 해변

호이안 가까이에 위치한 해변으로 소박하고 정겨운 분위기가 매력적이다. 푸른 바다와 모래사장, 야자수가 어우러져 열대의 매력이 물씬 풍긴다. 이 일대에는 가성비 좋은 중급 리조트가 많이 모여 있어 가족 단위 여행자나 장기 여행자가 많이 머무른다. 다른 해변에 비해 외국인보다 현지인이 더 많이 찾는 곳이어서 그만큼 주변의 레스토랑, 숙소 등의 물가도 저렴한 편이다. 호이안에서 가장 가까운 바다이기 때문에 바다가 보고 싶을 때 자전거나 오토바이로 이곳까지 달려오는 여행자도 많다.

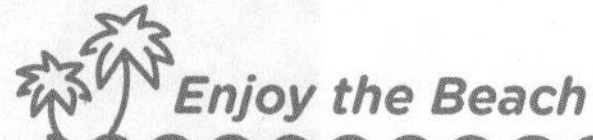

가성비 리조트와 맛집 즐기기

끄어다이 비치 주변은 다른 해변보다 물가가 저렴한 편이다. 가성비 좋은 중급 리조트와 저렴한 식당도 많아 알뜰 여행자에게 제격이다.

ATTRACTION

BUCKET LIST 02

매순간이 화보!

대표 명소에서 인생 사진 찍어 보기

여행의 순간순간을 남길 수 있는 인증 샷 촬영도 놓칠 수 없는 즐거움이다. 다낭, 호이안, 후에 지역에서 반드시 여행 사진으로 남겨야 하는 포토제닉 스폿들과 의외의 숨은 명소, 예쁘게 찍는 촬영 팁을 소개한다.

大德

Best Photogenic Spot

베스트 포토제닉 스폿

다낭 대성당

#핑크 성당 #핑크핑크

핑크빛이 고운 다낭 대성당은 예쁜 컬러와 이국적인 건축미 덕분에 인증 사진 명소로 인기가 높다. 사람이 많으니 제대로 찍으려면 이른 시간에 가자. 성당 뒤쪽으로 가서 찍어도 이색적이다.

다낭의 루프톱

#루프톱 #인생 사진각

다낭 한강이나 미케 비치 주변의 고층 호텔에는 전망 좋은 루프톱이 많다. 해가 완전히 지고 나면 어두워 사진 찍기가 어려우니 해가 지기 전, 오후 5시부터 6시 사이가 가장 좋은 타이밍이다.

리조트의 인피니티 풀

#인피니티 풀 #인생 화보

바다가 펼쳐지는 인피니티 풀은 명불허전 최고의 포토제닉 스폿이다. 루프톱이라면 중앙보다는 모서리에서 포즈를 취하는 게 좋고, 풀 양쪽으로 야자수가 있다면 정중앙에서 찍어야 예쁘다.

바나 힐의 골든 브리지

#블링블링 #왕손 다리

바나 힐에 새롭게 생긴 핫 플레이스로 워낙 인파가 많아 제대로 사진 한 장 찍기 쉽지 않다. 다리 위가 아닌 건너편의 통로 입구에서 골든 브리지를 배경으로 기념사진을 찍을 수 있다.

안방 비치

#호이안 #비치 트립

안방 비치에서는 편안한 카바나, 빈백 등에 기대어 느긋하게 휴가를 즐기는 듯한 느낌으로 찍으면 멋진 사진을 남길 수 있다. 여기에 고운 빛깔의 칵테일이나 과일 주스를 살짝 들어 함께 찍자.

호이안의 건축물

#빈티지 #고가

호이안 구시가지는 빈티지한 노란색을 바탕으로 이국적인 건축물이 이어져 최고의 포토제닉 스폿으로 꼽힌다. 내원교나 오래된 고가를 배경으로 찍으면 호이안 감성이 듬뿍 묻어난다.

호이안의 노란 벽 골목

#컬러풀 #골목길 #화보 맛집

호이안 구시가지의 거리 사이사이에 매혹적인 노란빛 벽의 좁은 골목들이 숨어 있는데 의외로 화보 같은 멋진 사진이 나온다. 인물을 좁은 골목의 중앙에 두고 찍으면 인생 사진을 남길 수 있다.

투본강 나룻배

#호이안 나룻배 #소원 등

배의 끝머리쯤에 앉아 소원 등을 들고 있거나 소원 등을 투본강에 띄우는 순간을 담으면 예쁘다. 어두워지면 흔들리는 배에서 사진 찍기가 어려우니 해 지기 직전에 찍는 걸 추천한다.

에코 투어

#호이안 통통배 #바구니 배

에코 투어에서는 직접 노를 젓거나 낚시를 하는 등의 적극적인 포즈가 제격이다. 또 베트남 전통 모자 농을 쓰면 햇볕을 가리기에도 좋고 이국적인 풍경과도 잘 어울린다.

호이안의 등불 상점

#호이안 등불 #호이안 야시장

호이안 야시장에 가면 주렁주렁 등불이 가득 달린 상점들이 있다. 컬러풀한 수십 개의 등불 한가운데 서서 사진을 남기면 이국적이고 예쁜 호이안 기념사진이 완성된다.

바무 사원

#호이안 #숨은 명소

한국인 여행자는 잘 모르지만 현지인에게는 유명한 곳이다. 이국적인 조각의 사원이 아름다워 마치 고전 영화 속 한 장면 같은 사진을 남길 수 있다. 아오자이를 입고 찍으면 더 분위기 있다.

인생 사진을 위한 촬영 팁

- 아오자이를 입고 사진을 찍을 때는 사선으로 서면 세로로 길게 트인 아오자이의 라인이 나와 다리가 더 길어 보인다. 아오자이 특유의 핏과 라인을 훨씬 예쁘게 살릴 수 있다.
- 도시적인 다낭보다 고색창연한 호이안이 아오자이와 찰떡같이 어울린다. 빈티지한 벽과 건축물을 배경으로 인생 사진을 노려 보자.
- 정면만 찍지 말고 옆모습, 뒷모습의 다양한 포즈를 취해 보자. 특히 뒷모습은 이국적인 풍경과 함께 화보 같은 느낌이 나서 인생 사진으로 남길 수 있다.
- 분위기 있는 저녁 사진을 찍으려면 시간을 신경 쓰자. 보통 5시 30분 전후로 급격하게 어두워지기 때문에 미리 준비해 두어야 한다.

ATTRACTION

☑ BUCKET LIST 03

아날로그 감성 충전!

시간이 멈춘 도시 호이안 산책하기

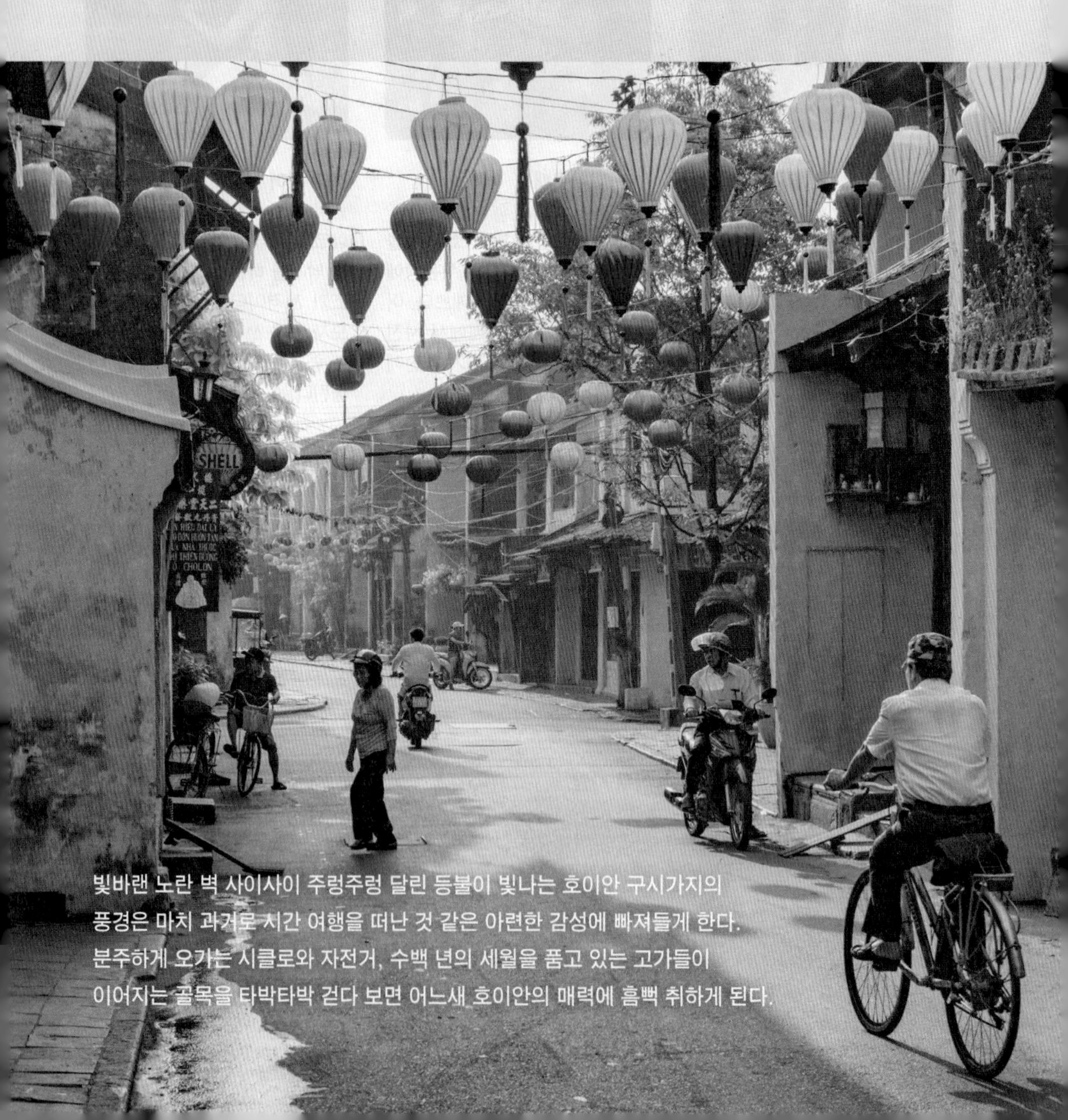

빛바랜 노란 벽 사이사이 주렁주렁 달린 등불이 빛나는 호이안 구시가지의 풍경은 마치 과거로 시간 여행을 떠난 것 같은 아련한 감성에 빠져들게 한다. 분주하게 오가는 시클로와 자전거, 수백 년의 세월을 품고 있는 고가들이 이어지는 골목을 타박타박 걷다 보면 어느새 호이안의 매력에 흠뻑 취하게 된다.

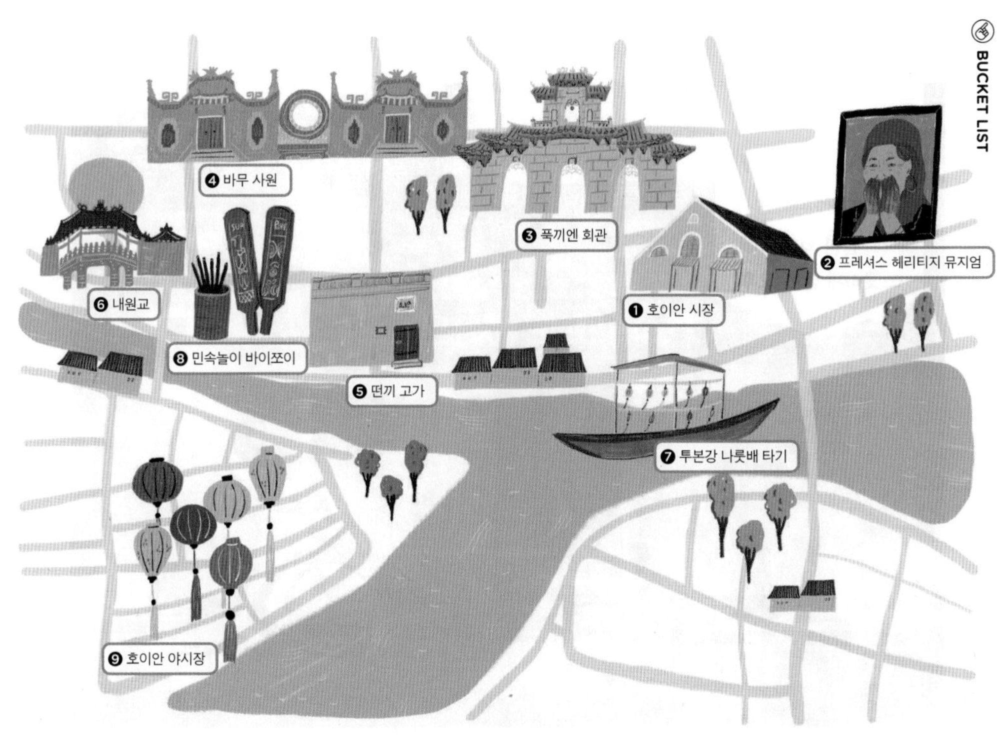

Morning
❶ 호이안 시장
❷ 프레셔스 헤리티지 뮤지엄

Afternoon
❸ 푹끼엔 회관
❹ 바무 사원
❺ 떤끼 고가
❻ 내원교

Night
❼ 투본강 나룻배 타기
❽ 민속놀이 바이쪼이
❾ 호이안 야시장

Morning
09:00~12:00

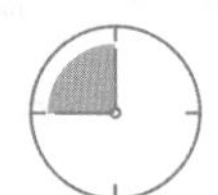

살랑살랑
동네 마실 가고 싶은 아침

호이안은 화려함보다는 소소한 풍경을, 세련됨보다는 아날로그 감성을 좋아하는 사람에게 어울리는 곳이다. 이른 아침, 거리로 나서면 빛바랜 색의 골목과 알록달록한 등, 평화로운 투본강의 풍경이 먼저 반겨 준다. 구시가지는 조금만 늦어도 여행자로 북적이니 여유로운 호이안의 아침 풍경을 누리고 싶다면 조금 이른 아침부터 부지런히 길을 나서자.

❶ 호이안 시장 Chợ Hội An

호이안의 속살을 엿보고 싶다면 호이안 시장으로 가자. 오전에 가면 아침거리를 사러 온 현지인을 비롯해 갓 잡아 온 생선, 신선한 채소와 열대 과일까지 없는 게 없는 진짜 호이안 시장을 볼 수 있다.

❷ 프레셔스 헤리티지 뮤지엄 Di Sản Vô Giá

사진작가 레한이 약 8년간 베트남의 오지 마을을 찾아다니면서 담아 낸 54개 소수 민족의 사진을 전시하는 갤러리다. 사진을 비롯해 소수 민족의 의복, 도구 등도 무료로 관람할 수 있다.

Afternoon

14:00~18:00

점심 먹고 느긋하게 걷는 오후

유네스코 세계문화유산에 등재된 구시가지에는 오랜 세월을 품은 건축물이 잘 보존되어 있고 중국과 일본, 베트남 양식이 뒤섞여 호이안만의 독창적인 색깔을 만들어 낸다.

❸ 푹끼엔 회관

Hội Quán Phúc Kiến

Since 1697년

중국 푸젠 출신의 상인들이 모여 만든 회합 장소이자 안전한 항해를 기원한 사당이었다. 화려한 색과 장식은 마치 중국에 온 것 같은 착각이 들 정도로 중국 색채가 강해 이국적이다.

❹ 바무 사원

Chùa Bà Mụ

Since 1926년

아는 사람만 아는 숨은 명소다. 화려한 조각과 더불어 바로 앞의 연못에 비치는 반영이 아름다워 마치 중국의 고전 영화 속 한 장면에 들어온 것 같은 기분마저 든다.

❺ 떤끼 고가

Nhà Cổ Tấn Ký

Since 1820년

투본강 변을 마주하고 있는 노란 벽은 호이안에서도 가장 예쁜 벽으로 꼽힌다. 네모난 모양의 독특한 문은 웨딩 사진, 화보 촬영에 단골 배경으로 나올 정도로 유명하다.

❻ 내원교

Chùa Cầu

Since 1593년

약 400년 전 호이안에 정착한 일본인들이 지은 다리로 양 끝에는 개와 원숭이 조각상이 지키고 있다. 베트남 화폐 2만 동 뒷면에 그려진 다리의 주인공이기도 하다.

TIP

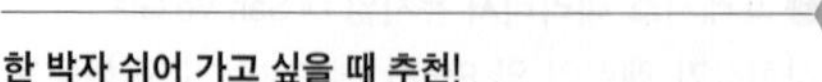

한 박자 쉬어 가고 싶을 때 추천!

호이안 구시가지, 쩐푸 거리의 중간쯤에 위치한 92 스테이션은 호이안 구시가지를 내려다볼 수 있는 루프톱이 있어 숨은 명소로 꼽힌다. 더위를 잊게 해줄 시원한 코코넛 커피나 달콤한 과일주스를 마시면서 더위도 식히고 호이안 구시가지 전망도 만끽하자. ▶ 2권 P.132

Night
18:00~23:00

반짝반짝 낭만이 가득한 저녁

어둠이 내리면 낮보다 아름답게 빛나는 호이안의 제2막이 시작된다. 주렁주렁 달린 등불에 하나둘 불이 들어오고 투본강에 오가는 나룻배들로 활기가 넘치면서 낮과는 또 다른 밤의 낭만이 출렁인다.

❼ 투본강 나룻배 Sông Thu Bồn

해 질 무렵 투본강에서 꼭 해봐야 하는 것이 있다면 바로 나룻배에 타 정성스럽게 소원 등을 띄우는 것이다. 마음을 담아 투본강에 소원 등을 띄우며 잊지 못할 추억을 만들자.

❽ 민속놀이 바이쪼이 Bài Chòi

안호이교 앞의 오두막에서 매일 저녁 7시부터 누구나 즐길 수 있는 호이안식 빙고 게임이 시작된다. 룰은 잘 몰라도 시끌벅적한 분위기 속에서 함께 웃고 떠들며 즐겨 보자.

❾ 호이안 야시장 Chợ Đêm Hội An

호이안의 밤에 빼놓을 수 없는 야시장으로 가 보자. 컬러풀한 빛을 뿜어 내는 등과 아기자기한 기념품, 이국적인 먹거리가 여행자의 눈과 입을 즐겁게 해준다.

TIP

투본강을 바라보며 맥주 한잔

투본강을 사이에 두고 마주하고 있는 박당Bạch Đằng 거리, 응우옌푹쭈Nguyễn Phúc Chu 거리에는 강 방향으로 작은 의자들을 내놓은 레스토랑과 펍, 바가 옹기종기 모여 있다. 낮은 의자에 앉아 시원한 맥주를 마시고 거리를 오가는 분주한 시클로와 운치 있는 강의 풍경을 바라보며 호이안의 밤을 즐겨 보자.

ATTRACTION

☑ BUCKET LIST 04

놀자파 vs 관광파

다낭의 밤 나들이 명소 알차게 즐기기

다낭에 어둠이 깔리면 제2막이 시작된다. 한강을 유유히 돌며 야경을 감상할 수 있는 크루즈와 불 쇼를 볼 수 있는 용교는 야간 명소로 통한다. 근사한 야경과 함께 기분 좋게 취할 수 있는 루프톱 바도 많고 나이트라이프를 즐길 수 있는 클럽과 펍도 다양하니 취향에 맞게 골라 낮보다 더 아름다운 다낭의 밤을 즐겨 보자.

놀자파의 밤 나들이

다낭의 밤을 핫하게 보내고 싶은 이들이라면 멋진 루프톱 바나 시끌벅적한 펍으로 가 보자. 한강과 미케 비치 주변의 고층 호텔에는 꽤 많은 루프톱 바가 숨어 있다. 신나는 음악과 술에 취하기 좋은 펍, 클럽도 있으니 취향에 맞게 골라 보자.

Lounge & Rooftop Bar

야경에 취해 한잔하기 좋은
라운지 & 루프톱 바

스카이 36 바 *Sky 36 Bar*

▶ 2권 P.075

Location
노보텔 다낭 프리미어
한 리버 36층

다낭에서 오랫동안 독보적으로 인기 있는 곳이다. 노보텔 다낭 프리미어 한 리버Novotel Danang Premier Han River의 시원스러운 뷰를 가진 루프톱 바를 선보여 감탄이 절로 나온다. 가장 높은 곳에 위치한 루프톱 바로, 탁 트인 공간에 유리 난간이 둘러싸고 있어 다낭 시내의 야경이 파노라마로 펼쳐진다. 기분 좋은 밤바람, 심장을 울리는 비트, 빛깔 고운 칵테일까지 다낭의 밤을 불태우기에 더없이 좋은 곳이다. 불꽃놀이, 파티 등의 각종 이벤트도 다양하게 열리니 미리 확인하고 가면 더 재미있다. 호텔 브랜드 값, 세련된 분위기와 인기 때문에 가격대는 꽤 높은 편이다. 복장은 어느 정도 갖춰서 가자.

TIP
다낭의 루프톱 바의 경우 다른 지역보다 드레스 코드가 까다롭지 않은 편이다. 하지만 스카이 36 바와 같이 호텔 안에 위치한 루프톱 바는 남성이 반바지를 입거나 샌들, 슬리퍼 등을 신은 경우 출입을 제한하니 스마트 캐주얼 정도로 드레스 코드를 맞춰서 가자.

톱 *The Top*

▶ 2권 P.075

Location
아라카르트
다낭 비치 24층

호텔 아라카르트 다낭 비치 24층에 위치한 루프톱 바로 여행자들 사이에서 멋진 전망을 볼 수 있는 곳으로 알려져 있다. 바 앞에 아찔한 인피니티 풀이 있고 그 너머로 푸른 바다가 넘실대는 풍경이 압권이다. 호텔 내에 있지만 투숙객이 아닌 외부 손님도 자유롭게 들어갈 수 있으며 가격도 저렴한 편이라 부담이 없다. 실내 공간도 화려하기보다는 편안한 분위기여서 가족 여행자가 가기에도 괜찮다.

스카이 21 바 *Sky 21 Bar*

▶ 2권 P.077

Location
벨 메종 파로산드
다낭 호텔 21층

노보텔의 스카이 36 바에 도전장을 낸 것 같은 이름이다. 미케 비치 앞에 위치한 벨 메종 파로산드 다낭 호텔Belle Maison Parosand Danang Hotel은 규모는 작지만 탁 트인 구조에 자리를 계단식으로 배치해 여러 방향의 전망을 골라 감상할 수 있다. 야외 자리에서는 미케 비치가 파노라마로 펼쳐지고 실내 자리에서는 반대편의 다낭 도심이 보인다. 술값도 호텔 루프톱 바치고는 비싸지 않은 편인데 오후 5시부터 8시까지는 해피 아워로 1+1 칵테일을 마실 수 있어 더 좋다.

Pub & Club

여행지에서의 밤을 불태울 핫한
펍 & 클럽

오큐 라운지 펍
OQ Lounge Pub

▶ 2권 P.077

다낭에서 제일 사람이 많은 클럽이다. 세련되고 힙한 곳이라기보다는 약간은 촌스러운 느낌의 클럽이지만 그래서 더 눈치 볼 것 없이 신나게 놀기 좋다는 평이다. 펍과 클럽이 같이 있으며 규모도 꽤 크고 매일 밤 사람들로 북적인다. 음악은 베트남 현지 가요부터 팝, 케이팝까지 다양하게 나오며 외국인 여행자는 물론 현지인도 골고루 많이 오는 곳이라 낯선 이들과 부대끼며 놀기 좋다.

뉴 골든 파인 펍
New Golden Pine Pub

▶ 2권 P.077

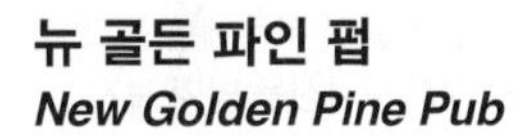

너무 복잡한 클럽보다는 시원한 맥주를 마시며 가볍게 음악에 들썩들썩 기분을 내고 싶다면 이곳으로 가자. 오큐 라운지 펍과 더불어 현지에서 제일 유명한 펍인데 사람도 적당하고 격하지 않은 분위기라 나이트라이프가 낯선 이들도 부담 없이 놀기 좋다. 클럽보다는 신나는 맥주 펍에 가깝고 술값도 다른 클럽보다 저렴한 편이다.

관광파의 밤 나들이

다낭의 밤은 낮과는 다른 볼거리, 즐길 거리가 넘쳐 난다. 한강을 따라 화려한 야경이 펼쳐지며 사랑의 부두, 용교, 한강 크루즈 등의 즐길 거리가 있다. 대관람차에서 낭만적인 도심 야경을 볼 수 있는 선 월드 아시아 파크도 인기다.

강바람 맞으며 용교 & 사랑의 부두 산책하기 ▶ 2권 P.043

Best Time
21:00~

용교는 총길이 666m, 높이 37.5m를 자랑하는 거대한 다리로 다낭의 상징적인 랜드마크 역할을 한다. 용의 형상이 시선을 압도하며 주말 저녁 9시부터 약 10분간 펼쳐지는 불 쇼는 놓칠 수 없는 볼거리다. 용교와 같이 둘러보기 좋은 사랑의 부두는 이름처럼 사랑스러운 하트가 주렁주렁 달려 있어 로맨틱한 강변 풍경과 더불어 사진 촬영의 명소로 꼽힌다. 현지인에게는 데이트 코스로 유명해 사랑의 메시지를 적고 잠가 놓은 자물쇠도 가득하다. 사랑의 부두에는 용 조각상도 있으니 용교를 배경 삼아 3종 세트로 멋진 기념사진을 남겨 보자.

헬리오 야시장에서 맥주와 야식 즐기기 ▶ 2권 P.044

Best Time
20:00~

현지인과 관광객 모두에게 인기 있는 헬리오 야시장에서 즐거운 밤을 보내자. 호기심을 자극하는 현지 먹거리가 다양해 야식을 먹기에도 좋고, 다른 야시장에 비해 청결하게 관리되고 있다. 또한 실내의 헬리오 센터는 게임, 정글짐 등 각종 오락 시설을 이용할 수도 있다. 얼음 통에 담긴 시원한 맥주와 베트남 주전부리를 곁들이며 야시장의 맛과 흥취를 즐겨 보자.

한강 위를 유람하는 크루즈 타고 야경 즐기기 ▶ 2권 P.042

Best Time
20:00~

다낭을 감싸고 흐르는 한강을 도는 크루즈도 인기가 많다. 배 위에서 유유자적하며 다낭의 밤 풍경을 둘러볼 수 있어 매력적이다. 평일이라면 해가 질 무렵인 저녁 6시, 주말이라면 용교 불 쇼를 볼 수 있는 저녁 8시 스케줄을 추천한다. 크루즈 업체는 2곳이 있는데 한 시장 위쪽에 있는 한강 크루즈Du Thuyền Sông Hàn와 참 조각 박물관 쪽의 드래곤 크루즈Tàu Rồng Sông Hàn이다. 한강 크루즈가 스케줄이 더 다양하지만 단체 관광객이 주로 이용해 노래나 공연 등으로 다소 시끄러운 편이고 한강 드래곤 보트 크루즈는 조금 더 조용하게 야경을 볼 수 있다. 다낭을 스케치하듯 둘러볼 수 있는 크루즈는 야경을 편안하게 즐길 수 있어 특히 부모님과 함께하는 여행에 추천한다.

TIP

크루즈 예약하기
직접 매표소에 가서 구입하거나 현지 여행사 또는 호텔 리셉션을 통해 예약할 수 있다.

한강 크루즈 Du Thuyền Sông Hàn
가는 방법 노보텔 다낭 프리미어 한 리버 앞 강변 선착장(매표소)
주소 26 Bạch Đằng, Thạch Thang, Hải Châu **문의** 0935 868 508 **영업** 18:00~22:00
요금 한강 크루즈 15만 동, 디너 크루즈(식사 포함) 27만 동
홈페이지 www.dulichsonghan.net

한강 드래곤 보트 크루즈 Du Thuyền Tàu Rồng Sông Hàn
가는 방법 참 조각 박물관 맞은편, 강변 선착장(매표소)
주소 Bạch Đằng, Bình Hiên, Hải Châu **문의** 0773 901 380
영업 18:00, 19:45, 21:30
요금 15만 동

선 월드 아시아 파크의 대관람차에서 야경 감상하기 ▶ 2권 P.045

Best Time
18:00~

다낭 도심 속에 위치하고 있는 테마파크로 이곳의 인기 No.1은 멋진 야경을 감상할 수 있는 대관람차다. 입장료도 저렴한 편이라 해가 진 후 찾아가도 입장권이 아깝지 않을 정도로 신나게 즐길 수 있는 곳이니 놀이공원을 좋아한다면 강력 추천한다. 느릿느릿하게 돌아가는 대관람차에서 바라보는 다낭 도심의 야경이 꽤나 감동적이다. 특히나 커플이라면 오붓하게 둘만의 낭만적인 시간을 즐겨 보자.

EXPERIENCE

☑ BUCKET LIST 05

아이와 함께라면!

테마파크에서 신나는 추억 만들기

다낭과 호이안에는 가족과 함께 즐기기 좋은 테마파크가 여럿 있다. 테마파크는 대부분 규모가 크고 즐길 거리도 많아 반나절 이상이 소요된다. 모두 다 가 보면 좋겠지만 일정상 쉽지 않은 일이니 각 테마파크의 장단점과 특징을 파악해서 내게 잘 맞는 테마파크를 골라 보자.

Ba Na

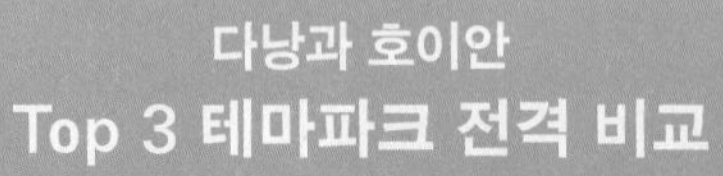

다낭과 호이안 Top 3 테마파크 전격 비교

	바나 힐	선 월드 아시아 파크	빈원더스 남호이안
접근성	다낭 중심에서 차로 40분	다낭 중심에서 차로 10분	호이안 중심에서 차로 25분
추천 이동 수단	그랩 또는 택시(흥정)	그랩 또는 택시	무료 셔틀버스 또는 그랩, 택시(흥정)
운영 시간	08:00~17:00	15:00~22:00	09:00~20:00
입장료	일반 85만 동 어린이 70만 동	일반 20만 동 어린이 10만 동	일반 60만 동 어린이 45만 동
하이라이트	• 기네스북에 오른 케이블카 • SNS 인증 사진 명소	• 야경을 보기 좋은 대관람차 선 휠Sun Wheel	• 신나는 워터 파크 • 동물들을 생생히 느낄 수 있는 리버 사파리
관광 시간 (이동 시간 포함)	6~8시간	2~4시간	5~7시간
테마파크 내 이동 수단	케이블카(입장료에 포함)	도보 이동	버기(1인 10만 동)
한 줄 평	하루를 꼬박 투자해도 지루할 틈 없이 남녀노소 모두가 좋아하는 테마파크	도심 한가운데에서 짧고 굵고 싸게 놀기에 완벽한 테마파크	아이를 동반한 가족 여행자에게 이보다 더 좋을 수 없는 테마파크

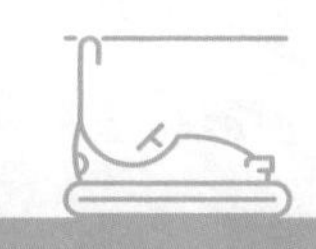

바나 힐

▶ 2권 P.054

다낭 여행의 필수 코스

다낭 여행 시 꼭 가 봐야 하는 최고의 테마파크다. 프랑스가 베트남을 지배하던 1919년, 해발 1,487m의 산꼭대기에 휴양지로 개발되었고 최근 여행자들의 인기 관광 명소로 거듭났다. 기네스북에 오른 케이블카를 비롯해 유럽풍의 이국적인 건축물과 신나는 놀이 기구 등 다양한 매력이 있어 남녀노소 누구나 즐길 수 있다. 다낭 시내에서 거리가 멀고 택시나 그랩, 전세 차량 등으로 이동해야 하는 것이 단점이라면 단점이다.

이런 분들에게 좋아요!

아찔한 케이블카, 흥겨운 퍼레이드와 공연, 이국적인 건축물, 사원 등이 있어 나이 드신 부모님과 함께해도 대만족이에요. 놀이 기구, 실내 오락 시설 등이 많아 아이들도 좋아해요.

선 월드 아시아 파크

▶ 2권 P.045

다낭 중심에 위치한 테마파크

다낭 시내 어디서든 눈에 확 들어오는 대관람차 선 휠이 있는 곳이다. 아시아를 테마로 하여 구역별로 사원, 시계탑 등을 이색적으로 꾸며 놓아 구경하기 좋다. 또 신나는 롤러코스터와 바이킹, 회전목마 등의 놀이 기구와 실내 오락 시설도 갖추고 있다. 하이라이트인 대관람차는 높은 곳에서 다낭 시내 야경을 감상할 수 있어 인기 만점이다. 놀이 기구가 다소 적긴 하지만 방문객도 많지 않아 기다리지 않아도 되는 장점이 있다.

이런 분들에게 좋아요!

다낭 도심과 멀지 않은 곳에서 오후나 저녁 시간을 이용해 놀이 기구를 알차게 타고 싶은 분들에게 추천해요. 특히 대관람차의 낭만을 즐기고 싶은 커플 여행자는 꼭 들러 보세요.

빈원더스 남호이안

▶ 2권 P.118

아이와 함께라면 여기!

베트남의 유명 리조트 그룹 빈펄에서 새롭게 문을 연 테마파크로 호이안의 남쪽에 위치한다. 짜릿한 놀이 기구를 비롯해 생생한 체험이 가능한 리버 사파리, 신나는 물놀이를 즐길 수 있는 워터 파크까지 고루 갖추어 아이들에게 최고의 체험과 오락 시간을 제공한다. 방문객이 많지 않아서 기다림 없이 실컷 즐길 수 있다는 것도 장점이다. 오후권으로 구입할 경우 더욱 저렴하니 일정에 맞게 선택하자.

이런 분들에게 좋아요!

리버 사파리에서의 동물 체험, 워터 파크에서의 물놀이로 신나는 하루를 보내고 싶은 가족 여행자, 오후권으로 저녁 시간에 굵고 짧게 테마파크를 즐기려는 이들에게 추천해요.

EXPERIENCE

☑ BUCKET LIST 06

짜릿한 테이크 오프의 추억

도전! 미케 비치에서 생애 첫 서핑 배우기

자연과 하나 되는 짜릿함을 느낄 수 있는 서핑은 한번 빠지면 헤어 나오기 힘든 마력을 갖고 있다. 파도를 잡아 물 위에서 미끄러지듯 춤을 추는 듯한 쾌감은 느껴 본 사람만이 알 수 있는 황홀함이다. 단, 서핑은 오직 하늘이 허락한 파도를 갖고 있는 바다에서만 가능하다. 운 좋게도 미케 비치가 바로 그곳이니 서핑을 경험하고 싶다면 도전해 보자.

초보자를 위한 서핑 강습 과정

서핑을 처음 해보는 사람이라면 인증된 전문 서핑 스쿨을 통해 배우는 것이 안전하다. 미케 비치를 따라 다양한 서핑 스쿨이 밀집해 있으니 내게 맞는 곳을 골라 보자.

STEP 01

강습 10분 전, 서핑 스쿨 집결

강습이 시작되기 전 소지품은 서핑 스쿨 사무실에 맡기고 서핑 복장으로 갈아입은 후 서핑 스폿이 있는 해변으로 걸어간다. 강습은 평균 1~2시간 동안 진행되며 먼저 이론을 배우고 지상에서 반복 연습을 한 후 바다에서 실전 시간을 갖는다. 햇볕이 강하기 때문에 미리 자외선 차단제를 바르고 수업을 시작하는 것이 좋다.

STEP 02

지상에서 이론 교육 받기

서핑의 기본 동작은 팔로 노를 저어 빠르게 속도를 내는 '패들링', 파도가 오면 보드에 오르기 위해 팔을 펴 상체를 일으키는 '푸시업', 무릎을 세워 하체까지 일어서는 '테이크 오프', 균형을 잡고 보드 위로 일어서는 '스탠드 업', 파도를 타는 '라이딩'으로 이어진다. 과정들을 모래사장에서 반복적으로 연습하면서 몸에 익힌다.

↓

STEP 03

실전 훈련 및 자유 서핑

패들링으로 시작해 강사의 도움을 받으며 보드에 오른다. 적절한 타이밍에 파도를 잡는 것이 가장 중요하고 보드 위에 발의 위치와 균형을 잡고 푸시업에서 테이크 오프로 재빨리 일어서는 과정 등이 이어져야 한다. 이론상으로는 쉽지만 실제로 파도를 잡는 것과 순식간에 기본 동작들을 연결하는 것은 꽤 어렵다.

파도는 왜 생기는 걸까?

파도란 바람이 만들어 내는 것으로 강한 바람의 힘이 물의 표면에 닿으면 표면이 솟아오른다. 이러한 마찰의 현상은 스웰Swell을 만들어 내는데 스웰이란 너울을 뜻한다. 먼바다에서 생겨난 너울이 얇은 해수면과 해수면 아래 지반층에 영향을 받으면 우리가 알고 있는 파도의 형태로 변하게 된다. 강력한 바람을 동반하는 태풍이 발생하면 마찰력이 증가해 파도의 높이도 높아지게 된다.

현지인의 한마디

미케 비치는 6~8월에는 파도가 많지 않은 편이에요. 파도가 없어 서핑 강습이 어려울 경우에는 파도가 있는 곳으로 이동하고 파도가 높은 10~2월에는 파도가 낮은 곳으로 이동해서 강습을 하게 돼요. 날씨의 영향을 많이 받기 때문에 전날, 또는 당일에 강습 가능 여부를 서핑 스쿨에 확인하는 것이 좋아요.

베트남의 파도 맛집, 미케 비치

모든 바다에서 서핑을 할 수 있는 파도가 생기는 것은 아니며 서핑을 즐길 수 있는 바다는 한정적이다. 미케 비치는 크지는 않지만 고른 파도가 일정하게 밀려오기 때문에 초보 서퍼들의 연습 장소로 안성맞춤이다. 미케 비치에서 서핑하기 가장 좋은 시즌은 9월부터 4월까지로 북쪽에서 불어오는 계절풍의 영향으로 파도가 적당히 일어난다.

TIP

서프보드의 부분별 명칭

① **노즈**Nose
서프보드의 가장 윗부분으로 뾰족하거나 둥근 모양이다.

② **테일**Tail
노즈의 반대 방향. 리쉬 코드가 걸려 있다.

③ **레일**Rail
서프보드의 양쪽으로 통통하게 튀어나온 옆 라인

④ **덱**Deck
보드의 윗부분으로 패들링할 때는 가슴이, 라이딩할 때는 두 발이 닿는 부분이다.

⑤ **보텀**Bottom
지느러미 같은 핀이 붙어 있는 서프보드의 뒷면

⑥ **리쉬 코드**Leash Code
서퍼의 다리와 보드를 이어 주는 줄

⑦ **핀**Fin
서프보드 뒷면에 연결하는 부속품으로 속도와 방향을 변경하는 데 도움을 준다. 1~4개까지 장착할 수 있다.

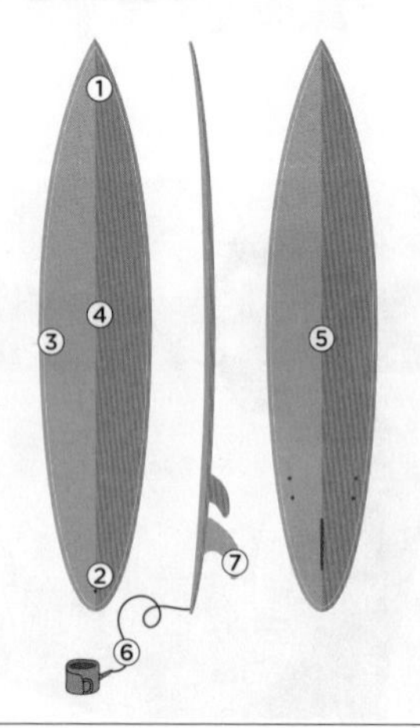

서핑 실력은 여기서 나온다

수영 및 호흡

수심이 완만하고 얕은 바다에서 작은 파도를 타는 경우라면 수영 실력은 큰 문제가 되지 않는다. 하지만 먼바다로 나가거나 큰 파도를 타는 경우라면 어느 정도 수영 실력을 갖추고 임하는 것이 바람직하다. 특히 수심이 깊은 바다일수록 파도의 회전력이 커서 자칫 파도와 함께 말리는 경우가 생기게 된다. 이런 경우 길게는 10초 이상 호흡을 멈추는 능력도 있어야 한다. 혹시 모를 위험 상황에서 바다에 빠졌을 경우에는 자신의 수영 실력으로 헤쳐 나와야 한다는 점을 알아 두자.

체력

바다 한가운데에서 파도를 기다리며 패들링을 하는 과정만으로도 체력 소모가 크기 때문에 기본적인 체력은 필수다. 다가오는 파도를 순발력 있게 잡고 보드 위로 일어서려면 근력이 필요하며 파도에 휩쓸려 육지에서 멀어지지 않기 위해서는 오랫동안 수영을 해서 나올 수 있는 지구력도 필요하다.

균형 감각(스탠딩)

파도를 잡고 보드에 올라서려면 균형 감각이 필요하므로 롱보드를 이용하여 작은 파도에서부터 부지런히 연습한다. 스케이트보드나 이미지 트레이닝을 통한 연습도 많은 도움이 된다.

담력 및 자신감

매순간 변화하는 바다에서 서핑을 하려면 무엇보다 자신감과 담력이 필요하다. 서핑은 연습과 경험이 많을수록 실력도 늘고 자신감도 생긴다. 다만 무엇보다 안전이 최우선이니 초보 단계라면 항상 강사나 안전 요원이 가까이 상주하고 있는 곳에서 서핑을 하도록 하자.

TIP

다낭에서 서핑 시 주의 사항

- 서핑은 바다에서 하는 수상 스포츠이기 때문에 크고 작은 위험이 따를 수 있으니 항상 안전 수칙을 준수하자.
- 날씨나 파도의 상황에 따라 수업이 취소되는 경우도 있으니 전날이나 당일에 미리 수업 여부를 확인해 보자.
- 서핑 스쿨에 따라 9~13세 이하의 어린이는 강습을 받을 수 없는 곳이 많으니 사전에 체크하자.

미케 비치 추천 서핑 스쿨

서핑 강습은 주로 한낮을 제외한 오전과 오후에 진행된다. 래시 가드 안에 입을 수영복, 수건, 자외선 차단제 등만 챙겨 가면 된다.

01 다낭 홀리데이 서프 Danang Holiday Surf

●●●●● 친절한 한국인 강사님 덕분에 생초보도 서핑 성공!
●●●●● 전문 포토그래퍼가 인생샷도 찍어줬어요!
●●●●○ 서핑 보드만 빌려서 미케 비치에서 서핑 즐겼어요

다낭에 가장 먼저 생긴 서핑 스쿨로 한국인이 운영하며 ISA 교육기준에 맞춰 안전한 서핑 교육을 진행한다. 베테랑 한국인 강사의 친절하고 재미있는 강습으로 초보자도 즐겁게 서핑을 배울 수 있다.

가는 방법 시 비스타 호텔Sea Vista Hotel 옆, 미케 비치에서 약 도보 5분 **주소** 9 Lê Thước, Phước Mỹ, Sơn Trà **문의** 0349 891 350 **강습 시간** 09:00, 14:30(하루 전 예약 필수), 보드 대여 07:30~18:30 **강습료** 입문 1회 강습(100분) 100만 동, 2회차 · 3회차 강습(100분) 90만 동 **예약 · 문의** goncalocabrito@gmail.com, 카카오톡 ID holidaysurf **홈페이지** www.holidaysurfdn.com

02 써니 서프 Sunny Surf

●●●●○ 친구들과 함께 신나는 서핑 체험
●●●●● 한인 서핑 스쿨이라 소통이 잘돼요.
●●●●○ 강습생이 대부분 한국인이라 편안해요.

한인 서핑 스쿨로 소규모부터 단체 레슨이 있고 서핑 강습 외에 보드 대여도 가능하다. 최소 하루 전 예약은 필수다.

가는 방법 TMS 호텔TMS Hotel 옆 해변가 **주소** 290 Võ Nguyên Giáp, Bắc Mỹ Phú, Ngũ Hành Sơn **문의** 093 552 9963 **강습 시간** 08:00, 09:00, 15:00 **강습료** 체험 및 입문 강습(2시간) 100만 동, 일대일 강습(2시간) 160만 동 **예약 · 문의** doggie31@naver.com, 카카오톡 ID namkh73 **홈페이지** sites.google.com/view/sunnysurf

03 서프 셰크 다낭 Surf Shack Da Nang

●●●●○ 1:1 개인 강습이 저렴하고 충실한 편이에요.
●●●●● 미케 비치 중심이라 위치가 좋아요.
●●●○○ 서핑 보드만 빌리는 자유 서핑도 가능해요.

일본인이 운영하는 서핑 스쿨로 카페 겸 스쿨을 운영한다. 강습은 영어로 진행되며 초보자도 쉽게 배울 수 있도록 자세하게 알려 준다.

가는 방법 버거 브로스Burger Bros **주소** 33 An Thượng 4, Mỹ An, Ngũ Hành Sơn **문의** 090 568 6453 **강습 시간** 08:00~16:00 **강습료** 1인(60분) US$60, 2인 이상(90분) US$50 **예약 · 문의** surfshack.info@gmail.com **홈페이지** www.surfshackvn.com/kr

EXPERIENCE

☑ BUCKET LIST 07

싱그러운 초록빛 풍경 따라

자전거 타고 호이안 주변 탐방하기

호이안의 매력을 제대로 느끼고 싶다면 자전거만큼 좋은 것이 없다. 그랩이나 택시가 호이안 구시가지로 들어갈 수 없기 때문에 자전거는 최고의 이동 수단이 되어 준다. 호이안 구시가지에서 조금만 벗어나도 소박한 시골 풍경과 이색적인 도자기 마을 등을 만날 수 있으니 페달을 밟으며 초록빛 풍경을 따라가 보자.

호이안에서 자전거 빌리기

호이안 구시가지는 차량을 통제해 대중교통이나 그랩 등의 이용도 어렵기 때문에 자전거가 가장 유용한 교통수단이다. 호이안 대부분의 숙소에서는 무료로 자전거를 대여해 주므로 부담 없이 자전거를 탈 수 있다. 숙소에서 대여가 안 된다면 자전거 렌트 업체에서 빌릴 수 있다. 호이안 곳곳에서 자전거 렌트 업체를 쉽게 발견할 수 있는데 요금은 보통 24시간에 4만 동 수준으로 저렴하다. 대여 시 여권이나 신분증이 필요하며 고장 난 부분은 없는지 잘 체크하고 자물쇠도 꼭 챙기자.

모터바이크 렌털 호이안 Motorbike Rental Hoi An
가는 방법 호텔 로열 호이안Hotel Royal Hoi An 맞은편, 니 스파Ni Spa 옆
주소 62B Đào Duy Từ, Minh An
문의 0905 373 434
영업 10:00~22:00
홈페이지 motorbikerentalhoian.com

본격 라이딩을 원한다면 자전거 투어

호이안의 자연 풍경과 관광지를 중심으로 자전거를 타고 돌아보는 바이크 투어도 꽤 인기 있다. 그중 가장 인기 있는 투어는 캄킴 아일랜드 디스커버리Cam Kim Island Discovery로 약 15km 정도를 자전거로 달리며 호이안의 시골 풍경을 만끽하고 현지인 가정에 방문해 전통 요리들도 맛 볼 수 있는 프로그램이다. 그밖에 하이번 패스Hai Van Pass, 미선Mỹ Sơn까지 40km 이상을 라이딩하는 전문적인 바이크 투어도 있다.

호이안 사이클링 Hoi An Cycling
가는 방법 내원교에서 도보 13분
주소 86/7 Nguyễn Trường Tộ, Minh An
문의 091 988 2783
영업 09:00~21:00
예산 바이크 투어 US$35~
홈페이지 hoiancyclingtour.com

TIP

자전거 여행 시 주의 사항

- 출발하기 전에 자전거 상태를 꼼꼼하게 파악하자. 바퀴가 굴러가는지, 바람이 빠지지 않았는지, 브레이크는 잘 되는지 등을 살펴보고 출발하자.
- 잠시 자전거를 세워 두고 관광지를 둘러보거나 식사를 할 수도 있으니 자물쇠는 꼭 필요하다. 자물쇠 열쇠를 잃어버리지 않도록 주의하자.
- 신호 체계가 우리나라와 다르고 신호등이 없는 곳이 대부분인 데다 오토바이와 차도 많아 도로가 혼잡하다. 항상 주위를 살펴보면서 조심히 타야 한다.

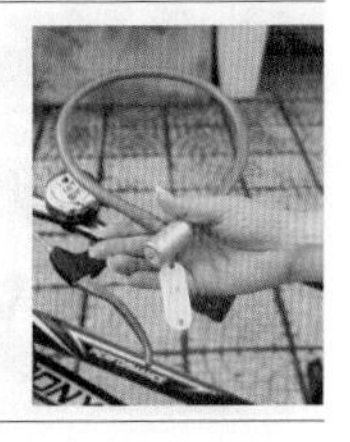

타인하 마을 자전거 루트

투본강을 따라 타인하 도자기 마을 탐방

자전거 타고 출발

투본강 풍경 보며 라이딩

타인하 시장 구경

타인하 도자기 마을 도착

도자기 마을 안의 작은 공방들 구경

카페에서 투본강 바라보며 커피 한잔

호이안 구시가지로 귀환

호이안 구시가지에서 3km 거리에 도자기로 유명한 타인하 도자기 마을이 위치한다. 투본강 변을 따라서 호이안의 서쪽으로 달려가면 나오는데 마을로 가는 길에 타인하 시장Chợ Thanh Hà이 있으니 함께 둘러보면 좋다. 외국인은 한 명도 찾아보기 힘든 재래시장으로 생생한 현지인의 생활을 엿볼 수 있다. 이후 타인하 도자기 마을 입구에서 입장료(3만 5,000동)를 내고 마을로 들어가면 크고 작은 도자기 공방들이 있다. 손으로 하나하나 만든 도자기 공예품들을 구경하는 재미도 쏠쏠하고 직접 도자기를 만드는 체험도 할 수 있다. 마을 안의 기념품 교환소에 입장권을 주면 황토로 빚은 전통 피리도 하나씩 선물로 주니 기념으로 간직하자. 마을 안에 강변을 바라보면서 쉬어 가기 좋은 카페도 있으니 커피 한잔의 여유도 즐겨 보자. 타인하 도자기 마을 구경을 마친 후 다시 투본강을 따라서 호이안 구시가지로 돌아오면 된다.

타인하 도자기 마을 Thanh Ha Pottery Village ▶ 2권 P.110

과거 호이안의 무역 활동이 활발했던 15세기 말부터 발전한 마을로 아기자기하고 소박한 정취가 있다. 번성했던 과거에 비해 지금은 다소 규모가 작아졌지만 현재도 도자기 마을의 전통을 지키고 있다. 도자기 공예품을 판매하기도 하고 직접 도자기 만들기 체험도 할 수 있으니 공예에 관심이 있다면 가벼운 마음으로 들르기 좋다.

껌선 마을 자전거 루트

복잡한 마음을 비우고 소박한 자연주의 여행

자전거 타고 출발

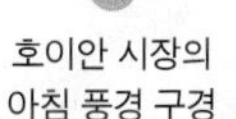

호이안 시장의 아침 풍경 구경

프레셔스 헤리티지 뮤지엄에서 사진 감상

논 뷰 카페에서 모닝커피

레타인똥 거리 따라 껌선 마을 주변 한 바퀴

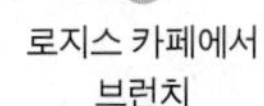

로지스 카페에서 브런치

호이안 구시가지에서 동쪽 방향으로 달리는 루트로 호이안의 때 묻지 않은 시골 풍경을 감상하기 좋다. 우선 이른 아침 호이안 시장에서 분주하게 하루를 시작하는 현지인들의 모습을 둘러본 후 프랑스 사진작가 레한Rehahn의 프레셔스 헤리티지 뮤지엄에서 베트남 소수 민족을 담은 사진을 감상해 보자. 그가 약 8년간 베트남 전역을 다니며 54개 소수 민족의 모습을 카메라에 담아냈다. 그중에서도 소녀 같은 미소를 간직한 호이안의 뱃사공 할머니 마담 쏭Madame Xong의 사진은 그의 대표 사진이니 놓치지 말자. 이후 푸른 논과 소떼를 볼 수 있는 껌선 마을, 레타인똥Lê Thánh Tông 거리 주변을 달리면서 시골 풍경을 감상하자. 이 마을에는 초록의 논 뷰를 감상할 수 있는 로빙 칠 하우스Roving Chill House, 쏨 찌에우 커피Xóm Chiêu Coffee같은 숨은 카페들이 있으니 잠시 쉬어가며 모닝커피를 즐겨도 좋고 로지스 카페로 가서 여유롭게 브런치를 즐겨도 좋다.

껌선 마을 Cẩm Sơn ▶ 2권 P.110

호이안 중심에서 조금 떨어진 껌선 지역에 위치한 마을로 호이안의 전원 풍경을 만날 수 있다. 푸른 논 사이로 이어지는 시골길을 따라 장기 체류를 위한 홈스테이와 작은 규모의 빌라, 카페 등이 모여 있다. 복잡한 구시가지를 벗어나 한적하게 자전거를 타고 현지 마을을 산책하기에 그만이다.

EXPERIENCE

☑ BUCKET LIST 08

혼자만의 시간

조용한 곳에서 책 읽으며 사색해 보기

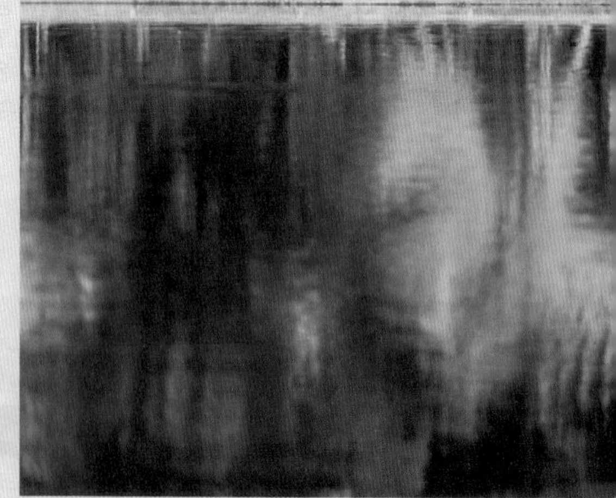

조용하고 차분한 장소를 좋아하는 여행자, 나 홀로 있는 시간을 즐기는 사색형 여행자를 위한 숨은 스폿을 소개한다.
시끌벅적한 번화가를 벗어나 비교적 조용하고 덜 붐비는 곳에서 책도 읽고 여행 일기도 쓰면서 나만의 시간을 즐겨 보자.

미안 비치
My An Beach

하늘 높이 솟은 야자수와 길게 뻗은 모래사장이 아름다운 해변이다. 미케 비치와 논느억 비치 사이에 위치한 미안 비치에는 휴식에 포커스를 맞춘 리조트들이 띄엄띄엄 자리 잡고 있어 한가하다. 타박타박 맨발로 해변 산책을 하거나 비치 타월과 책 한 권을 챙겨서 나 홀로 힐링의 시간을 즐겨 보자.

가는 방법 미케 비치와 프리미어 빌리지 다낭 리조트Premier Village Danang Resort 사이 **주소** Bắc Mỹ An, Ngũ Hành Sơn

초 카 고
Chợ Cá Gỗ

다낭 북쪽의 먼타이 비치에 위치한 카페로 중심에서 살짝 떨어진 해변이라 여행자보다는 현지인들이 즐겨 찾는 곳이다. 모래사장 위에 알록달록한 빈백이 가득해 열대 분위기가 물씬 풍긴다. 푹신한 빈백에 기대어 시원한 주스나 커피와 함께 바다 풍경을 즐겨보자.

가는 방법 미케 비치에서 차로 5분 **주소** Đối Diện Bãi Tắm, Hoàng Sa, Mân Thái, Sơn Trà **문의** 097 945 6743 **영업** 06:00~24:00 **예산** 칵테일 8만 9,000동~, 커피 2만 5,000동~

브루맨 커피
Brewman Coffee

▶ 2권 P.071

다낭 대성당에서 멀지 않은 곳에 있는데도 골목 안에 숨어 있어 아는 사람만 찾아오는 카페다. 멋스러운 복층 구조에 커피 맛도 좋아 단골손님이 많다. 달콤한 코코넛 커피와 진한 베트남 커피가 추천 메뉴이며나 홀로 가도 마음 편히 커피를 마시며 나만의 시간을 즐길 수 있어 더 좋다.

베트남과 관련된 추천 도서

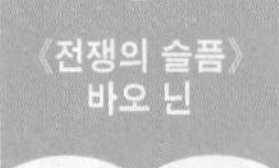

베트남 문학 최초로 16개국 언어로 출간된 소설. 전쟁, 청춘의 비극적인 첫사랑 이야기를 풀어냈다.

10살 때 가족과 함께 베트남을 떠나 퀘벡에 정착하기까지 보트피플의 여정을 담은 자전적 소설이다.

재오
Gieo ▶ 2권 P.135

호이안

남다른 안목과 감각이 녹아 있는 카페 겸 레스토랑이다. 커피 한잔을 마시며 책을 읽어도 좋고 느긋하게 혼밥을 즐기기에도 편안한 분위기다. 화학조미료를 사용하지 않은 담백한 맛의 자연 친화적인 요리와 세련된 플레이팅으로 꽤 호평을 받는다.

사운드 오브 사일런스 커피 숍
Sound of Silence Coffee Shop

호이안

▶ 2권 P.135

카페 이름처럼 분주함을 떠나 나만의 고요한 시간을 보내기에 완벽한 곳이다. 바다가 바로 코앞에 있기 때문에 파도 소리를 들으며 커피와 함께 휴식을 즐기기 좋다. 웬만한 커피 전문점과 비교해도 부족하지 않을 만큼 맛이 괜찮다. 이른 아침에 열기 때문에 달콤한 크레이프와 함께 아침 식사를 즐겨도 좋다.

리칭 아웃 아츠 & 크래프츠
Reaching Out Arts & Crafts

호이안

▶ 2권 P.139

분주한 호이안 구시가지에 위치하고 있지만 안으로 들어가면 고요하고 차분한 분위기에 마음이 편안해지는 곳이다. 사회적기업이자 도자기를 파는 상점이지만 예쁜 찻잔에 질 좋은 차를 마실 수 있는 티 하우스도 겸하고 있다. 베트남에서 재배한 자스민차, 우롱차를 비롯해 3가지 맛을 즐길 수 있는 테이스팅 세트도 있다.

《커플》
마르그리트 뒤라스

베트남에서의 가난한 어린 시절, 중국인 남자와의 사랑을 섬세하게 묘사한 소설로 공쿠르상을 수상했다.

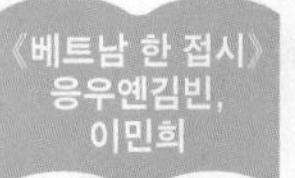

베트남 요리를 쉽게 풀어낸 푸드 에세이 베트남 사람이 들려주는 고향의 음식 이야기가 담겨 있다.

EXPERIENCE

☑ BUCKET LIST 09

가성비 vs 가심비

스파 & 마사지로 일상과 여행의 피로 풀기

스파와 마사지는 다낭, 호이안 여행에서 누릴 수 있는 행복한 특권이다. 저렴한 요금에 시원한 마사지를 받을 수 있는 스파가 셀 수 없이 많아 1일 1마사지는 필수다. 저렴한 중저가 마사지 숍은 물론 럭셔리한 고급 스파까지 다양하므로 선택의 폭이 넓다. 네일 아트, 페디큐어도 한국의 반값도 안 되는 값에 받을 수 있으니 나를 위한 작은 호사를 누려 보자.

스파 & 마사지 대표 종류 파악하기

스파와 마사지는 사용하는 재료와 도구, 마사지 받는 부위에 따라 종류가 매우 다양해 이용에 익숙하지 않은 사람에게는 이름부터 어려울 수 있다. 수많은 종류 중 가장 대표적인 것을 소개하니 프로그램 선택 시 참고해 보자.

허벌 마사지 Herbal Massage

허벌 볼Herbal Ball을 이용해 몸의 뭉친 근육을 풀어준다. 볼 안에 들어 있는 허브는 향도 좋지만 신진대사를 활발히 촉진하고 긴장된 근육을 이완시키며 스트레스를 완화해 주는 효과가 있다.

뱀부 마사지 Bamboo Massage

따뜻하게 데운 대나무를 굴리면서 그 압력으로 림프를 자극해 혈액 순환에 효과적이며 디톡스 효과가 있다. 천연 오일을 함께 사용하는데 보통 등과 다리, 팔에 이용하는 세러피다.

포 핸즈 마사지 4 Hands Massage

말 그대로 4개의 손으로 이루어지는 마사지로 2명의 세러피스트가 마사지를 해주어 만족도도 2배다. 마사지를 시작하기 전에 직접 고른 아로마 오일로 마사지를 하게 된다. 긴장 완화, 스트레스 해소, 뭉친 근육을 풀어 주는 데 효과적이다.

코코넛오일 마사지 Coconut Oil Massage

천연 코코넛오일을 이용해 뭉친 근육을 부드럽게 풀어 주는 마사지다. 코코넛오일에는 비타민 E와 중쇄 지방산 등이 함유되어 있어 피부 보습력을 높이고, 탄력 저하를 방지하는데 도움이 된다.

핫 스톤 마사지 Hot Stone Massage

따뜻하게 데운 돌로 긴장된 근육을 풀어 주는 마사지다. 보통 현무암으로 만든 스톤을 이용하는데 목과 등의 뭉친 근육을 부드럽게 만드는 데 효과적이며 디톡스 효과도 있다.

보디 랩 Body Wrap

자외선에 많이 노출된 피부에 즉각적인 수분 공급과 진정 효과를 주는 쿨링 랩 마사지다. 보통 신선한 알로에 베라Aloe Vera나 바나나 잎, 오이 등을 이용해 몸을 감싼다.

히말라얀 하트 스톤 마사지
Himalayan Heart Stone Massage

따뜻하게 데운 히말라야 소금 원석과 오일을 이용하는 전신 마사지로 긴장된 근육을 이완시키고 피부를 부드럽게 해준다. 히말라야 소금은 미네랄이 풍부해 피부 염증 완화에 효과적이다.

코코넛 스크럽 Coconut Scrub

코코넛을 이용해서 부드럽게 몸의 각질을 제거하고 수분과 영양을 채워 주는 스크럽이다. 코코넛은 세정 작용이 뛰어나고 보습력도 탁월해 받고 나면 촉촉해진 피부를 느낄 수 있다.

다낭 · 호이안의 인기 스파 & 네일 숍

다낭과 호이안에는 중저가 마사지 숍이 많고 고급 스파의 경우 대부분 호텔이나 리조트에서 운영한다. 네일 숍도 한국보다 저렴하다. 인기 있는 곳은 예약률이 높으니 사전에 예약하는 것이 좋다.

가성비 최고! 중급 스파 브랜드

엘 스파 L Spa

▶ 2권 P.088

미케 비치 부근에서 단연 압도적인 인기와 만족도를 자랑하는 곳이다. 합리적인 가격에 수준급의 마사지를 받을 수 있어 수년간 꾸준한 인기를 끌고 있다.

위치 다낭 **가격대** $$ **시설** ★★
예약 필수 **픽업/드롭** 불가능

골든 로터스 Golden Lotus

▶ 2권 P.089

다낭에서 꾸준히 호평받는 스파로 이국적인 인테리어와 쾌적한 시설, 실력 있는 마사지로 인기가 높다. 해피 아워 할인과 픽업 서비스 등을 제공해 다녀온 이들의 만족도가 더 높다.

위치 다낭 **가격대** $$ **시설** ★★★
예약 필수 **픽업/드롭** 가능

가든 1975 스파 The Garden 1975 Spa

▶ 2권 P.140

리조트 느낌이 물씬 풍기는 분위기 속에서 스파를 즐길 수 있는 곳. 깔끔한 시설과 마사지 실력도 좋고 픽업, 샌딩 서비스까지 제공해 편리하게 이동할 수 있다.

위치 호이안 **가격대** $$ **시설** ★★★
예약 필수 **픽업/드롭** 가능

가심비 최고! 최고급 스파 리조트

티아 웰니스 리조트 TIA Wellness Resort

▶ 1권 P.122

스파 마니아에게는 더없이 좋은 곳인데 그 이유는 하루 1번의 스파 코스가 숙박에 포함되어 있기 때문이다. 1일 1스파 외에도 요가, 태극권, 호흡 마스터 클래스 등 웰니스 액티비티도 다양하다. 수준 높은 실력과 전문적인 보디 · 페이셜 스파 메뉴를 갖추었다.

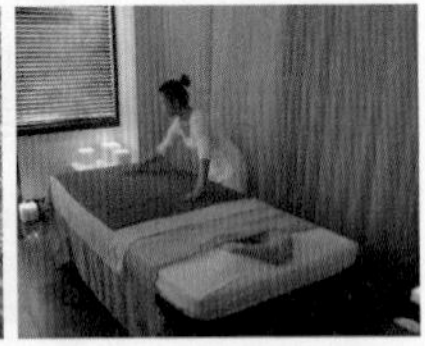

포시즌스 리조트 더 남하이 Four Seasons Resort The Nam Hai

▶ 1권 P.132

세계적인 고급 리조트 브랜드답게 스파 시설도 압도적이다. 호수에 떠 있는 것 같은 건축미가 돋보이는 스파 빌라에서 호화로운 스파를 경험할 수 있다. 천연 재료를 이용한 전신 마사지는 물론 어린이, 임산부를 위한 세러피까지 갖추고 있다.

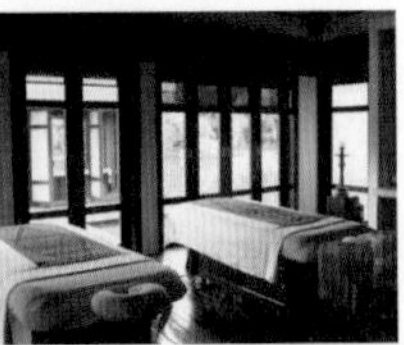

여행지에서 손과 발을 더 빛내 줄
네일 아트 & 페디큐어

다낭과 호이안 일대에는 네일 숍이 꽤 많은 편이다. 가격도 한국의 반값 정도로 저렴해 휴양지 분위기에 맞는 네일 아트와 페디큐어로 기분 전환하기 좋다. 대체로 한국보다 섬세함이나 퀄리티는 떨어지는 편이지만 실력이 좋은 곳은 한국과 큰 차이가 없다. 한국어가 가능한 곳도 있지만 100% 의사소통은 안 되기 때문에 본인이 원하는 디자인의 사진을 가져가면 편하다. 기본적인 네일, 페디와 오래 유지되는 젤 네일, 젤 페디가 있으며 프렌치, 아트, 그라데이션 등 아트 기법에 따라 가격이 추가된다. 보통 1~2시간 정도 소요되며 사전 예약을 추천한다.

타오 네일스 Thảo Nails ▶ 2권 P.088

다낭에서 손에 꼽는 인기 업소다. 젤 네일과 젤 페디가 대표 메뉴인데 그라데이션, 스톤, 자개 등 어떠한 디자인의 아트를 선택해도 추가 요금 없이 정찰제라는 점이 인기 비결이다.

TIP

고수처럼 스파를 즐기는 방법

① 선호하는 마사지 스타일 선택하기

대부분의 한국인 여행자는 강한 손맛의 마사지를 선호하지만 베트남 마사지는 기본적으로 강한 힘보다는 부드럽게 오일을 롤링하는 스타일에 가깝다. 그래서 만족도가 떨어진다는 후기가 많은 편이다. 메뉴를 선택할 때 타이 마사지, 아로마 오일 마사지, 딥 티슈 마사지 등을 선택하면 비교적 한국인 취향의 강한 마사지를 받을 수 있다. 무엇보다 시작하기 전에 자신이 원하는 마사지의 세기와 집중적으로 받고 싶은 부위를 정확하게 전달하는 것이 중요하다.

② 무료 서비스 적극 활용하기

워낙 많은 스파 업소가 있기 때문에 손님 유치를 위한 경쟁도 치열하다. 무료 픽업 및 드롭 서비스나 짐 보관 서비스는 물론 1+1 프로모션 등을 하는 곳이 많으니 적극적으로 이용해 보자.

③ 팁은 필수가 아닌 선택

스파에서 팁을 꼭 줘야 하는 것은 아니고 만족스러운 서비스를 받았을 때 자율적으로 주면 된다. 보통 현지 스파의 경우 US$2~3 또는 5~6만 동을 팁으로 주면 적당하다. 간혹 시간당 정찰제로 팁을 정해 놓고 지불해야 하는 곳도 있지만 보통은 팁을 주지 않아도 되니 부담 가질 필요 없다.

④ 어린이 마사지 유무 체크하기

업소에 따라 키즈 메뉴가 있는 곳도 있고 어린이도 성인 메뉴를 동일하게 받을 수 있는 곳도 있다. 오일을 사용하지 않는 타이 마사지나 발 마사지 정도는 어린이도 지루하지 않게 받을 수 있다. 너무 길지 않은 30~60분 정도가 적당하다. 별도의 놀이 공간을 마련해 놓은 곳도 있다. 또한 임산부를 위한 프로그램을 선보이는 곳도 있으니 잘 알아보고 선택하자.

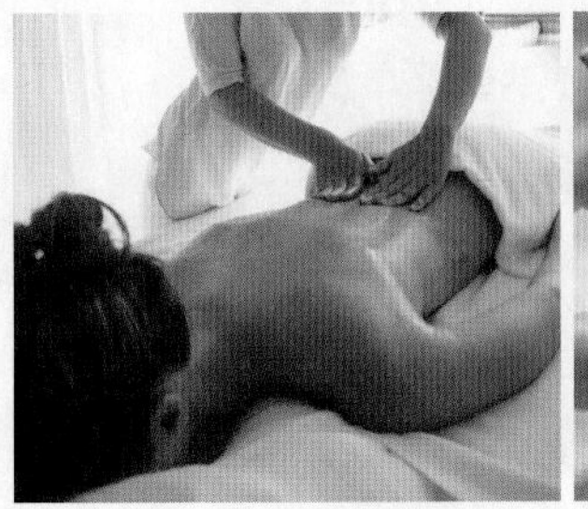

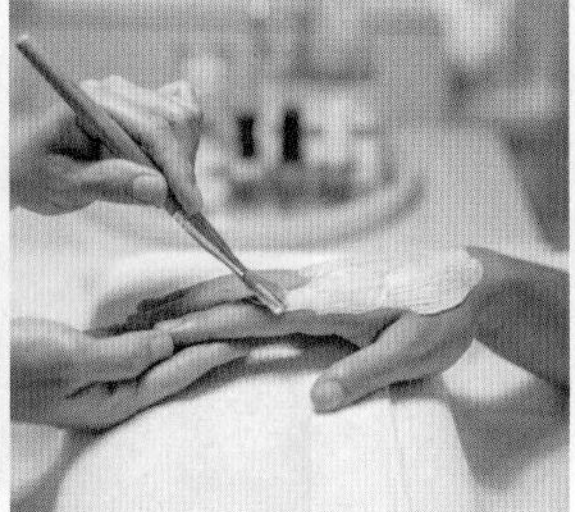

EXPERIENCE

☑ BUCKET LIST 10

현지 셰프와 함께!

쿠킹 클래스에서 베트남 요리 배우기

베트남 요리에 관심이 있다면 호이안 여행에서 반드시 쿠킹 클래스에 도전해 보자. 호이안에는 직접 요리를 배워 볼 수 있는 쿠킹 클래스가 다양하고 가격도 합리적이라 반나절 투어로 인기가 높다. 베트남 요리의 주재료를 배우는 것은 물론 요리에 자주 쓰이는 허브, 채소 등을 농장에서 관찰할 수 있고 내가 직접 요리를 만들고 차려서 먹는 식사까지 포함되어 알찬 시간을 보낼 수 있다.

쿠킹 클래스 과정 살펴보기

베트남에서 진행하는 대부분의 쿠킹 클래스는 현지 식재료를 직접 고르는 것부터 본격적인 조리법까지 생생하게 배운다. 한 번의 클래스로 3~4가지 베트남 요리를 마스터하고 레시피도 얻을 수 있다.

STEP 01 →

쿠킹 클래스 예약

인기 쿠킹 클래스의 경우 대부분 자체적으로 홈페이지를 운영해 쉽게 예약할 수 있다. 홈페이지에 나와 있는 쿠킹 클래스 내용과 시간, 요금을 확인하고 원하는 클래스를 선택한다. 그 다음 예약할 날짜와 이메일 등을 기입하면 예약이 완료된다.

ONLINE BOOKINGS

Please click on the button for your preferred tour and make payment with PayPal or your credit card.

Please consider to add US$2 to support our charity New Borns Vietnam in saving sick babies throughout the country. For further details visit www.newbornsvietnam.org

RED BRIDGE HALF DAY TOUR (8.15am to 1pm)

Please choose your option here:

Tour only $35.00 USD ▾

Book & Pay Now

RED BRIDGE DELUXE DAY TOUR (8am to 3pm)

Please choose your option here:

STEP 02 →

시장으로 이동

쿠킹 클래스는 보통 숙소로 픽업을 하거나 약속된 장소에서 만난 뒤 호이안 시장으로 이동하는 것으로 시작된다. 클래스 참가자들과 함께 호이안 시장을 돌아본다. 요리에 주로 쓰이는 현지 식재료에 대한 설명을 들으며 재료를 구입하기도 한다.

STEP 03 →

쿠킹 스쿨로 이동

시장 구경을 하며 현지 식재료에 대해 알아본 뒤에는 호이안 외곽에 위치한 쿠킹 스쿨로 이동한다. 보통 선착장에서 배에 탑승해 투본강을 따라 이동하는데 관광하는 기분으로 멋진 풍광을 감상하고 있으면 어느새 쿠킹 스쿨에 도착한다.

STEP 04 →

베트남 식재료 수업

전문적으로 운영하는 쿠킹 스쿨은 자체적으로 텃밭에서 키우는 허브와 채소 등을 재배하기도 한다. 베트남 요리에 주로 쓰이지만 우리에게는 생소한 허브들을 직접 볼 수 있다. 식재료에 대한 설명을 듣고, 직접 향도 맡아보면서 배우는 시간이다.

STEP 05 →

요리 실습

현지 셰프가 직접 요리하는 모습을 눈앞에서 보고 실습한다. 대부분 영어로 진행되지만 직접 보고 셰프가 중간중간 도와주며 함께 만들기 때문에 따라 하기 어렵지 않다. 레시피가 적힌 프린트물을 따로 주니 나중을 위해 잘 챙겨 두자.

STEP 06

완성 후 만찬

보통 베트남의 애피타이저인 고이꾸온, 짜조 등을 비롯해 여행자에게 친숙한 반쌔오, 분짜 등 3~4가지 요리를 만든다. 요리를 완성하면 마지막으로 클래스의 백미인 만찬이 시작된다. 직접 만든 요리들을 테이블에 풍성하게 차려 다 같이 먹는다.

한 번 배운다면! 인기 쿠킹 클래스

쿠킹 스쿨은 호이안 구시가지에서 벗어난 동쪽의 껌타인Cẩm Thanh 지역에 모여 있다. 요리 초보자라도 누구나 부담 없이 배우기 좋은 쿠킹 스쿨을 소개한다.

레드 브리지 레스토랑 & 쿠킹 스쿨
Red Bridge Restaurant & Cooking School

호이안에서 10년 넘게 쿠킹 클래스를 운영해 온 믿을 만한 쿠킹 스쿨이다. 클래스는 클래식과 디럭스 두 종류가 있는데 초보자라면 클래식 쿠킹 클래스를 추천한다. 오전 8시 15분과 오후 1시 수업이 있다. 먼저 호이안 시장에서 함께 장을 본 다음 배를 타고 강을 가로질러 이동한다. 허브 농장에서 베트남 요리에 쓰이는 허브에 대한 설명을 듣고 요리를 만들어 보는 식으로 진행된다. 직접 만든 요리와 레스토랑에서 나오는 요리를 포함해 풍성한 식사를 즐기면 수업이 마무리된다.

주소 Thon 4, Hội An, Quang Nam **문의** 0235 3933 222 **예산** 클래식 US$35, 디럭스 US$59 **홈페이지** www.visithoian.com

행 코코넛
Hang Coconut

가성비 좋은 현지 투어 업체로 저렴한 가격에 바구니 배, 쿠킹 클래스 체험이 가능하다. 카카오톡 또는 홈페이지를 통해 예약할 수 있고 코코넛 배와 함께 2가지를 한 번에 즐길 수 있는 투어 상품도 있다.

주소 Tổ 3 Thôn Vạn Lăng, Cẩm Thanh
문의 0983 275 297, 카카오톡 ID hangcoconut
예산 쿠킹 클래스 US$10
홈페이지 hangcoconut.com

그린 뱀부 쿠킹 스쿨
Green Bamboo Cooking School

주로 레스토랑에서 운영하는 쿠킹 스쿨과 달리 현지인의 가정집 같은 소박한 공간에서 진행해 베트남 가정식을 배우는 느낌이 더욱 생생하다. 왕복 픽업 서비스가 포함되어 편리하고 수업은 오전 8시에 시작해 오후 3시까지 진행된다.

주소 21 Trương Minh Hùng, Cẩm An, Hội An
문의 090 581 5600 **예산** 쿠킹 클래스 US$45
홈페이지 greenbamboo-hoian.com

EAT & DRINK

☑ BUCKET LIST 11

이것만은 꼭 먹어 보자!

로컬 음식으로 삼시 오끼 달성하기

베트남은 요리의 종류가 다양하고 한국인 입맛에도 잘 맞는 현지 음식도 많아 식도락가의 가슴을 설레게 만든다. 베트남의 많고 많은 음식 중 내 입맛에 딱 맞는 요리가 뭔지 알고 싶은 이들을 위해 "응온Ngon(맛있다)"이라는 소리가 절로 나올 로컬 음식들을 소개한다.

베트남 음식 입문하기

비기너 코스

베트남의 대표 요리 중에서 한국인 여행자의 입맛에 잘 맞는 요리를 살펴보자. 베트남 음식이 낯선 초보자를 비롯해 향신료를 꺼리는 사람, 아이와 부모님을 동반한 가족 여행자라도 무리 없이 먹을 수 있는 대표 요리를 소개한다.

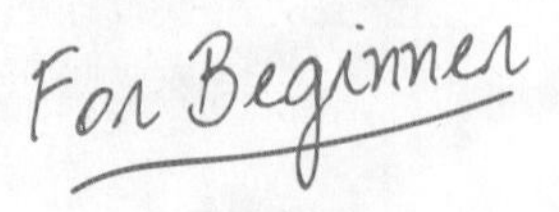

안 먹으면 서운해!
베트남 대표 요리

Appetizer

짜조 Chả Giò

베트남식 스프링 롤로 북부 지방에서는 냄Nem, 냄란Nem Rán이라고 부르기도 한다. 새우, 다진 돼지고기, 버섯, 당면 등을 라이스페이퍼로 말아 바삭하게 튀겨 느억맘Nước Mắm 소스나 칠리소스에 찍어 먹는다.

Appetizer

고이꾸온 Gỏi Cuốn

돼지고기, 새우, 채소, 약간의 쌀국수 등을 넣어 라이스페이퍼로 통통하게 감싸는 롤이다. 땅콩소스나 느억맘 소스에 찍어 먹으면 아삭거리는 식감과 소스의 맛이 어우러져 무척 맛있다. 담백하고 건강한 맛이다.

Appetizer

반콧 Bánh Khọt

붕따우Vũng Tàu 지역에서 즐겨 먹는 향토 음식이다. 동그란 틀에 기름을 두르고 쌀가루 반죽을 넣어 얇게 부친 다음 새우와 오징어, 돼지고기, 채소 등의 재료를 올려 튀겨 내는 미니 부침개로 한 입에 쏙 들어가는 사이즈다.

Appetizer

반봇록 Bánh Bột Lọc

바나나 잎으로 둘둘 말아 찐 베트남 스타일의 떡이다. 쫄깃한 피 안에 새우나 돼지고기, 버섯으로 만든 소가 들어간다. 현지인들은 주로 간단한 아침 식사나 간식으로 즐겨 먹는다.

Appetizer

고이두두 Gỏi Đu Đủ

얇게 채 썬 파파야에 돼지고기, 땅콩, 새우 등을 넣고 무쳐서 만든 베트남식 샐러드다. 파파야의 산뜻한 맛과 아삭한 식감, 새콤달콤한 양념이 어우러져 입맛을 돋워 준다.

Appetizer

라우무옹싸오또이
Rau Muống Xào Tỏi

공심채 또는 모닝글로리라 불리는 채소에 마늘과 기름, 간장을 넣고 센 불로 볶아 낸 채소볶음. 베트남 가정식의 기본 반찬으로 한국인 입맛에도 잘 맞는다.

냄루이 Nem Lụi

다진 돼지고기를 레몬그라스 줄기에 꼬치처럼 꽂아 숯불에 구운 요리다. 라이스페이퍼에 채소를 듬뿍 올리고 냄루이를 넣고 싸서 땅콩소스에 찍어 먹으면 맛있다.

껌스언 Cơm Sườn

베트남식 고기덮밥으로 밥 위에 채소, 달걀, 양념을 발라서 잘 구운 고기를 올린 요리다. 간단한 조합이지만 밥과 짭조름한 고기의 맛이 잘 어울린다.

껌가 Cơm Gà

중국의 영향을 받은 베트남식 치킨라이스다. 닭 육수를 사용해 찹쌀과 멥쌀로 밥을 짓고 그 위에 닭고기를 잘게 찢어 올린다. 튀긴 닭고기를 올리는 껌가도 있다.

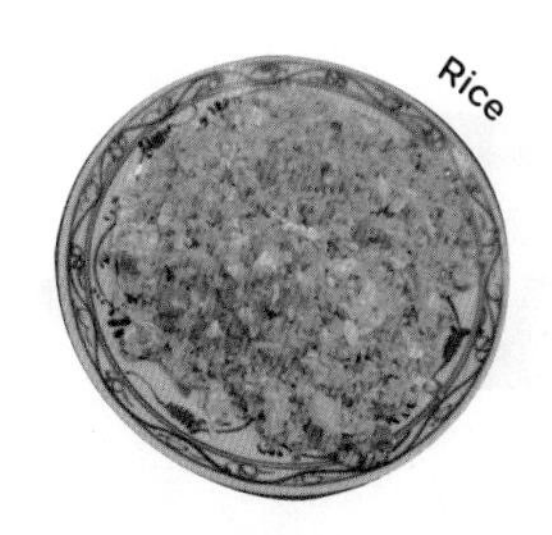

껌찌엔 Cơm Chiên

베트남에서 흔히 먹을 수 있는 볶음밥으로 찰기가 없는 쌀로 지은 밥을 볶아서 만들기 때문에 밥알이 살아 있다. 닭고기, 달걀, 새우, 해산물 등을 넣어 볶는다.

퍼 Phở

베트남의 대표 음식인 쌀국수로 소고기를 넣으면 '퍼보', 닭고기를 넣으면 '퍼가'라고 한다. 쌀국수의 시작은 하노이로 알려져 있으며 지역에 따라 재료와 맛이 다양하다.

분짜까 Bún Cha Ca

베트남식 어묵 국수로 중부 지역에서 주로 먹는다. 여러 종류의 어묵과 토마토, 채소를 넣어 끓인 후 면을 말아준다. 시큼하면서도 매콤한 국물 맛이 특징이다.

분팃느엉 Bún Thịt Nướng

구운 고기를 뜻하는 '팃느엉'과 국수를 뜻하는 '분'이라는 이름에서 알 수 있듯이 국수에 잘 구운 고기를 올려서 국물 없이 비벼 먹는다. 차가운 면과 아삭아삭한 채소, 잘 구운 고기의 조합이 좋다.

분보남보 Bún Bò Nam Bọ

국물 없이 비벼 먹는 국수로 부드러운 국수 위에 채소와 허브, 소고기, 땅콩을 듬뿍 올리고 느억맘 소스, 식초, 라임 등을 뿌려서 비벼 먹는다. 고소한 맛과 아삭한 식감이 매력적이다.

반깐 Bánh Canh

밀가루, 쌀가루에 타피오카 가루를 혼합해 만든 면발이 보통의 국수보다 두툼하면서 쫀득쫀득한 것이 특징이다. 담백한 육수에 새우, 돼지고기, 생선 등의 고명을 올려서 먹는다.

팃코띠에우 Thịt Kho Tiêu

간장으로 조린 달짝지근한 돼지고기조림으로 돼지 갈비찜과 비슷한 맛이다. 보통 흰쌀밥이 곁들여 나오니 밥과 반찬처럼 먹으면 된다.

반짱꾸온팃해오 Bánh Tráng Cuốn Thịt Heo

'반짱'은 라이스페이퍼, '꾸온'은 말다, '팃해오'는 돼지고기라는 뜻으로 잘 삶은 돼지고기를 각종 채소, 양념장과 함께 라이스페이퍼에 싸서 먹는다. 수육과 흡사한 맛으로 담백하고 맛있다.

분짜 Bún Chả

숯불에 구워 낸 돼지고기와 다진 완자를 쌀국수, 허브, 채소와 함께 새콤달콤한 소스에 푹 찍어 먹는 요리다. 숯불 향의 고기와 달콤한 소스가 잘 조화되어 무척 맛있다. 퍼와 함께 한국인이 가장 좋아하는 요리로 꼽힌다.

반미 Bánh Mì

프랑스의 영향을 받은 베트남식 샌드위치로 바게트 빵에 햄, 고기, 치즈, 각종 채소 등을 넣고 소스를 뿌려 먹는다. 베트남 전역에서 맛볼 수 있는데 지역마다, 가게마다 들어가는 재료가 천차만별이다. 저렴하면서도 든든한 한 끼 식사로 그만이다.

현지인의 한마디

'느억Nước'은 물, '맘Mắm'은 생선이나 고기로 만든 젓갈을 뜻하는 말이에요. 느억맘에 다진 마늘, 설탕, 식초, 고추 등을 넣은 느억맘 소스는 베트남 요리에 자주 곁들여져 나와요. 새콤하면서도 짭짤한 맛이 입맛을 확 살려 주는데 특히 짜조, 반쌔오 같은 기름에 튀긴 요리를 찍어 먹으면 찰떡궁합입니다.

BEST PICK 베스트 맛집

벱헨
Bếp Hên
▶ 2권 P.061

반깐 응아
Bánh Canh Nga
▶ 2권 P.066

미꽝 꾸에쓰어
Mỳ Quảng Quê Xưa
▶ 2권 P.069

흐엉 박 꽌
Hương Bắc Quán
▶ 2권 P.064

Local Special

눈도장 쾅! 베트남 중부의 명물 요리

미꽝 Mì Quảng 다낭 SPECIAL

중부를 대표하는 국수로 쌀로 만든 두껍고 넓적한 면에 고기, 해산물, 채소, 견과류 등을 올리고 돼지뼈, 소뼈를 우린 육수를 조금 부어 비벼 먹는다. 국물이 많지 않은 것이 특징이고 고소하면서도 담백한 맛이 자꾸 입맛을 당긴다.

반쌔오 Bánh Xèo 다낭 SPECIAL

달걀에 찹쌀가루와 쌀가루, 강황 가루를 넣어 반죽한 뒤 얇게 부쳐 반으로 접고 그 안에 숙주와 구운 새우, 볶은 돼지고기 등을 넣는다. 반쌔오와 같이 나오는 라이스페이퍼에 각종 허브를 넣고 싸서 소스를 찍어 먹으면 아삭하면서도 맛있다.

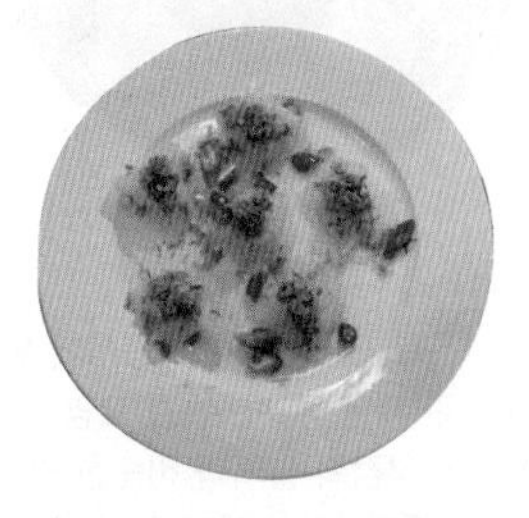

까올러우 Cao Lầu 호이안 SPECIAL

호이안의 명물 요리로 우동처럼 두툼한 면발을 사용한다. 삶은 면 위에 채소, 허브, 돼지고기, 튀김 등을 고명으로 올려서 비벼 먹는데 국물이 거의 없는 것이 특징이다. 미꽝이랑 비슷한 듯 또 다른 맛으로 현지인들은 아침으로도 즐겨 먹는다.

반바오반박 Bánh Bao Bánh Vạc 호이안 SPECIAL

멥쌀 반죽으로 만든 피에 새우 살과 돼지고기를 넣고 만두처럼 빚어내는데 피가 얇고 투명한 것이 특징이다. 바삭하게 튀긴 양파나 샬롯, 마늘, 파 등을 올려 새콤달콤한 소스와 곁들인다. 하얀 꽃 모양과 비슷해 화이트 로즈White Rose라고도 부른다.

현지인의 한마디

향이 강해서 호불호가 나뉘는 향채인 고수는
베트남어로 '라우 응오Rau Ngò'라고 해요.
고수를 빼달라고 하려면
"콩 쪼 라우 응오Không cho rau ngò"라고 말하세요.

호안탄 Hoành Thánh 호이안 SPECIAL

베트남식 튀긴 완탕으로, 라이스페이퍼를 바삭하게 튀겨 새우, 다진 고기, 토마토, 양파, 고수 등을 얹고 소스를 뿌려 먹는다. 과자같이 바삭바삭한 식감과 곁들여진 고명 맛이 어우러져 애피타이저로 좋고 맥주 안주로도 제격이다.

반코아이 Bánh Khoái 후에 SPECIAL

후에 지역에서 즐겨 먹는 요리로 쌀가루 반죽 위에 채소, 새우 등을 넣고 기름에 부쳐서 만든다. 우리의 부침개와 비슷한데 곁들여져 나오는 채소와 함께 소스에 찍어 먹는다. 반쌔오와 비슷하지만 조금 더 작은 크기라 먹기 편하다.

반배오 Bánh Bèo 후에 SPECIAL

곱게 간 쌀가루로 만든 반죽을 종지에 넣고 쪄 낸 후 그 위에 말린 새우, 실파, 튀긴 고명 등을 올려서 먹는다. 촉촉한 식감의 쌀떡과 비슷한 맛으로 한 숟가락씩 떠먹기 좋다. 여러 개가 함께 나와 에피타이저로 맛보기 좋다.

분보후에 Bún Bò Huế 후에 SPECIAL

후에 지역을 대표하는 국수로 소뼈를 오래 끓여 진한 육수를 낸 다음 토마토, 레몬그라스, 고수, 매운 고추 등을 넣고 고기의 특수 부위, 내장, 선지, 편육 등을 듬뿍 올린다. 국물이 매콤해 한국인 입맛에도 잘 맞는 편이다.

BEST PICK 베스트 맛집

미꽝 1A
Mì Quảng 1A
▶ 2권 P.066

반쌔오 바즈엉
Bánh Xèo Bà Dưỡng
▶ 2권 P.062

봉홍짱
Bông Hồng Trắng
▶ 2권 P.125

분보후에
Bún Bò Huế
▶ 2권 P.165

베트남 음식 어디까지 먹어 봤니?

마스터 코스

베트남 음식에 일가견이 있는 미식가나 낯선 음식에 도전할 용기가 있다면 베트남의 이색 요리를 경험해 보자. 생소한 재료와 모양새에 거부감이 들지만 그동안 몰랐던 맛을 느끼게 될 것이다.

For Master

난이도 최상! 베트남 이색 요리

조일런 Dồi Lợn

베트남식 순대와 고기 특수 부위를 푹 삶아서 함께 내온다. 우리의 순대 맛과 비슷하며 음식점에 따라 곱창까지 같이 주는 곳도 있다. 의외로 잡내가 나지 않으며 담백하고 고소하다.

짜올롱 Cháo Lòng

베트남식 돼지 내장 죽이다. 한국인에게 익숙한 순대, 간, 선지, 곱창 등이 하얀 죽에 들어가는데 돼지 혀, 심장 등 특수 부위가 곁들여져 나오는 곳도 있다. 베트남 사람들이 아침으로 즐겨 먹는다.

미엔르언 Miến Lươn

뱀장어를 듬뿍 넣은 국수로 기력 충전을 위해 먹는 일종의 보양 국수라고 할 수 있다. 장어 뼈를 오래 끓여 육수를 내고 당면과 뱀장어를 넣는데 음식점에 따라 튀긴 뱀장어, 고수 등을 올리기도 한다. 비주얼은 다소 낯설지만 의외로 맛이 깔끔하다. 국물이 없는 국수도 있다.

분더우맘똠 Bún Đậu Mắm Tôm

한국의 홍어, 중국의 취두부에 대적할 만한 초고난이도 음식이다. 맘똠Mắm Tôm은 새우를 절여 만든 젓갈류의 소스인데 코를 찌르는 역한 냄새 때문에 호불호가 많이 갈린다. 진한 맘똠 소스에 같이 나오는 두부, 국수, 튀김 등을 찍어 먹으면 된다. 맘똠 소스에 떠 있는 기름은 잘 저어서 섞은 다음 먹는다.

짜깔라봉 Chả Cá Lã Vọng

민물생선을 각종 허브, 채소와 함께 볶은 후 쌀국수와 땅콩, 소스 등을 곁들여 먹는 요리로 북부 하노이 지역에서 즐겨 먹는다. 보통 살이 쫄깃한 가물치와 익힌 채소를 함께 먹는데 맘똠과 곁들이기도 한다. 허브 향과 민물고기 특유의 향 때문에 호불호가 나뉜다.

분맘 Bún Mắm

'분'은 국수, '맘'은 젓갈을 뜻하니 한마디로 젓갈 국수라고 할 수 있다. 젓갈로 맛을 낸 육수를 부어 국물이 자박하게 있는 것과 삶은 면에 젓갈 소스를 듬뿍 올려 비벼 먹는 것으로 나뉜다. 짭조름한 젓갈 맛이 묘하게 매력적이며 땅콩, 돼지고기튀김 등을 고명으로 올리는 곳도 있다.

BEST PICK 베스트 맛집

분목 짜올롱 하노이
Bún Mọc Cháo Lòng Hà Nội

작고 소박한 현지 짜올롱 맛집이다. 돼지 내장을 넣은 죽 짜올롱과 베트남식 순대 조일런을 맛볼 수 있다. 짜올롱은 의외로 잡냄새가 없이 담백해서 아침으로 제격이다. 호불호 없는 음식으로는 닭죽인 짜오가Cháo Gà가 있다. 현지 식당답게 가격도 저렴하니 2~3가지 메뉴를 주문해 독특한 현지의 맛을 즐겨 보자.

가는 방법 신한은행 다낭점에서 도보 4분
주소 48 Lê Đình Dương, Phước Ninh, Hải Châu, Đà Nẵng
문의 097 557 5357
영업 06:30~21:00
예산 짜올롱 2만 동

흐엉 박 꽌
Hương Bắc Quán

로컬 맛집으로 강렬한 향의 젓갈 소스 맘똠Mắm Tôm을 경험할 수 있는 곳이다. 쌀국수와 두부 튀김, 어묵, 고기 등의 재료와 맘똠 소스가 같이 나오는 분더우멧Bún Đậu Mẹt을 주문하면 된다. 맘똠 소스에 설탕, 라임, 마늘 등을 넣고 충분히 잘 섞으면 특제 소스 완성. 냄새 때문에 호불호가 갈리는 음식이니 도전 정신이 강하다면 시도해 보자.

가는 방법 한 시장에서 도보 4분
주소 59 Đống Đa, Thạch Thang, Hải Châu
문의 0812 466 666
영업 09:30~22:00 **예산** 분더우멧 3만 5,000동, 냄 4만 5,000동

미엔르언 하이훙
Miến Lươn Hai Hùng

현지인이 인정하는 뱀장어국수 맛집이다. 국물이 있는 것과 없는 것으로 나뉘는데 초보자라면 국물이 있는 미엔르언을 추천한다. 육수는 의외로 깔끔하고 당면, 푹 익은 뱀장어까지 잘 어울려 비주얼과 달리 담백한 맛을 낸다. 짜오르언Cháo Lươn을 시키면 국수가 아니라 뱀장어를 올린 부드러운 죽이 나오니 취향에 맞게 주문해 보자.

가는 방법 참 조각 박물관에서 도보 10분 **주소** 128-142 2 Tháng 9, Hòa Thuận Đông, Hải Châu, Đà Nẵng
문의 090 548 8039
영업 06:00~21:00
예산 미엔르언 2만 5,000동~

막힘 없이 현지인처럼

식당 이용하기

외국인 입맛에 맞추지 않은 진짜 로컬 음식들을 경험하고 싶다면 로컬 식당에 도전해 보는 것도 색다른 경험이 된다. 현지 문화를 미리 알아 두면 기본 예의를 지키는 데 도움이 되니 참고하자.

STEP 01 공짜가 아닌 것들

테이블에 기본 소스 외에도 물티슈, 빵, 바나나 잎으로 싸 놓은 주전부리 등 주문하지 않은 것들이 세팅된 경우가 있다. 무료 서비스로 착각하기 쉽지만 대부분 유료다. 참고로 로컬 식당에서 무료로 주는 물이나 얼음 등은 먹고 탈이 날 수 있으니 유료의 생수를 시켜 먹는 게 안전하다.

STEP 02 종업원을 부를 때 쓰는 말

한국인 여행자 중 '앰어이Em ơi'라는 말을 '여기요'라는 뜻으로 잘못 알고 쓰는 경우가 많다. 여기서 '앰Em'은 나보다 나이가 어린 사람을 가리키는 말로 '동생'이라는 뜻이어서 적절한 표현이 아니다. 종업원이 여성이라면 '찌어이Chi ơi', 남성이라면 '아인어이Anh ơi'라고 부르도록 하자.

STEP 03 꼭 지켜야 할 식사 예절

베트남 음식 문화 중 쌀국수나 면 요리를 먹을 때 그릇에 입을 대고 국물을 마시는 것은 자칫 예의가 없는 행동으로 보일 수 있다. 또 젓가락으로 밥그릇을 두드리면 주변에 있는 배고픈 귀신을 불러 모은다는 뜻이니 주의하자.

STEP 04 현금 준비, 팁은 생략해도 OK

현지 식당에서 카드 결제가 안 되거나 3~5%의 수수료를 내야 하는 곳도 많으니 현금을 준비해 가자. 고급 식당에서는 부가 가치세VAT 10%와 서비스 요금 5%가 별도로 부과되기도 한다. 대부분의 로컬 식당에서는 팁에 신경 쓰지 않아도 된다.

현지인의 한마디

대부분의 로컬 식당에는 테이블마다 각종 소스가 준비되어 있어요.
칠리소스, 간장, 식초 등의 소스와 고추, 라임 등이 적게는 1~2개,
많게는 6~7개 정도 준비되어 있으니 입맛에 맞게 첨가해 먹어 보세요.
훨씬 더 맛있게 음식을 즐길 수 있답니다.

사진이 없어도 알 수 있다

메뉴판 파헤치기

베트남 요리 이름은 대부분 주재료와 조리법이 조합된 단어가 많다. 현지인이 즐겨 찾는 식당에는 영어 메뉴판이 없는 곳이 많으니 자주 쓰이는 단어만 알아 두어도 도움이 된다.

이름 속에 재료가 보인다

Bò
[보] 소고기
분**보**남보

Heo/Thịt
[해오/팃] 돼지고기
껌**해오**

Gà
[가] 닭고기
껌**가**

Vịt
[빗] 오리고기
짜오**빗**

Xíu Mại/Viên
[씨우마이/비엔] 미트볼
반미**씨우마이**

Hải Sản
[하이산] 해산물
껌찌엔**하이산**

Cá
[까] 생선
분짜**까**

Tôm
[똠] 새우
반**똠**

Cua
[꾸어] 게
반다**꾸어**

Mực
[믁] 오징어
꼬이**믁**

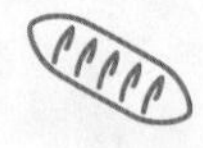

Bánh Mì
[반미] 바게트
반미팃

Phở/Bún
[퍼/분] 쌀국수
퍼보/**분**짜

Cơm
[껌] 밥
껌찌엔

Mì/Miến
[미/미엔] 국수
미꽝

Trứng
[쯩] 달걀
껌승**쯩**

조리법을 나타내는 말

Nướng [느엉] 굽다	**Luộc** [루옥] 데치다, 삶다	**Hầm** [험] 푹 고다
Rán/Chiên [란/찌엔] 튀기다	**Xào/Chiên/Rang** [싸오/찌엔/랑] 볶다	**Hấp** [헙] 찌다
Chả [짜] 완자 요리	**Gói** [고이] 무치다(샐러드)	**Cuộn** [꾸온] 말이

메뉴명 제대로 알고 먹기

Menu

Pho / Bun
쌀국수

Phở Gà 퍼가
쌀국수[퍼]+닭고기[가]=
닭고기 쌀국수

Bún Chả Cá 분짜까
쌀국수[분]+완자[짜]+생선[까]=
어묵 국수

Phở Bò 퍼보
쌀국수[퍼]+
소고기[보]=
소고기 쌀국수

Bún Tôm 분똠
쌀국수[분]+새우[똠]=
새우 국수

Banh Mi
반미

Banh Mì Thịt 반미팃
바게트[반미]+돼지고기[팃]=
돼지고기가 들어간 바게트 샌드위치

Bánh Mì Xíu Mại 반미씨우마이
바게트[반미]+미트볼[씨우마이]=
미트볼이 들어간 바게트 샌드위치

Bánh Mì Đậu Hũ 반미더우후
바게트[반미]+두부[더우후]=
두부가 들어간 바게트 샌드위치

Goi
샐러드

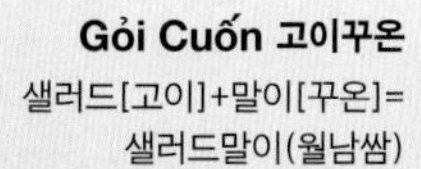

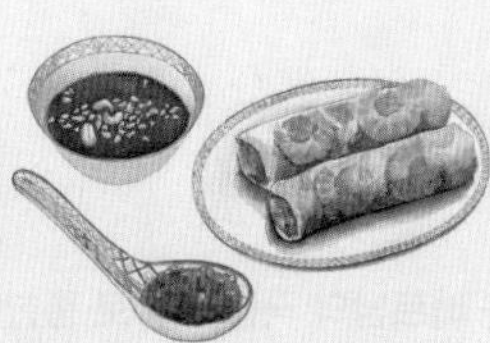

Gỏi Cuốn 고이꾸온
샐러드[고이]+말이[꾸온]=
샐러드말이(월남쌈)

Com
밥

Cơm Trắng 껌짱
밥[껌]+흰[짱]=흰쌀밥(공깃밥)

EAT & DRINK

☑ BUCKET LIST 12

소박하지만 든든한 한 끼

베트남 쌀국수 더 맛있게 먹기

쌀국수 퍼Phở는 베트남의 국민 국수로 통한다. 최근에는 한국에서도 베트남 음식이 보편화되면서 마니아가 늘어 가는 추세다. 베트남에서는 한국과는 차원이 다른 원조의 맛과 놀랄 만큼 저렴한 가격에 퍼를 즐길 수 있다. 다양한 퍼의 종류와 더 맛있게 즐길 수 있는 비법을 공개한다.

퍼 메뉴 TOP 3

퍼는 베트남에서 제일 흔하게 먹을 수 있는 메뉴이며 가장 유명한 지역은 북부의 하노이이다. 파를 많이 넣고 국물이 진한 북부식, 숙주를 많이 넣고 국물이 깔끔한 남부식으로 나눌 수 있다. 들어가는 재료에 따라 퍼의 종류도 다양한데 그중 베스트를 꼽아보았다.

퍼보 Phở Bò

퍼 중에서 가장 사랑받는 메뉴 1위는 소고기 쌀국수인 퍼보다. 맑은 소고기 육수에 국수, 고기, 채소, 향채를 듬뿍 넣어서 먹는데 담백하면서도 든든한 한 끼 식사로 그만이다. 소고기의 부위와 익힘 정도에 따라 퍼보의 종류도 다양하게 나뉜다. 한국인 입맛에도 잘 맞아 인기가 많다.

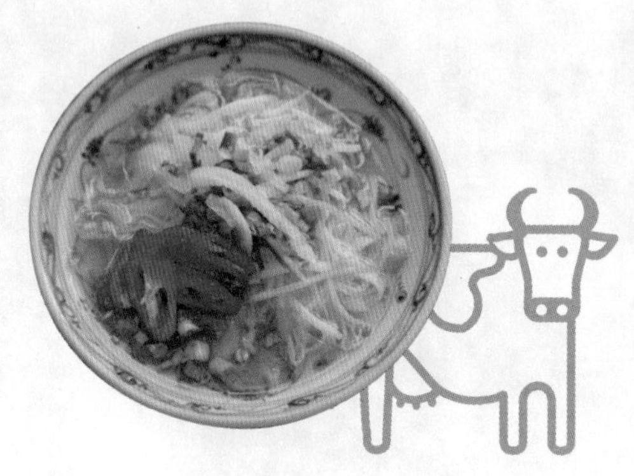

퍼가 Phở Ga

가Gà는 닭고기를 뜻하며 퍼보만큼이나 현지인들이 즐겨 먹는 닭고기 국수다. 닭을 푹 고아서 만드는 닭 육수에 닭고기가 곁들여 나오며 깔끔한 맛이 매력이다.

퍼해오 Phở Heo

해오Heo는 돼지고기를 뜻하며 돼지고기 육수에 국수, 돼지고기 완자나 고기 등이 곁들여 나온다.

TIP

퍼, 어디서 왔을까?

흔히 우리가 생각하는 베트남 쌀국수는 퍼라고 보면 된다. 쌀국수의 유래는 여러 설이 있으나 19세기 프랑스가 베트남을 지배할 당시 소고기와 소뼈를 채소 등과 함께 고아서 만든 프랑스식 스튜 포토푀Pot au Feu의 영향을 받았고 여기에 베트남의 쌀로 만든 국수가 접목되어 탄생했다는 설이 유력하다.

BEST PICK 베스트 맛집

퍼 홍
Phở Hồng
▶ 2권 P.067

퍼 비엣
Phở Việt
▶ 2권 P.069

퍼 뚱
Phở Tùng
▶ 2권 P.128

쌀국수 맛있게 먹는 법

쌀국숫집에는 기본적으로 테이블마다 여러 가지 소스가 준비되어 있고 쌀국수에 곁들여 먹기 좋은 향채도 수북하게 내어준다. 내 입맛에 맞게 소스와 이국적인 향채를 조금씩 넣어 맛보면서 베트남 현지의 쌀국수를 경험해 보자.

STEP 01 라임(짜인Chanh)과 고추로 매콤새콤하게

베트남에서 요리와 함께 자주 나오는 것이 라임이다. 레몬과 비슷한데 음식에 라임즙을 뿌리면 새콤한 맛이 더해져 느끼함을 줄여 주고 입맛을 돋운다. 맵기로 유명한 베트남 고추를 적당히 넣으면 칼칼한 맛도 즐길 수 있다. 그밖에 절인 마늘, 샬롯, 양파 등이 함께 나오기도 한다.

STEP 02 입맛에 맞게 소스 넣기

테이블 위에 다양한 소스를 준비해 두어 입맛에 맞게 넣어 먹을 수 있다. 매콤한 칠리소스 뜨엉엇Tương Ớt, 짭짤하면서도 단맛이 나는 해선장 소스 뜨엉댄Tương Đen, 베트남 간장 느억뜨엉Nước Tương, 고추기름 뜨엉사떼Tương Ớt Sa Tế, 절인 마늘 등을 기본적으로 갖추고 있다.

STEP 03 반꾸어이Bánh Quẩy를 국물에 불려 먹기

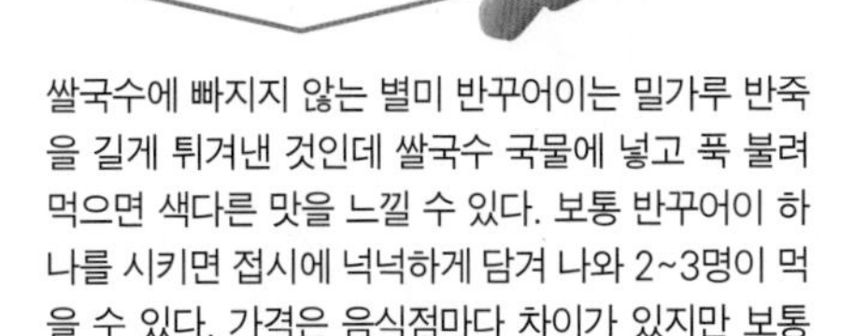

쌀국수에 빠지지 않는 별미 반꾸어이는 밀가루 반죽을 길게 튀겨낸 것인데 쌀국수 국물에 넣고 푹 불려 먹으면 색다른 맛을 느낄 수 있다. 보통 반꾸어이 하나를 시키면 접시에 넉넉하게 담겨 나와 2~3명이 먹을 수 있다. 가격은 음식점마다 차이가 있지만 보통 4,000~1만 동 정도로 저렴하다.

STEP 04 숙주와 향채를 듬뿍!

쌀국수집마다 조금씩 다르지만 보통 접시 한가득 향채와 살짝 데친 숙주가 함께 나온다. 쌀국수에 푸짐하게 넣어 먹으면 또 다른 풍미를 즐길 수 있다. 향채는 종류마다 향이 다르다. 향채 향이 너무 강해 거부감을 느껴 쌀국수를 제대로 즐기지 못할 수 있으니 조금씩 넣어 맛을 보고 취향에 맞는지 확인하자.

쌀국수의 맛을 더욱 살리는 향채 종류

라우응오 Rau Ngò

우리가 흔히 고수라고 부르는 향채로 강한 향 때문에 호불호가 심하게 나뉜다. 고수가 싫다면 '콩쪼라우응오Không cho rau ngò'라고 고수를 빼달라고 말하자.

라우무이따우 Rau Mùi Tàu

쌀국수를 시킬 때 가장 흔하게 곁들여져 나오는 향채로 길쭉하고 끝이 뾰족한 잎이 특징이다. 고수와 비슷한 향이 살짝 난다.

홍꾸에 Húng Quế

바질Basil과의 향채로 쌀국수에 빠지지 않으며 줄기는 약간 보랏빛이 돈다. 향이 그리 강하지 않아서 외국인도 거부감 없이 먹을 수 있다.

EAT & DRINK

☑ BUCKET LIST **13**

로컬 음식의 매력!

아침부터 밤까지 현지의 맛 탐구하기

베트남은 현지 음식의 종류가 다양하게 발달해 호기심 많은 미식가에게는 더없이 좋은 식도락의 천국으로 통한다. 현지인이 아침으로 즐겨 먹는 독특한 메뉴부터 시작해 늦은 밤 야식으로 즐기는 별미 음식까지! 삼시 세끼로는 부족한 베트남 현지 음식의 매력에 빠져 보자.

현지인의 아침 메뉴

호텔의 뷔페식 조식도 좋지만 베트남 사람들이 매일 먹는 현지식 아침 식사를 경험해 보고 싶은 이들이라면 주목하자. 보내, 반꾸온 등 베트남 사람들이 아침 식사로 즐겨 먹는 이색적인 음식에 도전해 보자.

보내 Bò Né

베트남 사람들이 아침으로 즐겨 먹는 요리로 영양가 높은 아침 식사를 즐길 수 있다. 소고기를 뜻하는 '보Bò'라는 이름에서 알 수 있듯이 철판 위에 두툼한 소고기와 완자, 달걀, 채소 등을 올린 베트남식 철판 스테이크다. 뜨겁게 달군 철판에 담아 따뜻하게 먹을 수 있고 반미를 곁들여 더욱 푸짐하다.

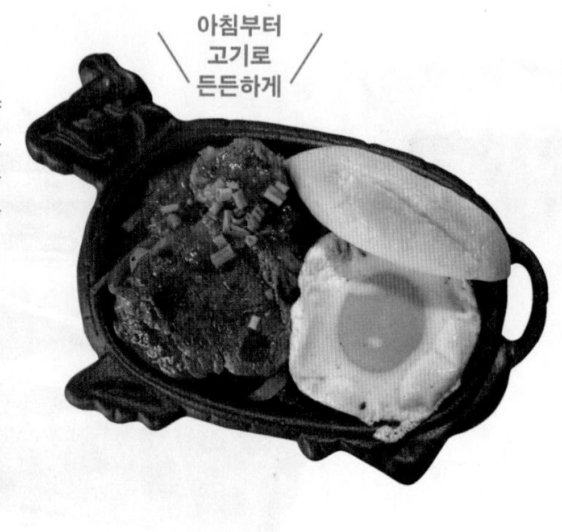

아침부터 고기로 든든하게

현지인의 한마디

보내를 더 맛있게 먹고 싶다면 옥수수 우유인 스어밥Sữa Bắp을 주문하세요. 부드럽고 달콤한 옥수수 우유와 함께 먹으면 더 꿀맛이랍니다.

BEST PICK 베스트 맛집

보내 꾸옥민 Bò Né Quốc Minh

다낭에서 보내를 경험하고 싶다면 이곳을 추천한다. 매일 아침 베트남식 스테이크 보내를 맛보려는 이들로 북적거린다. 아침에만 문을 여니 서둘러 가는 것이 좋다. 지글지글 맛있는 소리와 함께 든든한 아침을 맛보자.

가는 방법 한 시장에서 도보 6분
주소 28 Phan Đình Phùng, Hải Châu 1, Hải Châu, Đà Nẵng
문의 0236 3812 962
영업 06:00~11:00
예산 보내 7만 동

반꾸온 띠엔흥 Bánh Cuốn Tiến Hưng

베트남 사람들이 아침으로 자주 먹는 반꾸온으로 승부하는 로컬 맛집이다. 부드럽고 촉촉한 쌀가루 반죽에 고기, 버섯과 바삭하게 튀긴 샬롯을 고명으로 올리는데 묘하게 중독성 있는 맛이라 계속해서 먹게 된다.

가는 방법 한 시장에서 도보 8분
주소 190 Trần Phú, Phước Ninh, Hải Châu, Đà Nẵng
문의 0236 3825 292
영업 06:00~22:00
예산 반꾸온 3만 5,000동~

껌떰 발랑 Cơm Tấm Bà Lang

규모는 작지만 손님이 끊이질 않는 맛집이다. 현지인은 물론 여행자 사이에서도 입소문이 나기 시작해 찾는 이가 많다. 껌스언이 대표 메뉴인데 잘 구운 돼지갈비와 달걀, 소시지 등 원하는 구성으로 주문할 수 있다.

가는 방법 한 시장에서 도보 6분, 티라운지 맞은편 **주소** 120 Yên Bái, Phước Ninh, Hải Châu, Đà Nẵng
문의 0772 599 599
영업 09:00~21:00
예산 껌떰 3만 5,000동~

껌떰 Cơm Tấm

베트남 사람들이 가장 즐겨 먹는 밥 메뉴로 밥과 반찬을 한 접시에 담아 내어준다. 메인 반찬에 따라 여러 종류가 있지만 그중 돼지갈비를 올린 껌스언Cơm Sườn이 가장 인기있다. 여기에 달걀, 채소 등을 더 올리기도 한다. 단순한 조합이지만 달짝지근하게 양념한 돼지갈비의 맛은 한국인 여행자의 입맛에도 잘 맞는다.

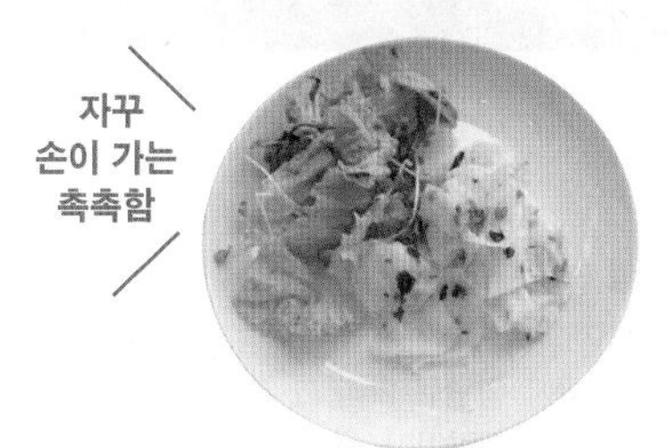

반꾸온 Bánh Cuốn

쌀가루 반죽에 고기를 넣어 찐 음식이다. 베트남 사람들이 아침 식사로 즐겨 먹는데 촉촉한 반죽에 바삭한 고명이 잘 어울려서 자꾸만 손이 가는 맛이다. 부드러운 식감과 맛 때문에 아침으로 먹기 부담 없다.

TIP

아침에 먹어도 좋은 베트남 대표 음식

① **베트남의 국민 국수, 퍼**Phở

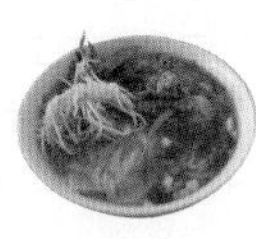

쌀국수는 베트남 사람들이 아침 식사로 즐겨 먹는 음식이다. 담백한 육수로 만든 쌀국수에 소고기를 넣은 퍼보, 닭고기를 넣은 퍼가 등이 있다.

② **쫀득한 국수 맛이 일품, 반깐**Bánh Canh

베트남 남부 지역에서 특히 즐겨 먹는 아침 메뉴로 쫀득쫀득한 국수의 면발이 독특하다. 생선, 새우, 돼지고기 등 다양한 재료를 육수, 고명으로 이용한다.

아침 식사하기 좋은 시장

01 꼰 시장 Chợ Cồn ▶ 2권 P.084

다낭에서 현지인의 생활상을 가까이에서 보고 싶다면 꼰 시장을 추천한다. 꼰 시장 안팎으로 먹거리가 넘쳐 나는데 실내로 들어가면 푸드 코트처럼 현지 음식을 파는 작은 상점이 모여 있다. 이곳에서 로컬 음식을 저렴하게 맛볼 수 있으니 시장에서 아침을 먹고 싶다면 찾아가 보자.

02 호이안 시장 Chợ Hội An ▶ 2권 P.136

호이안 시장에서 가장 활기가 넘치는 시간은 아침이다. 시장 밖은 신선한 채소와 과일 등을 파는 상인들로 북적이고 안으로 들어가면 간단한 현지 음식과 과일, 디저트 등을 파는 상점이 오밀조밀 모여 있다. 반바오반박, 까올러우 등 호이안의 명물 요리도 저렴하게 즐겨보자.

푸드 파이터의 야시장 메뉴

다낭과 호이안의 빼놓을 수 없는 즐길 거리는 바로 야시장 탐방이다. 최근 야시장이 활성화되면서 현지 먹거리는 더 다양해지고 방문자도 쑥쑥 늘어나고 있다. 여행자의 호기심을 자극하는 독특한 현지 별미로 야식을 즐겨 보자.

헬리오 야시장 *Chợ Đêm Helio* ▶ 2권 P.044

다낭에서 가장 핫한 이곳

오락 시설을 갖춘 헬리오 센터 옆에 꽤 현대적인 시설로 야시장을 꾸며 놓아 밤마다 불야성을 이룬다. 호기심을 자극하는 베트남 먹거리는 물론 함께 마시기 좋은 술과 음료가 다양하게 준비되어 있어 무엇을 먹을지 행복한 고민에 빠지게 된다. 편하게 앉아서 먹을 수 있는 자리도 곳곳에 충분해서 남녀노소 모두 즐기기 좋은 야시장이다.

이것만은 꼭 먹자!

쯩빗론 Trứng Vịt Lộn

부화 직전의 오리알을 증기로 익힌 것인데 여기에 양념을 더해서 먹는다. 현지인들 사이에서는 건강 식품으로 인기가 높다. 가격도 저렴하니 하나 사서 그 맛에 도전해 보자.

1만 2,000동~

박뚜옥느엉 Bạch Tuộc Nướng

야시장에서 제일 잘 팔리는 먹거리 중 하나이다. 큼직한 문어에 특제 양념을 발라 그 자리에서 구워주는데 맥주 안주로 제격이다. 문어 크기에 따라 가격이 달라진다.

15만~20만 동~

꼬치구이 Thịt Xiên Nướng

야시장에서 가장 많은 손님이 몰리는 곳이다. 닭고기, 돼지고기, 소시지, 채소 등을 꼬치에 끼워 바로 바로 구워 준다. 맥주와 함께 먹으면 찰떡궁합이다.

1만 5,000동~

분팃느엉 Bún Thịt Nướng

잘 구운 돼지고기와 채소, 쌀국수를 비벼 먹는 요리다. 마치 비빔국수와 돼지갈비를 함께 먹는 것 같은 맛이라 한국인 입맛에도 잘 맞는다.

4만 동~

선짜 야시장 *Chợ Đêm Sơn Trà* ▶ 2권 P.044

로컬 분위기가 물씬

다낭 용교 근처의 공터에서 매일 열린다. 간단한 간식, 생과일주스를 비롯해 해산물을 즉석에서 요리해 주는 노점이 많다. 기념품이나 잡화 등을 파는 곳도 있어 소소한 쇼핑의 재미도 느낄 수 있다.

이것만은 꼭 먹자!

반짱느엉 Bánh Tráng Nướng

달랏 지역에서 유명한 베트남식 길거리 피자 다. 라이스페이퍼 위에 메추리알과 각종 소스, 고명을 올리고 화로에서 구워 만든다.

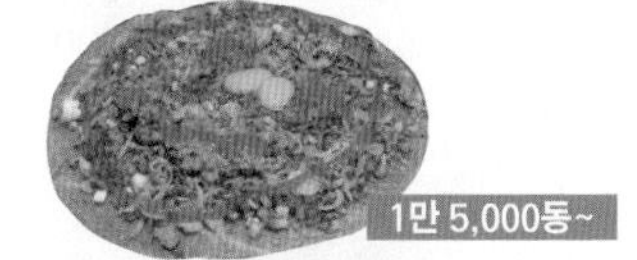

1만 5,000동~

반깐 Bánh Căn

쌀가루 반죽 위에 새우, 달걀을 넣어 튀기듯이 구워 만드는 요리. 한입 사이즈라 가볍게 먹기 좋고 야채, 라이스페이퍼와 함께 싸 먹기도 한다.

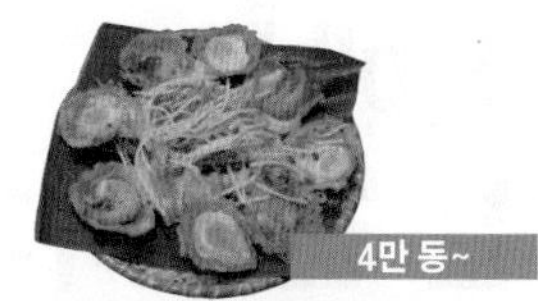

4만 동~

호이안 야시장 *Chợ Đêm Hội An* ▶ 2권 P.107

호이안 여행의 필수 코스

호이안에서 매일 저녁 열리는 야시장으로 아기자기한 소품과 먹거리가 많다. 반짝반짝 빛나는 등불 사이사이로 열대 과일과 현지 야식을 종류별로 판매해 이것저것 조금씩 맛보는 재미가 있다.

이것만은 꼭 먹자!

반즈어느엉 Bánh Dừa Nướng

숯불에 구운 반죽에 고소한 땅콩과 코코넛 슬라이스를 넣어서 만든 베트남 스타일의 코코넛 풀빵.

3만 동~

반똠 Bánh Tôm

밀가루 반죽에 새우를 듬뿍 넣어 만든 베트남 별미로 마치 새우 부침개 같은 비주얼에 고소한 맛.

2만 동~

째 Chè

콩, 녹두, 우뭇가사리, 땅콩, 두부, 젤리 등의 다양한 곡물과 과일을 얼음과 함께 섞어서 먹는다.

1만 5,000동~

EAT & DRINK

☑ BUCKET LIST 14

나를 위한 호사!

분위기 맛집에서 기분 전환하기

하루 정도는 멋지게 차려입고 분위기 좋은 곳에서 기분을 내고 싶을 때 핫하다고 소문난 이곳으로 가 보자. 인생 사진을 남길 만한 멋진 뷰와 세련된 인테리어, 먹기 아까운 테이블 세팅으로 여심을 저격하는 다낭, 호이안의 핫 플레이스를 엄선했다.

시트론 *Citron* ▶▶ 2권 P.074

인생 사진을 부르는 애프터눈 티

다낭 최고의 럭셔리 리조트로 꼽히는 인터컨티넨탈 다낭 선 페닌슐라 리조트의 레스토랑이다. 해발 100m 높이의 공중에 떠 있는 것 같은 독특한 인테리어와 환상적인 바다 전망으로 유명하다. 투숙객이 아니라도 이용할 수 있어 일부러 찾아오는 이도 꽤 많다. 특히 오후의 달콤한 디저트를 즐길 수 있는 애프터눈 티는 여성에게 인기가 많다.

Location 다낭
Type 럭셔리 레스토랑
View 오션 뷰
Menu 애프터눈 티

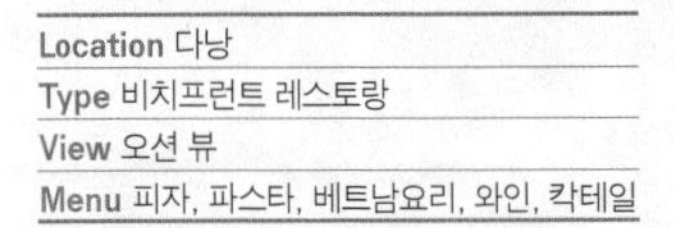

Location 다낭
Type 비치프런트 레스토랑
View 오션 뷰
Menu 피자, 파스타, 베트남요리, 와인, 칵테일

에스코 비치 바 *Esco Beach Bar* ▶▶ 2권 P.069

미케 비치를 품은 핫플

다낭을 대표하는 해변, 미케 비치 바로 앞에 새롭게 문을 연 핫플이다. 간단한 음료부터 식사, 칵테일까지 전천후 메뉴를 제공하며 피자, 파스타와 같은 음식 메뉴들의 맛도 꽤 좋은 편. 낮에는 푸른 바다를 감상하며 식사를 즐기기 좋고 저녁이면 파도 소리를 들으며 칵테일과 음악에 취하기 좋다.

Location 호이안
Type 루프톱 카페
View 호이안 구시가지 뷰
Menu 베트남 커피, 스무디, 디저트

파이포 커피 *Faifo Coffee* ▶ 2권 P.132

호이안 감성이 가득한 루프톱 카페

호이안 구시가지를 가장 멋지게 내려다볼 수 있는 루프톱 카페. 오래된 호이안의 전통 건축물을 개조한 카페로 좁은 계단을 따라 올라가면 호이안의 지붕들과 주렁주렁 등이 달린 구시가지 풍경이 펼쳐지는 루프톱 공간이 나타난다. 시간이 멈춘 것 같은 호이안 구시가지를 배경으로 인생 샷을 남겨보자.

Location 호이안
Type 브런치 카페
View 가든 뷰
Menu 토스트, 스무디볼, 커피

로지스 카페 *Rosie's Cafe* ▶ 2권 P.134

호이안의 숨은 브런치 맛집

호이안 중심에서 벗어난 다소 외진 위치에도 장기 여행자, 서양 여행자들의 아지트처럼 사랑받는 곳이다. 오믈렛, 토스트, 오트밀, 팬케이크 등 레스토랑 부럽지 않은 맛있는 브런치 메뉴가 인기의 비결. 신선한 열대과일과 그래놀라, 치아시드 등을 넣어 만드는 스무디볼 종류도 다양하다. 아담한 규모지만 싱그러운 정원의 분위기도 예뻐서 여유로운 브런치를 즐기기 좋다.

Location 호이안
Type 루프톱 바
View 시티 뷰
Menu 칵테일

덱 하우스 *The Deck House* ▶ 2권 P.116

파노라마 뷰로 즐기는 호이안의 풍경

호텔 로열 호이안의 꼭대기에 위치하며 호이안에서 가장 높은 루프톱 바다. 사방이 탁 트여서 투본강과 호이안 구시가지의 전망을 360도로 만끽할 수 있다. 기분 좋게 칵테일을 마시면서 선셋을 감상하기에 더없이 좋다. 오후 5시부터 7시까지는 해피 아워로 음료를 1+1으로 즐길 수 있다.

EAT & DRINK

☑ BUCKET LIST 15

1일 1잔은 기본!

베트남 커피로 카페인 충전하기

베트남이 커피 강국이라는 것은 커피 마니아들 사이에서는 익히 알려진 사실이다. 1857년 프랑스 선교인들이 처음 들여온 커피는 이후 베트남의 가장 큰 수출원이 되었고 핀을 이용해 내려 마시는 베트남만의 독특한 커피 문화도 발달했다. 곳곳에 크고 작은 카페도 많으니 베트남 커피를 다양하게 경험해 보자.

베트남 커피, 뭐가 특별할까?

베트남은 전 세계 커피 생산량의 2위를 차지하며 주로 베트남 중부 고원 지대에서 원두를 생산한다. 베트남 원두는 로부스타Robusta종이 일반적인데 주로 우리가 믹스커피라고 부르는 인스턴트커피에 사용한다. 한국에서 마시는 커피는 대부분 아라비카Arabica종이라 맛의 차이가 있다. 로부스타 원두는 쓴맛이 강하고 카페인 함량이 높은 편이라 원두의 쓴맛을 덜기 위해 연유를 넣어 달콤하게 먹는 것이 베트남 커피의 특징이다. 커피의 양도 눈으로 보기엔 무척 적은 양이지만 워낙 맛이 강하기 때문에 조금만 마셔도 진하고 강렬한 커피의 풍미가 느껴진다. 까페 핀Cà Phê Phin이라고 부르는 드립 기구를 사용해 한 방울 한 방울 천천히 내리는 동안 진한 커피 향을 맡으며 즐겁게 기다릴 수 있다.

베트남 커피의 역사

1857년 프랑스 선교사들이 식민지였던 베트남에 커피를 처음 들여왔다. 이후 베트남 남부 지역 일대에서 가톨릭교회를 중심으로 커피를 재배하면서 점차 퍼지기 시작했다. 베트남에서는 커피를 까페Cà Phê라고 부르는데 이것 또한 프랑스어에서 유래했다. 과거 베트남에 거주하던 프랑스 사람들이 우유보다 장기간 보관이 쉬운 연유를 커피에 타서 먹기 시작한 것이 현재까지도 베트남 커피 문화로 이어지고 있다. 2000년대 이후로 베트남 내 커피 재배 인구만 100만 명이 넘을 정도로 빠른 속도로 커피 농업이 발전했다. 현재는 브라질 다음으로 커피 생산량이 많은 세계 2위의 커피 수출 대국이 되었다.

TIP

족제비 커피, 위즐 커피가 알고 싶다!

커피 체리를 먹은 족제비의 배설물에서 생두를 골라 잘 씻어 건조한 것이 흔히 말하는 위즐 커피(족제비 커피)다. 제대로 된 위즐 커피는 1kg에 US$1,000가 넘을 정도로 비싸고 진품을 구하거나 판별하기도 어렵다. 특히 시장에서는 가짜 위즐 커피를 취급하는 곳이 많아 베트남에서 위즐 커피 구매는 추천하지 않는다. 또 한 가지 알아야 할 것은 한국인 여행자들이 마트에서 쇼핑 아이템으로 많이 사 가는 일명 다람쥐 커피 '콘삭Con Soc'은 제품 패키지에 그려진 캐릭터만 다람쥐일 뿐 다람쥐 똥 커피와는 상관이 없다. 흔히 다람쥐 똥 커피라고 잘못 알려져 있는데 헤이즐넛을 좋아하는 다람쥐를 캐릭터화해서 이름과 그림을 넣은 것뿐이니 오해하지 말자.

대표적인 베트남 커피

까페 스어다 Cà Phê Sữa Đá

베트남 현지에서 가장 대중적으로 많이 마시는 커피다. 까페 핀에 로부스타 원두를 적당량 넣고 뜨거운 물을 부은 다음 컵 아래로 떨어지는 진한 커피에 달콤한 연유를 섞고 얼음을 넣어서 차갑게 마신다. 양이 다소 적어 보이지만 맛과 향이 워낙 진해서 조금만 마셔도 눈이 번쩍 뜨인다. 따뜻하게 마시고 싶다면 까페 스어농Cà Phê Sữa Nóng을 주문하면 된다.

박씨우 Bạc xỉu

커피와 연유 조합에 우유를 넣어 조금 더 부드러운 맛이 나는 커피다. 보통 한국에서 먹는 연유 라떼와 비슷하며 박Bạc은 '하얗다'는 뜻으로 화이트 커피라고도 불린다. 까페 스어다에 우유를 넣은 맛으로 부드러운 우유 거품을 올려주기도 한다. 차갑게 아이스로만 먹는다.

꼿즈어 까페 Cốt Dừa Cà Phê

흔히 코코넛 커피라 불리며 한국인 여행자 사이에서 단연 최고의 인기를 독차지하고 있다. 코코넛밀크로 스무디를 만든 다음 진한 베트남 커피를 살짝 부어 섞어 먹는다. 뜨거운 인기 덕분에 한국에도 베트남 스타일의 코코넛 커피 전문점이 진출했지만 본토의 원조 맛에는 비할 수 없다.

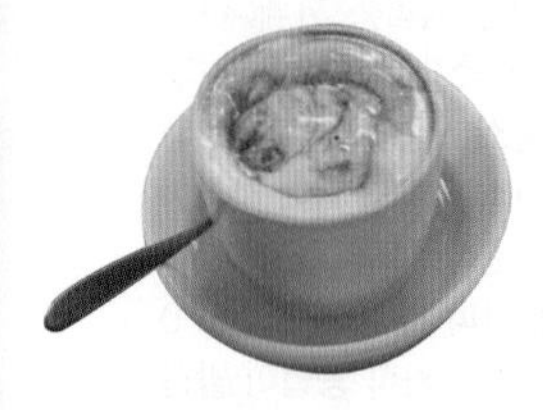

까페 쯩 Cà Phê Trứng

에그 커피라고 부르는데 이름처럼 달걀을 넣어서 만든 커피다. 다소 낯선 조합이지만 독특한 풍미가 매력적이다. 보통 달걀노른자만 이용하며 달걀의 신선도와 레시피에 따라 그 맛이 조금씩 달라진다. 풍부한 거품을 커피와 잘 섞어서 마시면 되는데 고소하면서도 거품이 풍부한 카푸치노를 먹는 것 같은 느낌이다. 카페에 따라 자칫 비리게 느껴질 수도 있지만 정말 잘하는 에그 커피 전문점에서 먹으면 놀랄 만큼 맛있다. 식으면 비린 맛이 날 수 있어 온도를 유지하기 위해 따뜻한 물에 컵을 담가 준다.

까페 댄농 Cà Phê Đen Nóng

베트남식 따뜻한 블랙커피라고 생각하면 된다. 보기에 양은 적지만 맛은 한국에서 흔히 먹는 블랙커피보다 훨씬 진하고 강하기 때문에 조금 맛을 본 후 입맛에 맞게 물이나 설탕을 더 추가해서 먹으면 된다. 차가운 블랙커피는 까페 댄다Cà Phê Đen Đá라고 한다.

TIP

베트남 커피 관련 용어 사전

① **까페 핀**Cà Phê Phin 베트남 커피의 필수품. 커피를 내리는 도구이며 뚜껑과 받침 등으로 구성된다.
② **스어**Sữa 우유
③ **스어 닥**Sữa Đặc 달콤한 연유
④ **즈엉**Dường 설탕
⑤ **농**Nóng 뜨거운
⑥ **다**Đá 얼음

홈 카페로 즐기는 베트남 커피

분쇄한 원두와 까페 핀만 있다면 집에서도 간편하게 베트남 커피를 만들어 먹을 수 있다. 까페 핀은 베트남 마트나 시장에서 저렴하게 구입할 수 있으니 커피에 관심이 있다면 베트남 여행 중에 구매해 보자.

STEP 01 →
컵에 적당량의 연유(약 20g)를 넣는다.

STEP 02 →
적당량의 원두 가루(약 20g)를 까페 핀의 필터에 넣는다.

STEP 03 →
까페 핀을 컵 위에 올린 후 뜨거운 물(40~50ml)을 천천히 부어 주고 뚜껑을 닫는다.

STEP 04 →
한 방울씩 떨어지는 커피를 2~3분 동안 추출한 후 컵에서 까페 핀을 제거한다.

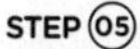

STEP 05
커피와 연유를 잘 섞어서 그대로 마시면 따뜻한 까페 스어농, 얼음을 넣어 시원하게 마시면 까페 스어다가 된다.

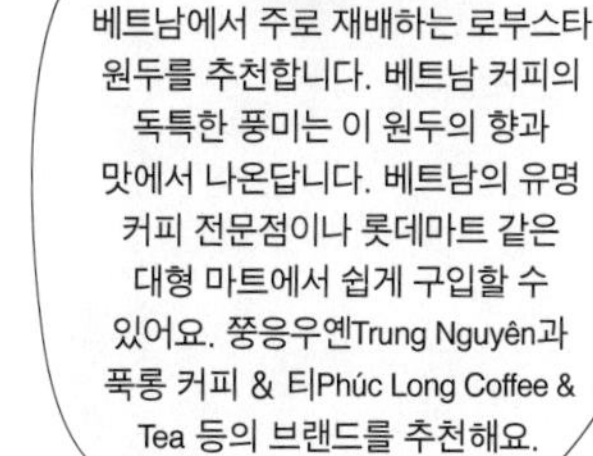

현지인의 한마디
베트남에서 주로 재배하는 로부스타 원두를 추천합니다. 베트남 커피의 독특한 풍미는 이 원두의 향과 맛에서 나온답니다. 베트남의 유명 커피 전문점이나 롯데마트 같은 대형 마트에서 쉽게 구입할 수 있어요. 쭝응우옌Trung Nguyên과 푹롱 커피 & 티Phúc Long Coffee & Tea 등의 브랜드를 추천해요.

EAT & DRINK

☑ BUCKET LIST 16

목욕탕 의자에서 한잔!

더위를 날리는 베트남 로컬 맥주 마시기

동남아 맥주 소비량 1위인 베트남은 지역별로 맥주의 종류가 다양하고 전통술도 발달했다. 물가가 워낙 저렴한데 맥주 값 역시 놀랄 만큼 저렴하고 현지 식당에서는 마트에서 파는 가격 정도로 싸게 맥주를 팔고 있어 애주가에게는 천국 같은 곳이다.

현지인처럼 맥주 마시기

베트남은 노점 앞에 앉아 맥주를 마시는 가맥 문화가 발달해 있다. 한국인에게 친숙한 문화지만 자세히 보면 생소한 점도 있으니 잘 알아 두었다가 베트남에서 그대로 따라해 보자.

STEP 01 플라스틱 의자에 앉기

베트남의 길거리에서 가장 쉽게 볼 수 있는 아이템은 바로 플라스틱 의자다. 형형색색의 플라스틱 의자에 옹기종기 모여 앉아 먹고 마시는 현지인의 모습은 여행자의 호기심을 자극하는 재미있는 풍경이다. 한 공간에 많은 사람이 앉을 수 있고 포개서 치우기도 쉬워 플라스틱 의자를 많이 사용하게 되었다는 이야기가 있다.

STEP 02 얼음을 넣어서 먹는 맥주 문화

베트남에서 맥주를 주문하면 보통 컵에 얼음을 담아서 맥주와 함께 준다. 자리에 앉기가 무섭게 큰 통에 담은 얼음부터 준다. 맥주에 얼음을 넣어 먹는 것은 우리에게는 생소하지만 더운 날씨의 베트남에서는 맥주를 더 시원하게 먹기 위한 보편적인 방법이다. 얼음이 녹으면 맥주 맛이 밍밍해질 수 있으니 그때그때 얼음 잔에 맥주를 따라 마시면 된다.

STEP 03 "못Một, 하이Hai, 바Ba, 요Dzô!"

현지 식당이나 술집에 가면 곳곳에서 "못, 하이, 바, 요!"를 외치는 소리가 들릴 것이다. 우리의 '건배'처럼 베트남 사람들이 술을 마실 때 외치는 말로 '하나, 둘, 셋, 건배!'라는 뜻이다. 그밖에 '원샷'을 의미하는 베트남어 "못짬펀짬Một trăm phần trăm"도 자주 들린다. 현지인들처럼 맥주잔을 들고 외치면서 건배를 해보자.

STEP 04 맛깔나는 안주 실컷 먹기

음식 문화가 발달한 베트남은 술맛을 극대화하는 안주도 다양한 편이다. 풍부한 해산물을 이용한 안주가 많다. 바닷가재, 새우, 생선 등을 바삭하게 튀겨낸 튀김 요리는 물론 짭짤하게 볶은 요리, 노릇하게 구운 바비큐 요리까지 종류가 다채로워 골라 먹는 재미가 있다. 무엇보다 가격이 저렴해서 부담 없이 술과 안주를 실컷 먹을 수 있어 더 즐겁다.

대표적인 베트남 맥주

라루 Larue

다낭 지역을 대표하는 라거 스타일의 맥주로 도수에 비해 알코올 향이 적은 편이라 가볍게 마시기 좋다.

비어 사이공 Bia Saigon

베트남을 대표하는 맥주이며 대중적으로 가장 많이 마시는 맥주 중 하나다. 순하면서도 약간 쌉싸름한 뒷맛이 난다.

후다 Huda

후에 지역을 대표하는 맥주로 유럽식 양조 기술로 만든 라거 맥주다. 강한 홉의 향이 특징이다.

비어 하노이 Bia Hanoi

베트남 북부의 하노이를 대표하는 맥주로 단맛이 적고 끝맛이 쌉싸래하다.

333 333

'바바바'라고 부르는 맥주로 비어 사이공과 함께 대중적으로 인기가 높다. 쓴맛이 적어 자극적이지 않고 목넘김이 부드럽다.

할리다 Halida

베트남 북부 하노이 지역의 맥주로 덴마크의 칼스버그와 합작해서 만들었다. 순한 맛이 특징으로 베트남 항공의 기내 맥주다.

하롱 비어 Halong Beer

멋진 풍광으로 유명한 할롱베이 지역을 대표하는 맥주로 가벼우면서도 청량한 맛이다.

다이 비엣 Dai Viet

베트남 북부 타이빈Thái Bình 지역의 맥주로 라거 맥주와 흑맥주가 있다. 쌀이 첨가되어 은은한 단맛도 느껴진다.

알코올 도수 40%, 베트남 곡주

넵머이 Nếp Mới

찹쌀을 이용해 만든 곡주다. 베트남 서민들이 즐겨 마시며 살짝 단맛이 있어서 칵테일을 만들 때도 재료로 사용한다.

르어우데 고댄 Rượu Đế Gò Đen

쌀로 만든 곡주로 우리의 청주와 비슷한 술이다. 달짝지근해 맛이 좋지만 도수가 높아 빨리 취할 수 있다.

술이 더 맛있어지는 추천 안주

짜조 Chả Giò

라이스페이퍼에 고기와 채소를 넣고 말아 바삭하게 튀긴 음식으로 맥주 안주로 이보다 좋을 수 없다.

응헤우싸오사엇 Nghêu Xào Sả Ớt

신선한 조개를 레몬그라스, 채소와 함께 매콤달콤한 양념에 볶은 요리로 술안주로 제격이다.

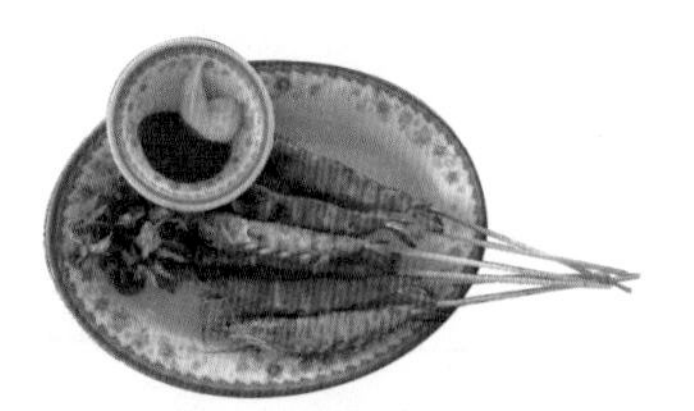

똠씨엔느엉 Tôm Xiên Nướng

새우를 꼬치에 끼워서 소금 또는 양념을 발라서 숯불에 구운 요리. 호불호 없이 누구나 좋아한다.

냄루이 Nem Lụi

레몬그라스 줄기에 다진 돼지고기를 꽂아 숯불에 굽는 베트남식 꼬치구이. 부담 없이 한 꼬치씩 안주 삼아 먹기 좋다.

가느엉 Gà Nướng

숯불에 닭을 통째로 구운 요리로 담백하면서도 은은한 불 향이 술을 부른다. 쩐가느엉Chân gà nướng은 닭 발구이다.

먹꼼솟타이 Mực Cơm Sốt Thái

베트남에서 흔히 먹는 작은 사이즈의 오징어Mực를 태국식 소스로 볶은 요리. 매콤하면서도 달콤한 소스가 맛있다.

BEST PICK 현지인처럼 맥주 마시기 좋은 곳

푸이
Phủi
▶ 2권 P.076

오! 미아
Oh! Mía
▶ 2권 P.076

타벳
Tà Vẹt
▶ 2권 P.168

EAT & DRINK

☑ BUCKET LIST 17

당도 100% 디저트!

싸고 맛있는 열대 과일 실컷 먹고 오기

동남아 여행의 즐거움 중 하나는 맛있는 열대 과일을 싼값에 실컷 먹을 수 있다는 점이다. 베트남 또한 망고, 망고스틴, 두리안 등 열대 과일의 종류가 다양하고 가격도 저렴하니 과일을 좋아한다면 시장, 마트 등에서 구입해 마음껏 먹어 보자.

베트남의 열대 과일

제철 연중 **시세** 2만 2,000동~

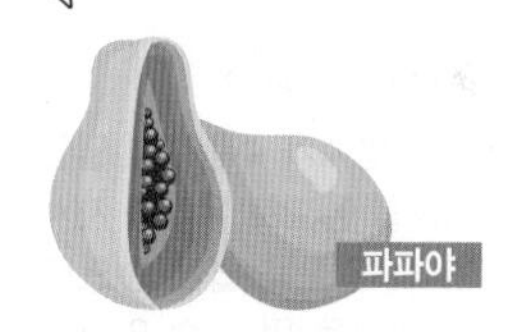

두두 Đu Đủ

열대 지방에서 열리는 커다란 열매로 모양이 길쭉하고 통통하다. 껍질 안의 과육은 주황색이며 열량이 낮고 베타카로틴과 비타민이 풍부하다. 덜 익은 녹색을 띨 때는 채소처럼 이용해 샐러드와 같은 요리로도 많이 활용한다.

제철 5~9월 **시세** 3만 7,000동~

짜인저이 Chanh Dây

'백 가지 향기가 나는 과일'이라는 의미로 백향과라고도 불린다. 두꺼운 껍질 안에는 개구리알 같은 씨와 과육이 꽉 차 있다. 수저로 퍼 먹어도 되는데 과일로 먹기에는 신맛이 강해서 보통 디저트나 음료로 많이 사용한다.

제철 4~7월, 11~12월 **시세** 3만 동~

쏘아이 Xoài

한국에 비해 가격이 저렴하고 맛도 좋아 마트나 시장에서 구입하는 이가 많다. 너무 크지 않고 향이 좋은 것을 골라야 한다. 시장에서 구입할 경우 먹기 좋게 잘라 주기도 한다. 주스나 디저트로도 많이 이용한다.

제철 3~8월 **시세** 5만 동~

밋 Mít

겉모습은 두리안과 비슷하지만 크기가 더 크고 뾰족한 가시는 더 작다. 두꺼운 껍질을 벗기면 노란 과육이 나오는데 약간의 쿰쿰한 냄새와는 달리 맛은 무척 달콤하며 식감이 쫄깃하다. 튀기거나 말려서 과자로 판매한다.

제철 8~1월 **시세** 5만 동~

브어이 Bưởi

자몽과 비슷한 과일로 크기가 더 크다. 두꺼운 껍질을 벗기면 탱글탱글한 노란 빛의 과육이 나온다. 과육의 조직이 연해 입안에서 쉽게 부서진다. 살짝 씁쓸하면서도 상큼하고 달콤한 맛이 매력적이다. 요리에 재료로도 사용된다.

제철 6~9월 **시세** 15만 동~

망꿋 Măng Cụt

망고와 함께 가장 인기가 많다. 자주색의 두꺼운 껍질을 벗기면 하얀 속살의 과육이 나온다. 부드럽고 달콤한 향기가 매력적이다. 제철 때가 아니면 가격이 비싸고 맛도 떨어진다. 초록색의 꼭지 부분이 선명한 것이 신선하다.

현지인의 한마디
망고스틴은 껍질을 칼로 살짝 도려내거나 손으로 힘을 줘서 양쪽으로 벌리면 쉽게 먹을 수 있어요.

※시세는 1kg당 가격이며 과일은 구입하는 곳과 제철에 따라 가격 차이가 크니 대략적인 가격대만 참고하자.

제철 4~10월 **시세** 4만 동~

타인롱 Thanh Long

우리가 보통 용과라고 부르는 과일이다. 핑크색의 껍질을 자르면 작은 씨가 촘촘히 박힌 하얀 속살이 나온다. 과육은 부드럽고 수분이 많으며 상큼하고 달콤한 향과 맛이 난다.

제철 5~8월 **시세** 5만 6,000동~

쫌쫌 Chôm Chôm

빨간색에 털이 난 것 같은 모양이 다소 생소하지만 껍질을 벗기면 투명한 속살이 드러난다. 껍질에 살짝 칼집을 내면 쉽게 벗길 수 있다. 부드럽고 촉촉한 과육 맛이 좋다.

제철 4~9월 **시세** 4만 동~

롱냔 Long Nhãn

작은 열매가 주렁주렁 달린 나뭇가지를 통째로 무게를 재서 판매한다. 껍질을 쉽게 손으로 벗겨서 과육을 먹을 수 있으며 달콤한 맛이 은은하게 나서 부담 없이 먹기 좋다.

제철 연중 **시세(1개)** 2만 동~

즈어 Dừa

열대 기후에서 자라는 과일로 과육과 즙 모두 식용 가능하여 음료, 디저트, 음식 등에 다양하게 사용된다.

제철 4~6월 **시세** 4만 동~

꽈 바이 Quả Vải

빨간 껍질 속에 투명한 과육을 품고 있는 과일로 특유의 달콤한 향과 탱글탱글한 식감이 좋다. 음료나 디저트로도 많이 사용된다.

제철 8~10월 **시세** 7만 6,000동~

망꺼우따 Mãng Cầu Ta

울퉁불퉁한 모양이 독특한 과일로 껍질을 쉽게 손으로 벌려 먹을 수 있다. 과육이 달콤하며 씨가 많은 편이다.

제철 4~8월 **시세** 5만 9,000동~

버 Bơ

베트남의 아보카도는 우리가 아는 길쭉한 모양과는 달리 사과처럼 동그란 모양이 특징이다. 영양이 풍부하며 스무디로 갈아 먹거나 아이스크림과 함께 먹기도 한다.

제철 4~8월 **시세** 10만 동(껍질 포함 무게)

서우리엥 Sầu Riêng

독특한 냄새 때문에 호불호가 많이 갈리지만 일단 맛을 보면 풍부한 맛에 빠지게 된다. 뾰족한 겉과 달리 안에는 부드러운 노란색 과육이 들어 있다.

현지인의 한마디

두리안은 열량이 높아 도수가 높은 술과 함께 먹지 않는 게 좋다고 알려져 있어요. 냄새가 너무 강해서 일부 호텔이나 공공장소에서 반입을 금지하는 경우가 있으니 주의하세요.

열대 과일로 만든 음료 & 디저트

느억즈어 Nước Dừa

코코넛 윗부분을 잘라서 빨대를 꽂아 바로 마신다. 맛은 생각보다 밍밍하지만 더위에 지쳤을 때 갈증 해소에 효과적이고 건강에도 좋아 많이 마신다. 안쪽의 하얀 과육도 먹을 수 있다.

꼿즈어까페 Cốt Dừa Cà Phê

코코넛 스무디 커피로 한국인 여행자들 사이에서 인기가 높다. 코코넛밀크, 얼음, 연유로 스무디를 만든 후 커피를 부어 섞어 먹는데 달콤한 코코넛 향과 진한 커피 향이 조화롭게 어우러진다.

반플란즈어 Bánh Flan Dừa

베트남식 코코넛 푸딩으로 프랑스의 영향을 받은 디저트다. 연유와 코코넛 크림을 넣어서 베트남 스타일로 만든 푸딩 위에 코코넛 슬라이스를 올린 후 캐러멜이나 커피를 뿌려서 먹기도 한다.

짜탁바이 Trà Thạch Vải

맑게 우린 차에 리치를 넣은 음료로 베트남 사람들이 즐겨 마신다. 카페에서도 많이 팔리는 메뉴인데 여기에 젤리, 크림 등을 토핑으로 추가해 먹기도 한다.

깸버 Kem Bơ

부드럽게 간 아보카도 위에 코코넛 아이스크림을 넣고 말린 코코넛을 뿌린 디저트로 아주 달콤하다. 보통 시장이나 디저트 전문점에서 많이 판다.

반포마이짜인저이

Bánh Phô Mai Chanh Dây

베트남 스타일의 치즈케이크다. 진하고 부드러운 치즈케이크의 풍미에 패션 프루트 시럽의 새콤함이 더해져 달콤하면서도 상큼하다.

쏘아이 신또 Xoài Sinh Tố

신또는 과일과 연유, 얼음을 갈아서 만든 스무디인데 망고로 만든 신또가 가장 인기 있다. 카페, 식당, 길거리에서 흔히 팔며 1만~1만 5,000동 정도로 저렴하다.

째타이 Chè Thái

태국의 영향을 받은 째의 한 종류로 쿰쿰한 두리안이 들어간 것이 특징이다. 달콤하고 시원한 째에 강렬한 향의 두리안이 어우러져 묘하게 중독성 있는 맛이다.

베트남의 국민 디저트, 째 Chè

베트남에서 가장 사랑받는 디저트인 째는 콩, 녹두, 우뭇가사리, 땅콩 등의 다양한 곡물과 과일, 젤리, 코코넛밀크를 섞어 먹는다. 주로 얼음을 넣어 시원하게 먹지만 죽처럼 만들어 따뜻하게 먹기도 한다.
녹두, 팥, 젤리가 들어간 째바마우Chè Ba Màu, 옥수수로 만든 달콤한 째밥Chè Bắp, 두리안을 넣은 째타이 등이 대표적이다.

SHOPPING

☑ BUCKET LIST 18

베트남 전통 패션 체험!

아오자이 입고 예쁘게 사진 찍기

베트남 하면 떠오르는 이미지 중 하나는 고운 빛깔의 아오자이를 입은 여인의 아름다운 모습일 것이다. 다낭에서는 저렴한 가격에 직접 아오자이를 맞춰서 입어 볼 수 있기 때문에 특히 여성 여행자에게 인기다. 이국적인 매력의 아오자이를 입고 멋진 풍광을 배경으로 인생 사진을 남겨 보자.

아오자이 맞춤 제작 가이드

아오자이 맞춤 제작은 한 시장에서 보편적인 일이라 초보자도 쉽게 맞출 수 있다. 마음에 드는 원단을 고르기만 하면 치수재기, 제작 등은 일사천리로 진행된다. 적당한 가격에 흥정하는 것이 가장 중요하고, 영수증을 꼭 받아 두어야 한다.

STEP 01 원단 선택하기

원하는 원단을 고른다. 어울리는 컬러를 매치해보자.

STEP 02 금액 흥정하기

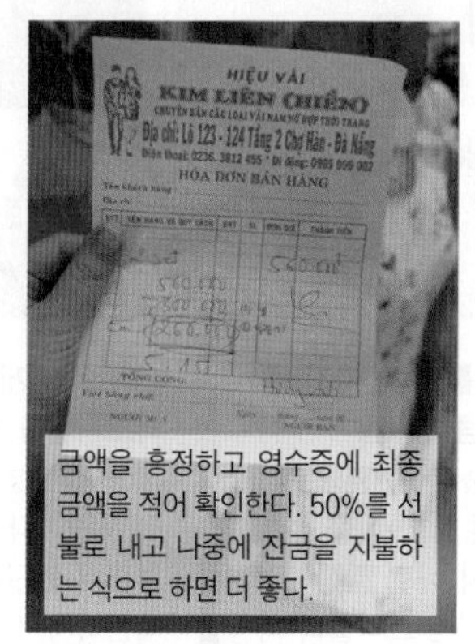

금액을 흥정하고 영수증에 최종 금액을 적어 확인한다. 50%를 선불로 내고 나중에 잔금을 지불하는 식으로 하면 더 좋다.

STEP 03 치수 재기

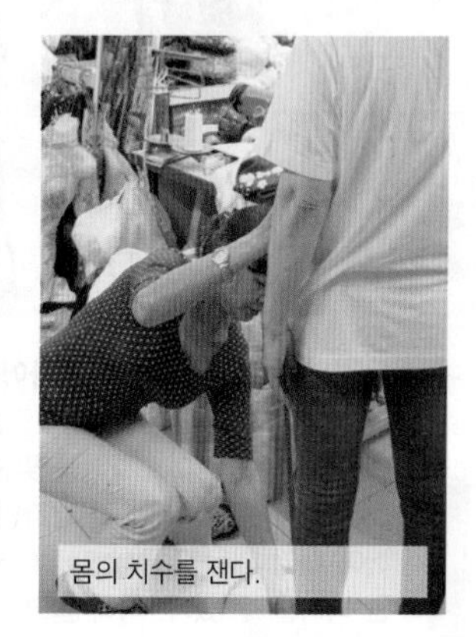

몸의 치수를 잰다.

STEP 04 아오자이 제작하기

아오자이를 제작하는데 보통 1~2시간 정도 소요된다.

STEP 05 아오자이 상태 확인하기

바지까지 같이 입어 보고 바느질, 오염 등을 확인한 후 잔금을 지불한다.

STEP 06 아오자이 입어보기

나만의 아오자이 완성! 아오자이를 입고 인증 샷을 찍어보자.

TIP

아오자이 입고 촬영하기 좋은 곳

전통 의상인 만큼 호이안 같은 전통적이고 이국적인 장소에서 사진을 찍으면 훨씬 멋진 인생 사진을 남길 수 있다.

- 호이안 구시가지의 노란 벽과 고가를 배경으로
- 호이안 야시장의 등불 상점을 배경으로
- 후에 황성에서 궁궐을 배경으로
- 호이안 투본강 나룻배 위에서 소원 등과 함께
- 호이안 루프톱 위에서 구시가지를 배경으로

아오자이 맞춤 제작 팁

아오자이를 맞춤 제작할 예정이라면 사전에 관련 정보를 확인해 시간과 비용을 절약하는 것이 좋다. 생각보다 결정해야 할 것도 많고 워낙 정신 없는 분위기여서 스스로 꼼꼼하게 확인해야 만족도 높은 아오자이가 완성된다.

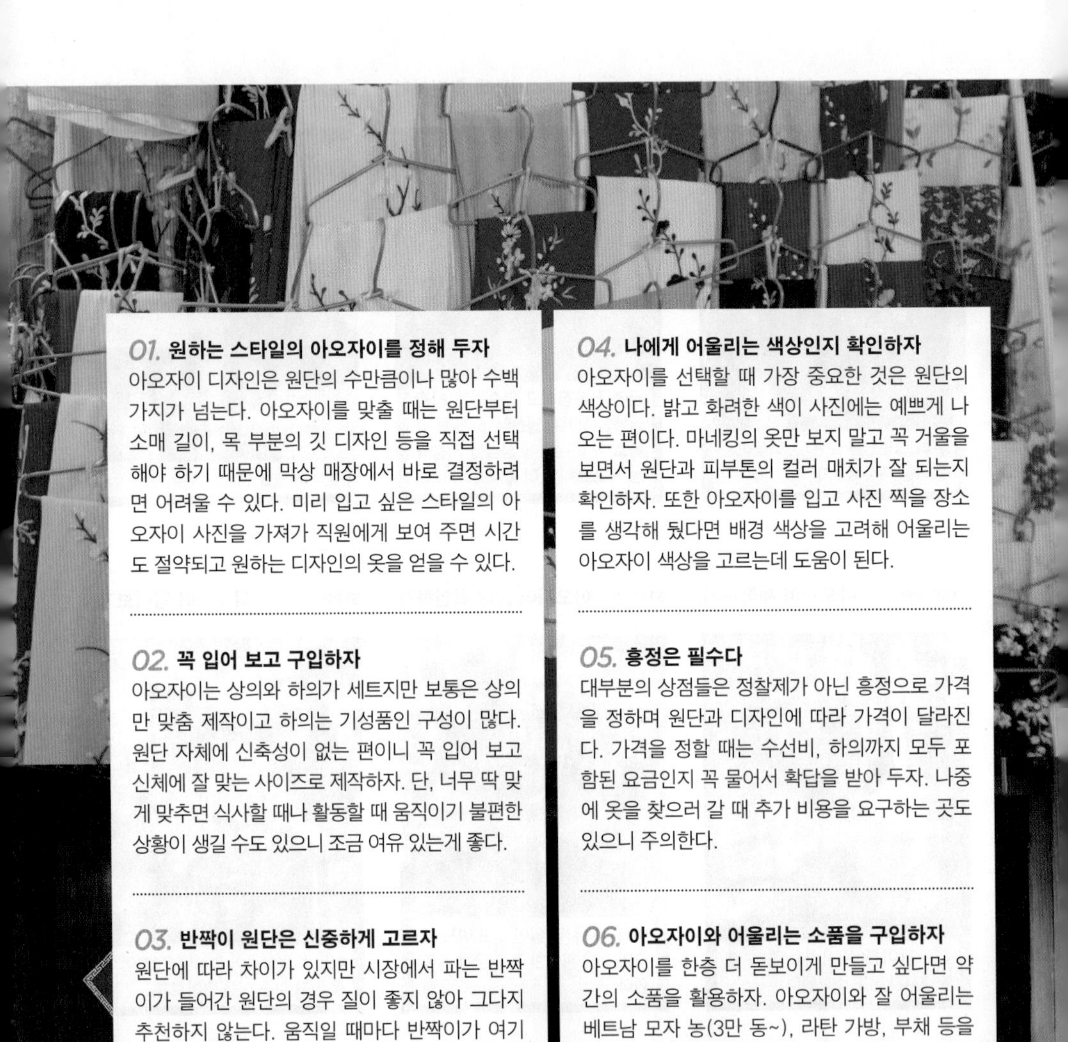

01. 원하는 스타일의 아오자이를 정해 두자

아오자이 디자인은 원단의 수만큼이나 많아 수백 가지가 넘는다. 아오자이를 맞출 때는 원단부터 소매 길이, 목 부분의 깃 디자인 등을 직접 선택해야 하기 때문에 막상 매장에서 바로 결정하려면 어려울 수 있다. 미리 입고 싶은 스타일의 아오자이 사진을 가져가 직원에게 보여 주면 시간도 절약되고 원하는 디자인의 옷을 얻을 수 있다.

02. 꼭 입어 보고 구입하자

아오자이는 상의와 하의가 세트지만 보통은 상의만 맞춤 제작이고 하의는 기성품인 구성이 많다. 원단 자체에 신축성이 없는 편이니 꼭 입어 보고 신체에 잘 맞는 사이즈로 제작하자. 단, 너무 딱 맞게 맞추면 식사할 때나 활동할 때 움직이기 불편한 상황이 생길 수도 있으니 조금 여유 있는게 좋다.

03. 반짝이 원단은 신중하게 고르자

원단에 따라 차이가 있지만 시장에서 파는 반짝이가 들어간 원단의 경우 질이 좋지 않아 그다지 추천하지 않는다. 움직일 때마다 반짝이가 여기저기 떨어져서 고생을 하는 경우가 종종 있으니 신중히 고르자.

04. 나에게 어울리는 색상인지 확인하자

아오자이를 선택할 때 가장 중요한 것은 원단의 색상이다. 밝고 화려한 색이 사진에는 예쁘게 나오는 편이다. 마네킹의 옷만 보지 말고 꼭 거울을 보면서 원단과 피부톤의 컬러 매치가 잘 되는지 확인하자. 또한 아오자이를 입고 사진 찍을 장소를 생각해 뒀다면 배경 색상을 고려해 어울리는 아오자이 색상을 고르는데 도움이 된다.

05. 흥정은 필수다

대부분의 상점들은 정찰제가 아닌 흥정으로 가격을 정하며 원단과 디자인에 따라 가격이 달라진다. 가격을 정할 때는 수선비, 하의까지 모두 포함된 요금인지 꼭 물어서 확답을 받아 두자. 나중에 옷을 찾으러 갈 때 추가 비용을 요구하는 곳도 있으니 주의한다.

06. 아오자이와 어울리는 소품을 구입하자

아오자이를 한층 더 돋보이게 만들고 싶다면 약간의 소품을 활용하자. 아오자이와 잘 어울리는 베트남 모자 농(3만 동~), 라탄 가방, 부채 등을 함께 코디하면 한층 더 이국적인 베트남 스타일을 연출할 수 있다. 한 시장 내에 파는 곳이 많다.

아오자이를 입고 싶다면

아오자이는 대부분 제작을 하지만 대여할 수 있는 곳도 많아 취향대로 선택하면 된다. 가성비 좋은 맞춤 업체부터 퀄리티 좋은 아오자이 전문 부티크, 간편하게 빌릴 수 있는 대여 업체까지 종류가 다양하다.

한 시장 *Chợ Hàn* ▶▶ 2권 P.081

가성비 좋은 맞춤 아오자이는 여기!

다낭에서는 대표적으로 한 시장에서 아오자이를 맞출 수 있다. 한 시장 2층에 여러 상점이 모여 있다. 가격대는 비슷한데 보통 위아래 1벌에 25만~30만 동 수준이다. 레이스 원단을 선택하거나 남성 아오자이의 경우 10만 동 정도 추가되기도 한다. 정찰제로 판매하는 곳도 있지만 대부분 약간의 흥정이 가능하다. 하의를 포함해 기본적인 아오자이 1벌을 35만 동 이상 부르는 곳은 피하자. 보통 1~2시간 정도면 완성된다.

영업 06:00~19:00 ※매장에 따라 다름
요금 1벌 25만~30만 동

추천 상점 2층 91~92번, 123~124번, 114번

숍 빈빈 *Shop Bean Bean* ▶▶ 2권 P.138

실속 있게 즐기는 아오자이 대여

한 번쯤 아오자이를 입어 보고 싶지만 맞춤 제작까지는 부담스럽다면 이곳으로 가자. 호이안에 위치한 숍으로 다양한 사이즈와 컬러의 아오자이가 준비되어 있고 가성비도 좋아 여행자들 사이에서 최근 인기가 높다. 1인 15만 동에 아오자이와 함께 베트남 모자 농까지 빌려줘서 완벽한 변신이 가능하다. 나에게 어울리는 아오자이를 자유롭게 입어 보고 고를 수 있어 더 좋고 대여하는 동안 옷도 보관해준다. 아오자이 구매도 가능하니 마음에 든다면 구매해도 좋다.

주소 90-92 Ngô Quyền, An Hội **문의** 090 517 6224
영업 07:00~22:00
요금 아오자이 대여(1일) 15만 동, 아오자이 구매 30만 동~

아오자이 입고 특별한 사진 남기기

데이지 스튜디오 Daisy Studio

전문적으로 사진 촬영을 해주는 스튜디오이자 아오자이, 한복 등을 대여도 해주는 곳이다. 현지인들 사이에서는 한복 촬영 명소로 인기! 한국인 여행자는 이국적인 아오자이를 입고 전문 사진작가가 찍어주는 인생사진으로 특별한 추억을 만들 수 있다. 특히 가족사진, 커플사진을 찍기 좋고 가격도 한국에 비하면 무척 저렴해 만족도가 좋다.

가는 방법 아라카르트 다낭 비치A La Carte Danang Beach에서 도보 약 5분
주소 22 D. Đình Nghệ, An Hải, Sơn Trà
문의 934 772 580
영업 08:30~17:30
예산 아오자이 촬영 36만 동, 아오자이 대여 16만 동(1일)

SHOPPING

☑ BUCKET LIST 19

저렴한 물가의 행복

이색 기념품 마음껏 쇼핑하기

라탄 가방, 라탄 소품을 비롯해 베트남 색이 물씬 풍기는 그릇, 조명 등을 어디서 사야 할지 고민되는 이들을 위해 준비했다. 꼭 사야 하는 아이템과 꼼꼼하게 구입할 수 있는 쇼핑 꿀팁도 함께 소개한다.

다낭

한 시장
Chợ Hàn

▶ 2권 P.081

다낭과 호이안을 통틀어 여행자 대상으로 가장 활성화된 시장이다. 아오자이, 기념품 및 의류, 잡화 등을 다양하게 판매한다. 1층은 말린 과일 및 간식, 먹거리 등이 많고 2층은 의류, 잡화와 아오자이를 맞춤 제작하는 상점이 많다. 저렴한 가격이 최대 장점이지만 적정가를 알고 가지 않으면 바가지 쓸 위험도 있으니 참고하자.

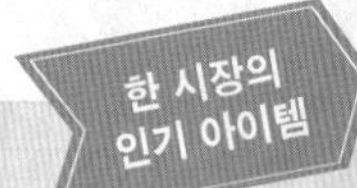

거북이 줄자
3만 동~

라탄 가방
18만 동~

컵 받침
3만 동~

라탄 크러치
15만 동~

농
3만 동~

샌들
10만 동~

라탄 슬리퍼
8만 동~

호이안

호이안 시장
Chợ Hội An

▶ 2권 P.136

호이안을 대표하는 재래시장으로 시장 주변에 의류, 라탄 가방, 기념품, 그릇 등을 파는 상점이 오밀조밀 모여 있다. 한 시장에 비해 야외에 상점이 많아 찾아다니기 힘든 편이고 가격도 한 시장보다 조금 더 비싸다. 대신 베트남풍의 그릇, 커피 잔 등의 식기는 훨씬 다양한 편이니 그릇 쇼핑에 관심이 있다면 가 보자.

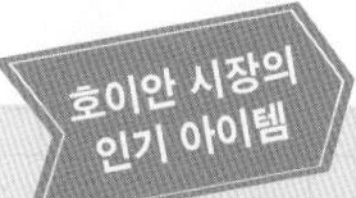

라탄 가방
20만 동~

베트남 그릇
15만 동~

핀 & 커피 잔 세트
25만 동~

귀걸이
3만 동~

베트남풍 찻주전자
28만 동~

대나무 조명
12만 동~

베트남풍 면기
25만 동~

다낭

호아 리
Hoa Ly

▶ 2권 P.085

짧은 시간에 베트남 기념품을 비롯해 확실한 쇼핑을 하길 원한다면 이곳만한 곳이 없다. 주인이 오랫동안 베트남 전역에서 모은 다양하고 특색 있는 아이템들로 가득하다. 시장에서 파는 제품들과 비교해 퀄리티도 탁월하다. 특히 2층에는 다낭에서 찾아보기 힘든 밧짱Bat Trang지역의 도자기 제품이 다양해서 베트남풍 그릇을 찾는다면 꼭 가보자.

호아 리의 인기 아이템

찻잔 세트
30만 동~

밧짱 접시
10만 동~

밧짱 면기
15만 동~

베트남 음식 노트
7만 동~

대나무 소재 가방
50만 동~

플라스틱 바구니 백
20만 동~

베트남 아이콘 브로치
10만 동~

다낭

머이째지하이

Mây Tre Dì Hải

▶ 2권 P.086

한 시장보다 더 인기가 좋은 라탄 전문점. 작은 규모의 상점이지만 라탄 소품과 가방으로 빈틈없이 채워져 있다. 바가지요금 없는 정찰제로 운영하고 시장 제품과 비교해도 가격이 저렴한 편이라 흥정으로 기운 뺄 필요가 없어 마음 편히 쇼핑할 수 있다. 라탄 가방, 모자, 컵 받침, 쟁반 등 다양한 라탄 제품을 판매하니 쇼핑의 주목적이 라탄 제품이라면 추천한다.

머이째지하이의 인기 아이템

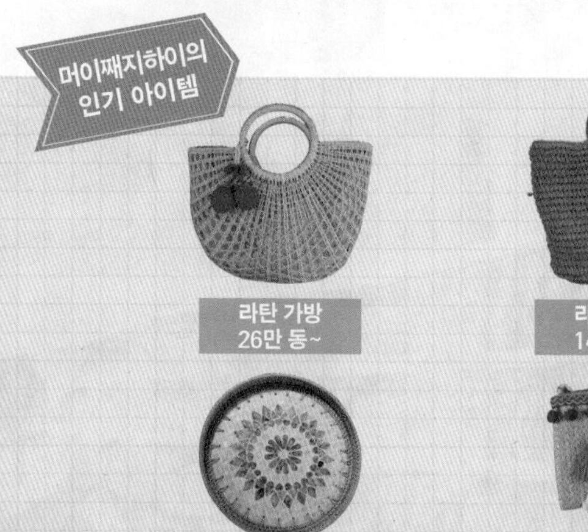

라탄 가방
26만 동~

라탄 가방
14만 동~

컵 받침
2만 5,000동~

라탄 트레이
10만 동~

파우치
6만 동~

모자
5만 동~

TIP

쇼핑 고수의 시장 흥정 팁

- 다낭, 호이안의 재래시장에서는 아주 많이 사지 않는 한 흥정이 쉽지 않다. 또 대략적으로 가격을 파악하고 가야 바가지를 쓰지 않으니 사고 싶은 아이템의 가격을 대충이라도 알고 흥정을 하자.
- 흥정에 자신이 없다면 정찰제로 운영하는 상점을 공략하자. 한 시장 주변에 있는 기념품점 중에 정찰제이며 가격도 비싸지 않은 곳이 꽤 있으니 그중에서 구입하는 것도 좋다.
- 여러 개를 살 경우 가격을 깎는 것보다는 1개를 서비스로 끼워 달라는 식으로 흥정하는 것이 더 잘 통한다. 비슷한 아이템을 파는 상점이 많으니 서로 기분 좋은 선에서 흥정을 해보자.

SHOPPING

☑ BUCKET LIST 20

안 사오면 서운해!

마트 아이템으로 캐리어 가득 채우기

베트남 쇼핑의 재미라면 역시 저렴한 물가다. 한국보다 훨씬 싼 가격에 기념품, 식자재, 커피, 과자 등을 살 수 있어 여행자들 사이에서 마트 쇼핑의 인기가 뜨겁다. 대표적으로는 롯데마트와 빅 시가 있는데 주변 지인이나 가족에게 줄 기념품, 간식 등을 저렴하게 구입할 수 있으니 꼭 한번 방문해 보자.

베트남 커피

까페 핀 Cà Phê Phin 2만 동~

베트남 커피를 홈 카페로 즐기기 위한 필수품으로 가격도 저렴하고 이국적인 소품이라 선물용으로도 좋다. 마트나 시장에서 쉽게 구입할 수 있으며 커피 전문점에서 파는 핀도 좋다.

로부스타 5만 동~

진하고 강렬한 향의 베트남 커피를 한국에서도 즐기고 싶다면 로부스타 원두를 꼭 사가자. 마트와 커피 전문점에서 쉽게 구입할 수 있다. 다양한 브랜드에서 판매한다.

연유 1만 5,000동~

로부스타 원두는 맛이 강한 편이라 부드럽고 달콤하게 즐기려면 연유는 필수다. 비나밀크Vinamilk의 응오이사오Ngôi Sao 제품을 추천한다. 한국의 연유보다 더 달콤하고 풍미가 좋다.

콘삭 커피 Con Sóc Coffee 1박스(10개) 5만 5,000동~

다람쥐 커피로 유명한 브랜드로 1회용 필터 드립 포장이 되어 있어 간편하게 내려 마실 수 있다. 헤이즐넛 향이 나는 것이 특징이다. 패키지가 깔끔해 선물하기 좋다.

아치 카페 Arch Café 1박스(12개) 6만 5,000동~

아치 카페의 코코넛 카푸치노Coconut Cappuccino 맛은 베트남 인스턴트 커피 중 가장 인기 있는 제품이다. 코코넛 향이 다른 믹스 커피보다 훨씬 강하다. 패키지가 예뻐서 선물하기 좋다.

미스터 비엣 커피 Mr.Viet Coffee 250g 9만 8,000동~

안경 쓴 아저씨 캐릭터로 더 유명한 커피다. 내려 먹는 원두와 간편하게 타 먹을 수 있는 믹스 타입이 있다. 원두로는 까페 달랏Cà Phê Đà Lạt, 믹스 타입으로는 카푸치노Cappuccino를 추천한다.

베트남 특산품

차

1팩 2만 5,000동~

베트남의 차는 종류도 다양하고 가격도 저렴해 선물용으로 좋다. 재스민과 로터스(연잎)가 베트남 대표 차고 타이바오Thái Bảo, 푹롱Phuc Long 등의 브랜드를 추천한다.

트로피컬 프루트 티

1팩 3만 2,000동~

가루로 된 아이스티로 물에 타 마신다. 치아시드가 들어 있어 포만감도 느낄 수 있다. 다양한 맛이 있지만 그중 망고와 패션 프루트를 추천한다.

망고 젤리

405g 3만 2,000동~

달콤한 망고 향과 탱글탱글한 젤리의 식감이 좋아 인기가 많다. 가격도 저렴하고 개별 포장되어 있어 하나씩 먹기 좋다. 체리시Cherish 브랜드를 추천한다.

건망고

100g 4만 동~

달콤한 건망고는 여행자에게 최고의 인기 아이템이다. 간식용으로도 좋고 선물용으로도 안성맞춤이다. THD, 비나밋Vinamit 브랜드를 추천한다.

건과일 칩

100g 2만 9,000동~

잭프루트, 바나나, 타로 등을 건조시켜 만든 것으로 건강한 간식거리를 찾는 사람들이 좋아한다. 비나밋 브랜드가 가장 믿을 만하며 그중 잭프루트가 인기 있다.

조미 건새우

110g 3만 동~

아주 작은 새우를 양념으로 조미해서 말린 것이다. 짭조름한 새우 맛이 자꾸만 손이 가 맥주 안주로 딱이다. 'Tép Sấy Damex'라고 적힌 것으로 고르면 된다.

캐슈너트

250g 12만 동~

한국보다 저렴하고 질 좋은 견과류를 많이 파는데 특히 캐슈너트가 인기다. 껍질이 있는 것과 없는 것 등 브랜드에 따라 종류도 다양하다.

꿀

110g 4만 동~

베트남 특산품 중 하나로 선물하기 좋은 패키지 상품들이 다양하다. 가격대도 천차만별인데 허니랜드Honey Land 브랜드가 가성비가 괜찮은 편이다.

전통술

100ml 17만 동~

리엔호아응으뜨우Liên Hoa Ngự Tửu는 붉은 현미로 만든 증류주로 은은한 연꽃 향이 매력적인 전통술이다. 도자기 병에 담겨 있어 선물용으로도 좋다.

베트남 과자

커피 조이 Coffee Joy

1만 4,000동~

커피나 차와 함께 먹으면 찰떡궁합인 과자다. 얇고 바삭하며 은은한 커피 향에 많이 달지 않아 자꾸 손이 간다.

칼 치즈 Cal Cheese

2만 5,300동~

웨하스와 비슷한 식감에 치즈 크림이 겹겹이 발려 있다. 고소하면서도 짭짤하고 달달한 맛이 좋아 누구나 입에 잘 맞는다.

티포 Tipo

7,000동~

바삭하면서도 크림의 맛이 강렬한 크래커로 일명 에그쿠키로 통한다. 화이트 초콜릿, 에그 크림, 참깨, 두리안 맛 등이 있다.

구디 Goody

3만 9,700동~

동전 사이즈의 코코넛 쿠키로 바삭바삭한 식감에 코코넛 특유의 향이 중독성 있다. 인기가 많아 구하기 힘들다는 것이 단점이다.

리치즈 아하 Richeese Ahh'

2만 동~

길쭉한 모양의 막대 과자로 큼직한 사이즈가 먼저 눈에 들어온다. 바삭한 식감에 치즈 맛이 강렬하며 단짠단짠의 매력이 있다.

게리 Gery

3만 동~

크래커 스타일의 과자로 여러 가지 맛 중에 치즈 크래커 맛이 단연 인기다. 진한 치즈의 향이 강렬하다.

솔라이트 판단 Solite Pandan

5만 동~

컵케이크처럼 촉촉한 빵 안에 동남아시아에서 즐겨 먹는 판단Pandan 크림이 들어 있다. 개별 포장이라 먹기 편하다. 버터밀크, 딸기 맛도 있다.

나바티 치즈 웨이퍼
Nabati Cheese Wafer

7,000동~

바삭바삭한 웨이퍼 안에 짭조름한 치즈가 들어 있어 중독성 강한 마성의 과자다. 밀크 크림, 초콜릿 등 여러 가지 맛이 있다.

코코넛 크래커 Dừa Nướng

1만 5,000동~

여행자들 사이에 필수 쇼핑 아이템으로 통하는 과자로 단맛이 적고 바삭바삭 씹는 느낌이 좋다. 코코넛 함량이 높아 코코넛을 좋아하는 이들에게 최애템이다.

베트남 요리 식재료

라이스페이퍼

2만 동~

한국에도 많지만 베트남에서 구입하는 것이 종류도 많고 싸다. 물에 담그지 않아도 되는 라이스페이퍼는 한국에서 흔하지 않아 추천한다.

육수 큐브 Phở Bò

1만 7,000동~

베트남 소고기 쌀국수의 국물을 쉽게 낼 수 있는 큐브다. 포장에 적혀 있는 만큼 물을 넣고 끓이다가 육수 큐브를 넣으면 손쉽게 소고기 쌀국수 국물을 만들 수 있다.

퍼 Phở

400g 3만 동~

쌀국수 면으로 한국 마트에서도 많이 팔지만 베트남에서 구입하는 게 훨씬 저렴하다. 면 굵기에 따라 종류도 다양해서 선택의 폭이 넓다.

반쌔오 파우더

400g 1만 6,000동~

다낭의 명물 요리 반쌔오를 한국에서도 만들어 보고 싶다면 파우더를 구입하자. 우리의 부침가루처럼 조미가 되어 있어 초보자도 쉽게 만들 수 있다.

칠리소스 Tương Ớt

200ml 8,000동~

뜨엉엇이라고 하는 베트남 칠리소스를 담백한 쌀국수에 넣어 먹으면 색다른 얼큰함을 느낄 수 있다. 쌀국수 외에 볶음밥, 튀김 등과 같이 먹기에도 좋다.

느억맘 소스 Nước Mắm

290ml 1만 9,000동~

베트남 요리에 자주 쓰이는 소스로 베트남 액젓에 고추, 마늘, 설탕, 식초 등을 섞어 만든다. 새콤달콤하면서도 짭짤한 맛이 반쌔오나 짜조 등에 잘 어울린다.

달걀 간장 소스

200ml 1만 6,300동~

달걀프라이에 살짝 뿌리면 맛있다고 소문난 마지Maggi 간장은 짭조름하면서도 살짝 단맛이 난다. 여러 종류 중 달걀프라이 사진이 있는 제품을 고르면 된다.

베트남 고춧가루

60g 1만 6,000동~

베트남의 고추는 맵기로 유명해 매운맛 마니아들이 좋아한다. 엇봇Ớt Bột이 고춧가루라는 뜻이다. 뿌려 먹기 편하며 미니 사이즈는 기념 삼아 구입하기 좋다.

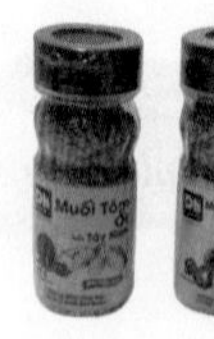

소금

60g 9,000동~

베트남에는 칠리, 새우, 라임 등 다양한 맛의 소금이 많다. 각종 요리에도 사용하고 새콤한 과일을 찍어 먹기도 한다. 가격도 저렴해 기념 선물용으로 구입하기 좋다.

하오하오 라면 Hảo Hảo

1개 9,000동~

베트남의 다양한 컵라면 중 단연 인기 제품이다. 색깔별로 맛이 다양한데 보통 새우 맛이 나는 핑크색 제품을 선호한다. 한국의 라면보다 양이 적어 출출할 때 가볍게 먹기 좋다.

비폰 퍼보 Vifon Phở Bò

1개 1만 6,000동~

인스턴트 라면인데도 불구하고 베트남 소고기 쌀국수의 맛과 흡사해 많이 구입한다. 부드러운 쌀국수 면발과 담백한 국물 맛이 좋다. 컵라면과 봉지 라면 두 종류가 있다.

후띠에우 라면 Hủ Tiếu

1개 7,000동~

베트남 남부 지역의 쌀국수 후띠에우를 인스턴트로 즐길 수 있다. 오! 라이시Oh! Ricey 라면이 인기다. 파란색 후띠에우 남방Hủ Tiếu Nam Vang, 초록색 후띠에우 스언 해오Hủ Tiếu Sườn Heo 맛이 있다.

생활용품

센소다인 치약

100g 6만 동~

베트남 필수 쇼핑 품목 중의 하나다. 한국보다 가격이 저렴해 여행자들이 많이 구입한다. 현지 마트나 약국에서 쉽게 살 수 있다. 여행 중에 사용할 목적으로 작은 용량을 구입해서 써보는 것도 좋다.

선실크 Sun Silk

170g 3만 3,000동~

동남아시아에서 유명한 헤어 브랜드로 샴푸, 린스, 트리트먼트 등 종류가 다양하다. 세정력도 우수하고, 머릿 결이 부드러워진다. 가격 대비 효과가 좋은 아이템이다. 특히 노란색 시리즈가 인기다.

모기 기피제

60ml 3만 6,000동~

스프레이, 로션, 연고 등 다양한 형태의 모기 기피제를 판다. 그중 소펠Soffell, 레모스Remos를 추천한다. 스프레이 형태여서 사용하기 편리하며 마트나 약국에서 쉽게 구입할 수 있다.

이곳에서 구입하자!

롯데마트 Lotte Mart ▶ 2권 P.078

다낭 여행자의 쇼핑 성지로 통하는 곳이다. 거대한 규모의 대형 쇼핑몰로 여행자 눈높이에 잘 맞춰진 상품으로 구성된 최적의 쇼핑 공간이다. 열대 과일, 간식, 커피, 생활용품, 한식 재료 등 없는 게 없고 그 밖에도 배달 및 보관 서비스, 셔틀버스 등도 제공한다.

고 다낭 GO! Đà Nẵng ▶ 2권 P.080

여행자보다는 현지인이 더 많이 찾는 쇼핑몰이다. 여행자가 즐겨 찾는 커피, 견과류, 말린 과일, 간식, 라면, 치약, 화장품 등도 부족함 없이 갖추고 있다. 특히 과일, 채소 등의 신선 식품은 롯데마트보다 상태가 좋고 가격도 조금 더 저렴한 것이 장점이다.

SLEEPING

☑ BUCKET LIST 21

베트남 휴양 여행은 이 맛에!

가성비 좋은 호텔에서 호캉스 즐기기

휴양으로 많이 찾는 다낭, 호이안 여행에서 숙소 선택은 여행의 만족도를 좌우하는 가장 중요한 요소 중 하나다. 워낙 숙소가 다양하고 가격대도 저렴한 데다 신축 리조트와 호텔도 많아 동남아 휴양지 중에서도 가격 대비 만족도로는 최고 수준이다. 추구하는 숙소 스타일과 가격, 위치 등을 고려해 나에게 꼭 맞는 숙소를 고르고 숙소 내의 다양한 즐길 거리도 100% 누려 보자.

베스트 숙소 한눈에 비교하기

어느 호텔에 묵을지 결정하기 어렵다면 각 숙소의 주요 특징을 비교해 보자. 자신의 취향과 예산, 함께 가는 동행, 원하는 위치 등을 비교한 후 자세한 정보를 살펴보면 숙소 선택에 도움이 될 것이다.

	티아 웰니스 리조트	프리미어 빌리지 다낭 리조트
숙소 유형	대형 리조트	대형 리조트
위치	다낭	다낭
주변 해변	미케 비치, 논느억 비치	미케 비치
가격대	$$$	$$$
추천 동행	커플	가족
다낭 국제공항과의 거리	차로 20분	차로 20분
객실 종류	1~2베드룸 풀 빌라, 3베드룸 그랜드 비치 빌라 등	1~4베드룸 풀 빌라 등
풀 빌라	○	○
객실 뷰	가든, 오션	오션, 풀, 비치
수영장	총 2개 메인 풀(오션 뷰), 스파 풀	총 1개 메인 풀(오션 뷰)
키즈 클럽	○	○
루프톱 시설	×	×
숙소 내 추천 레스토랑	프레시 레스토랑Fresh Restaurant	레몬그라스Lemongrass
조식	단품+뷔페	뷔페
무료 프로그램	스파 1~2회, 액티비티, 피트니스 센터	액티비티, 피트니스 센터
주변 편의 시설	★☆☆	★★★
무료 셔틀버스	숙소-호이안	×
페이지	1권 P.122	1권 P.124

※표에서 가격대와 주변 편의 시설은 다음과 같은 기준으로 표기했다. 주변 편의 시설은 숙소의 위치 주변과 가까운 음식점, 카페, 상점 등의 편의 시설이 어느 정도 분포되어 있는지에 대한 평가를 나타낸다.

가격대 $ US$10~80 | $$ US$81~200 | $$$ US$201~ **주변 편의 시설** ☆☆☆ 없음 ★☆☆ 조금 있음 ★★☆ 많음 ★★★ 아주 많음

	인터컨티넨탈 다낭 선 페닌슐라 리조트	아라카르트 다낭 비치	다낭 미카즈키 재패니즈 리조트 & 스파
	대형 리조트	대형 호텔	대형 리조트
	다낭(선짜반도)	다낭	다낭
	박 비치	미케 비치	리엔 찌에우 비치
	$$$	$$	$$
	커플	가족, 친구, 나 홀로	가족, 친구, 커플
	차로 40분	차로 18분	차로 25분
	스탠더드, 이그제큐티브, 스위트, 클럽, 빌라 등	스튜디오, 2베드룸, 이그제큐티브 스위트 등	디럭스, 패밀리, 일본식 스위트, 빌라 등
	○	×	×
	오션	오션, 시티	오션
	총 2개 메인 풀, 롱 풀	총 1개 루프톱 풀	총1개 메인 풀(오션 뷰)
	○	○	○
	×	레스토랑 & 바, 수영장	바, 수영장
	라 메종 1888La Maison 1888	톱The Top	스시 타마히메Sushi TAMAHIME
	단품+뷔페	뷔페	뷔페
	액티비티, 피트니스 센터	피트니스 센터	키즈 클럽, 피트니스 센터
	☆☆☆	★★★	★☆☆
	숙소-호이안	×	×
	1권 P.126	1권 P.127	1권 P.128

Hotel

	래디슨 호텔 다낭	윈덤 가든 호이안	그랜드 머큐어 다낭

숙소 유형	대형 호텔	중형 호텔	대형 호텔
위치	다낭	호이안	다낭
주변 해변	미케 비치	끄어다이 비치	×
가격대	$$	$$	$$
추천 동행	커플, 친구	커플, 가족	커플, 친구, 나 홀로
다낭 국제공항과의 거리	차로 15분	차로 40분	차로 10분
객실 종류	디럭스, 프리미엄, 이그제큐티브, 패밀리 등	디럭스, 프리미어, 패밀리 벙크 등	슈피리어, 디럭스, 패밀리, 스위트 등
풀 빌라	×	×	×
객실 뷰	오션, 시티	리버	리버, 시티
수영장	총1개 메인 풀(오션 뷰)	총1개 메인 풀	총 1개 메인 풀
키즈 클럽	×	×	○
루프톱 시설	바, 수영장, 피트니스 센터	×	×
숙소 내 추천 레스토랑	마켓 플레이스The Market Place	맹그로브 잭스 레스토랑 Mangrove Jacks Restaurant	골든 드래곤The Golden Dragon
조식	뷔페	단품+뷔페	뷔페
무료 프로그램	피트니스 센터	자전거	피트니스 센터
주변 편의 시설	★★★	★★☆	★☆☆
무료 셔틀버스	×	숙소-안방 비치-호이안 구시가지	숙소-다낭 시내 주요 명소
페이지	1권 P.129	1권 P.131	1권 P.130

포시즌스 리조트 더 남하이	벨 마리나 호이안 리조트	호텔 로열 호이안

대형 리조트	대형 리조트	대형 호텔
호이안	호이안	호이안
하미 비치, 안방 비치	×	×
$$$	$$	$$
커플, 가족	가족	커플, 친구, 나 홀로
차로 35분	차로 50분	차로 50분
1베드룸 빌라, 1베드룸 비치프런트 빌라, 패밀리 빌라, 1~5베드룸 풀 빌라 등	디럭스, 프리미어, 패밀리 빌라, 마리나 빌라 등	디럭스, 그랜드 디럭스, 로열 디럭스 등
○	×	×
오션, 가든	리버, 시티, 풀	리버, 시티
총 3개 계단식 메인 풀(오션 뷰)	총 2개 메인 풀, 빌라 전용 풀	총 2개 메인 풀, 루프톱 풀
O	○	×
×	×	바, 수영장
라샌Lá Sen	투본 레스토랑Thu Bon Restaurant	파이포 카페Faifo Cafe
단품+뷔페	뷔페	단품+뷔페
액티비티, 피트니스 센터, 무동력 해양 스포츠	피트니스 센터	피트니스 센터
★☆☆	★★★	★★★
숙소-호이안	숙소-안방 비치	×
1권 P.132	1권 P.134	1권 P.135

티아 웰니스 리조트
TIA Wellness Resort

Location	다낭
With	커플, 가족
Cost	$$$
Shuttle	숙소-호이안

특급 시설을 갖춘 리조트로 아름다운 해변을 품은 멋진 수영장과 프라이빗한 빌라 객실, 남다른 스파 서비스로 인기가 높다. 전 객실이 독립된 빌라 형태로 건축되었으며 오붓하게 물놀이를 즐길 수 있는 전용 풀이 있어 커플 여행자에게 안성맞춤이다. 바다를 정면으로 마주 보는 반듯한 메인 풀, 그 옆으로 이어지는 선베드와 야자수는 누구나 꿈꿨을 아름다운 휴양지의 풍경을 완벽하게 보여 준다. 그중 가장 돋보이는 매력은 '올 인클루시브 스파All Inclusive Spa'이다. 투숙객은 1박 1회의 스파를 원하는 시간에 원하는 메뉴로 받을 수 있으니 이보다 더 완벽한 리조트가 없다고 해도 과언이 아니다. 아침 식사도 언제 어디서든 즐길 수 있고 호이안으로의 무료 셔틀버스도 운행하는 등 세심한 서비스로 다녀온 이들의 호평이 이어지고 있다.

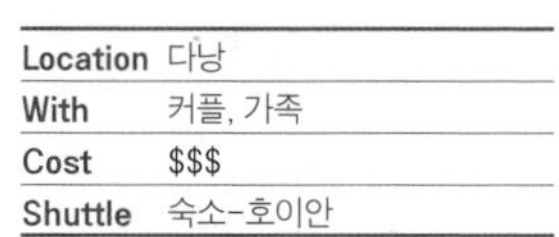

가는 방법 한 시장에서 차로 15분
주소 Võ Nguyên Giáp, Khuê Mỹ, Ngũ Hành Sơn, Đà Nẵng
문의 0236 3967 999
예산 풀 빌라 US$430~
홈페이지 www.tiawellnessresort.com

Don't Miss!

올 인클루시브 스파

투숙 시 스파가 포함된 웰니스 콘셉트의 리조트라 스파 마니아들에게 인기가 높다. 1박당 1인 1회(80분) 스파 트리트먼트가 포함되어 있으며 30분, 50분으로 나누어 2회 받을 수도 있다. 체크인 전 미리 메일을 통해 예약할 수 있다. 시작 전에 원하는 강도, 몸의 상태 등을 체크하기 때문에 만족도가 높다.

풀 빌라에서 즐기는 메뉴

최근 SNS 인증 샷으로 핫한 메뉴가 바로 플로팅 로맨스(1트레이 150만 동, 서비스 차지+세금 15% 추가)다. 물 위에 트레이를 띄워 놓고 사진을 찍을 수 있게 타파스와 음료가 준비된다. 그 외에도 풀사이드 모히토 바, 애프터눈 티 등 풀 빌라에서 즐길 수 있는 특별한 메뉴가 많다.

취향대로 골라 먹는 조식

이곳의 조식은 '언제 어디서나Anytime Anywhere'라는 콘셉트로 운영한다. 뷔페로 나오는 메인 식당 외에 해변, 객실, 스파 등 원하는 곳에서 하루 중 어느 때나 식사를 즐길 수 있다.

무료 셔틀버스

투숙객은 무료 왕복 셔틀버스를 타고 호이안까지 이동할 수 있다. 체크아웃 후에도 이용할 수 있으니 짐은 컨시어지에 맡겨 두고 반나절 투어처럼 가볍게 호이안에 다녀오자.

프리미어 빌리지 다낭 리조트
Premier Village Danang Resort

Location	다낭
With	가족
Cost	$$$
Shuttle	없음

1~4베드룸을 갖춘 총 111동의 독립된 풀 빌라로만 구성된 리조트. 한 빌라에 최대 9명이 투숙할 수 있어 인원이 많은 대가족 여행에 안성맞춤이다. 각 빌라는 2층 구조로 모던한 디자인에 실용적인 인테리어로 꾸며져 있으며 단독으로 사용 가능한 전용 풀을 갖추었다. 1층에는 거실 외에 취사 시설도 있는데 간단한 음식을 조리해 먹을 수도 있어 유용하다. 또 한 가지 장점은 다낭 시내권에서 가장 가까운 대형 리조트라는 점이다. 대부분의 대형 리조트가 논느억 비치 쪽에 있는 반면 이곳은 다낭 시내와도 가까워 부담 없이 다낭 시내에서 관광과 맛집 투어를 즐길 수 있다.

가는 방법 미케 비치 앞, 한 시장에서 차로 15분
주소 99 Võ Nguyên Giáp, Mỹ An, Ngũ Hành Sơn, Đà Nẵng
문의 0236 3919 999
예산 1베드룸 가든 뷰 빌라 US$380~
홈페이지 premier-village-danang.com

Don't Miss!

아이가 즐거운 키즈 클럽

3층 규모의 키즈 클럽에는 볼 풀과 장난감 등이 있고 페인팅, 연 만들기, 쿠킹 등의 다양한 키즈 클래스도 운영한다. 또 수영장 바로 앞의 모래사장에도 키즈 존과 장난감이 있다.

바다가 코앞에 펼쳐지는 수영장

리조트 내의 메인 수영장은 눈앞에 펼쳐지는 바다 풍경을 감상하며 수영을 즐길 수 있다. 또 해변에는 리조트 투숙객을 위한 전용 선베드도 준비되어 있어 휴양을 만끽하기에 완벽하다.

발이 되어 주는 버기카

숙소 규모가 워낙 크기 때문에 체크인 후 객실까지는 버기카를 타고 이동하면 편리하다. 필요할 때 요청하면 탑승할 수 있으니 잘 활용하자.

오붓하게 즐기는 전용 풀

빌라마다 전용 풀을 갖추고 있는데 높이가 0.9m에서 1.5m까지 깊어지는 구조여서 가족 단위 여행객이 아이들과 함께 물놀이를 즐기기 좋다.

취사가 가능한 주방

주방에는 인덕션을 비롯해 도마, 냄비, 그릇 등의 주방용품이 있어 간단한 요리도 가능. 아이, 부모님과 함께하는 가족여행에 안성맞춤이다.

인터컨티넨탈 다낭 선 페닌슐라 리조트
InterContinental Danang Sun Peninsula Resort

Location	다낭
With	커플
Cost	$$$
Shuttle	숙소-호이안

다낭 북쪽 선짜반도 언덕에 있어 최고의 경관을 자랑하는 리조트. 세계적인 건축가 빌 벤슬리Bill Bensley가 설계했으며 베트남 전통미를 바탕으로 럭셔리하고 세련된 스타일을 믹스해 멋진 리조트를 탄생시켰다. 각 객실은 경사진 비탈에 배치되어 있어 모든 곳에서 드라마틱한 전망을 감상할 수 있다. 이곳만의 시그니처인 전용 케이블카를 타고 수영장, 해변으로 내려갈 수 있다. 원숭이 산Monkey Mountain이 리조트를 둘러싸고 있어 종종 테라스에 원숭이가 출몰하기도 한다. 수영장은 아이들용과 성인용으로 분리되어 비교적 조용하게 즐길 수 있다. 숙소에서 더 많은 시간을 보낼 예정이라면 애프터눈 티, 이브닝 칵테일과 카나페, 객실 내 미니바 등 무료 혜택들이 포함된 클럽 룸을 추천한다.

가는 방법 한 시장에서 차로 30분
주소 Bãi Bắc, Sơn Trà, Đà Nẵng
문의 0236 3938 888
예산 킹 리조트 US$450~
홈페이지 www.danang.intercontinental.com

Don't Miss!

데일리 액티비티와 프로그램
체크인할 때 요일별, 시간대별 프로그램을 빼곡히 담은 스케줄 표를 받는다. 이른 아침의 요가, 트레킹, 영화, 스노클링, 패들 보드 체험 등 무료 액티비티를 알차게 즐겨 보자.

우아하게 즐기는 애프터눈 티
리조트 내의 시트론 레스토랑은 하늘에 떠 있는 것 같은 특별한 구조 덕분에 인기가 많다. 식사가 가능한 레스토랑이자 오후에는 달콤한 디저트와 함께 애프터눈 티를 즐길 수 있다.

미슐랭 3스타에 빛나는 레스토랑
라 메종1888은 베트남의 첫 3스타 미슐랭 레스토랑으로 스타 셰프 피에르 가녜르Pierre Gagnaire가 수준급의 프렌치 요리를 선보인다. 분위기 있는 디너를 즐기고 싶을 때 추천한다.

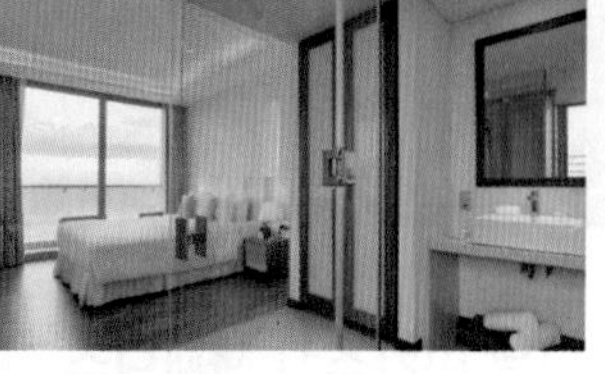

아라카르트 다낭 비치
À La Carte Danang Beach

미케 비치가 바로 코앞에 있는 숙소. 방에서 멋진 오션 뷰를 감상할 수 있는 것은 물론 합리적인 가격대에 객실 컨디션도 좋아 다낭 시내에서 꾸준한 인기를 끌고 있다. 객실은 간단한 취사가 가능한 주방을 갖추어 장기 투숙객에게도 유용하다. 여러 종류의 객실이 있는데 이왕이면 시원스러운 오션 뷰의 객실을 추천한다. 특히 2베드룸은 침실이 2개로 분리되고 거실과 주방도 있어 친구나 가족 여행 등 여럿이 지내기에 안성맞춤이다. 미케 비치에서도 중심에 위치하며 주변에 레스토랑, 스파 등의 편의 시설도 많아 편리하다.

Location	다낭
With	가족, 친구, 나 홀로
Cost	$$
Shuttle	없음

가는 방법 미케 비치 앞, 빈콤 플라자에서 차로 4분
주소 200 Võ Nguyên Giáp, Phước Mỹ, Sơn Trà, Đà Nẵng
문의 0236 3959 555
예산 1베드룸 스튜디오 US$80~
홈페이지 www.alacartedanangbeach.com

Don't Miss!

스펙터클한 인피니티 풀

이 호텔의 인기에 단단히 한몫을 하는 멋진 수영장이 호텔 꼭대기 24층에 숨어 있다. 가슴이 탁 트이는 미케 비치의 풍광을 만끽하면서 수영하는 호사를 누려 보자.

핫 플레이스인 루프톱 바

인피니티 풀 바로 옆에는 간단한 음료와 함께 뷰를 즐기기 좋은 바인 톱이 있다. 부담스럽지 않은 분위기와 적당한 가격대 덕분에 외부에서 찾아오는 이들이 더 많을 정도로 인기몰이 중이다.

다낭 미카즈키 재패니즈 리조트 & 스파
Da Nang Mikazuki Japanese Resorts & Spa

Location	다낭
With	가족, 커플, 친구
Cost	$$
Shuttle	없음

일본의 리조트 기업 미카즈키 그룹이 투자 개발한 복합 리조트로 새롭게 문을 연 만큼 리조트 시설 및 객실의 룸 컨디션이 무척 좋다. 호텔 객실과 빌라 동으로 나뉘며 객실은 일본 스타일과 모던함이 적절히 섞여 있다. 바다 전망에 룸 사이즈 자체가 보통 객실보다 훨씬 넓고 야외 테라스와 일본식 욕조가 설치되어 있어 노천탕처럼 즐길 수 있다. 호텔 동과 별도로 48개의 빌라도 운영 중인데 초록의 가든 뷰와 프라이빗한 공간으로 커플이나 허니무너에게 추천한다. 22층의 인티니피 풀은 아찔한 바다 전망을 자랑하며 겨울에도 온수풀로 운영돼 따뜻하게 수영을 즐길 수 있어 인기가 많다. 호텔 옆 동으로는 워터 파크와 노천 온천 등의 즐길 거리가 있어 특히 아이를 동반한 가족 여행자에게 제격이다.

가는 방법 한 시장에서 차로 20분
주소 Nguyễn Tất Thành, Hoà Hiệp Nam
문의 0236 3774 555
예산 디럭스 파노라믹 오션뷰 룸 US$120~, 스탠다드 빌라 US$110~
홈페이지 mikazuki.com.vn

Don't Miss!

파노라마 뷰의 인피니티 풀

22층에 마련된 인티니피 풀에서 시원스러운 바다 전망을 감상하며 수영을 즐길 수 있다. 쌀쌀한 날에도 온수풀에서 마음껏 수영을 할 수 있고 따뜻한 온도에 자쿠지도 2개 있다.

아이들의 천국, 워터파크

워터파크 365는 다낭 최초의 온수를 이용한 시설로 겨울 시즌, 우기에도 추위 걱정 없이 물놀이를 만끽할 수 있다. 스릴 넘치는 슬라이드, 파도 풀, 드래곤 리버 등이 있어 신나게 즐길 수 있다.

노천 온천 즐기기

워터파크 옆 4층으로 올라가면 따뜻한 공용 노천 온천과 사우나, 남녀 따로 즐길 수 있는 대욕장이 있다. 간단한 간식과 음료를 마실 수 있는 카페도 있고 유카타(유료)도 빌릴 수 있다.

래디슨 호텔 다낭
Radisson Hotel Danang

Location	다낭
With	커플, 친구, 혼자
Cost	$$
Shuttle	없음

미케 비치에 새롭게 문을 연 호텔로 모던한 스타일의 뛰어난 룸 컨디션과 바다 전망을 감상할 수 있어 인기. 바다가 바로 앞에 펼쳐지는 호텔인 만큼 일반 객실의 시티 뷰보다는 이왕이면 시원한 전망의 시 뷰 룸을 추천한다. 이그제큐티브 룸 선택 시 전용 라운지도 이용할 수 있어 호캉스를 즐기기에 좋다. 꼭대기 층에는 근사한 전망의 루프톱 바, 수영장이 있어 파노라마로 뷰를 감상하며 수영을 즐길 수 있다. 브랜드 호텔답게 직원들의 서비스, 친절도도 좋은 편이고 조식도 뷔페식으로 꽤 풍성하게 잘 나오는 편이다.

가는 방법 미케 비치 앞, 한 시장에서 차로 7분
주소 170 Vo Nguyen Giap Phuoc My Ward
문의 0236 3898 666
예산 디럭스 룸 US$90~
홈페이지 www.radissonhotels.com

Don't Miss!

탁월한 전망의 루프톱 풀

하이라이트는 꼭대기에 위치한 인티니피 풀로 아찔한 바다 전망을 감상하며 수영을 즐길 수 있다. 규모는 크지 않지만 인피니티 풀에서 조망하는 전망만큼은 탁월해 인기가 많다.

루프톱 바에서 전망 즐기기

수영장 바로 옆에는 'Vivid Rooftop Bar'라는 이름처럼 컬러풀한 스타일의 루프톱 바가 있다. 커피, 주스, 맥주, 간단한 스낵을 제공. 낮에는 푸른 미케 비치를, 저녁에는 야경을 보며 취하기 좋다.

그랜드 머큐어 다낭
Grand Mercure Danang

Location	다낭
With	커플, 친구, 나 홀로
Cost	$$
Shuttle	숙소-다낭 시내 주요 명소

모던하고 세련된 호텔을 찾는다면 이곳을 주목하자. 세계적인 호텔 체인 머큐어에서 운영하는 곳으로 총 272실의 객실은 모던하면서도 고급스럽게 꾸며져 있으며 침구나 욕실도 청결하게 관리된다. 바로 앞에 한강과 쩐티리교Cầu Trần Thị Lý가 있어 특히 야경이 멋진 호텔로 꼽힌다. 객실 타입에 따라 전망이 다른데 한강과 선 월드 아시아 파크의 대관람차가 보이는 방이 특히 뷰가 좋다. 또한 가격에 비해 조식이 잘 나오는 호텔로도 칭찬이 자자하다. 세심한 서비스, 시티 스타일의 호텔을 선호하는 젊은 층 여행자에게 추천한다. 5성급 호텔임에도 불구하고 US$100 초반대라는 저렴한 가격도 장점 중 하나다.

가는 방법 다낭 대성당에서 차로 8분
주소 Lot A1, Zone of the Villas of Green Island, Hòa Cường Bắc, Hải Châu, Đà Nẵng
문의 0236 3797 777
예산 슈피리어 US$90~
홈페이지 grandmercuredanang.com

Don't Miss!

무한 딤섬을 맛보는 레스토랑

호텔 내의 중식당 골든 드래곤은 다낭에서 딤섬 맛집으로 소문나 일부러 찾아오는 이들이 많다. 'All You Can Eat Dim Sum'이라는 콘셉트로 무제한 딤섬을 즐길 수 있다.

무료 셔틀버스

다낭 중심가까지 걸어서 이동하기엔 상당히 거리가 있지만 무료 셔틀버스가 있어 안심이다. 선 월드 아시아 파크, 한 시장, 미케 비치 등으로 셔틀버스를 자주 운행한다.

윈덤 가든 호이안
Wyndham Garden Hoian

Location	호이안
With	커플, 친구, 가족
Cost	$$
Shuttle	숙소-안방 비치, 호이안 구시가지

끄어다이 비치 앞쪽에 새롭게 문을 연 신생 호텔로 호이안의 전통미가 느껴지는 스타일이 매력적이다. 객실에서는 강변을 조망할 수 있는 리버 뷰에 발코니가 있으며 가구, 장식, 찻잔 등 호이안의 감성이 곳곳에서 묻어난다. 패밀리 벙크 스위트룸은 퀸 베드에 2층 침대가 추가로 있어 아이들과 함께 하는 가족여행자에게 제격이다. 야외 수영장과 스파, 레스토랑 등의 부대시설을 갖추고 있으며 끄어다이 비치까지도 가까워 바다를 즐기기도 좋다. 안방 비치, 호이안 구시가지로 셔틀 서비스를 제공해 편리하게 이동할 수 있다.

가는 방법 끄어다이 비치 주변, 호이안 구시가지에서 차로 10분
주소 19 Lạc Long Quân, Cửa Đại
문의 0235 3751 888
예산 디럭스 룸 US$90~
홈페이지 www.wyndhamhotels.com

Don't Miss!

무료 셔틀버스

호텔에서 1일 2회 안방 비치와 호이안 구시가지까지 왕복 셔틀 서비스를 제공하고 있다. 투숙객이라면 누구나 편리하게 안방 비치와 호이안으로 이동할 수 있다.

무료 자전거 대여

컨시어지에 요청하면 자전거를 무료로 빌릴 수 있다. 자전거를 타고 가까운 끄어다이 비치, 안방 비치까지 이동해보는 것도 특별한 추억이 될 것. 함께 주는 자물쇠도 분실하지 않도록 잘 챙기자.

포시즌스 리조트 더 남하이
Four Seasons Resort The Nam Hai

Location	호이안
With	커플, 가족
Cost	$$$
Shuttle	숙소-호이안

브랜드 이름만으로도 품격이 느껴지는 럭셔리 리조트로 다낭과 호이안 사이의 조용한 해변가에 자리 잡고 있다. 객실은 1~5베드룸의 독립된 빌라 형태로 프라이빗하게 이용할 수 있으며 전용 풀을 갖춘 풀 빌라 타입도 있다. 객실은 계단을 내려오면 편안한 소파와 야외 테라스로 연결되는 독특한 구조로 되어 있으며 이국적이면서도 고급스러운 스타일이 돋보인다. 바다를 정면으로 마주하는 멋진 야외 풀은 사진으로 남기고 싶을 만큼 근사하고 총 3개의 풀 중 2개는 성인만 이용 가능하다. 다른 고급 리조트와 차원이 다른 특급 서비스와 평화로운 분위기가 매력적이라 커플 여행자에게 추천한다.

가는 방법 호이안 구시가지에서 차로 16분
주소 Block Ha My Dong B, Điện Dương, Điện Bàn, Hội An
문의 0235 3940 000
예산 1베드룸 빌라 US$790~
홈페이지 www.fourseasons.com/hoian

Don't Miss!

데일리 액티비티와 프로그램

체크인할 때 요일별, 시간대별로 즐길 수 있는 액티비티와 프로그램이 빽빽하게 적힌 스케줄 표를 준다. 아침 요가, 소원 등 띄우기, 일출 크루즈, 패들 보드, 카약, 쿠킹 아카데미 등 아침부터 저녁까지 다양한 프로그램을 운영한다. 유료도 있지만 무료도 많으니 적극 참여해 보자.

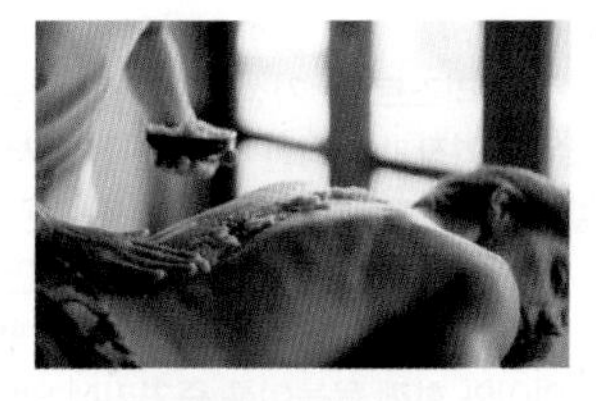

초특급 럭셔리 스파

리조트 내에 위치한 하트 오브 디 얼스 스파The Heart of The Earth Spa는 스파 마니아라면 반드시 경험해 봐야 할 럭셔리 스파다. 호수 위에 떠 있는 것 같은 아름다운 건축미를 뽐내는 스파 빌라는 각각의 독립된 건축물로 이루어져 온전히 스파에 집중해 힐링의 시간을 즐길 수 있다.

무료 자전거 대여

객실에서 레스토랑과 수영장까지 거리가 있는 편이라 각 빌라 앞에는 자유롭게 이용할 수 있는 자전거가 준비되어 있다. 리조트 내에서 타거나 가까운 안방 비치까지 라이딩을 즐겨도 좋다.

무료 셔틀버스

리조트에서 호이안 구시가지까지 1일 4회 무료 셔틀버스를 왕복 운행한다. 리조트에서 휴양을 하다가 오후에 셔틀버스를 타고 나가 호이안의 밤을 즐기고 돌아오는 것도 좋다.

벨 마리나 호이안 리조트
Bel Marina Hoi An Resort

Location	호이안
With	가족
Cost	$$
Shuttle	숙소-안방 비치

호이안의 중급 리조트 중 가성비가 가장 좋은 숙소로 통한다. 합리적인 가격에 넓은 수영장과 쾌적한 객실, 친절한 서비스 등으로 오랫동안 호이안의 패밀리 리조트로 사랑받고 있다. 객실은 일반 객실과 빌라로 나뉘는데 아이, 부모님과 함께하는 가족 여행이라면 전용 풀이 있는 빌라가 좋다. 바로 앞으로 투본강의 아름다운 풍경이 펼쳐지는 이국적인 분위기의 수영장은 아이와 함께 물놀이를 즐기기에 알맞다. 호이안에서는 제법 큰 규모에 속하는 리조트인데 구시가지까지 걸어서 갈 수 있을 정도로 가까운 편이라 위치도 좋다. 전체적으로 편안하고 친근한 분위기라 가족 여행자가 마음 편히 지낼 수 있다. 최근 리노베이션을 통해 룸 컨디션과 시설이 한 단계 업그레이드 됐다.

가는 방법 호이안 야시장에서 도보 5분
주소 127 Nguyễn Phúc Tần, Phường Minh An
문의 0235 3938 888
예산 디럭스 US$90~
홈페이지 www.belmarinahoian.com

Don't Miss!

무료 자전거 대여

호이안을 여행할 때 유용한 교통수단인 자전거를 무료로 대여할 수 있다. 자전거를 타고 호이안 구시가지나 근처로 라이딩을 다녀오면 좋다. 건물 밖에 있는 컨시어지에서 빌릴 수 있으며 자물쇠도 잘 챙기자.

무료 셔틀버스

안방 비치까지 무료 셔틀버스를 운행해 반나절 정도 비치 트립을 다녀오기 좋다. 이용하려면 미리 예약해야 하며 체크아웃 후 짐을 맡기고 이용할 수도 있어 아주 편리하다.

호텔 로열 호이안
Hotel Royal Hoi An

Location	호이안
With	커플, 친구, 나 홀로
Cost	$$
Shuttle	없음

다낭에 비해 규모가 작은 중저가 숙소가 주를 이루는 호이안에서 눈길을 끄는 럭셔리 부티크 호텔이다. 세계적인 호텔 브랜드 엠 갤러리에서 관리하며 화려한 콜로니얼풍 인테리어가 돋보인다. 총 187실의 객실을 갖추었는데 객실 타입마다 스타일이 달라 취향에 맞게 객실을 고르는 재미도 있다. 전체적으로 럭셔리한 스타일로 신혼여행객에게도 제격이다. 친절한 서비스와 풍성하게 나오는 조식 뷔페도 장점이다.

가는 방법 호이안 내원교에서 도보10분
주소 39 Đào Duy Từ, Cẩm Phổ, Hội An
문의 0235 3950 777
예산 디럭스 US$200
홈페이지 www.all.accor.com

Don't Miss!

360도 전망의 루프톱
엘리베이터를 타고 올라가면 야외 수영장과 루프톱 바가 나오는데 이곳의 숨은 핫 플레이스다. 호이안에서 가장 높은 곳에 위치해 장애물 없이 360도로 호이안 구시가지와 투본강의 풍경을 감상할 수 있다.

2개의 수영장
1층 레스토랑 옆으로 메인 수영장이 있고 루프톱에 수영장이 하나 더 있다. 메인 수영장은 열대의 휴양 리조트 느낌이 물씬 풍기는 반면 루프톱 수영장은 규모는 작지만 이용객이 적어 편안하게 즐길 수 있으니 두 곳 모두 이용해 보자.

무료 자전거 대여
호이안에서 가장 유용한 교통수단은 자전거다. 컨시어지에 요청하면 자전거를 무료로 빌릴 수 있으니 자전거를 타고 호이안 구석구석을 둘러보자. 다만, 자전거를 빌려줄 때 함께 주는 자물쇠는 분실하지 않도록 주의하자.

BASIC INFO

꼭 알아야 하는 다낭 · 호이안 · 후에 여행 기본 정보

다낭 · 호이안 · 후에 여행 단번에 감 잡기

베트남 중부를 대표하는 도시 다낭, 호이안, 후에는 각각 닮은 듯 다른 분위기와 매력이 넘친다. 지역을 이동할 때마다 베트남 안에서 또 다른 여행지를 만나는 것 같은 색다른 기분을 느낄 수 있다. 각 지역의 특성을 살펴보고 내게 맞는 여행지를 골라 보자.

다낭 Da Nang

#미케 비치 #한 시장 #스파 #루프톱 #베트남 중부 #베트남 커피

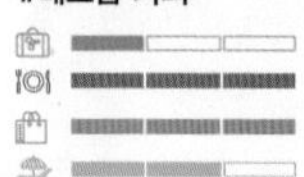

다낭은 베트남의 주요 관광 도시 중 하나이자 중부를 대표하는 상업 도시다. 1,285.4km²의 면적을 차지하며 북쪽의 후에와 남쪽의 호이안 사이에 위치한다. 북에서 남으로 이어지는 긴 해안선을 따라 아름다운 바다 풍경이 펼쳐진다. 특히 10km가 넘는 미케 비치는 다낭의 대표 해변으로 바다를 따라 고급 리조트와 호텔이 밀집되어 있다. 워낙 인기 있는 관광 도시라서 한국에서 다낭 국제공항으로의 직항 노선이 수시로 운행한다.

호이안 Hoi An

#구시가지 #유네스코 세계문화유산 #올드 타운 #투본강 #시클로 #소원 등 #나룻배 #아오자이

호이안은 16세기 베트남의 중요한 항구 중 하나로 번성했으며 다낭에서 남쪽으로 30km 거리에 위치한다. 과거의 건축 양식과 문화가 잘 보존되어 1999년 호이안 구시가지 전체가 유네스코 세계문화유산으로 지정되었다. 당시 중국인, 일본인 외에도 서구 상인들이 드나들었고 그로 인해 동양적인 풍경에 서구적인 정취가 섞여 호이안만의 독특한 색깔을 갖게 되었다. 투본강Sông Thu Bồn을 따라 이국적인 건물들이 이어지고 아름다운 등불이 형형색색으로 빛난다.

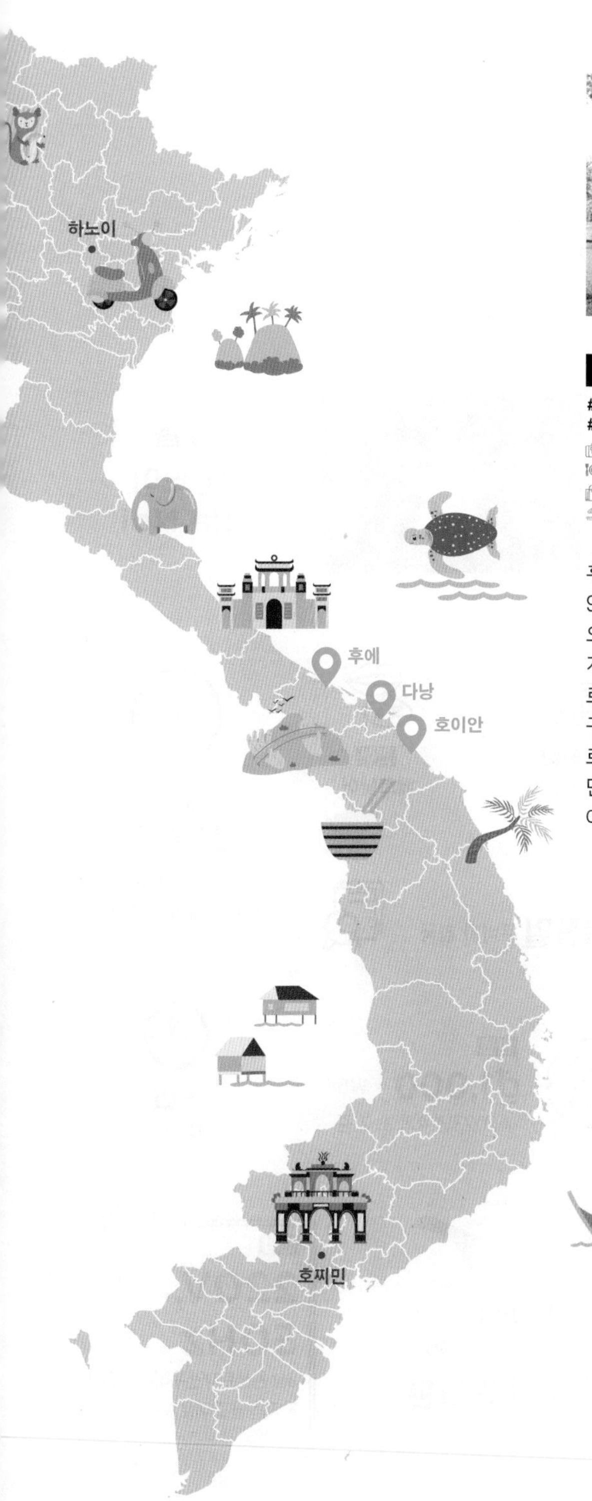

후에 Hue

#황성 #전통 #황릉 #역사 #베트남 옛 수도
#유네스코 세계문화유산 #로컬 음식

후에는 베트남의 옛 수도로 다낭에서 북쪽으로 95km 떨어진 곳에 위치한다. 베트남은 역사적으로 북쪽과 남쪽으로 나뉘어 발전했는데 그 경계점이 되는 곳이 바로 후에다. 후에를 가로지르는 흐엉강Sông Hương을 축으로 황성이 있는 구시가지, 상업과 편의 시설이 발달한 신시가지로 나뉜다. 후에 남쪽 외곽에는 응우옌 왕조의 민망 황제, 카이딘 황제 등의 황릉과 사원이 있어 후에 여행의 필수 코스로 통한다.

베트남 국가 정보

베트남으로 떠나기 전 알아 두면 좋을 기초적인 정보들을 모았다. 국가 정보와 더불어 여행 시 유용한 정보 중심으로 수록했으니, 이미 알고 있는 기본적인 내용이라도 여행에 앞서 복습해 두자. 미리 알아 둔다면 여행 시 돌발 상황을 줄일 수 있다.

국명

베트남 사회주의 공화국
Socialist Republic of Vietnam

수도

하노이
Ha Noi

면적

331,230km^2
대한민국의 약 3배

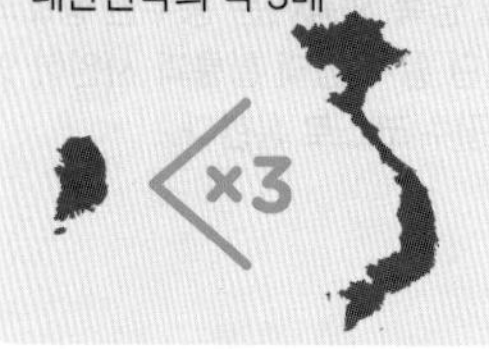

정치 체제

국가주석제

언어

베트남어

시차

2시간 느림
한국 오전 9시, 베트남 오전 7시

비자

관광 **15일** 무비자 입국

인구

약 **9,734만** 명

환율

₫1,000 = ₩56
※2023년 4월 초 기준

통화

동 VND

종교

- 불교 43.5%
- 가톨릭 36.6%
- 기타 19.9%

비행시간

인천-다낭(직항 기준)
약 **4시간 30분**

전압

220V, 50Hz
3상 콘센트지만 우리나라 전자 제품을 그대로 사용 가능

식당, 쇼핑, 교통비 등 전반적으로 한국보다 물가가 훨씬 저렴한 편이다. 특히 다낭에는 새로 지은 호텔이 많아 숙소의 가성비가 좋다.

베트남 vs 한국

생수 5,000동~(한화 약 280원) vs 1,000원
쌀국수 3만 동(한화 약 1,680원) vs 8,000원
커피 1만 5,000동(한화 약 840원) vs 4,000원
택시 1만 1,000동~(한화 약 616원) vs 3,800원

호텔, 레스토랑, 카페 등에서는 무료로 무선 인터넷을 제공하므로 쉽게 사용할 수 있다. 한국과 비교하면 속도가 조금 느리기는 하지만 사용하기에 불편할 정도는 아니다. 현지 심 카드를 구입하면 스마트폰으로 자유롭게 인터넷 사용이 가능한데 심 카드 가격도 저렴한 편이라 많이 이용한다. ※심 카드 정보 P.180

베트남에는 기본적으로 팁 문화가 없어 일반 식당이나 택시 등에서 팁을 따로 지불하지 않는다. 마사지를 받은 후에도 의무적으로 줄 필요는 없지만 꼭 주고 싶을 정도로 만족스러운 서비스를 받았다면 3~5만 동 수준으로 지불하면 된다.

베트남의 주요 관공서와 은행은 주 5일 근무제로 보통 월요일부터 금요일(07:30~16:30)까지 영업하고 주말에 문을 닫는다. 대부분의 음식점이나 상점 등은 휴일이나 브레이크 타임 없이 아침부터 밤까지 문을 여는 곳이 많다.

스마트폰을 이용한 SNS 연락이 대중화되면서 국제 전화를 사용하는 경우는 적어졌지만 혹시 모를 상황에 대비해 숙지해 두자.

한국 → 베트남 국제 전화 서비스 번호(001)+베트남 국가 번호(84)+0을 제외한 베트남 전화번호
베트남 → 한국 국제 전화 서비스 번호(001)+한국 국가 번호(82)+0을 제외한 한국 전화번호

현지에서 여권 분실 및 도난, 범죄, 사고 등의 긴급 상황 발생 시 아래의 정부 기관에게 도움을 받을 수 있다.

주베트남 대한민국 대사관(하노이)
주소 SQ4 Diplomatic Complex., Do Nhuan St., Xuan Dao, Bac Tu Liem, Hanoi
문의 024 3771 0404, 긴급 090 402 6126
운영 09:00~12:00, 14:00~16:00 ※비자 신청 09:00~12:00

주호찌민 대한민국 총영사관
주소 107 Nguyễn Du, Bến Thành, Quận 1, Hồ Chí Minh
문의 028 3824 2593, 긴급 093 850 0238
운영 08:30~12:00, 13:30~17:30

주다낭 대한민국 총영사관
주소 Tang 3-4, Lo A1-2 Chuong Duong, P. Khue My, Q. Ngu Hanh Son, TP. Da Nang
문의 023 6356 6100, 긴급 093 112 0404
운영 09:00~11:30, 13:30~16:00

1/1 새해
1/20~26 설날
4/29 홍브엉 왕 추모기념일
4/30 베트남 해방전승일
5/1 근로자의 날
9/2 건승기념일 (연휴 기간 9월 1~4일)

안녕하세요. Xin chào.(씬 짜오)
감사합니다. Xin cảm ơn. (씬 깜 언)
미안합니다. Xin lỗi. (씬 로이)
비싸요. Đắt quá. (닷 꽈)
화장실 어디예요?
Nhà vệ sinh ở đâu ?
(냐 베 신 어 더우)

다낭 · 호이안 · 후에 여행 시즌 한눈에 보기

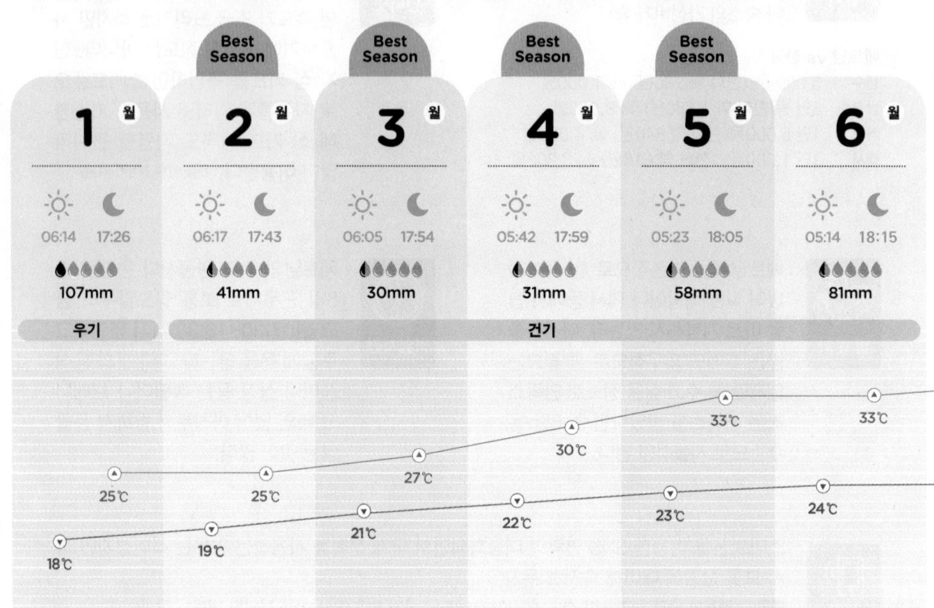

날씨

우기라 여전히 비가 많이 오며 여름과 가을 날씨가 뒤섞인 변덕스러운 날씨가 계속된다. 10~12월과 동일한 날씨이다.

2월에서 3월은 우기에서 건기로 바뀌는 시점이라 강수량이 줄어 10% 미만의 강수확률이 이어진다. 비가 오는 날이 적어 활동적인 여행에 안성맞춤이지만 날씨가 다소 변덕스러워 소나기가 내리는 일도 종종 있으니 우산이나 우비 등을 챙겨 가면 유용하다. 평균기온은 23~27℃ 정도이며 습도도 낮은 편이라 가장 여행하기 좋은 시즌이다. 바다에서 즐기는 해양 스포츠나 섬 투어 등도 이때부터 다시 정상적으로 운영하기 시작한다. 5월부터는 혹서기가 시작될 조짐이 보이면서 온도도 올라가고 햇빛도 강렬해지면서 무더위가 시작된다.

본격적인 더위가 시작되어 한낮에는 돌아다니기 힘들 정도로 덥다. 낮에는 냉방이 되는 실내 위주로 돌아보고 이른 오전, 늦은 오후에 야외 관광을 하자.

대표 축제(2023년)

1/20~26 뗏 연휴

우리의 설 연휴처럼 베트남도 뗏(Tết Nguyên Đán)연휴가 있는데 베트남에서 가장 큰 연휴다. 상당수의 식당, 상점 등이 문을 닫고 호텔도 만실인 곳이 많으니 이 기간에 여행을 한다면 미리 운영 여부를 확인해보자.

6/3~7/8 다낭 국제 불꽃 축제

이탈리아, 러시아, 브라질, 핀란드, 영국, 베트남 등 8개국의 세계적인 불꽃 축제 팀이 참여해 한강 변 일대에서 황홀한 불꽃 축제를 펼친다. 3년 만에 개최 예정이다.

9/29 중추절

음력 8월 15일 뗏쭝투Tết Trung Thu라고 불리며 베트남의 추석 같은 날이다. 어린이들은 가면놀이를 즐기고 일부 도시에서는 등불 축제와 용춤, 사자춤 공연이 이뤄진다.

옷차림과 준비물

15~20℃ 이하

반소매, 얇은 셔츠, 반바지, 긴바지, 카디건, 점퍼 자외선 차단제, 선글라스, 우산, 우비, 핫팩

21~25℃

반소매, 얇은 셔츠, 반바지, 긴바지, 얇은 카디건, 얇은 점퍼, 자외선 차단제, 선글라스, 모자, 우산, 우비

다낭, 호이안, 후에는 베트남의 중부 지역에 속한다. 중부 지역의 평균 기온은 25°C 내외로 1년 내내 따뜻한 편이지만 9월부터 1월까지 우기 시즌은 한국의 가을 정도로 약간 쌀쌀하다. 언제 여행을 떠나면 좋을지 연간 캘린더를 참고해 가기 좋은 시즌을 알아보자. ※기온, 강수량, 시간은 다낭 기준

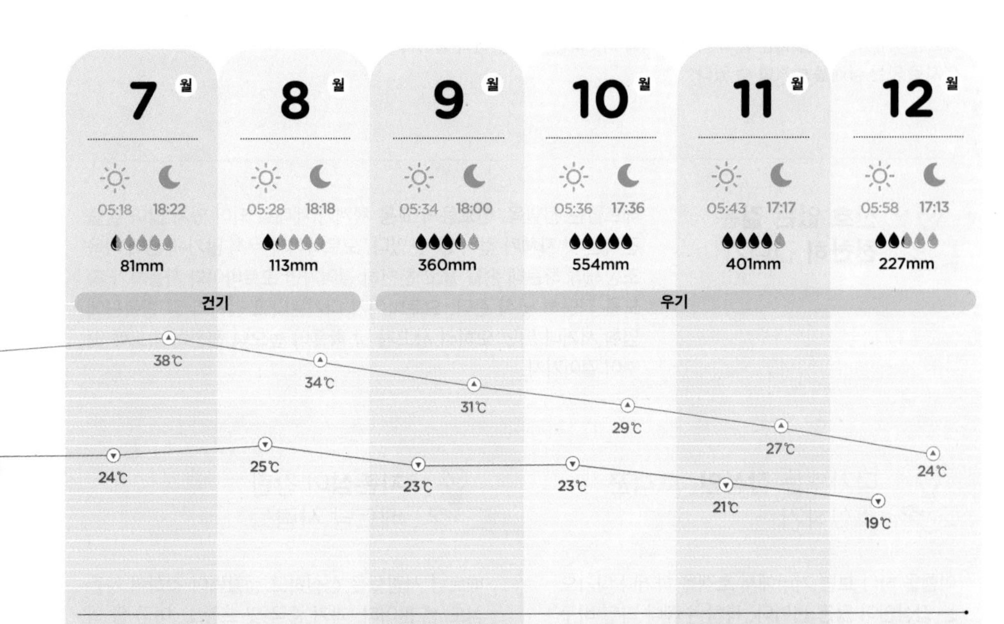

본격적인 혹서기가 시작되며 무더위가 극심할 때는 38℃에 달할 만큼 온도가 올라간다. 투어, 호이안 구시가지를 둘러보는 등의 야외 관광과 활동은 오전이나 저녁으로 일정을 잡고 가장 더운 한낮에는 냉방 시설이 있는 실내 관광을 위주로 한다. 자외선 차단, 수분 보충을 수시로 해준다.

강렬한 태양과 무더위에 지치기 쉬운 8월. 낮에는 야외보다는 실내 위주로 관광을 하고 오전과 저녁에 야외 관광을 하도록 하자. 8월부터는 태풍이 발생하는 빈도가 잦아 변덕스러운 날씨와 함께 비도 자주 내린다. 배수가 잘 안 되는 호이안과 같은 지역은 홍수 피해를 입기도 한다.

더위가 한풀 꺾이기 시작하는 시즌이며 아침저녁으로 선선한 바람이 불기도 한다. 9월부터 우기에 접어들어 비가 많이 내리고 태풍이 발생하는 빈도가 잦아 변덕스러운 날씨와 함께 비도 자주 내린다. 배수가 잘 안 되는 호이안과 같은 지역은 홍수 피해를 입기도 한다.

10~11월은 비가 가장 많이 오는 시기이며 변덕스러운 날씨가 계속된다. 온도가 내려가므로 날씨에 따라 야외 수영장이나 바다에서 물놀이를 하기에 쌀쌀하게 느껴질 수 있다. 숙소에서 수영을 즐길 계획이라면 온수풀을 운영하는 곳으로 선택하자. 바다에서의 서핑, 해양 스포츠 등도 제한적이고 파도가 높아지는 때라 배를 타고 나가는 호핑 투어도 대부분 운행이 중지된다. 여름과 가을 날씨가 뒤섞인 변덕스러운 날씨라고 생각하면 된다.

26~30℃

반소매, 얇은 셔츠, 반바지, 긴바지, 자외선을 막아 줄 얇은 긴팔, 자외선 차단제, 선글라스, 모자, 수영복, 양산

31~40℃ 이상

민소매, 반소매, 반바지, 원피스, 자외선을 막아 줄 얇은 긴팔, 자외선 차단제, 선글라스, 모자, 수영복, 양산, 손풍기

BASIC INFO ❹

베트남 문화, 이 정도는 알고 가자

여행하는 나라의 문화를 알면 여행 중의 궁금증과 답답함이 풀린다.
베트남에서 지켜야 할 기본 예의 혹은 예의에 어긋나는 행동을 미리 알아 두면
무지로 인한 실례를 방지할 수 있다.

신호 없는 길은 **천천히** 건너기

베트남은 건널목, 신호등의 교통 체계가 제대로 되어 있지 않아 길을 건너는 것 자체가 겁이 날 수 있다. 오토바이가 무척 많기 때문에 더욱 조심해야 하는데 손을 들고 천천히 걸어가면 오토바이와 자동차가 속도를 적당히 낮춰 준다. 오토바이가 다가온다고 갑자기 길 한복판에 멈춰 서거나 뛰면 오히려 사고가 날 확률이 높으니 천천히 속도에 맞추어 걸어가자.

다가오는 **잡상인, 호객꾼** 조심하기

여행을 하다 보면 거리에서 호객을 하거나 다가오는 잡상인이 많은 편이다. 특히 수레나 과일 바구니를 들고 다니면서 사진을 찍어 보라고 권하는 경우가 많은데 호의가 아닌 강매 수법 중 하나다. 사진을 찍고 나면 사진 값을 요구하거나 과일 값을 비싸게 부르면서 강매하는 경우가 많으니 구입할 생각이 없다면 단호하게 사양하자.

자존심이 강한 베트남 사람들

베트남 사람들은 성실하고 생활력이 강하며 자존심도 센 편이다. 과거 중국 및 프랑스, 미국 등 외세 지배와 전쟁을 물리치고 독립을 쟁취했다는 민족적 자존심과 긍지가 높은 편이라 그들의 자존심을 상하게 하는 행동은 조심해야 한다. 현지에서 호객꾼이나 잡상인이 끈질기게 다가와 구매를 강요한다고 해도 많은 사람 앞에서 정색하거나 무안을 주기보다 무관심한 태도로 조용히 그 상황을 벗어나는 것이 좋다. 자존심이 강한 나라인 만큼 미안하다는 사과의 표현도 잘 하지 않는 편이다. 사과 대신 멋쩍은 웃음을 보이는 경우 한국인 입장에서는 무시하는 행동으로 오해할 수 있지만 베트남 사람 입장에서는 미안하다는 뜻이나 다름없는 것이니 이해하도록 하자.

어깨는 **Don't Touch**

베트남 사람들은 어깨에 수호신이 있다고 믿는다. 어깨를 손으로 치거나 친하지 않은 사이인데 어깨동무를 하는 행동은 예의에 어긋날 수 있으니 주의하자.

사원에서는 **복장**에 주의

베트남은 종교적인 계율이 엄격한 나라는 아니지만 사원에 입장할 때는 복장에 어느 정도 신경을 쓰는 것이 기본 매너다. 팔과 다리를 과하게 드러내는 민소매나 핫팬츠 같은 노출이 심한 옷은 삼가도록 하자.

베트남의 **식사 에티켓**

베트남 음식 문화에서는 쌀국수나 면 요리를 먹을 때 그릇에 입을 대고 국물을 마시는 것은 자칫 매너 없는 행동으로 보일 수 있으니 삼가자. 또한 식기를 젓가락으로 치는 행동은 음식을 차려 준 이에게 불만을 표현하는 행동으로 여겨지니 주의한다.

아직 **한국에 우호적**인 베트남 사람들

일반적으로 베트남 사람들은 한국인에게 꽤 우호적인 편이다. 1992년 수교를 맺은 이래로 꾸준한 교류가 이어지고 있다. 또한 한국의 많은 기업이 베트남에 진출해 경제 성장 및 고용 창출에 도움을 주고 최근 박항서 감독이 이끄는 축구 팀과 한류 문화의 인기로 한국에 대한 이미지가 한층 더 좋아지고 있다는 평이다. 하지만 한국인 여행자가 급진적으로 늘어나면서 몇몇 사람의 무례한 행위, 퇴폐적인 추태 등의 사건으로 이미지가 실추되기도 하니 최소한의 매너와 예의를 갖추고 그 나라 문화를 존중하면서 여행하는 태도가 필요하다.

두리안, 망고스틴 숙소 반입은 **No!**

대부분의 호텔에서 강렬한 향 때문에 두리안 반입을 금지한 곳이 많으니 숙소로 가져가지 않도록 주의하자. 망고스틴 또한 침구나 수건 등에 붉은 물이 들 수 있어 반입을 금지하거나 주의를 요하는 곳이 많다.

식당의 **물과 얼음** 조심하기

베트남의 로컬 식당에서는 보통 테이블마다 끓여 놓은 차나 물이 무료로 제공되어 많이 마신다. 하지만 베트남의 물은 석회수가 많아 예민한 사람인 경우 배탈이 날 수 있기 때문에 이왕이면 유료의 생수를 주문해서 마시는 것이 안전하다. 마찬가지로 맥주나 커피 등을 주문하면 나오는 얼음도 필터로 정수한 제빙기에서 나오는 우리나라의 얼음과는 다르게 포대에 배달되는 얼음이 대부분이라 조심할 필요가 있다.

숫자에 민감한 베트남 사람들

나라마다 좋아하는 숫자와 불길하게 생각하는 숫자가 있기 마련인데 베트남에서는 '3'과 '5'를 불길하게 여긴다. 그래서 이사, 결혼 등의 중요한 행사가 있을 때는 '3'과 '5'를 기피하는 경향이 있다. 반대로 '9'는 행운의 상징으로 여기는데 그 이유는 완벽, 완성, 만점에 가까운 숫자라고 여기기 때문이다.

베트남 역사 가볍게 훑어보기

베트남은 주변국의 침략과 계속되는 전쟁으로 굴곡진 과거를 보냈다. 약 1000년에 걸친 중국의 지배 뒤에 베트남 왕조가 출현했지만 다시금 프랑스의 지배를 받으면서 암울한 식민 시대를 겪었다. 그 후 미국과의 혹독한 베트남 전쟁을 치르고 20세기 후반에서야 비로소 베트남 사회주의 공화국으로 독립을 이루게 되었다.

기원전 3세기 이전

베트남 역사의 시작, 선사 시대

베트남에 인류가 살기 시작한 것은 약 50만 년 전으로 추산된다. 최초의 고대 국가인 흥 왕조 이후 많은 나라들이 생겼다 사라졌으며 이 시기에 중국으로부터 전래된 것으로 보이는 청동기 문화를 발달시키면서 주변 동남아시아 지역에 많은 영향을 주었다.

기원전 2세기~9세기

중국의 지배와 항쟁

기원전 111년 중국 한나라가 쳐들어와 병합된 후 939년까지 베트남은 약 1000년 동안 중국의 지배를 받았다. 베트남 사람들은 외세의 지배를 거부하고 투쟁을 계속했다. 특히 40년에는 쯩 자매가 민중을 이끌고 최초의 저항 운동을 일으켜 중국의 지배를 벗어나기도 했다. 그러나 쯩 자매의 왕국은 3년을 버티지 못하고 중국의 대규모 토벌군에 의해 무너졌고, 더 공고해진 중국의 지배 아래 베트남은 중국 문화의 영향을 받기 시작했다. 한편 베트남 중부 지방에는 2세기경부터 참족이 건국한 참파 왕국이 자리하고 있었고 남부 지방에는 인도의 영향을 받은 후난 왕조가 6세기경까지 유지되다가 7세기경 크메르의 앙코르 캄푸차 왕국에 편입되었다.

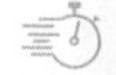

이곳으로 타임 슬립!

참 조각 박물관 2권 P.040
미선 2권 P.120

10~15세기

베트남 최초의 독립 왕조 탄생

오랫동안 중국의 지배를 받아 온 베트남 북부 지역에서는 끊임없는 독립 투쟁이 이어졌다. 결국 939년에 응오꾸옌 장군이 박당강 전투에서 중국을 물리치고 승리하여 오랜 지배에서 벗어나 베트남 최초의 독립 왕조인 응오 왕조를 세웠다. 그러나 응오꾸옌이 6년 만에 죽자 이후 왕위를 두고 다툼이 시작된다. 급격히 약해진 왕권으로 결국 응오 왕조는 건국 50년도 되지 않아 멸망했고, 격렬한 내전이 이어져 베트남은 최악의 혼란기를 맞이한다. 이후 딘 왕조가 나라를 통일한 뒤 레 왕조와 리 왕조, 쩐 왕조까지 이어졌지만 1406년 다시 중국 명나라의 속국이 되고 말았다. 그 후 베트남은 1406년부터 1427년까지 약 20여 년간의 대명 투쟁 끝에 명나라를 물리치고 후기 레 왕조를 세웠다. 이 시기에 레 왕조는 참파 왕국을 점령했고 개혁 정책과 전통 문화를 만들어 내며 베트남 문화의 황금기를 이루었다.

16~19세기

응우옌 왕조와 프랑스의 지배

1516년 덴마크가 베트남 북부의 교역권을 획득하고 17세기 초에는 프랑스 신부들이 포교 활동을 시작하면서 서구 세력이 확대되었다. 한편 1789년 떠이선의 응우옌후에가 베트남 남북을 통일하였고 1802년에는 응우옌푹아인(잘롱 황제)이 그의 본거지인 후에를 수도로 삼아 베트남 최후의 왕조인 응우옌 왕조를 세웠다.
응우옌 왕조 초기에는 통일에 도움을 준 프랑스에 많은 상업적 이권을 보장해 주었으나 제국주의적 침략 의도를 감지한 이후에는 중국과 우호를 다지면서 프랑스를 경계하게 되었다. 반외세 정책이 계속되자 결국 프랑스는 선교사 박해 사건을 계기로 베트남을 공격했고 1883년 8월 아르망 조약으로 베트남 전 국토는 프랑스의 식민지가 되어 버렸다.

이곳으로 타임 슬립!
후에 황성 2권 P.150

20세기 전반

호찌민의 등장과 독립운동

프랑스의 식민지가 된 뒤에도 베트남인의 독립운동은 계속 이어졌다. 1930년에는 사회주의 성향의 민족주의자들이 프랑스 등 제국주의와의 투쟁을 목표로 하는 베트남 공산당을 결성했다. 이 공산당의 지도자가 바로 호찌민이다. 베트남 현대사에 큰 영향을 미친 인물로 '베트남의 아버지'로 불리는 지도자이자 혁명가이다. 한편 제2차 세계 대전이 발발해 독일에 침공당한 프랑스의 세력이 약해지자 이를 기회로 여긴 일본은 1940년 베트남을 지배하기 시작했다. 그 후 1945년 전쟁이 끝나며 일본이 물러가자 베트남 공산주의자들은 호찌민을 주석으로 하는 베트남 민주 공화국을 수립하여 1945년 9월 2일 마침내 독립을 선포했다.

20세기 후반

베트남 전쟁과 통일

독립 선언에도 불구하고 프랑스가 계속해서 베트남을 포함한 인도차이나 지역의 지배권을 주장하자 1946년 두 나라 간에 인도차이나 전쟁이 시작되었다. 8년간의 전쟁 끝에 1954년 5월 7일 프랑스 연합군이 디엔비엔푸 전투에서 완패하고 항복함으로써 1954년 7월 20일 제네바 휴전 협정이 이루어졌다. 9개국이 참가한 제네바 회의의 결과, 베트남은 북위 17°선을 군사 경계선으로 하여 남북으로 분단되었다. 이로써 북위 17°선 이북은 호찌민의 북베트남, 이남은 바오다이 황제의 베트남국Quốc Gia Việt Nam이 들어섰다. 호찌민은 베트남 통일을 원했으나 공산화를 우려한 남베트남은 이를 거부하였다. 하지만 남베트남에서는 공산당 지지자가 점점 늘어났고 이를 막기 위해 미국이 개입하면서 베트남 전쟁이 시작되었다. 미국의 요청으로 우리나라를 비롯한 필리핀, 태국, 뉴질랜드 등도 파병하였지만 전쟁은 장기화되었다. 미국 내에서는 반전 여론이 고조되었고 결국 1973년 파리 평화 협정에 따라 베트남 내 미군이 철수하였다. 1975년 4월 30일 사이공이 함락되면서 베트남 전쟁은 종결되었고 1976년 7월 2일 남, 북 베트남은 베트남 사회주의 공화국으로 통일되었다.

BEST PLAN & BUDGET

다낭 · 호이안 · 후에 추천 일정과 예산

다낭 · 호이안 2박 3일 주말여행 코스

주말을 이용해 짧고 굵게 다낭과 호이안을 여행하려는 이들을 위한 코스다. 다낭과 호이안에서 꼭 가 봐야 하는 관광지와 맛집을 효율적으로 둘러볼 수 있으며 아침부터 저녁까지 꽉 채운 알찬 일정이다.

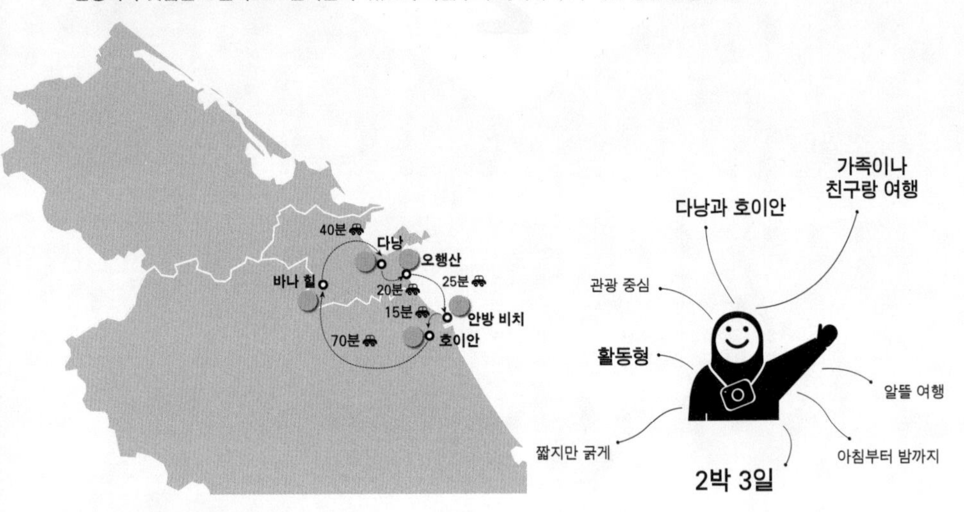

TRAVEL POINT

항공 스케줄

다낭 IN(다낭 낮 도착 스케줄)
다낭 OUT(다낭에서 밤에 떠나는 스케줄) 직항편

도시 간 주요 이동 수단

다낭-호이안 : 그랩, 택시, 여행사 전세 차량 추천
호이안-바나 힐 : 여행사 전세 차량, 택시 추천
바나 힐-다낭 : 여행사 전세 차량, 그랩 추천

사전 예약 필수

여행사 전세 차량, 엘 스파, 허벌 부티크 스파

여행 예산(1인)

항공권 35만 원~(비수기 기준)
+ 숙박 2박 10만 원~(다낭 중급 리조트, 2인 1실 기준)
+ 교통 3일 8만 원~(그랩 기준)
+ 식사 3일 7만 5,000원
+ 현지 비용 약 7만 3,080원~(바나 힐 85만 동 + 오행산 5만 5,000동~ + 마사지 40만 동~)
= 총 67만 8,080원~

여행 꿀팁

❶ 2박 3일 일정이라도 다낭과 또 다른 매력을 지닌 호이안은 꼭 다녀오는 것이 좋다. 이왕이면 1박은 호이안에서 머물러야 제대로 경험할 수 있다.
❷ 마지막 날 밤 비행기라면 다낭 시내에 중저가 숙소를 1박 예약해서 쉬면서 여행하면 체력적으로 새벽까지 버티기가 훨씬 편하다.

TRAVEL ITINERARY 여행 스케줄 한눈에 보기

여행 일수	체류 도시	시간	세부 일정
1 일 차	다낭	아침	10:30 한 시장에서 쇼핑
		점심	12:00 점심 식사 추천 냐벱, 아이 러브 반미 13:00 카페에서 코코넛 커피 추천 꽁 카페 13:30 다낭 대성당 14:30 미케 비치에서 해수욕 또는 서핑 16:30 스파 & 마사지 추천 엘 스파
		저녁	18:00 저녁 식사 추천 프억타이 19:30 사랑의 부두, 용교 20:30 선짜 야시장 21:00 루프톱 바에서 야경 추천 톱, 스카이 21 바
2 일 차	호이안	아침	10:00 오행산
		점심	12:00 안방 비치에서 점심 식사 추천 라 플라주 15:30 호이안 도착, 구시가지 관광 16:00 루프톱 카페 추천 파이포 커피
		저녁	17:00 투본강 나룻배 탑승 18:00 저녁 식사 추천 비스 마켓 19:30 호이안 야시장
3 일 차	다낭	아침	10:00 바나 힐 도착, 케이블카 탑승 10:30 프랑스 마을 11:00 알파인 코스터 탑승
		점심	12:00 바나 힐에서 점심 식사 13:00 판타지 파크에서 오락 시설 즐기기 14:30 골든 브리지 15:30 케이블카 탑승 후 시내 이동 16:30 스파 & 마사지 추천 허벌 부티크 스파
		저녁	18:00 저녁 식사 추천 하이산 목 꽌 19:30 헬리오 야시장 21:00 롯데마트 쇼핑 후 다낭 국제공항 이동

다낭 · 호이안 3박 4일 기본 코스

3박 4일 일정은 실제로 다낭, 호이안 여행에 가장 많이 가는 기본 코스로 짰다.
다낭과 호이안을 여행하기에 짧지도 길지도 않은 적당한 일정이다.
다낭과 호이안의 대표적인 관광지와 체험 여행을 골고루 즐길 수 있다.

TRAVEL POINT

항공 스케줄

다낭 IN(다낭 낮 도착 스케줄)
다낭 OUT(다낭에서 밤에 떠나는 스케줄) 직항편

도시 간 주요 이동 수단

다낭-바나 힐 : 그랩, 택시, 여행사 전세 차량 추천
다낭-호이안 : 그랩, 택시, 여행사 전세 차량 추천
호이안-다낭 : 택시, 여행사 전세 차량 추천

사전 예약 필수

여행사 전세 차량, 쿠킹 클래스, 에코 투어,
비엣 허벌 스파

여행 예산(1인)

항공권 35만 원~(비수기 기준)
+ 숙박 3박 15만 원~(다낭 중급 리조트, 2인 1실 기준)
+ 교통 4일 10만 원~(그랩 기준)
+ 식사 4일 10만 원
+ 현지 비용 약 12만 3,424원~(바나 힐 85만 동 + 오행산 5만 5,000동 + 쿠킹 클래스 · 에코 투어 49만 9,000동 + 마사지 2회 80만 동~)
= 총 82만 3,424원~

여행 꿀팁

❶ 3박 4일 일정이라면 호이안에서 1박 이상은 머물러야 한다. 호이안은 다낭과는 또 다른 이국적인 풍경과 액티비티가 많으니 일정을 여유 있게 잡도록 하자.
❷ 마지막 날 밤 비행기를 이용할 경우 짐은 호텔에 맡겨 두고 여행사 전세 차량을 12시간 정도 빌려서 다낭 근교 관광을 알차게 즐기면 효율적으로 여행할 수 있다.
❸ 아이 또는 부모님과 함께라면 마지막 날 시내에 US$20~30 정도의 중저가 숙소를 1박 예약해서 편히 쉬다가 밤에 공항으로 가는 것도 좋다.

TRAVEL ITINERARY 여행 스케줄 한눈에 보기

여행 일수	체류 도시	시간	세부 일정
1일 차	다낭	아침	10:30 한 시장에서 쇼핑
		점심	12:00 점심 식사 **추천** 냐벱 13:00 카페에서 코코넛 커피 **추천** 콩 카페 13:30 다낭 대성당 14:30 미케 비치에서 해수욕 또는 서핑 즐기기
		저녁	18:00 저녁 식사 **추천** 프억타이 20:00 루프톱 바에서 야경 **추천** 톱, 스카이 21 바
2일 차		아침	10:00 바나 힐 도착, 케이블카 탑승 10:30 프랑스 마을 11:00 알파인 코스터 탑승
		점심	12:00 바나 힐에서 점심 식사 13:00 판타지 파크에서 오락 시설 즐기기 14:30 골든 브리지 15:30 케이블카 탑승 후 숙소 이동 17:00 숙소에서 휴식
		저녁	19:00 헬리오 야시장에서 저녁식사 20:30 롯데마트 쇼핑 22:00 펍에서 맥주 한잔 **추천** 루나 펍
3일 차	호이안	아침	10:00 오행산
		점심	13:30 호이안에서 점심 식사 **추천** 반미 프엉 14:30 카페에서 커피 **추천** 태미 커피 16:00 구시가지 산책 또는 숙소에서 휴식
		저녁	17:30 투본강 나룻배 탑승 18:30 저녁 식사 **추천** 비스 마켓 19:30 호이안 야시장 20:30 스파 & 마사지 **추천** 비엣 허벌 스파
4일 차	호이안 · 다낭	아침	09:00 쿠킹 클래스 11:30 에코 투어
		점심	13:00 안방 비치에서 점심 식사 **추천** 돌핀 키친 & 바 14:00 안방 비치에서 해수욕 또는 해양 스포츠 즐기기
		저녁	18:00 저녁 식사 **추천** 퍼 비엣 19:00 사랑의 부두, 용교 20:00 선짜 야시장 21:00 마사지 후 다낭 국제공항 이동

BEST PLAN & BUDGET ❸

다낭 · 호이안 · 후에 5박 6일 구석구석 한 바퀴 코스

다낭, 호이안, 후에를 모두 여유 있게 둘러보는 여행 코스로 각 지역의 대표적인 관광지와 액티비티까지 알차게 즐기는 일정이다. 후에, 호이안으로 이동할 때 아이와 함께하거나 인원이 여럿이라면 여행사 전세 차량을 이용하는 것을 추천한다.

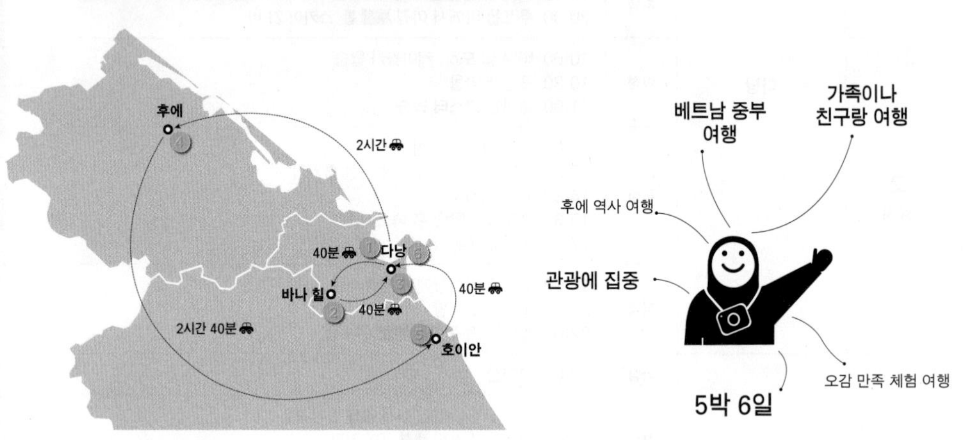

TRAVEL POINT

⊕ 항공 스케줄

다낭 IN(다낭 낮 도착 스케줄)
다낭 OUT(다낭에서 밤에 떠나는 스케줄) 직항편

⊕ 도시 간 주요 이동 수단

다낭-바나 힐 : 그랩, 택시, 여행사 전세 차량 추천
다낭-후에 : 클룩 셔틀버스, 여행사 전세 차량 추천
후에-호이안 : 클룩 셔틀버스, 여행사 전세 차량 추천
호이안-다낭 : 택시, 여행사 전세 차량 추천

⊕ 사전 예약 필수

여행사 전세 차량, 클룩 셔틀버스, 후에 근교 황릉 투어, 쿠킹 클래스, 에코 투어, 호이안 메모리스 쇼, 엘 스파

⊕ 여행 예산(1인)

항공권 35만 원~(비수기 기준)
+ 숙박 5박 25만 원~(다낭 중급 리조트, 2인 1실 기준)
+ 교통 6일 15만 원~(그랩 기준)
+ 식사 15만 원
+ 현지 비용 약 20만 1,768원~(바나 힐 85만 동 + 오행산 5만 5,000동 + 선 월드 아시아 파크 15만 동 + 쿠킹 클래스 · 에코 투어 49만 9,000동 + 마사지 3회 120만 동~ + 후에 황성 20만 동 + 후에 황릉 투어 19만 9,000동~
+ 후에 황릉 통합권 42만 동 + 호이안 메모리스 쇼 3만 원)
= 총 110만 1,768원~

⊕ 여행 꿀팁

후에로 이동할 때 가장 알뜰한 방법은 클룩 셔틀버스를 이용하는 것이다. 인원이 많다면 여행사 전세 차량을 빌려 이동할 것을 추천한다.

TRAVEL ITINERARY 여행 스케줄 한눈에 보기

여행 일수	체류 도시	시간	세부 일정
1 일 차	다낭	아침	10:00 다낭 대성당 10:30 한 시장에서 쇼핑
		점심	12:00 점심 식사 추천 아이 러브 반미 13:00 카페에서 코코넛 커피 추천 웃 티크 카페 14:30 미케 비치에서 해수욕 또는 서핑 16:00 스파 & 마사지 추천 엘 스파
		저녁	18:00 저녁 식사 추천 하이산 목 꽌 19:30 사랑의 부두, 용교 20:00 선짜 야시장 21:00 루프톱 바에서 야경 추천 톱, 스카이 21 바
2 일 차		아침	10:00 바나 힐 도착, 케이블카 탑승 10:30 프랑스 마을 11:00 알파인 코스터 탑승
		점심	12:00 바나 힐에서 점심 식사 13:00 판타지 파크에서 오락 시설 즐기기 14:30 골든 브리지 15:30 케이블카 탑승 후 숙소 이동 17:30 숙소에서 휴식
		저녁	19:00 헬리오 야시장에서 저녁 식사 20:30 롯데마트 쇼핑 22:00 펍에서 맥주 한잔 추천 루나 펍
3 일 차	후에	아침	09:00 다낭 ➤ 후에(차로 2시간)
		점심	12:00 숙소 체크인 후 점심 식사 추천 분보후에 13:00 후에 황성 17:00 흐엉강 변 산책
		저녁	18:30 저녁 식사 추천 마담 투 19:30 펍에서 맥주 한잔 추천 DMZ 바
4 일 차	후에 · 호이안	아침	09:00 후에 근교 황릉 투어
		점심	14:00 투어에서 점심 식사 15:00 티엔무 사원에서 배 탑승 17:00 흐엉강 유람선 탑승 후 호이안 이동
		저녁	20:00 저녁 식사 추천 비스 마켓 21:00 호이안 야시장
5 일 차	호이안	아침	09:00 쿠킹 클래스 11:30 에코 투어
		점심	12:00 투어에서 점심 식사 13:00 숙소에서 휴식 16:00 호이안 구시가지 산책
		저녁	17:30 투본강 나룻배 탑승 18:30 호이안 임프레션 테마파크 19:30 호이안 메모리스 쇼 21:00 펍에서 맥주 한잔 추천 더 호이아니안
6 일 차	호이안 · 다낭	아침	09:00 숙소에서 아침 식사 후 휴식
		점심	12:30 안방 비치에서 점심 식사 추천 덱 하우스 14:30 오행산
		저녁	17:00 선 월드 아시아 파크 19:30 저녁 식사 추천 벱헨 20:00 마사지 후 다낭 국제공항 이동

BEST PLAN & BUDGET ❹

아이에게 특별한 추억을! 1일 가족 여행 코스

아이와 함께 다낭, 호이안을 여행하는 가족 여행자를 위한 코스다.
아이들이 좋아하는 테마파크를 중심으로 신나는 하루를 보낼 수 있다.
아이와 함께하는 여행이니만큼 그랩이나 여행사 전세 차량으로 편하게 이동하자.

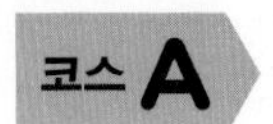

코스 A 테마파크를 만끽하는 다낭 1일 코스

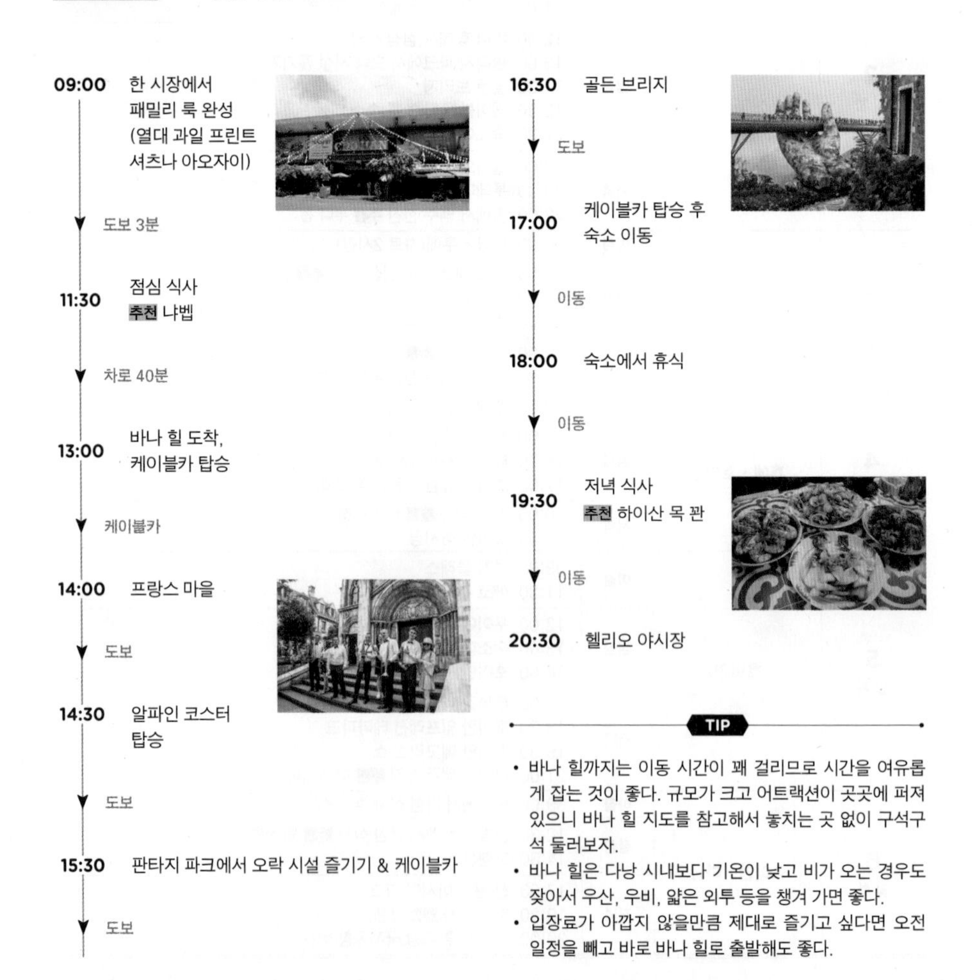

09:00 한 시장에서 패밀리 룩 완성 (열대 과일 프린트 셔츠나 아오자이)

▼ 도보 3분

11:30 점심 식사
추천 냐벱

▼ 차로 40분

13:00 바나 힐 도착, 케이블카 탑승

▼ 케이블카

14:00 프랑스 마을

▼ 도보

14:30 알파인 코스터 탑승

▼ 도보

15:30 판타지 파크에서 오락 시설 즐기기 & 케이블카

▼ 도보

16:30 골든 브리지

▼ 도보

17:00 케이블카 탑승 후 숙소 이동

▼ 이동

18:00 숙소에서 휴식

▼ 이동

19:30 저녁 식사
추천 하이산 목 꽌

▼ 이동

20:30 헬리오 야시장

TIP

- 바나 힐까지는 이동 시간이 꽤 걸리므로 시간을 여유롭게 잡는 것이 좋다. 규모가 크고 어트랙션이 곳곳에 퍼져 있으니 바나 힐 지도를 참고해서 놓치는 곳 없이 구석구석 둘러보자.
- 바나 힐은 다낭 시내보다 기온이 낮고 비가 오는 경우도 잦아서 우산, 우비, 얇은 외투 등을 챙겨 가면 좋다.
- 입장료가 아깝지 않을만큼 제대로 즐기고 싶다면 오전 일정을 빼고 바로 바나 힐로 출발해도 좋다.

코스 B 체험 중심의 호이안 1일 코스

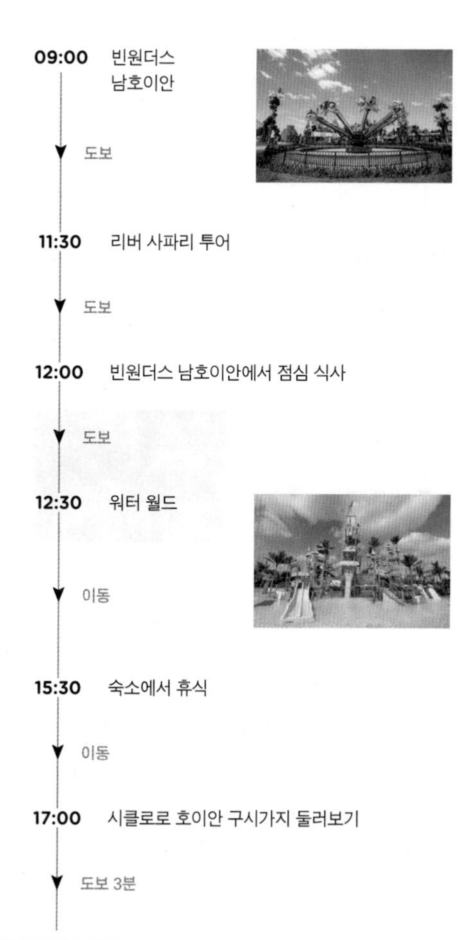

09:00 빈원더스 남호이안

↓ 도보

11:30 리버 사파리 투어

↓ 도보

12:00 빈원더스 남호이안에서 점심 식사

↓ 도보

12:30 워터 월드

↓ 이동

15:30 숙소에서 휴식

↓ 이동

17:00 시클로로 호이안 구시가지 둘러보기

↓ 도보 3분

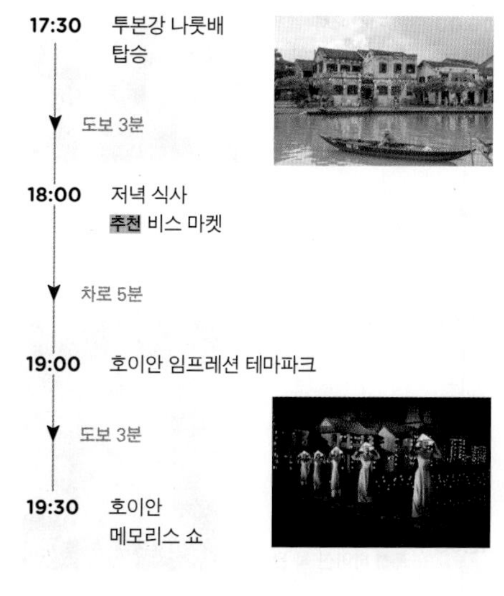

17:30 투본강 나룻배 탑승

↓ 도보 3분

18:00 저녁 식사
추천 비스 마켓

↓ 차로 5분

19:00 호이안 임프레션 테마파크

↓ 도보 3분

19:30 호이안 메모리스 쇼

TIP

- 빈원더스 남호이안은 다낭과 호이안으로 무료 셔틀버스를 운행하니 미리 시간과 장소를 확인해서 셔틀버스를 타면 경비를 절약할 수 있다.
- 호이안에서 더위에 지쳐 걷기가 힘들다면 시클로를 타자. 몸도 편하고 색다른 재미도 느낄 수 있어 아이들도 좋아한다.
- 호이안 임프레션 테마파크는 공연 시작 전부터 곳곳에서 미니 공연, 퍼레이드 등이 있으니 1~2시간 전에 도착해서 구석구석 즐겨 보자.

BEST PLAN & BUDGET ⑤

부모님 완벽 맞춤형! 1일 효도 여행 코스

부모님과 함께하는 가족 여행이라면 부모님이 좋아할만한 이국적인 관광지나 사원, 자연 명소 등을 추천한다. 부모님의 체력을 고려해 너무 빡빡하게 일정을 짜지 않는 것이 좋고 여행사 전세 차량, 그랩 등으로 편하게 이동한다. 1일 1마사지도 필수다.

코스 A 관광으로 꽉 채우는 다낭 1일 코스

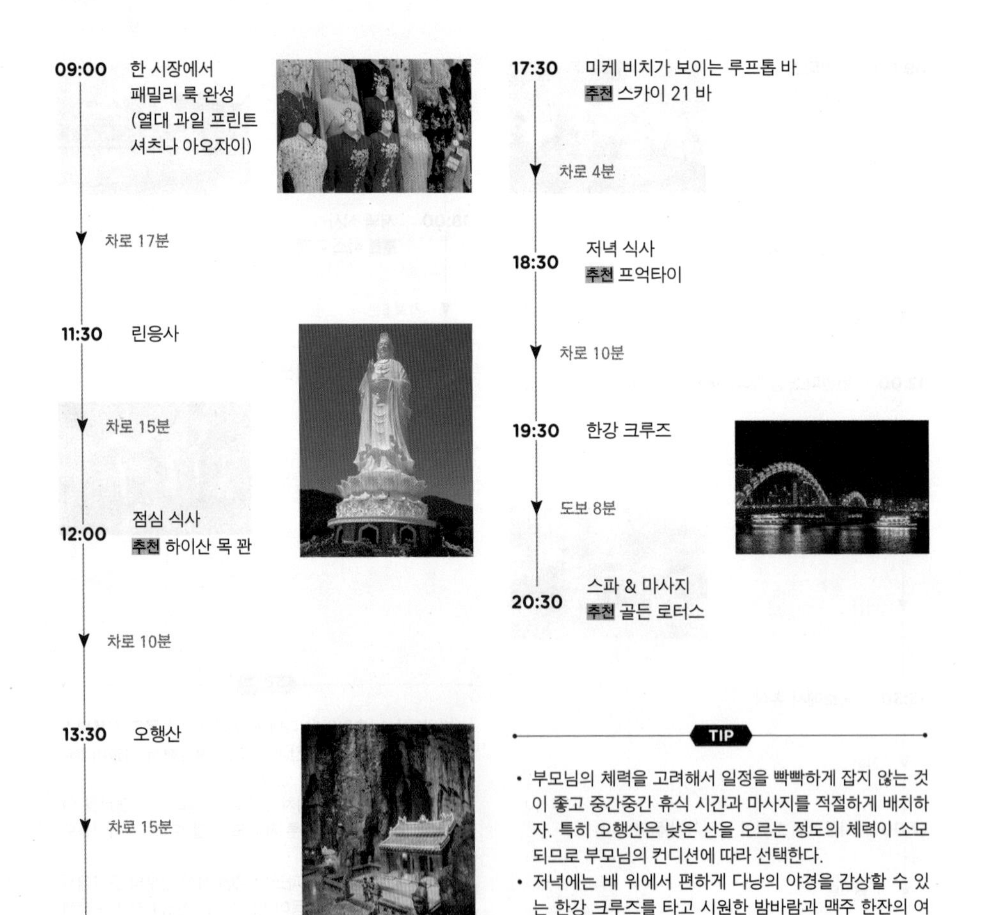

09:00 한 시장에서 패밀리 룩 완성 (열대 과일 프린트 셔츠나 아오자이)

▼ 차로 17분

11:30 린응사

▼ 차로 15분

12:00 점심 식사
추천 하이산 목 꽌

▼ 차로 10분

13:30 오행산

▼ 차로 15분

17:30 미케 비치가 보이는 루프톱 바
추천 스카이 21 바

▼ 차로 4분

18:30 저녁 식사
추천 프억타이

▼ 차로 10분

19:30 한강 크루즈

▼ 도보 8분

20:30 스파 & 마사지
추천 골든 로터스

TIP

- 부모님의 체력을 고려해서 일정을 빡빡하게 잡지 않는 것이 좋고 중간중간 휴식 시간과 마사지를 적절하게 배치하자. 특히 오행산은 낮은 산을 오르는 정도의 체력이 소모되므로 부모님의 컨디션에 따라 선택한다.
- 저녁에는 배 위에서 편하게 다낭의 야경을 감상할 수 있는 한강 크루즈를 타고 시원한 밤바람과 맥주 한잔의 여유를 즐겨 보자.

코스 B 다채롭게 즐기는 호이안 1일 코스

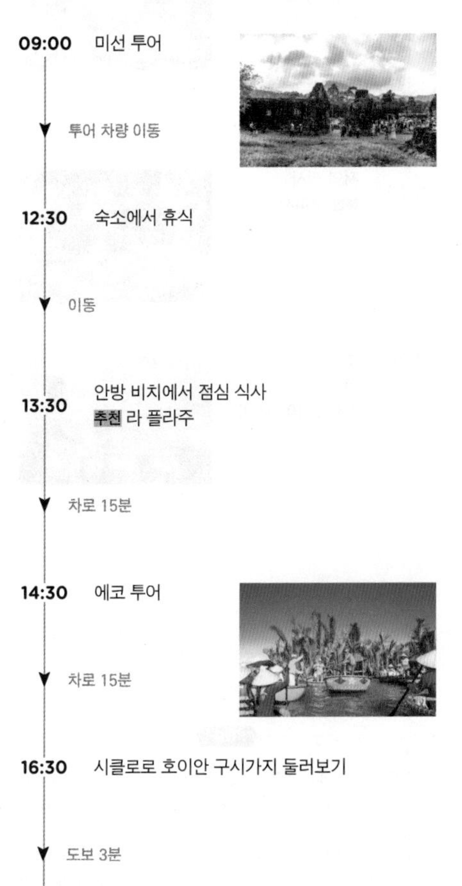

09:00 미선 투어

↓ 투어 차량 이동

12:30 숙소에서 휴식

↓ 이동

13:30 안방 비치에서 점심 식사
추천 라 플라주

↓ 차로 15분

14:30 에코 투어

↓ 차로 15분

16:30 시클로로 호이안 구시가지 둘러보기

↓ 도보 3분

17:30 투본강 나룻배 탑승

↓ 도보 3분

18:00 저녁 식사
추천 하이 카페

↓ 차로 5분

19:00 호이안 임프레션 테마파크

↓ 도보 3분

19:30 호이안 메모리스 쇼

↓ 차로 5분

21:00 호이안 야시장

TIP

- 부모님이 역사적인 명소에 관심이 많다면 미선 투어를 추천한다. 단, 그늘이 거의 없는 야외에서 투어가 진행되므로 더위에 지치지 않게 마실 물이나 모자, 양산 등을 준비하자.
- 호이안 메모리스 쇼는 500명이 넘는 배우들이 선보이는 웅장하고 감동적인 야외 공연으로 특히 부모님이 좋아할 만하니 꼭 보자.

BEST PLAN & BUDGET ❻

여심 저격! 감성 여행 코스

여자들끼리의 감성 여행이라면 관광지보다는 소소한 쇼핑을 즐길 수 있는 쇼핑 스폿과 인생 사진을 찍을 수 있는 핫 플레이스, 힐링을 위한 스파, 뷰가 멋진 곳들 위주로 둘러보는 코스를 추천한다. 다낭에서 지금 가장 핫한 곳을 중심으로 먹고 마시고 즐기자.

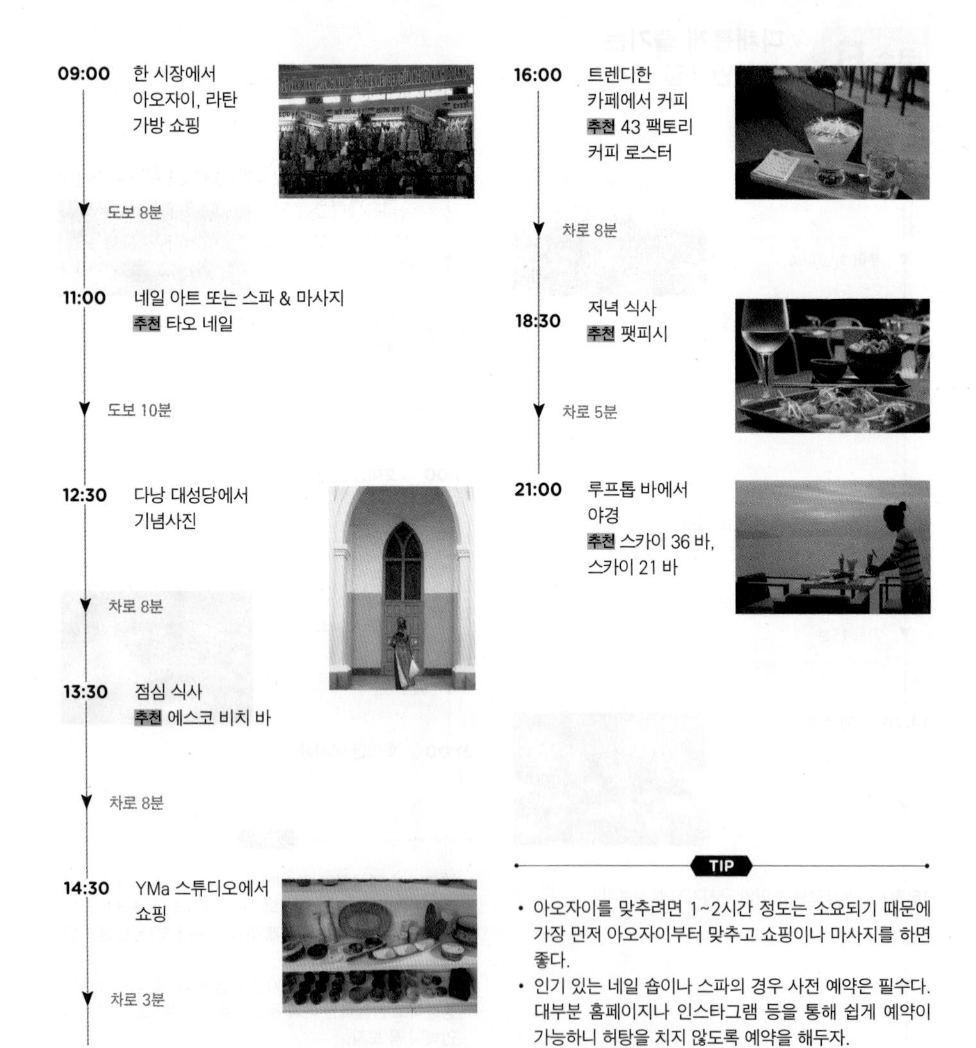

09:00 한 시장에서 아오자이, 라탄 가방 쇼핑

도보 8분

11:00 네일 아트 또는 스파 & 마사지
추천 타오 네일

도보 10분

12:30 다낭 대성당에서 기념사진

차로 8분

13:30 점심 식사
추천 에스코 비치 바

차로 8분

14:30 YMa 스튜디오에서 쇼핑

차로 3분

16:00 트렌디한 카페에서 커피
추천 43 팩토리 커피 로스터

차로 8분

18:30 저녁 식사
추천 팻피시

차로 5분

21:00 루프톱 바에서 야경
추천 스카이 36 바, 스카이 21 바

TIP

- 아오자이를 맞추려면 1~2시간 정도는 소요되기 때문에 가장 먼저 아오자이부터 맞추고 쇼핑이나 마사지를 하면 좋다.
- 인기 있는 네일 숍이나 스파의 경우 사전 예약은 필수다. 대부분 홈페이지나 인스타그램 등을 통해 쉽게 예약이 가능하니 허탕을 치지 않도록 예약을 해두자.

BEST PLAN & BUDGET 7

가성비 갑!
알뜰 여행 코스

물가가 한국에 비해 무척 저렴하기 때문에 알뜰하게 여행하려면 얼마든지 경비 절감이 가능하다.
입장료가 무료인 관광지 중심으로 둘러본 후 가격이 저렴한 로컬 맛집 위주로 다녀 보자.
다낭 대성당 등을 둘러본 후 버스를 타고 오행산까지 다녀오는 알찬 일정이다.

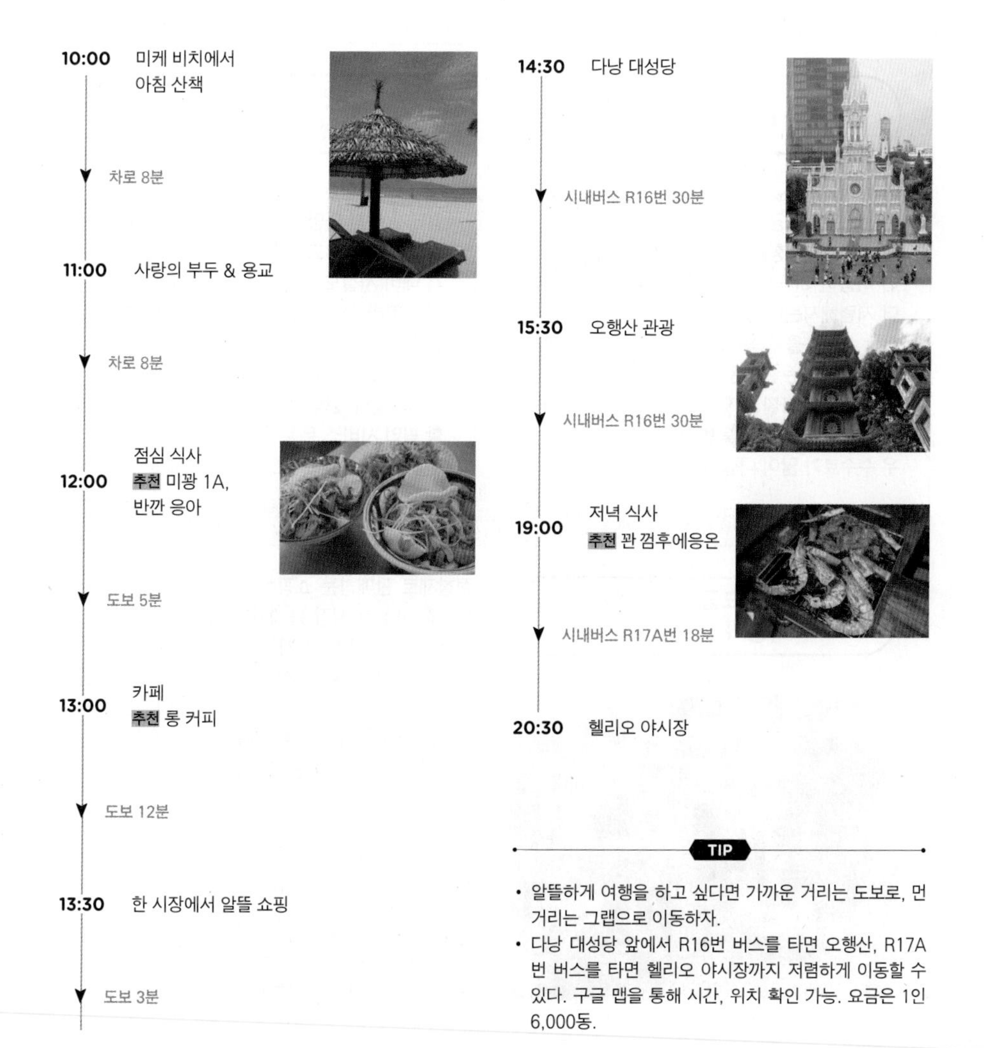

10:00 미케 비치에서 아침 산책

차로 8분

11:00 사랑의 부두 & 용교

차로 8분

12:00 점심 식사
추천 미꽝 1A, 반깐 응아

도보 5분

13:00 카페
추천 롱 커피

도보 12분

13:30 한 시장에서 알뜰 쇼핑

도보 3분

14:30 다낭 대성당

시내버스 R16번 30분

15:30 오행산 관광

시내버스 R16번 30분

19:00 저녁 식사
추천 관 껌후에응온

시내버스 R17A번 18분

20:30 헬리오 야시장

TIP

- 알뜰하게 여행을 하고 싶다면 가까운 거리는 도보로, 먼 거리는 그랩으로 이동하자.
- 다낭 대성당 앞에서 R16번 버스를 타면 오행산, R17A번 버스를 타면 헬리오 야시장까지 저렴하게 이동할 수 있다. 구글 맵을 통해 시간, 위치 확인 가능. 요금은 1인 6,000동.

예산 짜기와 경비 절감 팁

다낭은 거리가 가까워 항공권도 비교적 저렴하고 한국에 비하면 물가도 싼 편이기 때문에 얼마든지 저렴하게 여행을 할 수 있다. 중저가 숙소의 종류가 다양하고 신생 호텔도 많아 가성비가 좋은 것도 장점이다. 알뜰 여행을 위한 몇 가지 노하우를 소개한다.

항공권 알뜰하게 구매하기

여러 저가 항공사가 다낭까지 많은 노선을 운행하므로 항공권을 저렴하게 구입할 수 있다. 미리 특가 항공권을 예약하면 더 싼 가격에 이용이 가능하다. 위탁 수하물이 없으면 더 저렴해지는데 인원이 여럿일 경우 1명만 위탁 수하물을 신청하고 짐을 효율적으로 싸거나 돌아오는 편에만 위탁 수하물을 추가하면 항공료를 아낄 수 있다. 단, 저가 항공사의 특가 항공권은 스케줄 변경 및 취소를 할 경우 수수료가 많이 나올 수 있으니 유의하자.

알뜰 숙소의 천국! 저렴한 숙소 이용하기

다낭, 호이안은 호텔, 리조트, 빌라 등 숙소 형태가 무척 다양하고 가격도 저렴한 편이다. 숙소가 워낙 많고 신규 숙소가 대부분이라 가격 대비 시설도 꽤 좋은 편이다. 숙소의 퀄리티에 따라 차이는 있지만 1박에 US$20 정도면 깔끔한 중저가 호텔을 예약할 수 있다. 중심에서 벗어날수록 가격이 저렴해지고 신규 호텔의 경우 2박 이상 예약하면 1박 무료, 공항 픽업 서비스 무료 등의 파격적인 프로모션을 하는 곳도 많으니 열심히 검색해 보자.

바가지요금에 대비해 적정가 알아 두기

정찰제로 판매하는 쇼핑몰 같은 곳을 제외한 기념품점이나 한 시장 등에서는 정해진 가격이 없고 부르는 게 값이라 자칫 바가지를 쓰기 쉽다. 맞춤 아오자이, 열대 과일, 라탄 가방 등은 어느 정도 적정 가격이 있어 알아둬야 한다. 쇼핑뿐 아니라 호이안의 시클로, 나룻배 등도 호객 행위가 심한 만큼 대략적인 요금을 파악하고 있어야 흥정이 가능하다.

단골 바가지요금, 적정가는 얼마일까?

아오자이 맞춤 30만~35만 동
호이안 시클로 20만~25만 동
호이안 나룻배(정찰제) 1~3인 15만 동
다낭-호이안(택시 흥정) 편도 30만~35만 동
다낭-바나 힐(택시 흥정) 왕복 60만~65만 동

그랩 할인 쿠폰 활용하기

다낭 여행에서 필수로 이용하는 그랩 앱은 수시로 할인 프로모션을 한다. 그랩 요청 시 'Offer'를 누르면 즉시 사용할 수 있는 쿠폰이 보이고 'Use Now'를 누르면 할인 적용된 최종 요금을 확인할 수 있다. 10~20% 할인 쿠폰이 많으니 단거리보다는 호이안, 바나 힐 등 장거리 이동 시 이용하면 유리하다.

입장권, 투어 등은 사전 예약하기

클룩 등 예약 플랫폼 홈페이지를 통해 사전에 예약할 경우 매표소에서 구매하는 것보다 저렴하게 구입할 수 있다. 사전 구매 시 시간과 비용을 모두 절약할 수 있어 이득이다. 하지만 취소하는 경우 수수료가 추가될 수 있으니 일정이 확실히 정해졌을 때 예약하는 것을 추천한다.

가까운 거리는 그랩, 장거리는 택시 흥정

가까운 거리를 이동할 때는 정확한 가격을 확인할 수 있는 그랩을 이용하면 바가지요금의 염려가 없고 택시보다 저렴해서 좋다. 바나 힐, 호이안까지 장거리로 이동할 때는 그랩이 더 비싸기 때문에 그랩의 예상 가격보다 조금 더 저렴하게 택시 운전 기사와 흥정을 해서 요금을 깎는 것이 방법이다. 흥정해서 가는 경우 돈은 반드시 목적지에 도착한 후에 지불하자.

흥정에 자신이 없다면 정찰제인 곳에서 구입하기

시장에서 많이 판매하는 잡화, 과일, 기념품 등은 가격이 들쑥날쑥한 편이라 미리 어느정도 가격을 숙지하고 가는 것이 좋다. 가격 정보 없이 구입하면 바가지를 쓰기 쉽기 때문이다. 베트남은 특히 흥정이 만만치 않은 분위기라 흥정에 자신이 없고 바가지를 쓰는 것도 싫다면 조금 더 비싸더라도 마음 편하게 롯데마트, 고 다낭 같은 매장에서 정찰제로 구입하는 것도 방법이다.

해피 아워 이용하기

다낭에는 전망이 멋진 루프톱 바와 분위기 좋은 펍이 꽤 많은데 피크 타임 전에 1+1과 같은 해피 아워 프로모션을 운영한다. 주로 오후 5시부터 7시 사이에 1+1 또는 할인 이벤트를 많이 하고 요일별로 각종 이벤트를 하는 경우도 많다. 또한 스파의 경우에도 한가한 시간대에 20% 할인 등을 해주는 해피 아워를 운영하는 곳이 많으니 경비 절약을 원한다면 할인 시간대를 잘 활용해 최대한 누려보자.

혼자라면 셔틀버스 이용하기

호이안, 바나 힐, 오행산 등으로 갈 때 인원이 1~2명이면 차 1대를 통째로 쓰는 비용이 아까울 수 있다. 현지 여행사 중에서는 신 투어리스트, 호이안 익스프레스가 후에, 호이안을 비롯해 근교 지역으로 이동하는 저렴한 셔틀버스를 운행한다. 여행 앱 클룩 같은 곳에서도 셔틀버스 예약이 가능하다. 현지 시내버스는 노선이 적기는 하지만 오행산, 헬리오 야시장의 경우 시내버스를 이용하면 6,000동에 이동할 수 있다.

GET READY

떠나기 전에 반드시 준비해야 할 것

다낭행 항공권 구입하기

한국에서 다낭까지는 비행기로 약 4시간 30분 걸린다. 알찬 일정을 원한다면 이른 아침에 출국해서 늦은 밤에 귀국하는 스케줄의 항공편을 추천한다. 다양한 직항 노선이 있어 선택의 폭이 넓고 항공사 홈페이지나 항공권 예약사이트를 통해 쉽게 예약할 수 있다.

한국-다낭을 연결하는 항공사

인천국제공항에서 다낭 국제공항까지의 직항편은 베트남항공, 대한항공, 아시아나항공과 같은 메이저 항공사부터 제주항공, 진에어 등 저가항공사까지 다양하다. 호이안에는 공항이 없고 후에에는 공항이 있지만 한국에서 출발하는 직항편은 없기 때문에 다낭으로 들어가는 것이 일반적이다. 다낭의 경우 저가 항공사에서 운항하는 노선이 강세여서 가격 경쟁력이 치열하다. 잘 공략하면 저렴한 가격에 항공권을 구매할 수 있다. 인천국제공항 외에 김해국제공항, 청주국제 공항에서도 다낭행 직항편을 운항한다. 베트남 국내선의 경우 호찌민과 하노이에서 다낭을 연결하는 국내선은 베트남항공, 비엣젯항공에서 담당하며 1일 10편 이상 운항한다.

공항별 취항 항공사

인천 ↔ 다낭 베트남항공, 아시아나항공, 대한항공, 티웨이항공, 제주항공, 진에어, 에어서울, 에어부산, 비엣젯항공
김해 ↔ 다낭 아시아나항공, 에어부산, 대한항공, 제주항공, 진에어, 비엣젯항공
청주 ↔ 다낭 티웨이항공

주요 항공사 사이트

국적기 항공사
대한항공 www.koreanair.com
아시아나항공 flyasiana.com
베트남항공 www.vietnamairlines.com

저가 항공사
진에어 www.jinair.com
제주항공 www.jejuair.net
에어서울 flyairseoul.com
에어부산 www.airbusan.com
티웨이항공 www.twayair.com
비엣젯항공 www.vietjetair.com

저가 항공사 이용 시 주의 사항

❶ 규정을 꼼꼼히 확인하자

다낭은 유독 저가 항공 노선이 다양하고 여행자의 이용률도 높은 편이다. 저가 항공은 가격이 저렴한 대신 취소, 환불 등의 규정이 더 까다로우니 예약하기 전에 규정을 정확하게 체크하자.

❷ 기내 및 위탁 수하물 기준을 확인하자

따로 부치는 위탁 수하물과 다르게 직접 비행기에 가지고 타는 기내 수하물은 대부분 무료로 7~10kg까지 허용된다. 항공권을 저렴하게 구입하고 싶다면 무료 기내 수하물만 가지고 여행하는 것도 방법이다. 대신 기내 수하물은 액체류 반입 제한이 있으니 허용 범위를 확인하자.

항공사 별 수하물 규정

항공사	기내 수하물	위탁 수하물
대한항공	10kg 이하	23kg 이하 무료
아시아나항공	10kg 이하	23kg 이하 무료
베트남항공	12kg 이하	23kg 이하 무료
진에어	10kg 이하	15kg 이하 무료
제주항공	10kg 이하	최초 15kg 추가 5만 원
에어부산	10kg 이하	1kg 당 1만 1,000원
티웨이항공	10kg 이하	최초 15kg 추가 5만 원
비엣젯항공	7kg 이하	최초 20kg 추가 3만 4,000원

※기본 위탁 수하물 초과 시 공항에서 추가할 경우 훨씬 비싼 편. 온라인을 통해 사전 수하물을 결제하는 것이 더 저렴하니 항공사 홈페이지에서 신청하자.

TIP

베트남 국내선 예약하기

베트남의 하노이, 호찌민 등에서 다낭, 후에 등으로 이동할 예정이라면 베트남 국내선을 예약하면 된다. 베트남항공, 비엣젯항공 등에서 예약할 수 있다.

베트남 비자 받기

관광 목적으로 베트남을 방문할 경우에는 무비자로 15일까지 체류가 가능하기 때문에 일반적으로는 비자를 발급받지 않아도 된다.
단, 15일 이상 체류할 경우에는 별도의 비자 발급이 필요하니 주의하자.

관광 목적이면 15일 무비자

대한민국 국민은 관광 목적으로 베트남을 방문할 경우 무비자로 15일까지 체류가 가능하다. 단, 여권 잔여 유효 기간이 6개월 이하이거나 훼손된 여권을 소지하였을 경우 입국이 거부될 수 있다.

비자 발급 받기

베트남 여행 기간이 15일 이상인 경우, 베트남 무비자 입국이 안 되는 국가의 여권을 소지한 경우에는 비자 발급이 필요하다. 베트남 비자 발급 방법은 세 가지로 나뉜다. 주한 베트남 대사관에 방문해서 비자를 발급받는 대사관 비자, 비자 대행업체를 통한 신청, 직접 온라인 E-Visa 신청을 하는 방법이 있다. 직접 대사관에 방문해서 비자를 받는 경우 발급 시간이 오래 걸리고, 비자 대행업체를 이용하면 비용이 비싼 편이라 직접 온라인을 통해 신청하는 E-Visa를 가장 많이 이용한다.

❶ 대사관에서 직접 비자 발급받기

주한 베트남 대사관에서 직접 비자를 발급받을 수 있다. 비자가 나오는 데 보통 7~10일이 소요되고 최소 2번은 방문해야 하는 번거로움 때문에 선호하는 방법은 아니다.

주한 베트남 대사관
주소 서울 종로구 북촌로 123
문의 02-725-2487
운영 월요일 09:30~17:00, 화~목요일 09:00~17:00
※12:30~14:30 점심시간 업무 불가
※인증 서류 접수 마감 12:00
준비물 여권(유효 기간 6개월 이상), 증명사진 2장, 전자항공권

❷ 대행업체를 통해 비자 발급받기

대사관을 방문해 발급받는 것보다 발급 소요 시간은 짧고 가장 편하게 신청할 수 있지만 직접 대사관에 방문해 신청하는 것보다 비용이 비싼 편이다. 기간이 촉박하거나 긴급한 상황에만 추천한다. 먼저 대행업체를 통해 여권 사본으로 입국 허가를 신청하고 비자 승인서를 메일로 받아서 출력한다. 다낭 국제공항에 도착한 후 비자 창구 Visa On Arrival에 비자 승인서를 제출하면 된다.
비용 6만 9,000원~(업체에 따라 다름)

❸ 직접 온라인 E-Visa 신청하기

공식 홈페이지에서 30일 단수 비자 신청이 가능하다. 비용이 가장 저렴하고 신청 방법도 간단해서 가장 선호한다. 생년월일, 국적 등의 정보를 입력하고 6개월 이상 남아 있는 여권, 4×6 사이즈의 여권 사진 파일을 스캔해서 첨부하면 된다. 마지막으로 E-Visa 수수료(US$25)를 결제하면 신청이 완료된다. 발급까지는 보통 3~5일 정도 소요되며 입력한 이메일로 E-Visa 파일이 전송된다. E-Visa 파일 출력 후 다낭 국제공항 입국 시 제시하면 된다. E-Visa 신청 시 영문 이름의 철자, 성과 이름의 띄어쓰기를 여권과 동일하게 하지 않으면 입국 시 문제가 생길 수 있으니 정확하게 기입하도록 하자.
홈페이지 evisa.xuatnhapcanh.gov.vn **비용** US$25
준비물 여권(유효 기간 6개월 이상)파일, 증명사진 파일, 해외 결제 가능한 신용카드

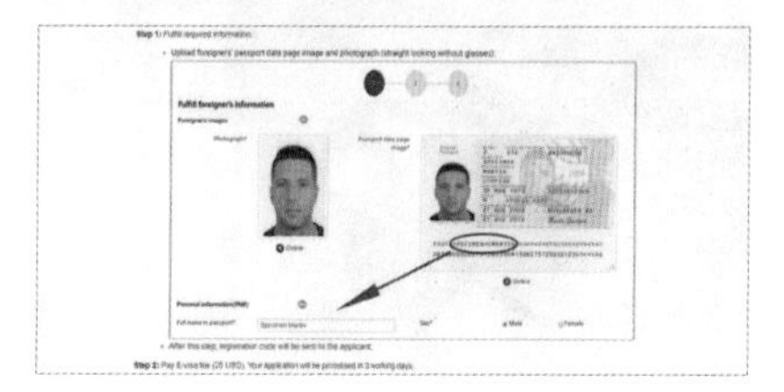

다낭 · 호이안 숙소 예약하기

다낭과 호이안은 고급 리조트부터 중저가 호텔, 에어비앤비까지 다양한 숙박 시설을 갖추었고 가격도 한국에 비해 무척 저렴해 여행자들의 숙소 만족도가 높은 여행지다. 지역마다 숙소의 특성이 조금씩 다르고 요금도 천차만별이니 취향과 예산, 일정 등에 맞게 고르자.

다낭, 호이안 숙소 어디에 잡을까

다낭은 도심이기 때문에 호텔 수가 훨씬 많고 선택의 폭도 넓은 편이다. 호이안의 경우 유네스코 세계문화유산으로 지정된 구시가지 안의 숙소는 고전적인 옛 건물을 이용한 형태가 많고 규모가 크지 않다. 호이안에서 규모가 있는 숙소를 원한다면 구시가지에서 벗어난 투본강 변이나 끄어다이 비치 쪽으로 잡는 것이 좋다.

❶ 다낭 시내

→ 가성비 좋은 중저가 호텔

다낭 시내 곳곳에 크고 작은 호텔이 밀집되어 있다. 도심이기 때문에 대형 리조트보다는 호텔이 많고 특히 중저가 소형 호텔이 굉장히 많다. 다낭 국제공항과 가깝기 때문에 주로 도착하는 첫날이나 마지막 날 공항으로 가기 전까지 머물 숙소를 잡기 좋은 지역이다.

❷ 미케 비치

→ 바다를 감상할 수 있는 고층 호텔

미케 비치가 바로 앞에 펼쳐진 뷰가 좋은 호텔이 많이 모여 있다. 대신 넓은 부지의 대형 리조트보다는 길쭉하게 솟은 고층 호텔이 많아서 트로피컬한 분위기는 기대하기 어렵다. 대부분 루프톱에 수영장이 있고 부대시설이 리조트보다는 적은 편이다. 모던한 분위기의 호텔이 주를 이룬다.

❸ 논느억 비치

→ 세계적인 호텔 체인의 대형 리조트

세계적인 브랜드 호텔의 격전지라고 할 수 있는 지역이다. 다낭에서 호이안으로 이어지는 논느억 비치 일대에는 대형 리조트와 호텔이 줄지어 이어진다. 번화한 시내에서 벗어나 바다 앞에 지어진 휴양형 리조트가 대부분이다. 관광보다는 리조트에서의 힐링을 원하는 가족 여행자, 신혼여행자에게 적합하다. 다낭 시내나 호이안 구시가지로 셔틀버스 서비스가 있는 숙소를 선택하면 유용하다.

❹ 끄어다이 비치

→ 합리적인 가격의 중대형 리조트

고급 리조트가 주를 이루는 논느억 비치에 비해 US$100대의 가성비 좋은 대형 리조트가 많아 실속파 여행자에게 제격이다. 호이안과도 멀지 않은 편이라 리조트에서 휴양도 즐기고 호이안으로 이동해 관광과 미식을 즐기기에 좋다.

❺ 호이안

→ 콜로니얼풍의 중소형 부티크 빌라

호이안은 유네스코 세계문화유산으로 지정된 도시인 만큼 신축 건물 개발에 규제가 있는 편이라 큰 규모의 숙소보다는 고풍스러운 건축물을 개조해 꾸민 숙소가 주를 이룬다. 호이안 중심에 가까운 곳일수록 건물 규모와 높이에 제약이 있어 부티크 스타일의 빌라 타입이 많은 편이다. 가격은 다낭과 비교하면 규모와 시설에 비해 조금 더 비싸게 느껴진다. 호이안 구시가지를 벗어날수록 규모가 크고 가성비도 좋은 숙소가 많아진다.

알아 두면 유용한 숙소 이용 기술

❶ 공식 홈페이지 요금 확인

베트남의 숙소 중 상당수가 공식 홈페이지에서 예약할 경우 최저가 보장, 무료 식사나 스파 등의 혜택을 주는 경우가 많다. 또한 2박 시 1박 무료와 같은 프로모션도 종종 진행하니 호텔 요금을 비교할 때 공식 홈페이지도 꼭 확인해 보자.

❷ 무료 셔틀버스 서비스

셔틀버스를 무료로 운행하는 숙소가 꽤 많은데 특히 도심에서 벗어난 논느억 비치, 끄어다이 비치 주변에서 숙박할 때 무척 요긴하다. 호이안이나 다낭까지 거리가 있어 그랩, 택시를 이용할 경우 왕복 비용이 만만치 않게 든다. 무료 셔틀버스를 이용하면 경비도 절약하고 이동도 편해 위치가 외질수록 셔틀버스 서비스의 유무는 더 중요하다. 공항 픽업을 무료로 해주는 숙소도 있다.

❸ 다양한 무료 프로그램 체크

호텔 간 경쟁이 치열해지면서 크고 작은 무료 서비스를 제공하는 추세다. 호텔마다 마사지, 루프톱 바의 칵테일, 아오자이 대여, 자전거 대여 등의 무료 서비스를 제공하므로 최대한 누려 보자. 특히 5성급 숙소에서는 기본적으로 제공하는 데일리 액티비티 프로그램이 굉장히 다양하다. 아침 요가, 전통 체험, 애프터눈 티 등의 프로그램은 체험해 볼 만하다. 프로그램 관련 정보는 체크인할 때 요청하면 친절하게 안내해 준다.

❹ 대로변, 번화가의 소음 고려

일반적으로 숙소 위치가 대로변이나 번화가이면 이동이 편리해서 좋지만 4성급 이하 중저가 호텔의 경우 방음이 취약하다. 특히 베트남은 오토바이, 차의 경적 소리가 한국보다 훨씬 잦고 큰 편이기 때문에 대로변에 위치한 호텔은 소음으로 고통스러울 수 있다. 미리 다녀간 이의 후기 등을 꼼꼼히 살펴보고 숙소를 고르자.

❺ 장기 체류 또는 인원이 많다면 에어비앤비

다낭, 호이안에도 에어비앤비 숙소가 많은 편이다. 집을 통째로 빌리는 형태가 많고 주방, 세탁 시설 등이 완비되어 있어 장기 체류자나 아이, 부모님과 함께하는 대가족 여행자에게 적합하다. 호텔에 비해 가격이 저렴해 숙박비를 절약할 수 있지만 부대시설이 없고 청결 상태도 좋지 않은 편이다. 또한 제대로 된 간판이 없는 경우가 많아 숙소 위치를 정확히 파악해 놓아야 체크인하는 데 어려움이 없다.

숙소 예약 사이트

부킹닷컴 www.booking.com
호텔스닷컴 kr.hotels.com
아고다 www.agoda.com
에어비앤비 www.airbnb.co.kr

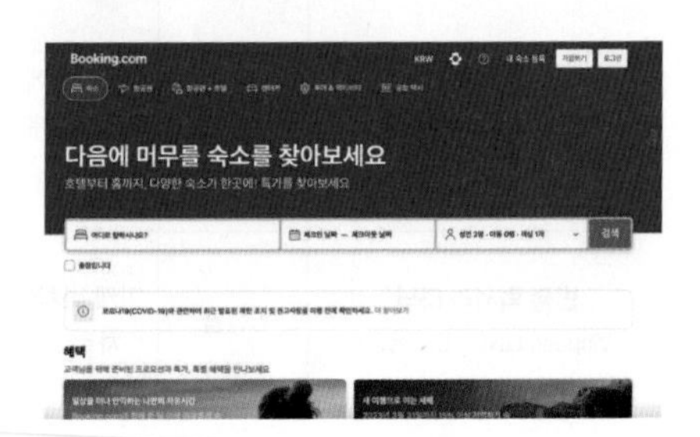

● 다낭 · 호이안 추천 숙소 리스트

다낭

숙소명	등급	위치	특징
인터컨티넨탈 다낭 선 페닌슐라 리조트 1권 P. 126	5성급	선짜반도에 위치. 한 시장에서 차로 30분	다낭을 대표하는 초특급 럭셔리 리조트. 선짜반도의 언덕에 지어져 드라마틱한 전망과 최상의 룸 컨디션, 풍부한 부대시설을 자랑한다.
프리미어 빌리지 다낭 리조트 1권 P. 124	5성급	미케 비치 앞. 한 시장에서 차로 15분	인원이 많은 대가족 여행에 제격이다. 총 111동의 풀 빌라로 구성된 리조트로 2~4베드룸의 다양한 객실 타입이 있고 거실, 취사가 가능한 주방까지 갖추어 편리하다.
래디슨 호텔 다낭 1권 P. 129	5성급	미케 비치 앞, 한 시장에서 차로 7분	모던한 스타일에 신생 호텔답게 쾌적한 객실 컨디션을 자랑한다, 바로 앞에 미케 비치가 펼쳐지는 스펙터클한 뷰로 인기몰이 중이다. 호텔 꼭대기 층에 위치한 인티니피 풀에서 멋진 전망을 감상하며 수영을 즐길 수 있다.
아라카르트 다낭 비치 1권 P. 127	4성급	미케 비치 앞. 빈콤 플라자에서 차로 4분	미케 비치의 전망이 멋진 호텔로 특히 루프톱의 인피니티 풀은 일부러 찾아와 인증 사진을 찍을 정도로 핫하다. 2베드룸은 침실이 분리되어 있고 거실과 주방이 있어 가족 여행에 안성맞춤이다.
티아 웰니스 리조트 1권 P. 122	5성급	미케 비치에서 차로 5분	모든 객실이 전용 풀을 갖춘 독립된 풀 빌라로 이뤄진 리조트다. 올인클루시브 스파 콘셉트로 1일 1회 스파가 포함되어 힐링 여행에 알맞다. 세련되고 우아한 리조트 인테리어도 매력적이다.
다낭 미카즈키 재패니즈 리조트 & 스파 1권 P. 128	5성급	한 시장에서 차로 20분	최근 새롭게 문을 연 대형 리조트로 아이와 함께하는 가족 여행자에게 안성맞춤이다. 겨울에도 따뜻한 물놀이를 즐길 수 있는 워터파크, 온천 시설을 갖춘 테마파크 형 리조트다. 호텔 객실 사이즈가 넓고 쾌적하며 시설에 비해 가격도 합리적인 편이라 인기.
그랜드 머큐어 다낭 1권 P. 130	5성급	다낭 대성당에서 차로 8분	도시적이고 세련된 호텔을 찾는 이들에게 추천하는 호텔로 멋진 야경과 한강 뷰를 감상할 수 있는 객실이 인기 있다. 다소 동떨어진 위치지만 다낭 주요 명소를 도는 무료 셔틀버스가 있어 편리하다.
아보라 호텔 다낭 Avora Hotel Danang	3성급	한 시장에서 도보 2분	가성비와 접근성이 좋은 호텔로 한 시장과 가까운 위치가 최대 장점이다. 저렴한 가격에 비해 객실도 깔끔한 편이고 간단한 뷔페식 조식도 제공된다. 다낭에 도착하는 날 또는 마지막 날 다낭 시내에서 가성비 좋은 호텔을 찾는 이들에게 추천한다.
빈펄 럭셔리 다낭 Vinpearl Luxury Da Nang	5성급	미케 비치에서 차로 10분	아이와 함께하는 가족 여행자에게 특히 인기가 높은 리조트다. 수영장과 부대시설이 풍부하고 2~4베드룸 빌라까지 객실 타입이 다양해 대가족 여행에도 안성맞춤이다.

숙소명	등급	위치	특징
하얏트 리젠시 다낭 리조트 & 스파 Hyatt Regency Danang Resort & Spa	5성급	미케 비치에서 차로 8분	아름다운 논느억 비치에 위치한 대형 리조트. 5개의 수영장과 레스토랑, 스파, 키즈 클럽 등 풍부한 부대시설을 갖추고 있어 호캉스를 즐기기에 완벽하다.
브릴리언트 호텔 Brilliant Hotel	4성급	한 시장에서 도보 2분	다낭 시내 중심에 위치한 호텔로 한 시장, 한강과 가까워 접근성이 좋다. 23층에 있는 루프톱 바는 멋진 한강 야경을 볼 수 있어 인기다.
노보텔 다낭 프리미어 한 리버 Novotel Danang Premier Han River	5성급	한 시장에서 도보 12분	다낭 시내 한강 변에 위치하며 모던한 스타일과 서비스로 인기가 많다. 루프톱에 있는 스카이 36 바는 멋진 야경과 함께 나이트라이프를 즐길 수 있는 곳으로 유명하다. 다낭 시내와도 가까운 편이라 접근성도 좋다.

호이안

숙소명	등급	위치	특징
윈덤 가든 호이안 1권 P. 131	4성급	끄어다이 비치 주변	끄어다이 비치 앞쪽에 위치한 신생 호텔. 호이안 감성을 만끽할 수 있는 인테리어가 매력적이다. 아이들과 함께하기 좋으며 부대시설도 잘 갖추고 있다.
포시즌스 리조트 더 남하이 1권 P. 132	5성급	구시가지에서 차로 16분	클래스가 다른 럭셔리 리조트. 독립된 빌라 형태의 객실은 계단식 구조로 독특하면서도 세련된 인테리어로 꾸며져 있다. 바다를 마주하는 수영장과 럭셔리한 스파가 하이라이트다.
호텔 로열 호이안 1권 P. 135	5성급	내원교에서 도보 10분	호이안에서 돋보이는 리조트로 콜로니얼풍의 화려한 건축 양식과 쾌적한 룸 컨디션을 자랑한다. 그에 비해 가격은 합리적인 편이며 호이안 구시가지와 접근성도 탁월하다.
벨 마리나 호이안 리조트 1권 P. 134	4성급	호이안 야시장에서 도보 5분	가족 여행자에게 오랫동안 사랑받는 리조트다. 호이안의 구시가지와 가까운 위치, 열대 분위기의 수영장과 친절한 서비스 등으로 인기가 높고 가격도 합리적이라 가성비가 좋다.
알마니티 호이안 웰니스 리조트 Almanity Hoi An Wellness Resort	5성급	내원교에서 도보 12분	호이안 구시가지에서 가까운 중급 리조트. 합리적인 가격에 예쁜 수영장과 객실, 풍성하게 나오는 조식과 스파, 친절한 서비스 등으로 꾸준한 인기를 끌고 있다.
신라 모노그램 꽝남 다낭 Shilla Monogram Quangnam Danang	5성급	구시가지에서 차로 20분	국내 호텔 브랜드 신라의 첫 해외 진출 브랜드로 약 300여 개의 객실을 갖추고 있다. 아름다운 전용 해변과 겨울에도 온수풀로 운영되는 수영장을 비롯해 사우나, 자쿠지 등 부대시설이 풍부하다.

현지 차량 및 여행 상품 예약하기

현지에서 투어나 테마파크 방문, 여행사 전세 차량 이용 등의 계획이 있다면 떠나기 전에 예약을 하는 것이 좋다. 한인 여행사도 여러 곳이 있고 신투어리스트와 같은 베트남의 현지 여행사도 활발하게 운영되어 투어, 입장권, 차량 등의 예약은 어렵지 않다. 단, 규정에 따라 취소 및 환불이 어려운 경우도 있으니 주의하자.

주요 구간별 차량 이동 시간 한눈에 보기

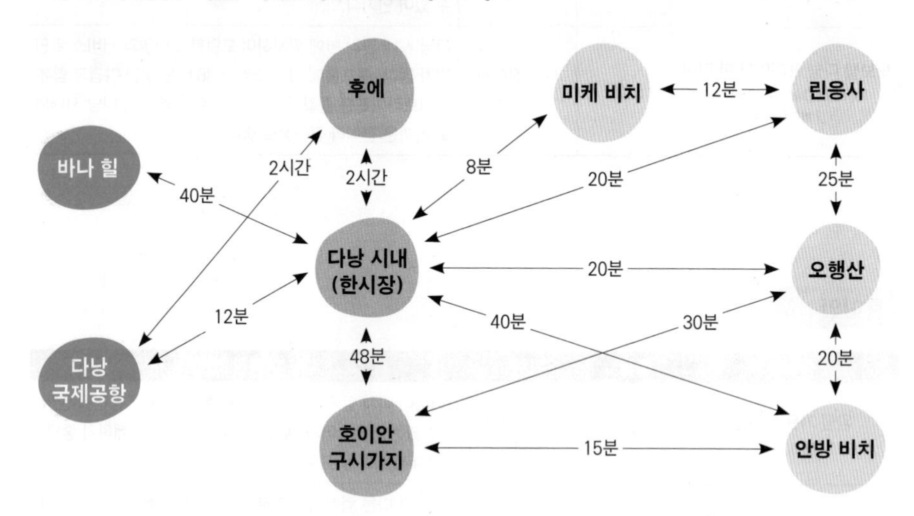

여행사 전세 차량 예약하기

다낭, 호이안, 후에를 여행할 때 여행사 전세 차량도 많이 이용한다. 운전 기사가 딸린 차량을 6시간, 12시간 등 원하는 시간만큼 빌릴 수 있다. 7인승을 기준으로 6시간 US$45, 12시간 US$55 정도이다. 다낭에서 호이안, 후에로 이동하거나 바나 힐을 다녀올 때, 마지막 날 체크아웃 후 공항으로 가기 전까지 근교를 관광하는 식으로 이용하면 효과적이다. 현지 여행사, 한인 여행사에서 쉽게 예약할 수 있다. 정해진 시간 내에 원하는 관광 명소와 식사, 마사지 등의 일정을 자유롭게 정할 수 있다. 사전에 간단하게 루트를 짜서 예약 시 미리 알려 주면 좋다.

TIP

여행사 전세 차량, 이렇게 이용해 보자

지역 간 이동

다낭-호이안 이동(6시간 렌트) 다낭 숙소에서 체크아웃 → 오행산, 안방 비치 관광 → 호이안 숙소 체크인

다낭-후에 이동(8시간 렌트) 다낭 숙소에서 체크아웃 → 린응사, 하이번 패스 관광 → 후에 숙소 체크인

마지막 날, 밤 비행기 탑승 전까지

호이안-공항 이동(12시간 렌트) 호이안 숙소에서 체크아웃 → 바나 힐 관광 → 식사 → 롯데마트 → 마사지 → 공항 도착

다낭-공항 이동(12시간 렌트) 다낭 숙소에서 체크아웃 → 오행산 → 식사 → 안방 비치 → 롯데마트 → 마사지 → 공항 도착

입장권, 셔틀버스 사전 예약하기

바나 힐, 빈원더스 남호이안과 같은 테마파크의 입장권은 사전에 대행사를 통해서 구입하면 조금 더 저렴하다. 홈페이지를 통해 예약, 결제가 가능해 편리하고 현지에서 티켓을 구입하는데 드는 시간도 절약된다. 다낭과 호이안, 공항, 바나 힐 간을 운행하는 셔틀버스나 다양한 투어의 사전 예약도 가능하다.

❶ 클룩 Klook

베트남은 물론 전 세계 여행지의 테마파크 입장권, 액티비티, 각종 투어, 차량 서비스 등을 저렴하게 예약할 수 있는 사이트다. 바나 힐 입장권, 미선 투어, 호이안 투어, 쿠킹 클래스, 스파, 서핑 레슨 등 다낭과 호이안에서 즐길 수 있는 다양한 액티비티상품과 입장권 등을 판매하니 체크해 보자.

홈페이지 www.klook.com

❷ 마이 리얼 트립

국내외 여행지의 투어 상품, 입장권, 항공권, 숙소 등을 할인 예약할 수 있는 사이트로 다낭의 바나 힐을 비롯해 다양한 투어 상품, 입장권, 차량, 스파 등의 상품이 있다. 한국에서 운영하는 사이트라 예약이 수월하고 약간의 할인도 있어 유용하다.

홈페이지 www.myrealtrip.com

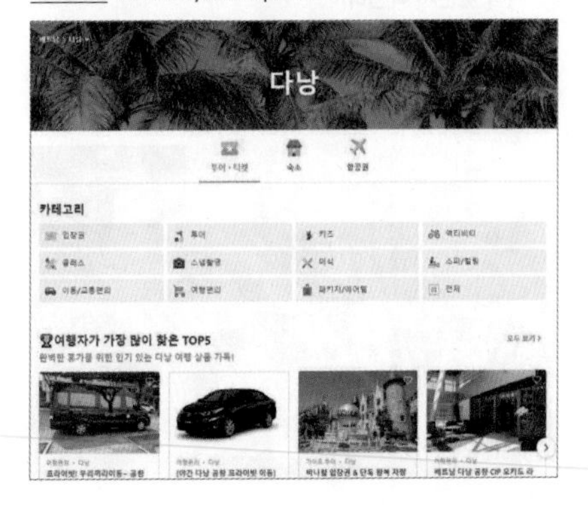

현지 투어 예약하기

다낭, 호이안에는 반나절 또는 하루 동안 즐길 수 있는 투어 프로그램이 다양하다. 바나 힐, 미선 투어, 에코 투어 등이 있는데 개별적으로 가도 되지만 인원이 많거나 조금 더 편하게 둘러보고 싶다면 여행사의 투어를 이용하는 것이 효과적이다. 현지에서도 예약할 수 있지만 짧은 여행 시간을 절약하려면 인터넷을 통해 미리 예약하고 가는 것이 효율적이다. 저렴하게 이용하고 싶다면 신투어리스트와 같은 현지 투어 업체를 추천한다. 조금 더 비싸더라도 소통이나 예약을 수월하게 진행하고 싶다면 한인 여행사를 선택하자.

❶ 신투어리스트 TheSinhTourist

베트남 전역에 네트워크를 가진 대표 여행사로 투어 종류가 다양하고 가격이 저렴한 것이 장점이다. 단점은 투어 당일에 숙소 픽업을 해주지 않아 직접 사무소로 가야 하며 대부분 영어로 진행된다는 점이다. 호이안, 후에 등 지역마다 사무소가 있으며 인기 투어 상품을 갖추고 있다.

홈페이지 www.thesinhtourist.vn

❷ 한인 여행사

다낭에 워낙 한국인 여행자가 많다 보니 한인 여행사가 활성화되어 있고 투어 종류도 다양하다. 대부분의 투어를 다루고 있으며 인원이 여러 명인 경우 단독 차량으로 일행끼리만 이용할 수 있는 투어도 있어 안성맞춤이다. 현지 업체보다 가격은 조금 비싸지만 예약이나 문의 등을 한국어로 소통할 수 있고 숙소 픽업과 드롭 서비스가 포함된 경우가 많아 여러모로 편리하다.

다낭 보물창고 cafe.naver.com/grownman
다낭 도깨비 cafe.naver.com/happyibook

GET READY ❺

베트남 동으로 환전하기

베트남 환전은 기본적으로 국내에서 미화로 환전을 한 후 베트남 현지에 도착해 베트남 동으로 환전하면 된다. 경비가 부족할 경우를 대비해 현지 사용이 가능한 국제 현금 카드, 신용카드 등을 준비하면 더 좋다.

STEP 01

우리나라에서 미화로 환전하기

우리나라에서 바로 베트남 동으로 환전하기는 어렵다. 한화를 미화로 환전하고 베트남에 도착해서 미화를 베트남 동으로 바꾸는 것이 일반적인 방법이다. 미화는 훼손되지 않은 깨끗한 US$100짜리가 좋고 US$50, US$10와 같은 소액권은 환율을 더 적게 적용하니 되도록 US$100짜리로 준비하자. 주거래 시중은행, 은행 앱 등을 이용하면 더 유리한 환율로 환전할 수 있다. 최근에는 시중 은행에 가지 않고 앱을 이용해 환전을 신청한 후 출국 당일에 한국 공항 내 환전소에서 바로 수령이 가능해 편리해졌다.

환전 수수료 우대율이 가장 높은 추천 앱
카카오페이, 신한은행 쏠, 토스 환전

TIP

현지에서 바로 찾는 트래블월렛 Travel Wallet

미화로 바꾸는 과정 없이 베트남 동으로 충전해서 현지에서 바로 출금할 수 있는 앱이다. 원하는 만큼의 베트남 동을 입력하면 당일 환율 적용된 한국 원화 금액이 계산되어 나온다. 충전식으로 입금한 후 베트남 현지의 제휴된 은행에서 바로 뽑아 쓸 수 있다. 환율도 약간 더 유리한 편이고 베트남 현지 제휴 은행(VP Bank)의 ATM을 이용하면 수수료가 무료라 여행자들 사이에서 인기다.

홈페이지 www.travel-wallet.com

STEP 02

현지에서 베트남 동으로 환전하기

베트남에 도착했다면 이제 미화를 베트남 동으로 환전할 차례다. 환전할 수 있는 곳은 많지만 대표적인 곳으로는 다낭 국제공항, 한 시장 인근 금은방, 다낭 신한은행, 롯데마트 등이 있다. 환율의 차이가 큰 편은 아니지만 약간씩 차이가 있으니 1~2곳은 비교해 보는 것이 좋다. 다낭 공항에 있는 환전소 간에도 조금씩 환율이 달라서 알뜰하게 환전하고 싶다면 비교는 필수다. 여행을 시작하면서 베트남 동이 바로 필요하므로 우선 공항에서 필요한 금액을 환전한다.

TIP

베트남에서 환전 시 주의 사항

- 환전할 미화를 먼저 주지 말고 계산기에 최종 환전될 베트남 동 금액을 찍어 달라고 요청한 후 확인하고 돈을 주자. 처음 말과는 다르게 수수료라면서 약간의 돈을 떼고 주는 경우가 있다.
- 베트남 동은 화폐 단위가 크다. 숫자로만 보면 대략 20배의 차이가 나기 때문에 처음 환전을 하면 헷갈리기 쉽다. 환전한 돈을 받은 자리에서 바로 세보고 금액이 맞는지 확인하자.
- 미화는 US$100짜리로 준비하는 것이 가장 좋다. 또한 훼손되거나 오염된 화폐는 환전을 해주지 않는 곳도 많으니 깨끗한 화폐로 준비하는 것이 좋다.

현지 환전, 여기에서 하자

❶ 다낭 국제공항 내 환전소

다낭 국제공항 청사 밖으로 나가서 좌측으로 가면 환전소 5~6곳이 모여 있다. 수수료가 없다고 호객하지만 막상 환전하면 수수료를 받는 곳도 있으니 반드시 환전할 금액의 최종 액수를 확인한 후 환전하자. 수수료가 있다고 하면 수수료가 없는 다른 곳으로 가서 최종 환전 금액을 비교한다. 다낭 시내 한 시장 인근 금은방이나 신한은행과 비교하면 약간 비싼 편이지만 큰 차이는 없다.

가는 방법 다낭 국제공항 청사 바깥쪽에

❷ 신한은행

가장 믿고 거래할 수 있는 곳은 역시 은행이다. 특히 한국계 은행이기 때문에 더 편하게 느껴지고 각 베트남 화폐 단위당 개수까지 정확하게 적힌 영수증도 주기 때문에 초보 여행자도 안심하고 환전할 수 있다. 환율도 금은방과 큰 차이가 없어 가장 추천하지만 다낭 중심에서 다소 떨어져 있는 점이 아쉽다. 환전 시 여권을 지참해야 한다.

가는 방법 다낭 참 조각 박물관에서 도보 2분

❸ 한 시장 인근 금은방

한 시장 주변에 금은방이 모여 있는데 공식적인 환전소는 아니지만 여행자들도 많이 이용한다. 여행자 사이에서는 환율이 가장 좋다고 알려져 있지만 신한은행, 다낭 공항 내 환전소와 비교해도 큰 차이는 없다. 대략 US$100당 500원 정도 차이가 난다. 원하는 금액을 말하면 계산기에 환전될 베트남 동을 보여 준다. 돈을 받으면 그 자리에서 꼼꼼하게 잘 세어 보는 것이 중요하다.

가는 방법 다낭 한 시장 주변

❹ 롯데마트

롯데마트 1층 입구에 환전소가 있으며 환율도 괜찮고 믿을 만하다. 롯데마트에서 쇼핑을 하기 전에 이용하면 편하다.

가는 방법 다낭 대성당에서 차로 12분

현지에서 경비가 부족하다면?

❶ 신용카드

신용카드 결제가 보편화된 한국과 달리 베트남의 신용카드 사용은 아직까지 적은 편이다. 쇼핑몰, 호텔 같은 곳에서는 신용카드 사용에 큰 문제가 없지만 작은 상점, 레스토랑, 카페 등에서는 신용카드를 받지 않거나 3~5%의 수수료를 추가하는 경우가 많다. 여행 경비의 대부분을 현금으로 사용하게 되는 점을 염두에 두고 예산을 짜자. 신용카드는 비상용이나 호텔의 디포짓(보증금) 용도로 준비하는 게 좋다.

❷ ATM

트래블월렛 같은 해외 사용이 가능한 국제 현금카드를 준비하면 베트남의 ATM에서 쉽게 베트남 동으로 인출할 수 있다. 여행 경비가 모자랄 때 유용한 방법으로 베트남 현지 은행에는 24시간 이용 가능한 ATM이 있으며 비자카드, 마스터카드, JCB카드, 유니온페이 등을 사용할 수 있다. 종종 카드 도용, 복제 등 불미스러운 사건이 일어나기도 하므로 외진 장소의 ATM보다는 은행 안의 ATM 이용을 추천한다.

베트남 여행에 유용한 앱과 사용법 알아보기

길을 찾는 데 도움이 되는 지도나 다낭 여행에 다리가 되어 주는 모바일 차량 공유 서비스 그랩은 자유 여행을 할 때 큰 도움이 되는 필수 앱이다. 그 밖에도 환율, 날씨, 번역, 마트 앱 등을 잘 활용해서 더 효율적인 여행을 즐겨보자.

그랩 Grab

다낭 여행의 필수 앱으로 언제 어디서든 차량을 부를 수 있어 편리하다. 목적지까지의 금액을 미리 알 수 있어 바가지요금에 대한 걱정도 없고 운전기사의 이동 경로, 후기 등도 확인할 수 있다.

파파고 Papago

네이버에서 개발한 번역 애플리케이션으로 베트남어도 지원된다. 한국어로 내용을 입력하면 바로 번역이 되어 소통에 편리하다. 음성으로도 가능하고 메뉴판 같은 이미지 번역도 가능하다.

구글 지도 Google Maps

상세한 지도를 제공하며 현재 내가 있는 위치를 기반으로 지도를 볼 수 있어 길 찾기에 편리하다. 주요 업소의 운영 시간, 전화번호 등도 확인 가능하고 길 찾기를 통해 그랩도 연동된다.

쉬운 환율 계산기

베트남 동의 환율이 헷갈린다면 환율 앱을 받자. 한국 원화와 바로 비교할 수 있다.

날씨(일기 예보)

The Weather Channel

현지 날씨와 기상 예보가 궁금하다면 날씨 앱은 필수다.

배달K Delivery K

베트남 주요 지역에서 사용할 수 있는 한국인을 위한 전용 배달 앱이다. 우리나라의 배달 앱처럼 한식, 현지식, 분식, 카페 등 다양한 메뉴를 주문할 수 있다. 무엇보다 한국어로 되어 있어 사용이 편리하다. 분식, 야식 등 종류별 메뉴가 많아서 한국 음식이 그리울 때 숙소에서 편리하게 받아볼 수 있다. 음식 외에 마트 배달 및 마사지 예약 서비스도 가능하다. 평점이나 리뷰 좋은 곳들을 선택하면 된다.

스피드 엘 Speed L

다낭 쇼핑의 필수 코스로 통하는 롯데마트 앱이다. 한국어 지원이 되고 한국의 마트 앱처럼 장바구니에 원하는 상품을 담아 구입하면 된다. 15만 동 이상이면 호텔까지 무료로 배달해줘 편리하다. 오전에 주문하면 대부분 당일에 배송된다. 결제는 앱에서 신용카드로 결제하거나 배송 직원에게 현금으로 지불한다. 마트에 갈 시간이 없거나 조금 외진 숙소에 지낼 때 유용하다.

FOLLOW UP

스피드 엘 주문 그대로 따라하기

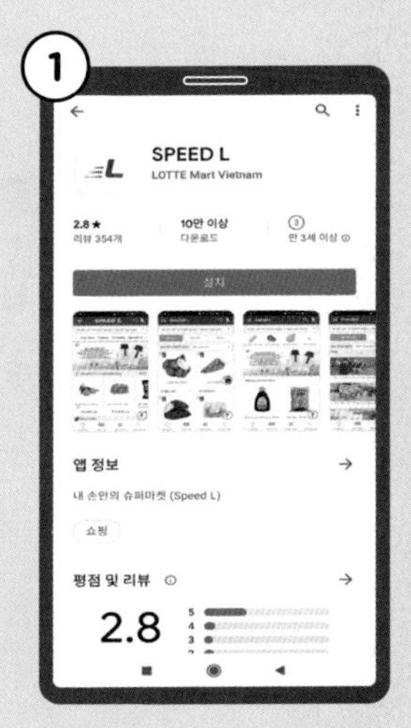

구글 플레이, 앱 스토어를 통해 'Speed L'을 검색해서 다운받는다.

사용자ID, 비밀번호, 고객명, 성별 등을 기입하고 회원 가입을 한다.

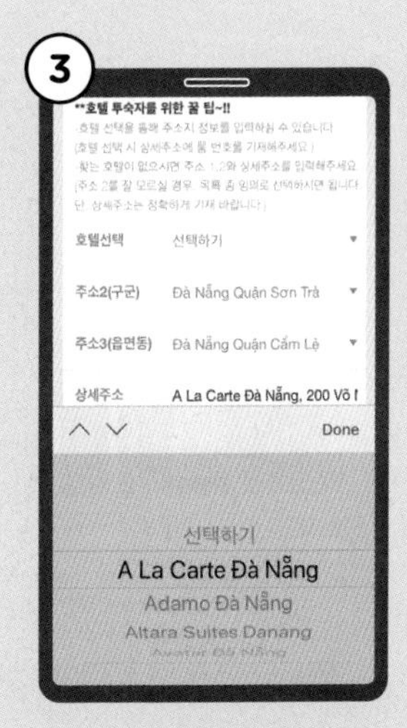

주소는 다낭의 주요 호텔 리스트가 옵션에 있으니 고르기만 하면 된다.

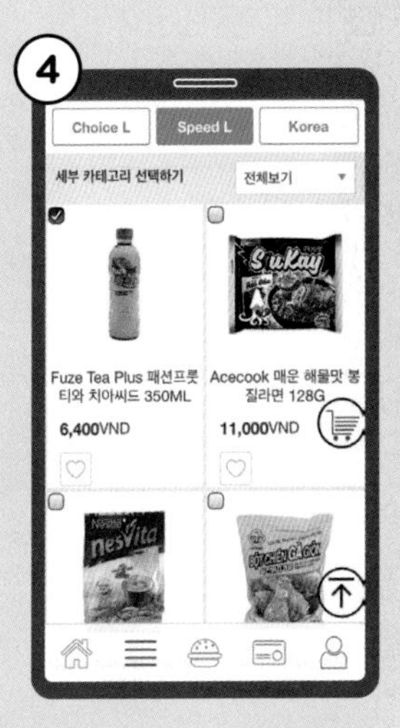

회원 가입 완료 후 모바일 쇼핑을 시작하자. 카테고리별로 상품이 잘 나뉘어 있다.

이름, 배송받을 호텔, 희망 배송 시간 등을 입력한 후 결제까지 완료한다.

배송 기사가 호텔에 도착하면 연락이 온다. 외출 시에는 호텔 리셉션에 보관을 부탁하자. 결제할 금액이 있으면 리셉션에 맡긴다.

그랩 부르는 법 그대로 따라하기

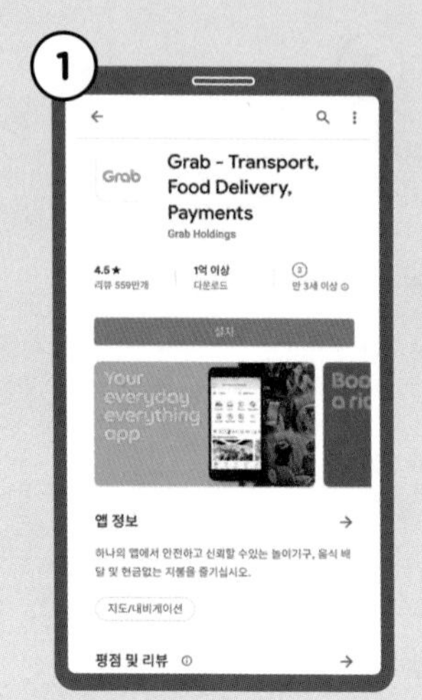

구글 플레이, 앱 스토어를 통해 'Grab'을 검색해서 다운받는다.

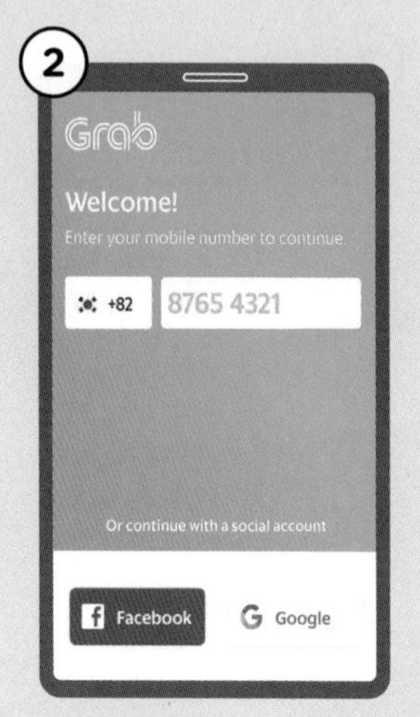

페이스북 계정, 구글 계정, 휴대폰 번호 등을 이용해 회원 가입을 한다.

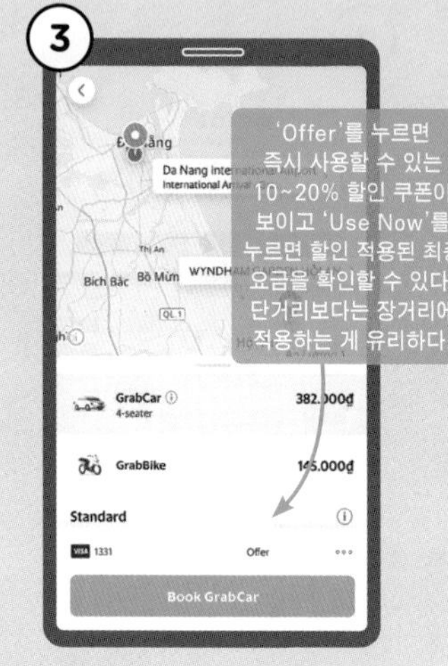

목적지를 검색하거나 지도에서 찾아서 입력한다. 출발지는 GPS 기능으로 현재 위치를 자동으로 잡는데 약간 틀린 곳을 표시하기도 하니 픽업 지점을 정확하게 확인하자.

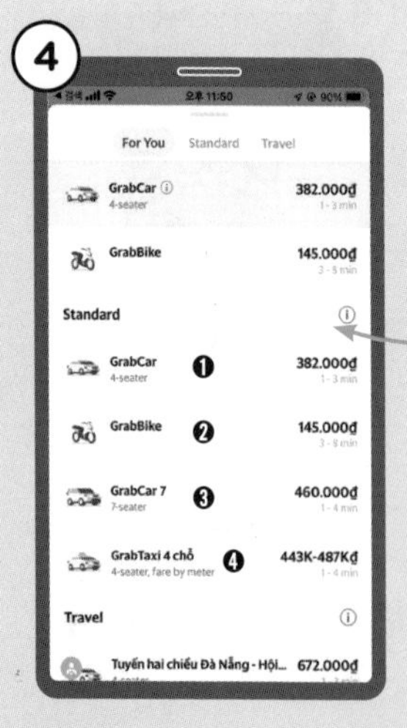

요금은 그랩 차종에 따라 조금씩 달라진다. 보통은 그랩카를 선택하면 된다.

❶ 그랩카 GrabCar
일반적으로 많이 이용하는 그랩으로 4인승 일반 승용차가 온다. 일반 미터 택시보다 저렴해 이용률이 높다.

❷ 그랩바이크 GrabBike
가장 저렴한 방법으로 오토바이를 타고 이동한다. 초록색 Grab 로고가 박힌 티셔츠를 입은 오토바이 운전기사가 요청한 위치로 오면 그 뒤에 타고 이동하게 된다. 오토바이라 사고 위험이 크므로 추천하지 않는다.

❸ 그랩카 7 GrabCar 7
7인승 차량으로 인원이 많을 때 이용한다.

❹ 그랩택시 GrabTaxi
일반 미터 택시를 호출해 주는 서비스로 대략적인 예상 요금을 보여 준다. 목적지 도착 후 미터 요금만큼 지불하면 된다. 그랩카가 잡히지 않을 경우에 이용한다.

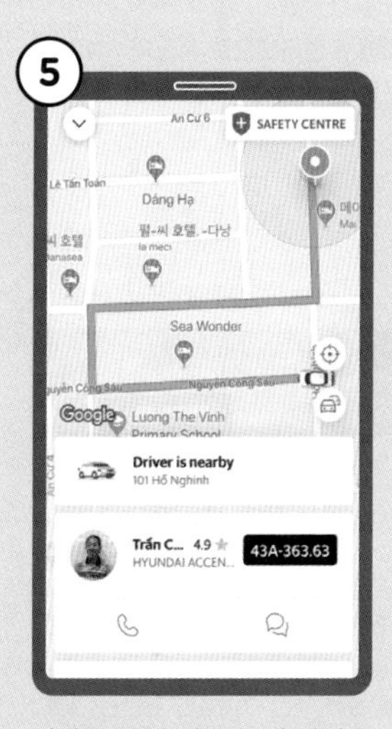

가까운 곳에 있는 그랩 차량을 배정해 준다. 다낭 시내의 경우 그랩 차량이 무척 많아 외진 곳이 아니라면 즉시 배정된다.

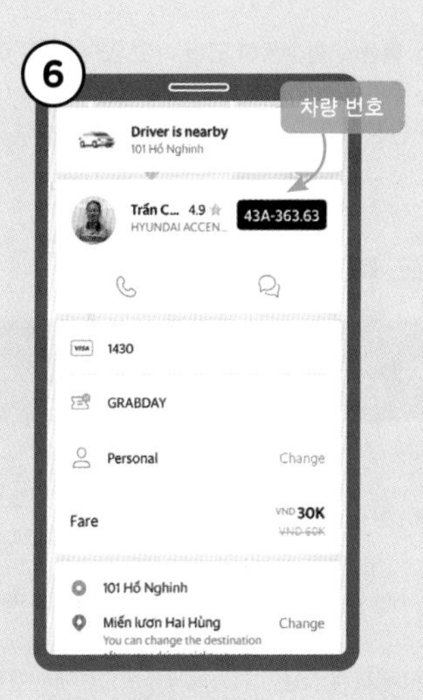

차량이 배정되면 차량 번호, 운전기사의 얼굴, 후기 등이 나온다. 배정된 차량이 어디에서 오는 중인지 알 수 있다. 차량 번호 확인 후 탑승하면 된다.

결제 방법을 현금으로 설정해 둔 경우 내릴 때 정해진 요금을 베트남 동으로 내면 된다. 결제 정보에 미리 신용카드 정보를 입력해 두면 자동 결제된다.

TIP

그랩으로 배달 음식 주문하기

그랩 앱에서 그랩 푸드를 누르면 우리의 배달 앱과 같이 주변에 배달 가능한 식당, 카페 등이 표시되어 편리하게 이용할 수 있다. 원하는 식당의 메뉴를 장바구니에 담은 후 요청하면 그랩 오토바이 운전기사가 식당으로 가서 음식을 구입한 후 호텔 입구까지 가져다주기 때문에 이보다 편할 수 없다. 숙소 밖으로 나가기 힘들거나 붐벼서 편히 먹기 힘든 인기 식당 또는 주변에 먹을 곳이 마땅치 않은 리조트에 묵을 때 특히 유용하다. 결제는 신용카드를 등록했으면 자동으로 결제되고 현금일 경우 음식을 받을 때 직접 내면 된다.

TIP

그랩 후기를 남기고 싶다면?

- 목적지에 도착하면 도착 메시지가 뜨고 운전기사에 대한 평가도 별점으로 남길 수 있다.
- 지불한 요금이 부당하게 느껴지면 지원 센터에 컴플레인도 가능하다.

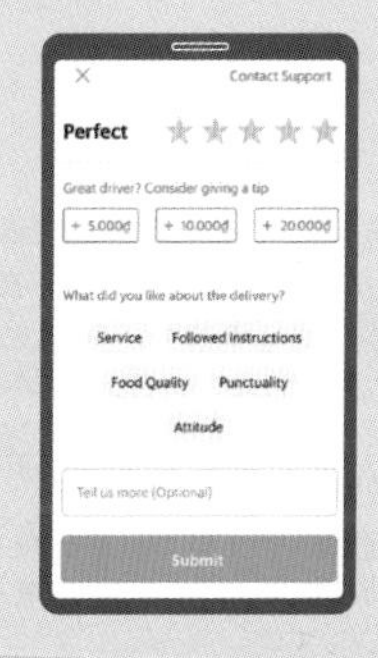

포켓 와이파이 vs 심 카드 선택하기

최근 포켓 와이파이와 심 카드는 자유 여행의 필수품이 되어 가고 있다. 낯선 여행지에서 인터넷으로 지도나 SNS 등을 이용할 수 있어 유용하다. 둘 중 무엇을 선택할지 고민하게 되는데 함께 여행하는 일행의 수, 여행 기간, 한국의 로밍 서비스가 필요한지 등에 따라 장단점이 있으니 여행 스타일에 맞춰 선택하자.

● 포켓 와이파이와 심 카드 비교

	포켓 와이파이	심 카드	
		온라인 사전 구입	현지 구입
데이터	3G/4G 무제한(하루 500Mb 사용 후 속도 저하)	3G/4G 무제한	
가격	1일 3,900원~	3~30일 약 6,000원~	6~30일 약 18만 동~
수령	한국 내 공항 수령 · 반납	자택 또는 한국 내 공항	다낭 국제공항, 다낭 현지 통신 회사
장점	• 포켓 와이파이 1대로 최대 5명까지 사용이 가능해서 인원이 많다면 1대로 공유할 수 있다. • 한국의 통신사를 그대로 사용하기 때문에 한국에서의 문자, 전화 등의 로밍 서비스를 받을 수 있다.	• 한국에서 온라인을 통해 사전 구매하면 할인된 가격에 저렴하게 구매할 수 있다. • 기존 심 카드를 빼고 새로운 심 카드를 휴대폰에 넣는 방식이라 간편하다. • 일행이 각각 심 카드를 구입하면 언제 어디서나 SNS로 연락할 수 있다.	
단점	• 단말기와 보조 배터리를 가지고 다녀야 하기 때문에 무거울 수 있다. • 분실 시 배상 책임이 있고 귀국 시 반납이 다소 번거롭다. • 주기적으로 충전이 필요하다. • 포켓 와이파이에서 멀어지면 인터넷이 잡히지 않아 일행이 따로 떨어져 다니는 경우 인터넷 사용에 불편함이 있다.	• 심 카드를 교체해서 사용하기 때문에 한국에서의 문자, 전화 등 연락을 받기 어렵다. • 일행이 여럿이면 각각 개별 구매해야 하기 때문에 포켓 와이파이보다 비용이 많이 든다.	

TIP

심 카드 이용 시 주의 사항

- 심 카드 구입 후에 바로 교체해서 그 자리에서 인터넷이 되는지 확인해 볼 필요가 있다. 가끔 제품이 불량인 경우가 있기 때문이다. 특히 그랩의 경우 심 카드 교체 후 앱을 실행할 때 전화번호 인증이 필요한데 같은 번호로 과거에 가입한 이력이 있으면 인증이 어렵다. 그 자리에서 그랩 앱 인증과 실행까지 다 해보는 것이 좋다.
- 심 카드를 국내에서 온라인을 통해 사전 구입할 경우 그랩 앱은 한국에서 미리 설치하는 편이 수월하다.
- 베트남 현지 심 카드로 교체 시 기존에 사용하던 심 카드를 챙겨 주는데 워낙 작아서 잃어버리기 쉽다. 한국에서 다시 사용해야 하니 분실되지 않도록 잘 챙겨 두자.

SUMMARY

FAQ

가장 많이 검색하는
다낭 · 호이안 · 후에 여행에 관한 질문

FAQ ①

다낭과 호이안은 물가가 저렴하다는데 하루 예산은 얼마나 잡는게 좋을까요?

➡ 평균 301만 5,000동(약 16만 8,400원)

베트남은 한국보다 물가가 훨씬 저렴한 편이다. 그래서 다낭과 호이안도 알뜰하게 여행하려면 얼마든지 가능하다. 테마파크나 액티비티, 투어 등을 제외하면 입장료가 있는 곳도 적은 편이라 예산이 크게 들지 않는다. 로컬 식당을 이용할 경우 한국의 3분의 1 정도 가격에 식사를 해결할 수 있고 저가 숙소도 다양하다. 하지만 럭셔리한 리조트와 레스토랑도 많아 호화로운 여행을 즐긴다면 그 예산이 천지 차이다.
다음에 소개하는 하루 예산은 미리 결제하는 왕복 항공권, 도시 간 이동 교통비를 비롯해 개인적인 쇼핑 비용, 비상금 등은 제외했다. 식사 스타일이나 관광지 입장료, 투어, 전세 차량, 숙소 등에 따라 비용 차이가 있으니 이를 감안해 대략적인 여행 경비로 참고하자.

여행 타입별 하루 예산표

1인 기준

분류	기본형		알뜰형	
	내용	요금(VND)	내용	요금(VND)
숙박료	5성급 호텔 더블 룸	150만	저가 호텔	30만
식사비	아침 / 호텔 조식	0	아침 / 로컬 식당	6만~
	점심 / 대표 맛집	10만	점심 / 로컬 식당	6만~
	간식 / 커피, 디저트, 군것질	7만~	간식 / 물, 길거리 음식	4만~
	저녁 / 대표 맛집	20만	저녁 / 로컬 식당	10만~
입장료	바나 힐	85만	바나 힐	85만
	오행산	5만 5,000	오행산	5만 5,000
시내 교통비	택시, 그랩, 여행사 전세 차량(바나 힐)	80만	도보, 택시, 그랩, 셔틀버스(바나 힐)	28만
마사지	중급 스파	40만	저가 스파	30만
하루 예산	397만 5,000동~(약 22만 2,600원~)		204만 5,000동~(약 11만 4,520원~)	

FAQ ②

베트남 화폐 환전, 한국에서 가능한가요?

➡ 달러 준비 후 현지에서 동으로 환전

한국에서 베트남 동으로 환전하기는 어렵기 때문에 미국 달러를 준비한 후 베트남 현지에서 베트남 동으로 바꾸는 것이 일반적이다. 베트남 동은 환율이 비교적 좋은 한 시장 주변 금은방이나 현지에 있는 신한은행에서 환전하는 것이 유리하다. 현지에서 트레블 월렛 같은 카드로 은행 ATM을 이용해 베트남 동을 인출하는 방법도 있다.

※현지 환전소 정보는 P.175 참고

베트남 화폐 한눈에 파악하기

베트남 통화 단위는 동(Vietnamese Dong, VND, ₫으로 표기)이다. 한국의 원화와 비교하면 숫자가 20배 가까이 늘어나기 때문에 초보 여행자는 혼란스러울 수 있다. 화폐 단위가 커서 동전은 거의 사용하지 않고 지폐만 사용하는데 지폐 종류가 워낙 많고 지폐 색이 비슷해서 헷갈리기 쉽다.
계산 전 꼼꼼히 확인하고 '0'이 몇 개인지 잘 세어 보자.

• 베트남 화폐 종류

500동 = 28원

1,000동 = 56원

2,000동 = 112원

5,000동 = 280원

10,000동 = 560원

20,000동 = 1,120원

50,000동 = 2,800원

100,000동 = 5,600원

200,000동 = 11,200원

500,000동 = 28,000원

※2023년 4월 초 기준 10,000동 = 560원

• 간단하게 계산하는 베트남 환율

정확한 환율로 따지면 약간 차이가 나지만 돈 계산을 할 때 가장 간편하고 이해하기 쉬운 셈법은 베트남 동에 나누기 20을 하는 것이다. 대략 비슷하게 환산된다.

베트남 1만 동 = **한국** 약 500원 / **베트남** 20만 동 = **한국** 약 1만 원 / **베트남** 100만 동 = **한국** 약 5만 원

FAQ 3

새벽에 다낭에 도착하면 어디서 환전하나요?

다낭 국제공항 내 환전소 이용

새벽에 공항에 도착하면 다낭 시내의 환전소는 대부분 문을 닫기 때문에 공항에서 환전을 하는 것이 좋다. 다낭 국제공항 청사 밖으로 나오면 좌측에 여러 곳의 환전소가 모여 있다. 공항에 도착하는 비행 스케줄이 있는 한 환전소는 영업하고 있으니 걱정하지 않아도 된다.

FAQ 4

다낭에서는 신용카드 사용이 자유로운가요?

대부분 현금을 사용

대형 쇼핑몰이나 호텔, 고급 레스토랑을 제외하고 현지인이 이용하는 소규모 식당이나 상점에서는 신용카드 사용이 어려운 편이다. 또한 관광객이 많이 가는 레스토랑이나 상점은 신용카드 사용이 가능하지만 수수료 개념으로 3~5%의 추가 요금을 청구하는 곳이 대부분이라 신용카드보다는 현금을 준비할 것을 추천한다.

FAQ 5

다낭, 호이안 숙소는 어디에 잡는 게 좋을까요?

일정이 짧다면 다낭에서만, 3박 이상이라면 호이안에서 1박 이상

자신의 여행 스타일에 따라 숙소의 위치도 달라진다고 보면 된다. 한 시장, 다낭 대성당, 용교 등 다낭 시내 명소를 중심으로 여행할 생각이라면 다낭 중심가에 숙소를 잡고, 시원스럽게 펼쳐진 오션 뷰를 즐기고 싶다면 미케 비치 쪽의 비치 프런트 숙소를 잡는게 좋다. 3박 이상의 일정이라면 1박은 호이안에서 숙박하는 것이 좋다. 호이안을 당일치기로 둘러보기에는 아쉬움이 있어 보통 다낭 2박, 호이안 1박을 하는 경우가 많다. 호이안의 경우 구시가지 전체가 유네스코 세계문화유산으로 지정되어 있어 그 주변으로는 작은 규모의 숙소가 대부분이다. 호이안과 가까운 끄어다이 비치 주변은 가성비 좋은 리조트가 많아 여행자들이 선호한다.

FAQ 6

밖에서 사온 과일을 객실에서 먹을 때 주의 사항이 있나요?

두리안과 망고스틴을 주의

두리안의 경우 강렬한 냄새 때문에 대부분의 호텔에서 반입을 금지하고 있다. 적발될 시 벌금을 물리는 곳도 있으니 주의하자. 또 망고스틴의 경우 껍질에서 배어난 붉은색 물이 침구나 수건 등에 묻으면 잘 지워지지 않아 변상해야 하는 경우가 있으니 조심해야 한다.

FAQ 7

아이들과 수영장에서 놀기 좋은 숙소를 추천해 주세요.

프리미어 빌리지 다낭 리조트, 아라카르트 다낭 비치 등을 추천

인원이 많고 독립된 시설을 원한다면 프리미어 빌리지 다낭 리조트(P.124)를 추천한다. 4베드룸 빌라가 있어 여러 명이 같이 투숙하기 좋다. 또한 간단한 취사가 가능한 주방 시설도 갖추고 있고 각 빌라마다 단독 풀이 있어서 가족끼리 이용하기에 좋다. 그 밖에 아라카르트 다낭 비치(P.127)의 호텔도 2베드룸 이상의 객실을 갖추고 있다. 독립된 프라이빗 빌라 스타일의 고급 리조트로는 포시즌스 리조트 더 남하이(P.132), 인터컨티넨탈 다낭 선 페닌슐라 리조트(P.126) 등이 있다.

FAQ 8

각자 스마트폰이 있는 4인 가족여행인데 포켓 와이파이와 심 카드 중 뭐가 좋을까요?

전화나 문자를 받으려면 포켓 와이파이

심 카드를 구입할 경우 현지의 전화번호와 통신사로 바뀌는 개념이기 때문에 한국에서 오는 전화나 문자를 받아야 한다면 포켓 와이파이를 추천한다. 포켓 와이파이는 1개를 빌려도 여러 명이 공유할 수 있기 때문에 인원이 많을 경우 유리하다. 단, 가까이 있을 때만 사용이 가능하기 때문에 따로 이동하면 인터넷 사용이 어렵다는 점, 충전이 필요하고 분실 우려가 있다는 점, 가지고 다니는 것이 짐이 된다는 점에 유의하자.

포켓 와이파이 1대(1일 3,900원~)×4일=1만 5,600원~
심 카드 베트남에서 구입 : 18만 동~×4명=72만 동~(약 4만 320원)
국내에서 구입 : 6,000원~×4명=2만 4,000원~

FAQ 9

다낭의 겨울, 수영장에서 수영 가능할까요?

온수풀이라면 야외 수영도 가능

다낭은 11~2월이 겨울 시즌으로 평균 기온이 25~30°C이며 한국의 가을 정도 날씨다. 드물게 겨울이라도 날씨가 아주 더운 날에는 야외에서 수영이 가능하지만 대체적으로는 수영하기에 다소 추운 날씨라 어렵다고 봐야 한다. 꼭 수영을 하고 싶다면 야외 온수풀을 운영하는 리조트(인터컨티넨탈 다낭 선 페닌슐라 리조트, 다낭 미카즈키 재패니즈 리조트 & 스파, 포시즌스 리조트 더 남하이 등)나 실내 수영장이 있는 호텔(브릴리언트 호텔, 젠 다이아몬드 스위트 호텔, 빈펄 리버프런트 다낭 등)을 예약하길 권한다.

FAQ 10

코로나 관련해서 필요한 서류나 검사가 있나요?

서류 및 검사 없이 여행 가능

현재 한국인이 베트남 입국 시 코로나 관련하여 서류, 검사 등이 일절 없고 백신 미접종자도 여행할 수 있다. 베트남 내에서 마스크 또한 자율적인 분위기고 별도의 서류나 검사를 준비할 필요가 없어 수월하게 여행을 준비할 수 있다.

FAQ ⑪

베트남은 건기와 우기가 있던데, 어떤 옷을 챙길까요?

여름 복장을 기본으로 하고 우기에는 얇은 외투나 긴팔 옷 등을 준비

베트남은 한국보다 따뜻한 기후지만 우기 또는 겨울에는 한국의 봄, 가을 정도의 날씨인 때도 있다. 또 우기 시즌에는 비가 올 경우 쌀쌀하게 느껴질 수 있다. 한국의 여름 복장을 기본으로 우기에는 얇은 점퍼나 카디건, 긴팔 옷을 준비하는 것이 좋다. 날씨는 아무래도 예측하기 어려운 부분이니 다낭으로 떠나기 2~3일 전 인터넷 검색을 통해 현지 날씨 정보를 참고하면 짐을 싸는 데 도움이 된다.

※자세한 날씨와 옷차림 정보는 P.142 참고

FAQ ⑫

우기에 비가 오면 수영이나 관광은 어떻게 해야 하나요?

수영은 복불복, 실내 중심의 관광과 쇼핑

다낭은 우기라고 해도 하루 종일 비가 내리는 것이 아니라 스콜성으로 잠깐씩 오고 멈추는 경우가 많다. 온도가 많이 낮은 날이 아니면 수영도 가능하지만 날씨에 따라 복불복이다. 워낙 날씨가 변덕스러운 시기이니 가벼운 우산이나 우비, 휴대용 핫팩 등을 챙겨 가면 때에 따라 유용하게 사용할 수 있다. 비 오는 날은 박물관이나 한 시장, 롯데마트 등의 실내에서 관광 또는 쇼핑하는 일정을 추천하며 스파나 마사지를 받으며 힐링 타임을 가져도 좋다.

FAQ ⑬

아기와 가는데 예방 접종이나 비상약이 필요한가요?

예방 접종을 하고 가는 것이 안전

한국에서 장티푸스, 파상풍, 홍역, A형 간염 등 필요한 예방 접종을 해둘 것을 권한다. 더운 나라이기 때문에 음식과 관련해서 탈이 나는 경우가 있어 지사제와 소화제가 필요하고 감기약, 모기 퇴치제 등을 챙겨 가면 좋다. 혹시 현지에서 약이 필요할 경우 다낭 중심에 위치한 한인 약국에서 구매할 수 있다.

FAQ ⑭

베트남에는 팁 문화가 있나요?

만족스러운 서비스를 받았을 때 지불

보통 마사지를 받은 후에도 팁은 의무적으로 주지 않아도 된다. 자신이 느끼기에 꼭 주고 싶을 정도의 서비스를 받았다고 생각한다면 3만~5만 동 정도 수준으로 주면 된다. 마사지 시간에 따라 팁을 명시해 놓은 곳이 드물게 있다. 이때는 시간당 정해진 팁(4만~10만 동 정도)을 마사지 요금과 함께 내면 된다. 고급 레스토랑이나 호텔 등에서는 서비스 차지Service Charge라는 명목으로 5~7% 정도 계산서에 추가되기도 하니 합산하여 지불하면 된다.

FAQ 15

공항에서 시내로 갈 때 택시와 그랩 중 무엇이 나을까요?

편하고 빠르게 가려면 택시

그랩도 공항까지 들어오기는 하지만 처음 그랩을 실행할 때는 현지 심 카드 구입, 그랩 앱 설치와 회원 가입, 인증 등의 절차가 필요해 시간이 조금 소요된다. 또한 공항에는 워낙 많은 운전기사와 차량이 있어 호출한 그랩 차량을 만나기가 어려울 수 있다. 도착하자마자 이런 시간 소요가 아깝고 첫 그랩 사용이 다소 어렵게 느껴진다면 마음 편하게 택시 탈 것을 추천한다. 공항에서 택시를 이용해도 다낭 시내의 호텔로 이동할 경우 거리가 가까운 편이라 택시 요금이 비싸지 않다.

FAQ 16

부모님과 함께 가기 좋은 관광지를 추천해 주세요.

체력이 좋다면 오행산, 그렇지 않다면 린응사

부모님을 위한 관광지라면 오행산 또는 린응사를 추천한다. 린응사는 고지대에 위치해 바다가 내려다보이는 풍광이 뛰어나고 둘러보는 즐거움이 있다. 오행산의 경우 신비로운 사원과 동굴이 있어 부모님들의 감탄이 절로 나온다. 하지만 계단과 오르막길이 많아 체력이 요구된다는 점을 알아 두자.

FAQ 17

바나 힐은 언제 가야 덜 붐비나요? 개별 방문은 힘들까요?

오픈 시간대가 덜 붐비는 편, 개별 방문도 충분

바나 힐은 워낙 인기 여행지라 사람이 늘 많은 편인데 개장 시간에 맞춰 오픈 런을 할 경우 그나마 사람이 적어 기다림 없이 즐길 수 있다. 낮부터는 단체 여행객이 많이 방문하기 때문에 조금 더 붐비는 편이고 오후 5시까지 운영하기 때문에 너무 늦게 방문하면 시간이 촉박할 수 있다는 점도 알아두자. 2인 이상이라면 그랩, 택시 흥정을 통해 갈 수 있기 때문에 개별적으로 충분히 방문 가능. 아이들이나 부모님과 함께라면 여행사의 전세 차량으로 이동하는 것이 편리하고 수월하다. 1인 여행자라면 클룩에서 셔틀버스를 운행해 혼자서도 저렴하게 이동할 수 있다.

FAQ 18

한국 음식을 현지에서도 구입할 수 있나요?

롯데마트에서 다양한 음식 판매

한국인 여행자를 비롯해 현지에 거주하는 한국 교민도 워낙 많아 한국 음식을 판매하는 곳은 물론이고 한식을 파는 한식당도 곳곳에 있어 전혀 걱정할 필요 없다. 작은 편의점과 같은 케이마트K-Mart에서 한국 라면, 과자, 술 등을 구입할 수 있고 롯데마트에서도 한국 김치, 즉석 밥, 소주, 김, 라면, 고추장, 각종 양념 등을 다양하게 판매한다. 롯데마트 앱을 활용한 모바일 쇼핑도 가능해 원하는 때 언제라도 쉽게 구입할 수 있다. 특히 판반동Phạm Văn Đồng 거리에는 한식당을 비롯해 한인 업소가 집중적으로 모여 있으니 한국 음식이 생각난다면 가보자.

FAQ ⑲

마지막 날 밤 비행기를 타는데 공항 가기 전까지 어디에 짐을 맡기고, 뭘 하면 좋을까요?

➡ 관광과 쇼핑, 마사지 즐기며 마지막까지 알찬 하루 보내기

다낭 숙소는 보통 11~12시 체크아웃이라 밤 비행기를 타기 전까지 시간이 많아 충분히 관광을 즐길 수 있다. 여러 가지 방법이 있는데 크게 3가지 방법을 추천한다.

❶ 숙소에 짐을 맡기고 밤까지 시내 관광 즐기기

비용을 아낄 수 있지만 체력적으로는 다소 피곤하다. 다낭 시내의 경우 다낭 대성당과 한 시장 등의 명소를 둘러보고 롯데마트에서 마지막 쇼핑을 즐긴 후 공항에 가도 좋다. 부족한 관광을 더 즐기고 싶다면 바나 힐이나 오행산과 같이 시간이 소요되는 관광지를 오는 것도 좋다. 그리고 마지막에는 샤워가 가능한 스파에서 마사지를 받은 후 샤워까지 하고 공항으로 갈 것을 추천한다. 대부분의 숙소에서 체크아웃 후에도 짐을 맡아 주기 때문에 어려움이 없다. 숙소가 다소 외진 곳에 있어 다시 짐을 찾으러 가기 어렵다면 롯데마트에 맡길 것을 추천한다. 여행자들이 쇼핑을 위해 반드시 들르는 롯데마트에서도 무료로 짐을 맡아 주는 서비스를 하고 있다.

❷ 전세 차량을 빌려서 주변 관광지 둘러보기

한인 여행사나 현지 여행사를 통해 전세 차량을 6시간 또는 12시간 대절해서 주변 관광을 다녀오는 것도 좋다. 전세 차량을 타고 이동해 호이안이나 안방 비치같이 거리가 있는 곳도 당일치기로 여행할 수 있고, 짐을 차에 실어서 다니기 때문에 편하게 관광할 수 있다. 만약 짐이 분실될까 걱정된다면 숙소에 맡겨 두었다가 공항으로 가기 전 다시 숙소에 들러서 짐을 찾아도 좋다.

❸ 중저가 숙소를 예약해서 쉬기

다낭 시내에는 깔끔한 시설을 갖춘 중소형급 호텔이 많고 1박에 US$20~40 정도면 투숙할 수 있다. 보통 새벽 1시 비행기라고 치면 밤 11시까지는 숙소에서 편히 쉴 수 있고 호텔 값도 저렴한 편이라 많이 애용하는 방법이다. 방에서 휴식을 취하거나 수영장, 미케 비치에서 물놀이를 즐기다가 샤워까지 마친 후 저녁을 먹고 공항으로 가면 완벽하다. 아이나 부모님을 동반한 가족 여행에 추천한다. 다낭 시내에서 다낭 국제공항까지는 차로 10~15분이면 갈 수 있을 만큼 가까우니 밤까지 숙소에서 쉬다가 공항으로 이동하면 된다.

FAQ ⑳

다낭과 호이안의 해변은 스노클링이 가능한가요?

➡ 스노클링은 No

다낭과 호이안 주변의 해변은 수중 환경이 스노클링이나 스쿠버 다이빙에 적합하지 않다. 바다에서는 주로 패러글라이딩, 바나나 보트와 같은 해양 스포츠가 이뤄지며 미케 비치에서는 날씨에 따라 서핑도 즐길 수 있다.

FAQ 21

임신 중인데 마사지 받아도 되나요?

일부 스파는 임산부를 위한 마사지가 있지만 비추

일부 전문 스파, 고급 스파에서 임산부를 위한 스파 프로그램을 선보인다. 일반적으로는 없는 곳이 더 많고 또 임산부의 경우 작은 자극에도 몸이 민감하게 반응할 수 있기 때문에 마사지는 받지 않는 게 좋다.

FAQ 22

향신료 고수와 관련된 베트남어를 알려 주세요.

"콩쪼라우응오Không cho rau ngò."

향이 강해서 호불호가 나뉘는 향채, 고수는 베트남 요리 곳곳에 등장한다. 따로 그릇에 담아 주기도 하지만 음식에 넣는 경우도 많다. 고수를 빼 달라고 하려면 "콩쪼라우응오Không cho rau ngò."라고 말하자. 아니면 종이에 적어 자주 쓰는 지갑에 넣어 두거나 휴대폰에 저장해 두었다가 주문할 때 직원에게 보여 주면 유용하다.

FAQ 23

베트남에서는 영어가 잘 통하나요?

여행자 대상의 관광지와 식당에서는 OK

베트남에서 주로 여행자를 대상으로 하는 음식점, 숙소, 관광지 등에서는 어느 정도 영어로 소통이 가능하다. 반면 택시 기사, 그랩 운전기사 등의 현지인과는 영어가 통하지 않는 경우도 많기 때문에 가고자 하는 곳의 상호, 주소, 지도 위치 등을 미리 현지어로 찾아 휴대폰 화면이나 종이로 프린트해서 보여주면 훨씬 편하게 목적지를 알려줄 수 있다.

FAQ 24

차량 렌털, 투어, 입장권, 마사지 등은 며칠 전에 예약해야 하나요?

최소 1~2일 전에 예약

항공권과 숙소를 제외하고 현지에서 이용할 여행사 전세 차량, 각종 투어, 마사지 등은 최소 1~2일 전에 예약하는 것이 좋다. 특히 인기 스파는 스파 룸과 세러피스트가 한정적이라 예약 없이 방문하면 기다려야 하거나 이용하지 못할 때가 많으니 사전 예약을 추천한다. 홈페이지, 카카오톡 등을 통해 쉽게 예약이 가능하다. 관광 명소나 테마파크의 입장권은 미리 예매할 필요는 없지만 사전 온라인 구매 시 할인받을 수 있어 경비를 절약할 수 있다. 보통 사용하기 48~72시간 전에 예약과 결제를 마쳐야 하므로 미리미리 준비해두자. 단, 사전 예약의 경우 취소 및 환불 과정이 까다로울 수 있으니 규정을 꼼꼼히 확인한다.

다낭 · 호이안 · 후에 여행 준비물 체크 리스트

현지에서 요긴하게 사용할 준비물

무더위를 대비하는 No! 더위템

베트남은 연중 기온 20℃ 이상으로 한국보다 덥다. 특히 6월부터 8월은 가장 더운 시즌이라 이때는 더위를 막아 줄 아이템을 적극 활용하면 좋다. **선글라스**, **모자**, **자외선 차단제** 등은 기본이고 **휴대용 선풍기**, **쿨 스카프**, **쿨 토시** 등을 준비해 습한 더위와 강렬한 태양에 맞서자.

신나는 물놀이를 위한 아이템

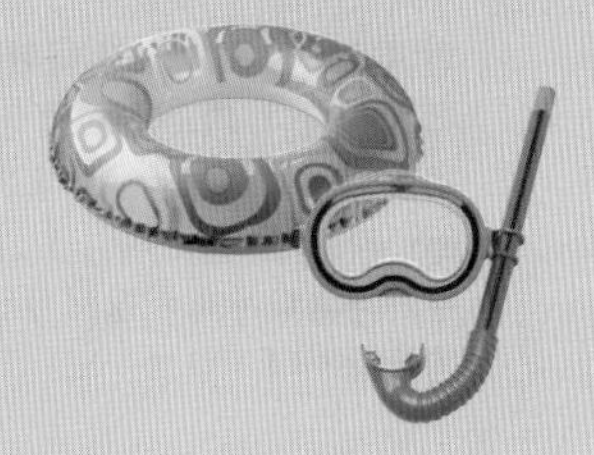

다낭은 인기 가족 휴양지로 아이와 함께 리조트 수영장에서 물놀이를 즐기려는 여행자가 많다. 평소에 아이가 좋아하는 **물놀이용 장난감**이나 **튜브**, **구명조끼** 등을 준비해 가면 좋다. 또한 호핑 투어 시 여러 사람의 손을 탄 용품을 사용하기 꺼려진다면 개인용 **스노클링 장비**도 챙기면 좋다.

음식이 맞지 않을 때를 대비한 한국 즉석식품

낯선 음식이 입에 잘 맞지 않는 타입이거나 아이 또는 부모님과 함께하는 여행이라면 **김**, **튜브형 고추장**, **컵라면**, **즉석밥** 등을 챙겨 가면 유용하다. 1회용으로 사용하기 좋은 수저 및 나무젓가락 등도 같이 챙기면 편하다. 단, 현지에서도 롯데마트와 같은 슈퍼마켓에서 한국 식재료는 얼마든지 구입할 수 있다.

열대 과일 마니아를 위한 생활용품

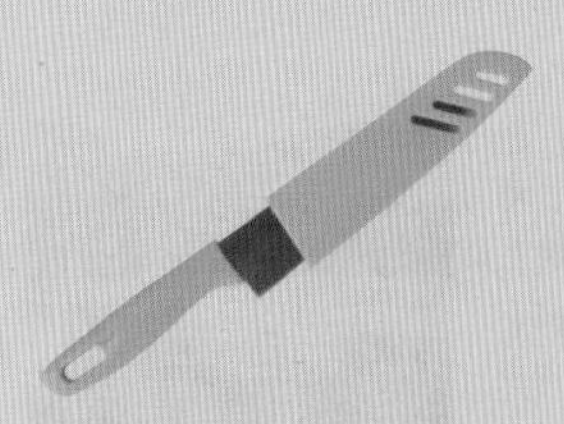

현지에서 망고나 망고스틴 등의 열대 과일을 신나게 사 먹을 계획이라면 **휴대용 과도**를 챙겨 가면 좋다. 기내에 휴대하고 탈 수 없으니 부치는 수하물에 넣어야 하며 현지에서 구입하는 것도 방법이다. 과일을 잘라 먹을 가벼운 **1회용 접시**나 **플라스틱 접시**도 챙기면 유용하다.

소음과 방역을 대비한 휴대용품

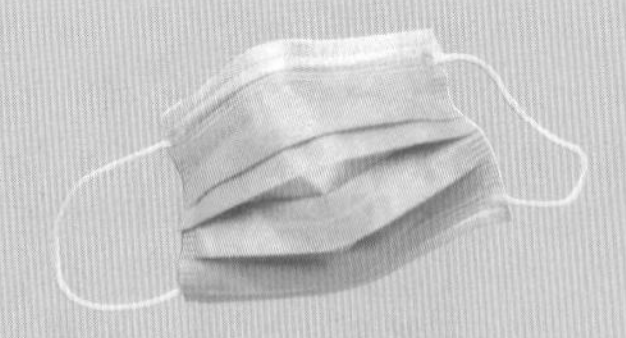

베트남은 도로 교통 체계가 한국과 달라 유난히 경적 소리가 잦아 거리의 소음이 큰 편이다. 숙소가 큰 도로변에 있다면 잠을 설칠 수 있으니 평소 소음에 예민하다면 **귀마개**를 추천한다. 개인 방역은 물론, 매연도 심한 편이라 **마스크**를 준비하면 좋다. 그때 그때 닦기 좋은 휴대용 물티슈도 유용하다.

짐이 많아질 경우를 대비한 쇼핑 유용 템

다낭·호이안은 물가가 낮아 쇼핑을 하기 시작하면 짐이 확 늘어날 수 있다. 짐을 쌀 때부터 여유 있는 **대형 캐리어**를 가져가거나 지퍼가 있는 **대형 보조 가방**을 따로 챙겨가자. 보조 가방은 위탁 수하물로 보낼 수도 있고 기내에 가져갈 때도 지퍼가 있으면 짐을 보관할 때 쏟아지지 않아서 좋다.

꼭 챙겨야 하는 필수 준비물

항목	준비물	체크
필수품	여권	☑
	비자(필요한 경우)	☐
	전자 항공권(E-Ticket)	☐
	여행자 보험	☐
	숙소 바우처	☐
	여권 사본(비상용)	☐
	여권용 사진 2매(비상용)	☐
	현금(베트남 동)	☐
	신용카드(해외 사용 가능)	☐
	국제 운전면허증	☐
	국제 학생증(26세 이하 학생)	☐
전자 제품	휴대폰 충전기	☐
	멀티 어댑터	☐
	멀티 플러그	☐
	카메라	☐
	카메라 충전기	☐
	카메라 보조 메모리	☐
	보조 배터리	☐
	휴대용 선풍기	☐
	이어폰	☐
	손목시계	☐
	포켓 와이파이 또는 심 카드	☐
	드라이기 또는 고데기	☐
미용 용품	세면도구	☐
	화장품	☐
	자외선 차단제	☐
	여성용품	☐
	화장솜, 면봉, 머리끈	☐
	손거울	☐
의류 & 신발	옷(상의/하의)	☐
	속옷	☐

항목	준비물	체크
의류 & 신발	잠옷	☐
	양말	☐
	신발(운동화, 샌들)	☐
	실내용 슬리퍼	☐
	선글라스	☐
	모자	☐
	쿨 스카프, 쿨 토시	☐
	수영복	☐
	타월, 구명조끼, 튜브 등 비치 용품	☐
비상약	밴드	☐
	소화제	☐
	지사제	☐
	해열제	☐
	종합 감기약	☐
	연고류	☐
	모기 또는 벌레 퇴치제	☐
비상 식품	즉석 밥	☐
	컵라면	☐
	통조림류	☐
	김	☐
기타	빨래집게, 접이식 옷걸이	☐
	휴대용 우산	☐
	우비	☐
	자물쇠	☐
	지퍼 팩, 비닐 봉투	☐
	목 베개	☐
	수면 안대	☐
	귀마개	☐
	마스크, 휴대용 물티슈	☐
	(우기) 핫 팩	☐
	셀카봉, 삼각대	☐

책 속 여행지를 스마트폰에 쏙!

《팔로우 다낭·호이안·후에》 지도 QR코드 활용법

QR코드를 스캔하세요.
구글맵스 앱 '메뉴–저장됨–지도'로 들어가면 언제든지 열어볼 수 있습니다.

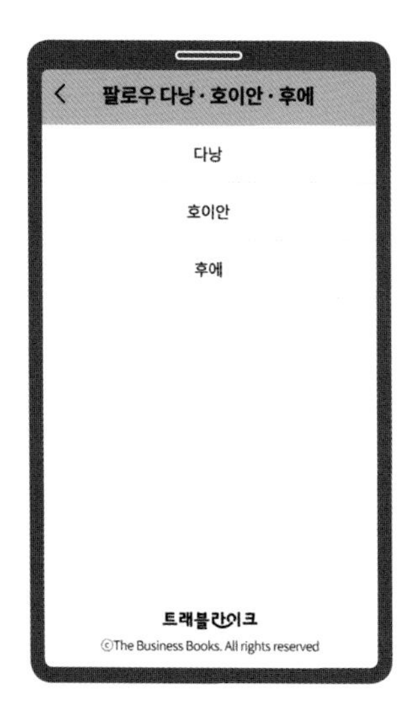

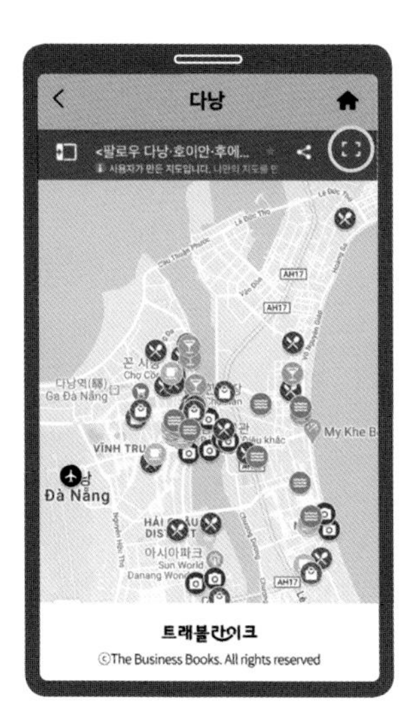

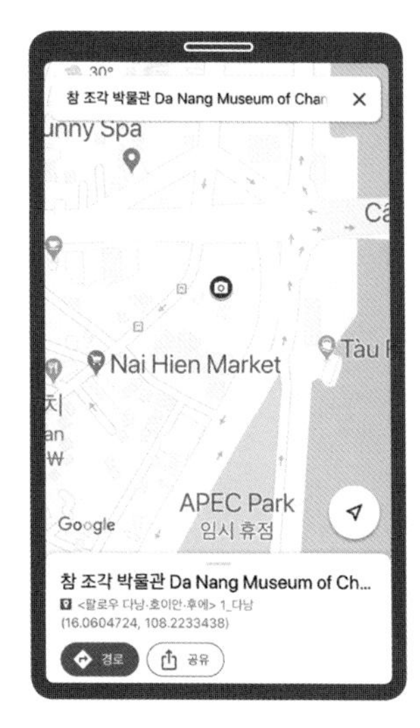

스마트폰으로 오른쪽 상단의 QR코드를 스캔합니다. 연결된 페이지에서 원하는 지역을 선택합니다.

선택한 지역의 지도로 페이지가 이동됩니다. 화면 우측 상단에 있는 ⛶ 아이콘을 클릭합니다.

지도가 구글맵스 앱으로 연동되고, 내 구글 계정에 저장됩니다. 본문에 소개된 장소들의 위치를 확인할 수 있습니다.

"여행을 떠나기 전에 반드시 팔로우하라!"

BEST
여행 전문가가 엄선한
최고의 명소

LOCAL
현지인이 추천하는
로컬 맛집

PLAN
돈과 시간을 아끼는
최적의 스케줄

SOS
여행 중 발생하는
다양한 사고 대처법

Da Nang+Hoi An+Hue

follow

팔로우 시리즈는 여행의 새로운 시각과
즐거움을 추구하는 가이드북입니다.

follow DA NANG

박진주 지음

2 실시간 최신 정보 완벽 반영! 다낭·호이안·후에 실전 가이드북

Travelike

CONTENTS

《팔로우 다낭·호이안·후에》 실전 가이드북

2023-2024
NEW EDITION

팔로우 다낭·호이안·후에

팔로우 다낭·호이안·후에

1판 1쇄 인쇄 2023년 4월 25일
1판 1쇄 발행 2023년 5월 2일

지은이 | 박진주
발행인 | 홍영태
발행처 | 트래블라이크
등 록 | 제2020-000176호(2020년 6월 24일)
주 소 | 03991 서울시 마포구 월드컵북로6길 3 이노베이스빌딩 7층
전 화 | (02)338-9449
팩 스 | (02)338-6543
대표메일 | bb@businessbooks.co.kr
홈페이지 | http://www.businessbooks.co.kr
블로그 | http://blog.naver.com/travelike1
ISBN 979-11-982694-1-6 14980
979-11-982694-0-9 14980(세트)

* 잘못된 책은 구입하신 서점에서 바꾸어 드립니다.
* 책값은 뒤표지에 있습니다.
* 트래블라이크는 ㈜비즈니스북스의 임프린트입니다.
* 비즈니스북스에 대한 더 많은 정보가 필요하신 분은 홈페이지를 방문해 주시기 바랍니다.

비즈니스북스는 독자 여러분의 소중한 아이디어와 원고 투고를 기다리고 있습니다.
원고가 있으신 분은 ms3@businessbooks.co.kr로 간단한 개요와 취지, 연락처 등을 보내 주세요.

팔로우
다낭
호이안·후에

박진주 지음

Travelike

2권 실전 가이드북 이렇게 사용하세요

01 · 베트남어 표기 기준

베트남어의 한글 표기는 국립국어원 외래어 표기법을 최대한 따랐습니다. 단, 잘 알려진 관광지, 음식명 등의 일부 명칭은 국내에서 통용되는 발음으로 표기했습니다.

02 · 베트남 화폐와 환율

베트남의 화폐 단위는 베트남 동이며 ₫ 나 VDN로 표기합니다. 환율은 2023년 4월 기준 '1,000동=56원'입니다. 환율은 수시로 변동되니 환전하기 전에 다시 확인하시기 바랍니다.

03 · 다양한 테마 여행과 추천 코스

추천 코스는 관광에 초점을 맞춘 일정별 코스와 테마에 집중한 특별한 하루 코스로 구성됩니다. 코스마다 준비물과 예상 경비, 주의 사항 등의 여행 포인트를 자세하게 짚어줍니다.

04 · 놓치지 말아야 할 관광 명소

관광 명소는 핵심 볼거리를 중심으로 주변과 연계해 여행할 수 있도록 구역별로 나누어 소개합니다. 필수 관광 포인트와 깊이 있는 설명, 풍부한 사진으로 이해를 돕습니다.

05 · 실용적인 맛집 · 쇼핑 정보

맛집과 쇼핑에서 각 업소의 특징을 한눈에 파악할 수 있는 간단한 기준을 제시합니다.

위치 해당 장소와 가장 가까운 관광 명소 또는 랜드마크를 기준으로 위치 설명

유형 대표 맛집(유명한 곳), 로컬 맛집(현지인이 즐겨 찾는 곳), 신규 맛집(새로 생긴 곳)으로 분류

주메뉴 대표 메뉴나 인기 메뉴

☺ → **좋은 점 한 줄 평**
☹ → **아쉬운 점 한 줄 평**

※한 줄 평은 작가가 직접 취재하고 경험한 개인적인 견해입니다.

06 · 구역별 상세지도

책에 수록된 관광 명소와 교통, 편의 시설 등의 위치를 상세지도에 표기해 여행 동선을 쉽게 파악할 수 있습니다. 각 관광 명소에 표기된 지도 P.040은 해당 장소의 위치를 확인할 수 있는 지도 페이지를 의미합니다. 지도에 찾고자 하는 명소 위치를 확인할 수 있습니다.

지도에 사용한 기호

- 관광 명소
- 관광 안내소
- 공항
- 숙소
- 기차역
- 병원
- 선착장(크루즈)
- 우체국

책에 수록된 정보는 2023년 4월 초까지 수집한 정보를 기준으로 하며, 이후 변동될 가능성이 있습니다. 특히 현지 교통편, 관광 명소, 상업 시설의 운영 시간과 요금 등은 현지 사정에 따라 수시로 바뀔 수 있으니 여행을 떠나기 전에 다시 한 번 확인해야 합니다. 도서를 이용하면서 잘못된 내용이나 개선할 점에 대한 의견을 보내주시면 개정판에 반영해 보다 나은 정보를 제공할 수 있도록 노력하겠습니다.

편집부 ms3@businessbooks.co.kr

책 속 여행지를 스마트폰에 쏙!

《팔로우 다낭·호이안·후에》 지도 QR코드 활용법

QR코드를 스캔하세요.
구글맵스 앱 '메뉴–저장됨–지도'로 들어가면 언제든지 열어볼 수 있습니다.

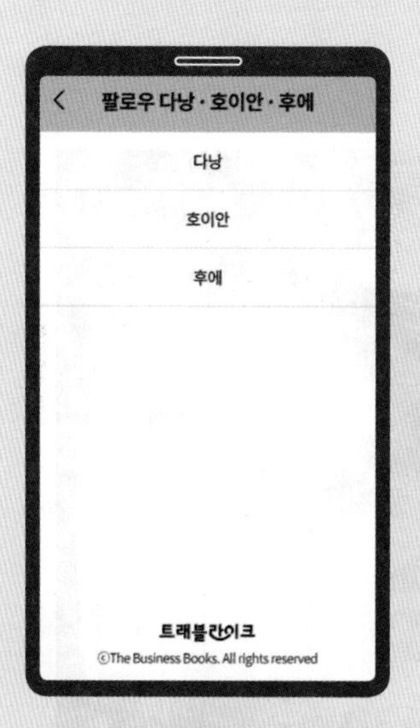

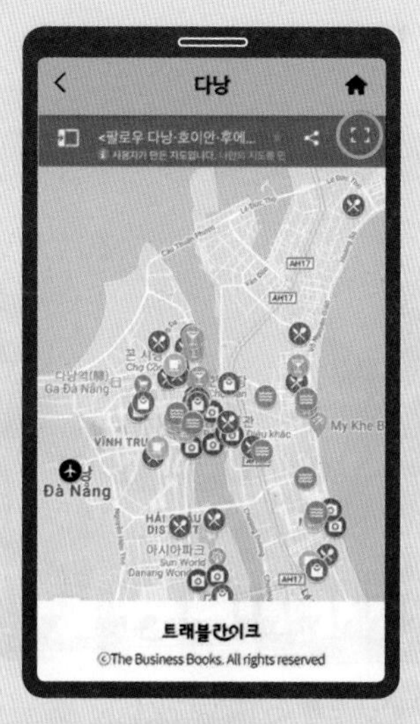

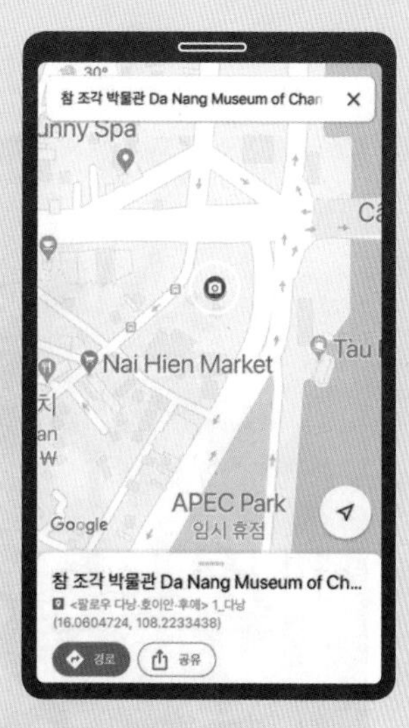

스마트폰으로 오른쪽 상단의 QR코드를 스캔합니다. 연결된 페이지에서 원하는 지역을 선택합니다.

선택한 지역의 지도로 페이지가 이동됩니다. 화면 우측 상단에 있는 ⛶ 아이콘을 클릭합니다.

지도가 구글맵스 앱으로 연동되고, 내 구글 계정에 저장됩니다. 본문에 소개된 장소들의 위치를 확인할 수 있습니다.

Da Nang
다낭

Hoi An

호이안

Hue

후에

Da Nang · Hoi An · Hue Best Pick

다낭 · 호이안 · 후에 여행 베스트 픽

BEST 비치
- 1위 미케 비치 P.046
- 2위 안방 비치 P.114
- 3위 논느억 비치 P.047

BEST 쇼핑
- 1위 한 시장 P.081
- 2위 롯데마트 P.078
- 3위 고 다낭 P.080

BEST 쇼핑 아이템
- 1위 라탄 제품
- 2위 베트남 커피
- 3위 베트남 식자재

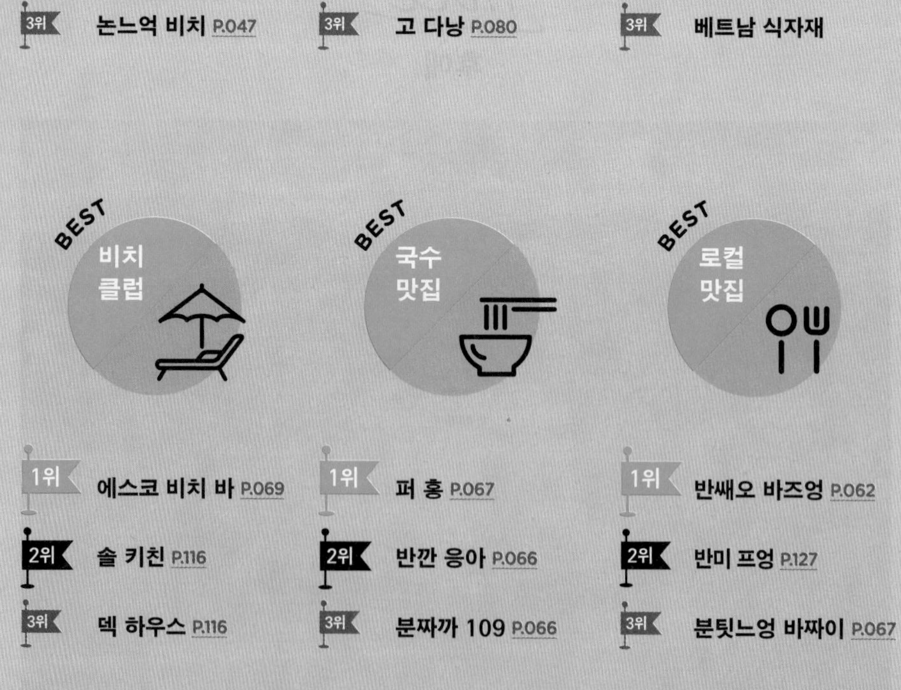

BEST 비치 클럽
- 1위 에스코 비치 바 P.069
- 2위 솔 키친 P.116
- 3위 덱 하우스 P.116

BEST 국수 맛집
- 1위 퍼 홍 P.067
- 2위 반깐 응아 P.066
- 3위 분짜까 109 P.066

BEST 로컬 맛집
- 1위 반쌔오 바즈엉 P.062
- 2위 반미 프엉 P.127
- 3위 분팃느엉 바짜이 P.067

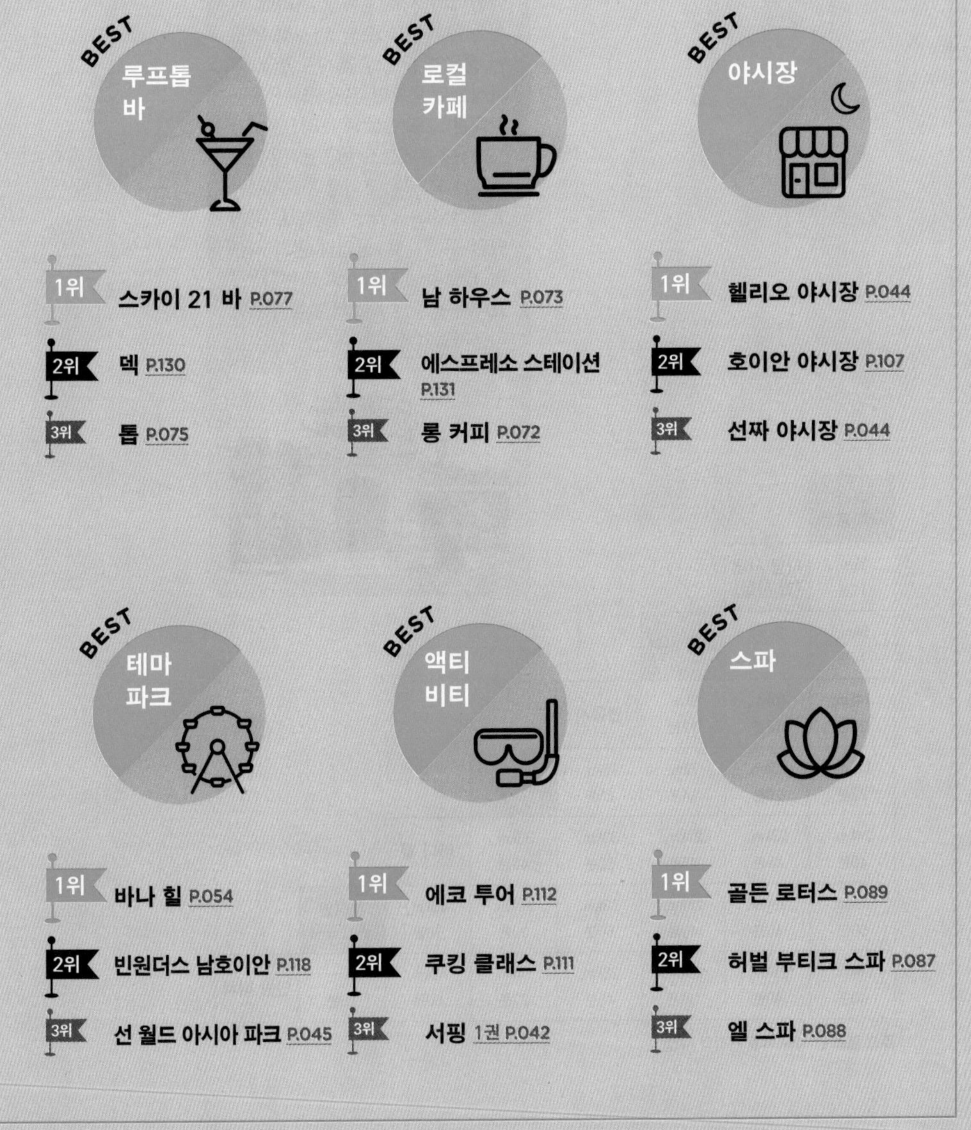
BEST
루프톱 바
1위 스카이 21 바 P.077
2위 덱 P.130
3위 톱 P.075
BEST
로컬 카페
1위 남 하우스 P.073
2위 에스프레소 스테이션 P.131
3위 롱 커피 P.072
BEST
야시장
1위 헬리오 야시장 P.044
2위 호이안 야시장 P.107
3위 선짜 야시장 P.044
BEST
테마 파크
1위 바나 힐 P.054
2위 빈원더스 남호이안 P.118
3위 선 월드 아시아 파크 P.045
BEST
액티비티
1위 에코 투어 P.112
2위 쿠킹 클래스 P.111
3위 서핑 1권 P.042
BEST
스파
1위 골든 로터스 P.089
2위 허벌 부티크 스파 P.087
3위 엘 스파 P.088

후에

후에

다낭에서 차로 2시간 거리에 위치한 후에는 베트남 마지막 왕조인 응우옌 왕조의 옛 수도였다. 역사적으로 중요한 유적지와 유물을 간직한 고도(古都)로 도시 전체가 1993년 유네스코 세계문화유산으로 지정되었다. 후에를 가로지르는 흐엉강Sông Hương을 중심으로 궁이 있던 구시가지, 상업과 편의 시설이 발달된 신시가지로 나뉜다. 근교에는 응우옌 왕조의 황릉이 있어 여행자들의 발길이 이어진다.

	다낭 국제공항	다낭 시내 (한 시장)	미케 비치	린응사	오행산	바나 힐	호이안 구시가지
다낭 시내 (한 시장)	3km, 12분						
미케 비치	5km, 14분	3km, 8분					
린응사	14km, 25분	10km, 18분	8km, 12분				
오행산	12km, 22분	10km, 20분	7km, 14분	15km, 25분			
바나 힐	24km, 40분	23km, 40분	27km, 45분	33km, 50분	30km, 46분		
호이안 구시가지	28km, 50분	28km, 48분	25km, 40분	33km, 50분	19km, 30분	45km, 70분	
안방 비치	25km, 40분	25km, 40분	20km, 30분	28km, 45분	14km, 22분	43km, 60분	5km, 15분

주요 명소 간 차량 이동 거리와 시간

다낭·호이안·후에 한눈에 파악하기

다낭

베트남 중부 지역을 대표하는 상업 도시이자 여행자 사이에서는 최근 가장 인기가 높은 여행지로 꼽힌다. 북쪽의 후에, 남쪽의 호이안 사이에 위치하며 아름다운 바다가 긴 해안선을 따라 이어진다. 특히 10km가 넘는 미케 비치는 다낭을 대표하는 해변으로 고급 리조트와 호텔이 집중적으로 모여 있다.

린응사
Chùa Linh Ứng

다낭 시내

다낭 국제공항
Da Nang International Airport

미케 비치
Bãi Biển Mỹ Khê

바나 힐
Ba Na Hills

오행산
Ngũ Hành Sơn

안방 비치
Bãi Biển An Bàng

호이안 구시가지

호이안

호이안은 16세기 베트남의 중요한 항구 중 하나로 번성했던 도시다. 과거의 독특한 건축 양식과 문화가 고스란히 남아 있으며 그 가치를 인정받아 1999년 호이안 구시가지 전체가 유네스코 세계문화유산으로 지정되었다. 오래된 고가와 빛바랜 골목의 벽, 주렁주렁 달린 등불 아래를 걷다 보면 마치 시간 여행을 떠난 듯한 기분을 만끽할 수 있다.

Best Course

다낭 · 호이안 · 후에 추천 여행 코스

코스 A 다낭 · 호이안 3박 4일 기본 코스

여행자들이 다낭과 호이안 여행 시 가장 많이 이용하는 일정으로 두 도시를 여행하기에 적당하다. 다낭과 호이안의 대표적인 관광지와 체험 여행을 골고루 즐길 수 있다.

DAY 1 다낭

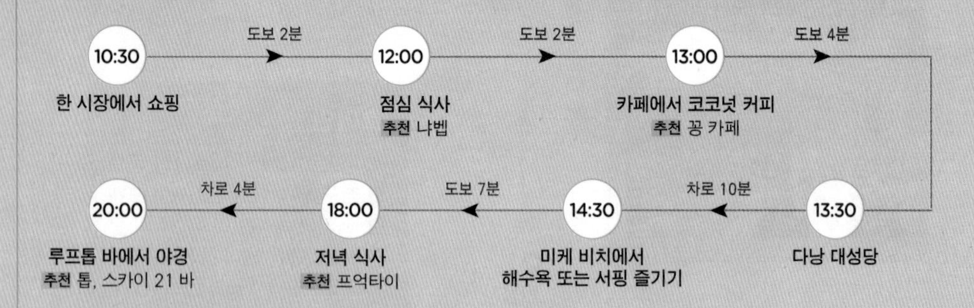

DAY 2 다낭

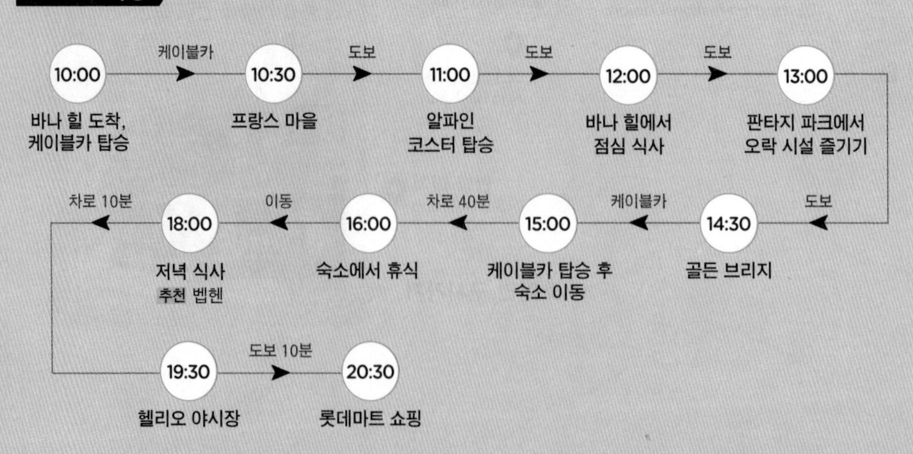

DAY 3 호이안

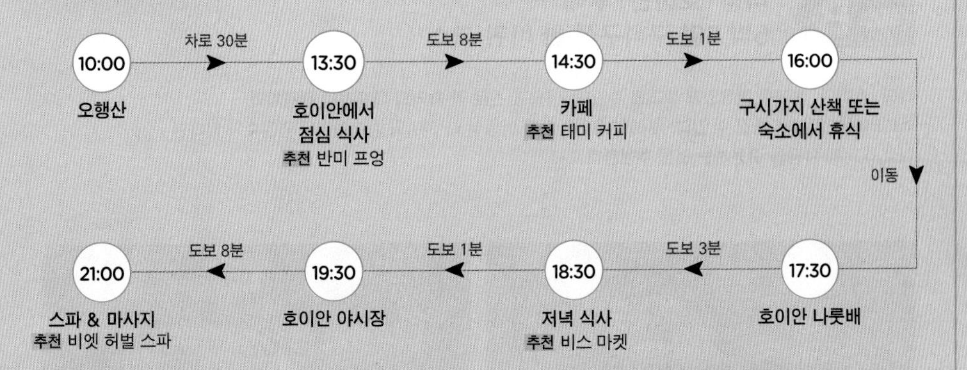

DAY 4 호이안 · 다낭

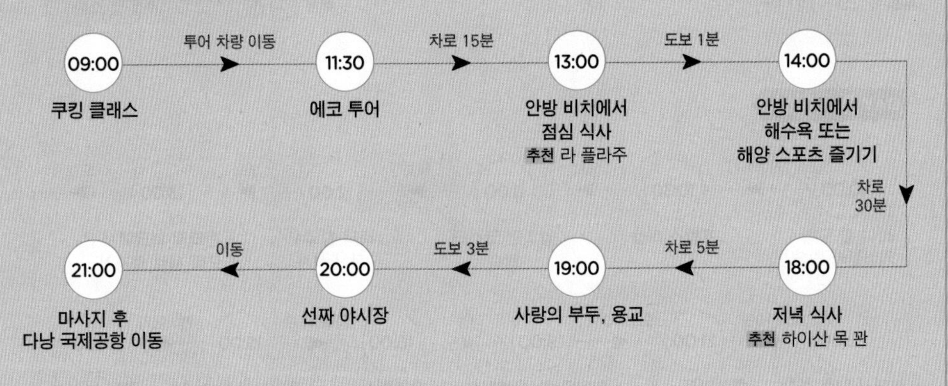

코스 B 다낭 · 호이안 · 후에 5박 6일 구석구석 한 바퀴 코스

다낭, 호이안, 후에를 여유있게 둘러볼 수 있는 여행 코스로 각 지역의 대표적인 관광지와 액티비티도 알차게 즐길 수 있다. 후에와 호이안으로 이동할 때 아이와 함께하거나 인원수가 많다면 여행사 전세 차량을 이용하는 것을 추천한다.

DAY 1 다낭

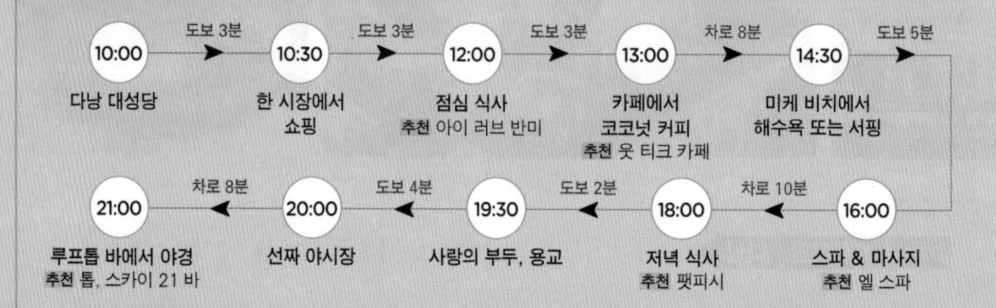

DAY 2 다낭

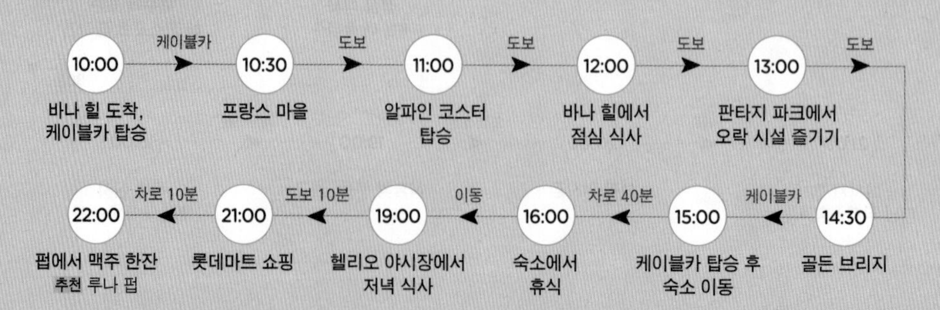

DAY 3 후에

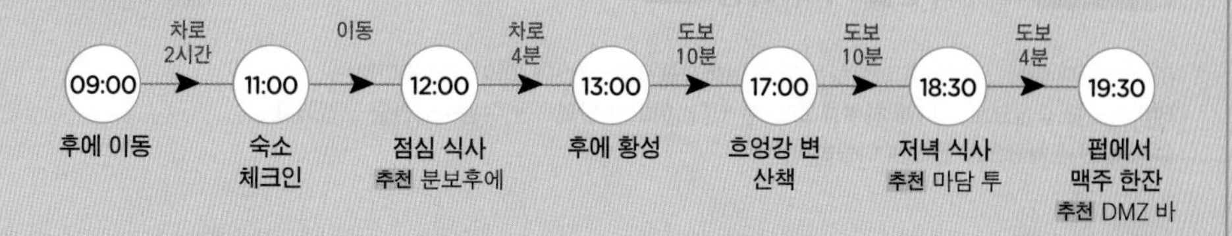

DAY 4 후에 · 호이안

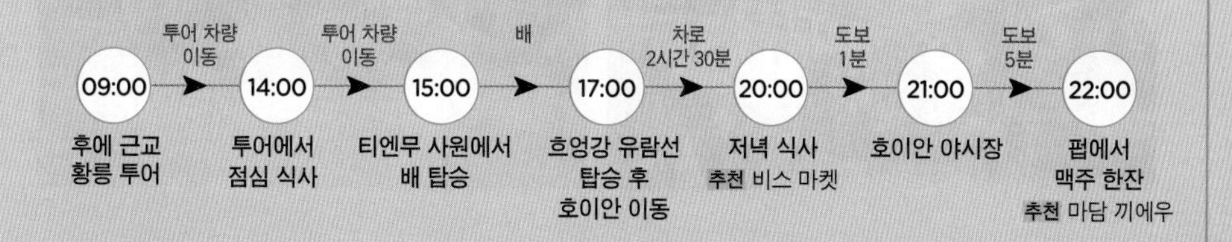

DAY 5 호이안

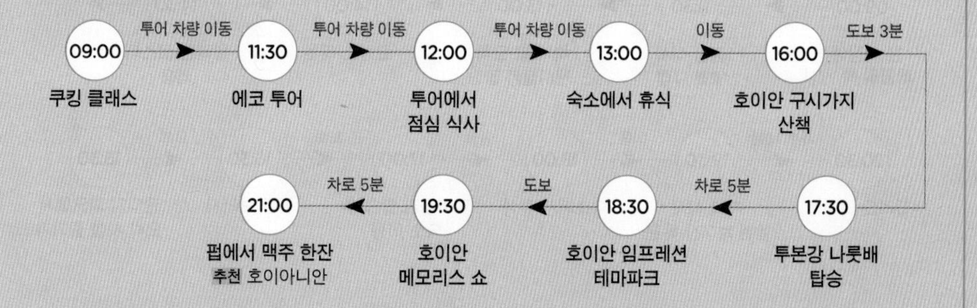

DAY 6 호이안 · 다낭

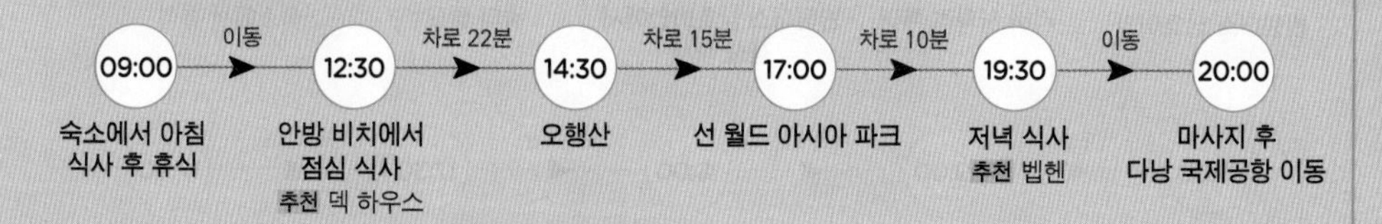

코스 C 아이에게 특별한 추억을! 1박 2일 가족 여행 코스

아이와 함께 다낭, 호이안을 여행하는 가족 여행자를 위한 코스다. 아이들이 좋아하는 테마파크를 중심으로 신나게 하루를 보낼 수 있다. 아이와 함께하는 여행이니만큼 그랩이나 여행사 전세 차량으로 편하게 이동하자.

DAY 1 다낭

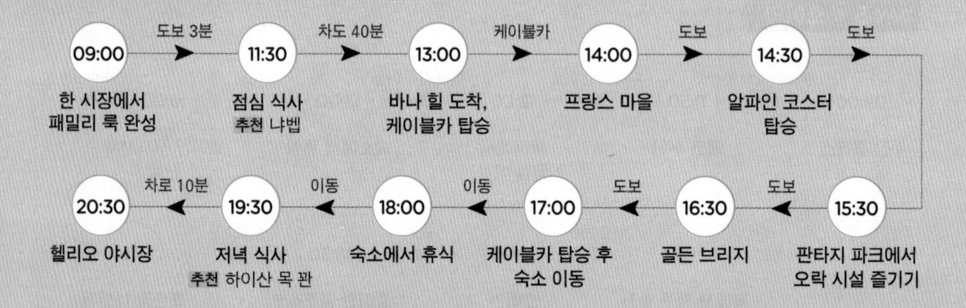

DAY 2 호이안

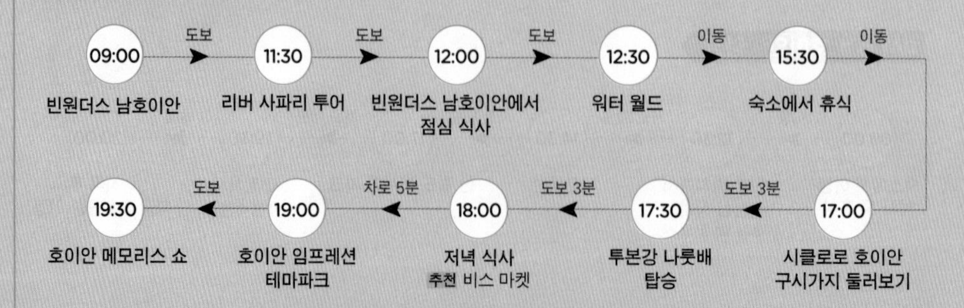

코스 D 부모님 완벽 맞춤형! 1박 2일 효도 여행 코스

부모님과 함께하는 가족 여행이라면 부모님이 좋아할만한 이국적인 풍경의 관광지나 사원, 자연 명소 등을 추천한다. 부모님의 체력을 고려해 너무 빡빡하게 일정을 짜지 않는 것이 좋고 여행사 전세 차량, 그랩 등으로 편하게 이동한다. 1일 1마사지도 필수다.

DAY 1 다낭

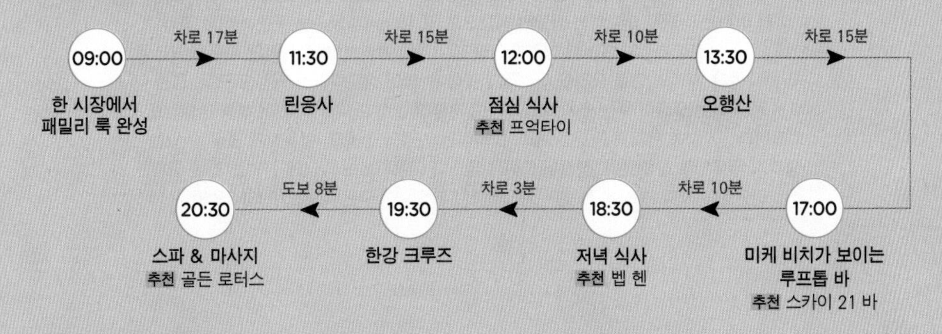

DAY 2 호이안

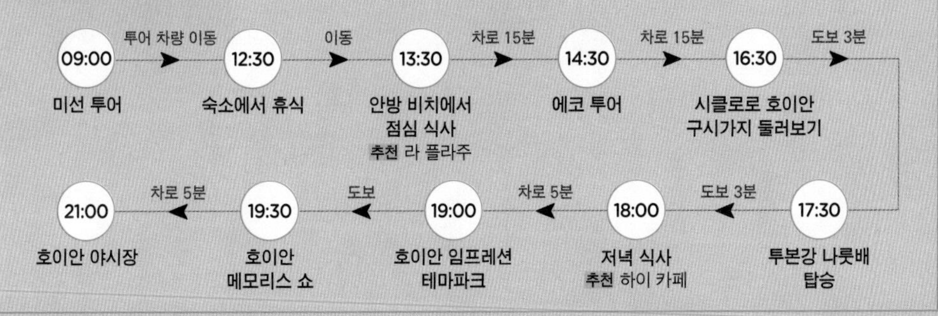

다낭

베트남 중부를 대표하는 상업 도시로 최근 한국인 여행자에게 특히 인기가 많은 휴양지다. 남북으로 길게 이어져 북쪽으로는 후에, 남쪽으로는 호이안을 접한다. 그 가운데에 있는 미케 비치는 다낭을 대표하는 최고의 해변으로 약 10km에 달하는 푸른 바다를 따라 세계적인 리조트와 호텔이 들어서 있어 휴양을 즐기기에 완벽하다. 이국적인 베트남 요리를 비롯해 중부 지역의 명물 요리를 다채롭게 맛볼 수 있어 식도락의 즐거움도 크다. 또한 지친 몸과 마음을 풀어 주는 스파와 마사지도 저렴해 실컷 만끽할 수 있어 힐링 여행에도 최적이다. 그 밖에 한국과 가까운 거리, 합리적인 가격의 항공권, 알뜰하게 즐길 수 있는 쇼핑까지 두루두루 갖추었다. 장점이 이렇게 많으니 여행자들이 다낭에 끌리는 것은 어쩌면 당연한 이치다. 가성비를 넘어 가심비까지 만족시켜 주는 다낭으로 떠나 보자.

인기
휴양지

베트남
중부

스파

미케
비치

루프톱 바

해산물
요리

한 시장

아오자이

다낭 들어가기

인천국제공항에서 다낭 국제공항까지지는 비행기로 약 4시간 30분이상 걸린다. 다낭행 직항편은 대한항공, 베트남항공 등 메이저 항공사부터 저가 항공까지 다양하고 스케줄도 많은 편이라 선택의 폭이 넓다. 프로모션만 잘 이용한다면 항공권을 저렴하게 구입할 수 있다.

인천국제공항에서 다낭으로 가기

인천국제공항에서 다낭 국제공항까지 가는 직항편은 베트남항공, 대한항공과 같은 메이저 항공사부터 저가 항공까지 다양하고 운행 스케줄도 많은 편이라 선택의 폭이 넓다. 후에에도 공항이 있지만 베트남 국내선만 이용할 수 있다. 다낭의 경우 특히 저가 항공사들이 다양한 스케줄로 운행하고 있어 저렴한 가격에 항공권을 구매할 수 있다. 인천국제공항 외에 김해국제공항, 청주국제공항에서도 다낭 직항편을 운항한다.

주요 항공사

베트남항공 www.vietnamairlines.com
대한항공 kr.koreanair.com
아시아나항공 flyasiana.com
티웨이항공 www.twayair.com
제주항공 www.jejuair.net
진에어 www.jinair.com
에어부산 www.airbusan.com
비엣젯항공 www.vietjetair.com

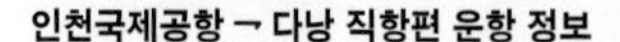

인천국제공항 → 다낭 직항편 운항 정보

항공사	인천 출발 시각	소요 시간	다낭 도착 시각
대한항공	11:05(매일)	4시간 45분	13:50
	18:40(매일)		21:25
	11:20(매일) ※베트남항공으로 공동운항		14:05
	17:15(수 · 목 · 토 · 일요일) ※진에어로 공동운항		20:00
	20:50(매일) ※진에어로 공동운항	4시간 40분	23:30
베트남항공	11:20(매일)	4시간 45분	14:05
	18:40(매일) ※대한항공으로 공동운항		21:25
아시아나항공	18:50(월~금 · 일요일)	4시간 45분	21:35
제주항공	10:40(매일)	4시간 40분	13:20
티웨이항공	07:40(매일)	4시간 45분	10:25
	20:15(매일)	4시간 40분	22:55
	21:35(매일)		00:25
진에어	17:15(수 · 목 · 토 · 일요일)	4시간 45분	20:00
	20:50(매일)	4시간 40분	01:30

※항공 스케줄은 2023년 4월 기준이며 변동될 수 있음

베트남 주요 도시에서 다낭으로 가기

베트남 국내선의 경우 호찌민과 하노이에서 다낭을 연결하는 비행기가 1일 10편 이상 운항하고, 열차는 1일 5편 운행한다. 버스는 신투어리스트의 오픈 투어 버스가 대표적이다. 열차와 버스는 가격이 저렴하지만 소요 시간이 길어 현지인이 주로 이용한다.

항공사 베트남항공 www.vietnamairlines.com
비엣젯항공 www.vietjetair.com
열차 베트남 열차 dsvn.vn
버스 신투어리스트 www.thesinhtourist.vn

교통수단별 이동 정보

※편도 기준

교통수단		호찌민-다낭	하노이-다낭
비행기	소요 시간	1시간 20분	1시간 20분
	요금	베트남항공 6만 3,700원~	베트남항공 7만 1,300원~
		비엣젯항공 5만 8,470원~	비엣젯항공 5만 4,070원~
열차	소요 시간	16시간 10분	15시간 15분
	요금	48만 동~	56만 동~
버스	소요 시간	22시간	19시간
	요금	신투어리스트 63만 6,000동~	신투어리스트 87만 5,000동~

다낭 입국하기

① 다낭 국제공항 도착

비행기가 다낭 국제공항에 도착하면 '도착 Arrival/배기지 클레임 홀 Baggage Claim Hall' 표시를 따라간다.

② 입국 심사대 통과

입국 심사대의 외국인 Foreigner 대기 줄에 서서 심사를 기다린다. 입국 신고서는 작성하지 않으니 여권만 가지고 대기한다.

③ 수하물 찾기

위탁 수하물 수취대로 이동한다. 모니터에서 자신이 타고 온 항공편명을 찾아 수하물 수취대 번호를 확인한다.

④ 심 카드 구입

수하물을 찾았다면 심 카드를 구입한다. 판매소는 수하물 수취대 좌측에 모여 있다. 외부의 환전소에서도 구입 가능하다.

⑤ 세관 심사 통과

심 카드 판매소 옆에 세관 심사대가 있다. 특별히 신고할 것이 없으면 'Nothing to Declare' 통로로 나간다.

⑥ 환전하기

밖으로 나가면 택시 승차장 좌측에 환전소가 있다. 수수료, 환율 등을 비교해 보고 필요한 만큼 환전하자.

⑦ 시내로 이동

픽업 서비스를 요청했다면 이름이 적힌 피켓을 들고 있는 직원을 찾는다. 그 외는 택시, 그랩을 타고 이동한다.

TIP

- 입국 심사대에서 종종 입국 심사원이 한국으로 돌아가는 귀국 항공권을 요구하는 경우가 있는데 예약한 전자 항공권을 보여 주면 된다.
- 세관 심사대를 지날 때 간혹 짐을 올리라고 하는 경우도 있는데 당황할 필요 없다. 직원의 지시에 따라 검사를 받으면 된다.

FOLLOW UP

다낭 국제공항의 주요 시설 자세히 알아보기

다낭 국제공항Cảng Hàng Không Quốc Tế Đà Nẵng(DAD)은 시내 중심부에서 서쪽으로 3km 떨어져 있어 다낭 시내와 무척 가깝다. 호이안에는 공항이 없고 후에 국제공항은 한국 직항 노선이 없기 때문에 한국에서 출발할 경우 다낭 국제공항에서 여행을 시작하게 된다. 면적은 4만 8,000m²이며 44개의 체크인 카운터를 갖춘 베트남에서 3번째로 큰 공항이다. 2017년 리모델링을 통해 쾌적하고 현대적인 시설을 갖추게 되었다.

터미널 이용

2개의 터미널로 이루어져 있는데 제1터미널은 베트남 국내선 전용이고 한국에서 출발한 비행기는 모두 제2터미널에 도착한다. 공항은 단순한 구조에 규모가 큰 편이 아니라 초보 여행자도 어렵지 않게 입국 수속을 밟을 수 있다.

주소 Hòa Thuận Tây, Hải Châu, Đà Nẵng
문의 0236 381 7878
홈페이지 www.danangairportterminal.vn

공항 내 주요 부대시설

• 통신사 대리점

입국장의 수하물 수취대 반대편에 심 카드를 판매하는 통신사 대리점이 있으며 청사 바깥쪽에 있는 환전소에서도 심 카드를 구입할 수 있다. 휴대폰을 주면 직원이 직접 심 카드를 교체해 준다. 한국에서 사용하던 심 카드는 잃어버리지 않게 잘 보관하자.

운영 24시간
요금 4G/LTE 데이터 무제한 22만 동

• 환전소

청사 밖으로 나오면 좌측에 환전소가 모여 있다. 늦은 밤이나 새벽이라도 비행기가 운행하는 시간에는 환전소가 열려 있다. 미화 달러를 베트남 동으로 환전할 수 있는데 환전소마다 환율은 약간씩 차이가 있으니 2~3군데 비교해본 후 유리한 곳을 이용한다. 수수료를 떼지 않는 것이 보통이니 수수료를 요구하는 환전소는 거르고 다른 곳으로 간다. US$10, US$50와 같은 소액보다는 US$100 이상 환전 시 더 좋은 환율로 쳐준다. US$100에 베트남 동으로 234만 동 수준이면 적당한 환율이니 참고하자.

운영 24시간

TIP

ATM은 입국장에서 밖으로 나가는 택시 승차장을 바라보고 오른쪽에 있다. 국제 현금 카드로 베트남 동을 인출할 수 있다.

공항에서 다낭 시내로 가기

다낭 국제공항은 시내에서 3km 정도 떨어져 있어 시내 중심까지 차로 10~15분이면 이동한다.
여행자가 공항에서 숙소까지 이동할 때 가장 많이 이동하는 교통수단은 택시나 그랩, 여행사 픽업 차량이다.
자신의 상황에 맞는 교통수단을 선택하면 된다.

택시

공항에서 시내까지의 거리가 짧아서 부담 없이 이용할 수 있다. 입국장에서 밖으로 나가 정면 도로에 보이는 택시 승차장에서 탑승하면 된다. 비나선과 마일린이 비교적 믿고 탈 수 있는 택시 회사이니 녹색과 흰색의 차체 색상과 로고를 확인하고 탑승하면 된다. 숙소 위치에 따라 차이가 있지만 다낭 시내까지 10만 동 이하의 요금으로 이동할 수 있으며 공항 이용료 약 1만 동이 추가된다.

요금 한 시장 7만~10만 동, 미케 비치 10만~12만 동, 롯데마트 10만~12만 동, 호이안(홍정) 50만~60만 동 ※공항 이용료 약 1만 동 별도

그랩

여행자들이 다낭에서 가장 많이 사용하는 모바일 차량 공유 서비스로 공항에서도 이용 가능하다. 단, 미리 그랩 앱을 설치해 인증까지 완료해야 사용할 수 있다. 입국장 밖으로 나가면 정면에 택시 승차장이 있고 그 앞의 횡단보도를 건너면 좌측에 그랩 전용 픽업 포인트가 나타난다. 여기서 그랩을 부르고 기다리면 되는데 차량에 따라 꼭 이곳으로 오는 것이 아니라 택시 승차장 쪽으로 오는 경우도 있으니 양쪽을 다 주시하자. 요금은 이동 거리에 따라 차이가 있지만 택시보다 약간 저렴하다. 공항 밖으로 나서면 휴대폰을 흔들며 서로 자기가 그랩 기사라면서 호객하는 사람이 많은데 대다수는 거짓말이다. 반드시 본인이 부른 그랩의 차량 번호가 맞는지 확인한 후 탑승하자.

요금 다낭 시내 6만~12만 동

여행사 픽업 차량

사전에 여행사를 통해 유료 픽업 서비스를 신청하면 입국장 밖에서 예약자의 이름이 적힌 피켓을 들고 기다리고 있어 편하게 이동할 수 있다. 택시나 그랩보다는 비싸지만 7인승과 16인승 등의 차량도 있어 아이와 부모를 동반한 가족 여행자나 인원수가 많은 경우 이용할 만하다. 호이안, 후에 지역으로 이동하는 경우 추가 요금이 있다.

요금 1대 US$15~25 ※여행사마다 다름

TIP

여행사가 아니더라도 대부분의 숙소에서도 픽업 서비스를 무료 또는 유료로 제공하니 확인 후 사전에 예약을 요청해 두자.
요금은 다낭 중급 호텔의 경우 US$10~20 정도 예상하면 된다.

다낭 시내 교통

다낭에도 시내 버스가 있지만 여행자는 주로 택시, 그랩을 이용한다. 다낭 시내 한 시장 주변의 명소는 체력과 시간만 있다면 걸어 다닐 수 있을 정도의 거리에 모여 있다. 가까운 거리는 걸어 다니고 한강을 건너거나 미케 비치 쪽으로 이동할 때 택시나 그랩을 이용하면 된다.

택시

시내를 주행하는 영업용 택시가 많아 어디서나 쉽게 택시를 탈 수 있다. 기본요금은 회사마다 다른데 보통 1만 1,000동 내외다. 기본요금으로 시작해서 거리당 미터 요금이 더해지고 다낭 국제공항, 하이번 터널 등은 통행료가 별도로 추가된다. 거리에 따라 차이가 있지만 다낭 시내 안에서라면 5만~10만 동 수준으로 이동할 수 있다.

다낭 시내에는 여러 회사의 영업용 택시가 운행 중인데 그중 믿을 만한 곳은 비나선과 마일린이다. 이외의 택시 회사들은 목적지까지 멀리 돌아가거나 요금을 조작하는 등 안 좋은 사례가 빈번히 발생해 권하지 않는다. 로고나 차량 색상 등을 교묘하게 따라한 택시도 있으니 잘 확인한 후 탑승하자.

영어로 소통이 되지 않는 경우가 있으니 목적지의 지도, 주소, 이름 등을 미리 준비해서 보여 주면 의사소통이 훨씬 쉽다. 휴대폰으로 캡처 화면이나 지도를 보여 주면 편리하다.

믿을 수 있는 택시 회사

비나선 VINASUN

차체 색상	흰색
기본 요금	1만 1,000동

마일린 MAILINH

차체 색상	녹색
기본 요금	1만 1,000동

TIP

사기 당하지 않는 다낭 택시 이용법

- 정차한 채 호객 행위를 하는 택시보다 지나가는 비나선, 마일린 택시를 잡아서 탄다.
- 숙소 직원에게 목적지를 말하고 택시를 잡아 달라고 하자.
- 호이안, 바나 힐 같은 장거리를 갈 경우 미터 요금보다 흥정을 해서 요금을 정하고 가는 것이 이득이다. 적정가는 호이안은 편도 30만~40만 동, 바나 힐은 왕복 60만 동 정도이다. 단, 요금은 미리 주지 말고 모든 투어가 끝난 후에 지불하자.
- 베트남 택시의 미터기 요금은 기본적으로 맨 뒤의 '0' 세 자리를 생략하고 '.0'으로 표시된다. 예를 들어 미터기에 '50.0'이라고 적혀 있으면 5만 동, '100.0'은 10만 동이다.
- 잔돈이 없다며 거스름돈을 주지 않는 경우가 있으니 탑승하기 전에 대략적으로 요금을 준비하자.
- 택시 기사가 마사지 숍이나 해산물 레스토랑 등을 추천하는 경우가 있는데 대부분 커미션을 받고 데려가는 곳이니 단호하게 거절하도록 하자.

그랩

다낭 여행자들이 가장 많이 이용하는 교통수단으로 그랩 앱만 설치하면 내가 있는 지점에서 쉽고 빠르게 차량을 부를 수 있다. 또한 거리에 따라 정해진 요금만 지불하면 되기 때문에 바가지요금의 걱정도 덜 수 있어 대부분의 여행자는 그랩을 선호한다. 장거리가 아닌 다낭 시내 안에서의 단거리 이동은 미터 택시보다 요금도 더 저렴하다. 앱에서 그랩 기사에 대한 후기와 사진 등이 제공되기 때문에 어느 정도 안심할 수 있으며 간단한 채팅 서비스도 있어 의사소통도 가능하다. 신용 카드를 등록해 놓으면 자동으로 결제된다. ※그랩 부르는 법은 1권 P.178 참고

그랩 종류 파악하기

• 그랩카 GrabCar

일반적으로 많이 이용하는 그랩으로 택시가 아닌 일반 4인승 승용차로 운행한다. 일반 미터 택시보다 저렴해 이용률이 높다.

• 그랩카 7 GrabCar 7

7인용 차량으로 인원이 많을 때 이용한다.

• 그랩택시 GrabTaxi

일반 미터 택시를 호출해 주는 서비스다. 정해진 요금의 그랩카와 달리 대략적인 예상 요금을 보여 준다. 목적지 도착 후 미터 요금만큼 지불하면 된다. 그랩카가 잡히지 않을 경우에 이용한다.

• 그랩바이크 GrabBike

가장 저렴한 방법으로, 차가 아닌 오토바이를 타고 이동한다. 초록색 Grab 로고가 박힌 티셔츠를 입은 오토바이 운전기사가 요청한 위치로 오면 그 뒤에 타고 이동하게 된다. 오토바이라 사고 위험이 크므로 추천하지 않는다.

• 그랩카 플러스 GrabCar Plus

그랩카보다 고급 차종의 차가 배차되며 10만 동 정도 더 비싸다.

TIP

주요 이동 구간별 그랩 예상 요금

① **다낭 국제공항-다낭 시내** 6만~12만 동~
② **한 시장-미케 비치** 5만 동~
③ **미케 비치-오행산** 10만~12만 동~
④ **미케 비치-린응사** 10만~12만 동~
⑤ **다낭 시내-롯데마트** 8만~10만 동
⑥ **한 시장-선 월드 아시아 파크** 7만~11만 동~

TRAVEL TALK

현지인의 오토바이 택시, 쌔옴Xe Ôm

그랩바이크가 생기기 전부터 현지인이 주로 이용하던 오토바이 택시로 보통 다낭 시내에서 10분 안팎의 거리를 이동할 때 요금이 2만~3만 동 정도 나와 저렴해요. 1인 여행자가 종종 이용하는 교통수단이에요. 하지만 그랩바이크와 마찬가지로 안전을 보장할 수 없으며 베트남의 극심한 매연, 더위 등의 이유로 추천하지 않습니다.

여행사 전세 차량

인원수가 많거나 부모님, 아이와 함께하는 가족 여행에서 조금 더 쾌적하고 편하게 이동하고 싶다면 여행사 전세 차량을 빌리는 것도 좋다. 한인 여행사에서 전세 차량 서비스를 신청할 수 있으며 6시간, 12시간 등 원하는 시간 만큼 이용이 가능하다. 차량은 7인승, 16인승, 35인승 등이 있으니 인원수에 맞게 신청하면 된다. 요금은 7인승을 기준으로 6시간 US$45, 12시간 US$55 수준이다.

차량 종류와 수용 인원

7인승 최대 5~6인, 짐이 많을 경우 4인까지 탑승 가능

16인승 최대 8~13인, 짐이 많을 경우 8인까지 탑승 가능

추천 한인 여행사

다낭 보물창고 cafe.naver.com/grownman

다낭 도깨비 cafe.naver.com/happyibook

TIP

여행사 전세 차량 알아두기

- 여행사마다 차이는 있지만 보통 1시간 초과할 때마다 US$5 정도 요금이 추가된다.
- 다낭, 호이안 지역 외에 후에, 미선, 남호이안 등의 지역으로 이동 시 US$10~35 추가 요금이 있다.

시내 버스

시내 중심가에서 다낭 주변을 연결하는 버스 노선이 있는데 여행자보다는 주로 현지인이 이용하는 교통수단이다. 그나마 여행자가 탈 만한 버스는 오행산, 헬리오 야시장으로 갈 수 있는 R16번, R17A번 버스다. 구글 맵으로 버스 정류장의 위치와 노선, 도착 시간을 파악할 수 있으니 잘 체크해보자.

버스에 차장이 있어 탑승 시 직접 요금을 지불하면 되는데 큰 짐을 가지고 탈 경우 요금이 추가된다. 영어 안내 방송이 없어 다소 불편하고 간혹 외국인에게 더 비싼 요금을 내라고 하는 경우가 있어 버스에서도 바가지요금을 조심해야 한다. 또 승하차 시 버스가 완전히 속도를 줄이지 않는 경우가 많아 위험할 수 있으니 안전에 주의를 기울이자. 그랩이나 택시에 비해 시간이 오래 걸리고 냉방도 취약하지만 저렴한 요금으로 이동하고 싶거나 현지의 시내 버스를 타 보고 싶다면 한번쯤 경험 삼아 이용해보자.

운행 05:00~18:30 ※20분 간격

요금 6,000동~

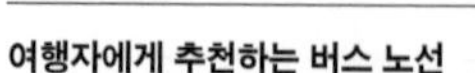

TIP

여행자에게 추천하는 버스 노선

- R16번 버스 : 다낭 대성당 정문 앞의 버스 정류장(Đối Diện 155 Trần Phú)에서 R16번 버스를 타면 오행산까지 갈 수 있다. 소요 시간은 약 25분, 요금 6,000동
- R17A번 버스 : 다낭 대성당 정문 앞의 버스 정류장(Đối Diện 155 Trần Phú)에서 R17A번 버스를 타면 헬리오 야시장까지 갈 수 있다. 소요 시간은 약 10분, 요금 6,000동

다낭 시내에서 공항으로 가기

다낭 국제공항은 다낭 시내에서 3km 정도 거리로 한 시장 인근이나 미케 비치 쪽에서 출발하면 차로 10~15분 정도 걸린다. 다낭 국제공항은 규모가 작고 출국 수속이 간단하므로 비행기 출발 1시간 30분~2시간 전에 가면 적당하다.

택시

시내에서 공항까지의 거리가 짧아서 부담 없이 편리하게 이용할 수 있다. 차가 밀리지 않을 경우 미케 비치 주변에서 공항까지는 차로 15분 정도 걸린다.

요금 한 시장 7만~10만 동, 미케 비치 10만~12만 동, 롯데마트 10만~12만 동, 호이안 50만~60만 동 ※공항 이용료 약 1만 동 별도

그랩

가장 편하고 저렴하게 이동할 수 있는 방법이다. 요금은 거리에 따라 차이가 있지만 택시보다 조금 더 저렴한 편이다.

요금 다낭 시내 6만~12만 동

여행사 드롭 차량

한인 여행사를 통해 숙소에서 픽업해 공항에 내려 주는 드롭(샌딩) 서비스를 이용하는 방법도 있다. 택시나 그랩보다는 비싸지만 7인승, 16인승 등의 차량도 있어 아이를 동반한 가족 여행자나 인원수가 많은 경우 추천한다. 다낭 시내에서 벗어난 지역의 경우에는 추가 요금이 있으니 잘 확인하자. 밤 비행기에 탑승한다면 6~12시간씩 빌릴 수 있는 전세 차량을 이용하는 것도 효과적이다. 낮에 숙소 체크아웃 후 오행산, 린응사, 안방 비치 등의 근교 여행지를 알차게 둘러보고 마트 쇼핑이나 마사지까지 즐긴 후 마지막에 공항으로 이동하면 좋다.

요금 다낭 시내-공항 드롭 1대 US$15~25, 전세 차량 6시간 US$45, 12시간 US$55
※여행사마다 다름

TIP

스파 업체의 차량 드롭 서비스 이용하기
다낭은 물론 호이안의 스파 중에서도 마사지를 이용하면 무료로 공항까지 드롭 서비스를 제공하는 곳들이 있다. 밤 비행기가 많은 다낭 항공 스케줄 특성상 체크아웃 후 늦은 밤까지 시간을 보내야 하는데 호텔이나 스파에 캐리어를 맡겨두고 관광을 즐긴 후 마지막에 시원한 마사지로 마무리하고 공짜 드롭 서비스까지 받을 수 있어 일석삼조. 특히 호이안에서 다낭 공항까지 이동 비용을 생각하면 꽤 메리트가 있어 잘 활용하면 이득이다. 업체에 따라 차이는 있지만 성인 2명이 마사지를 받을 경우 무료로 공항 드롭 서비스를 제공하는 곳이 많으니 이용 조건을 비교해보자.

Da Nang **Best Course**

다낭 추천 코스

일정별 코스

다낭 초행자 맞춤! 핵심 볼거리에 집중한 2박 3일

다낭 여행은 용교와 한 시장이 있는 다낭 시내 중심, 동쪽의 미케 비치 그리고 주변 관광 명소로 크게 나눌 수 있다. 하루는 다낭 시내를 중심으로 관광과 쇼핑을 즐기고 그 후 시내를 벗어난 지역을 돌아보는 식으로 여행하면 좋다.

TRAVEL POINT

- **이런 사람 팔로우!** 다낭을 처음 여행한다면
- **여행 적정 일수** 꽉 채운 3일
- **여행 준비물과 팁** 발이 편한 운동화, 뜨거운 햇볕을 가리는 모자와 선글라스
- **사전 예약 필수** 한강 드래곤 보트 크루즈

다낭 시내 중심의 명소 산책

- **소요 시간** 9~10시간
- **예상 경비** 크루즈 15만 동 + 입장료 6만 동 + 교통비 6만 동~ + 식비 15만 동~ = Total 42만 동~
- **점심 식사는 어디서 할까?** 다낭 대성당 주변 식당
- **기억할 것** 더운 날씨에는 10분 이상 걷는 것도 힘들다. 요금이 저렴한 그랩을 적극 이용하자.

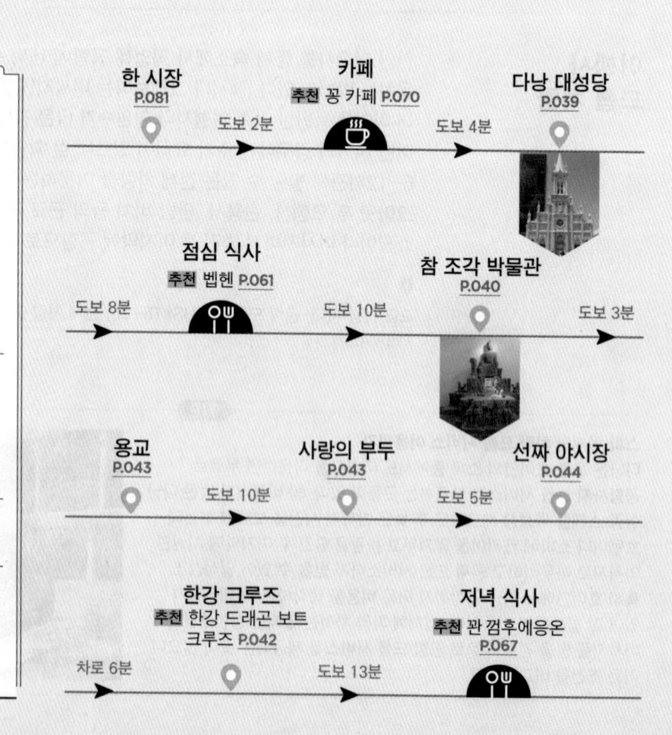

DAY

2

바나 힐을 중심으로 활동적인 시간 보내기

소요 시간 8시간

예상 경비
입장료 85만 동 + 교통비 70만 동~ + 식비 40만 동~
+ 마사지 40만 동
= Total 235만 동~

점심 식사는 어디서 할까?
바나 힐 내 레스토랑. 테마파크 내에 있는 식당이라 비싼 편이니 간단하게 해결하자.

기억할 것 바나 힐은 규모가 크고 방문객도 많아 예상보다 시간이 더 소요될 수 있다. 특히 케이블카 줄이 길다.

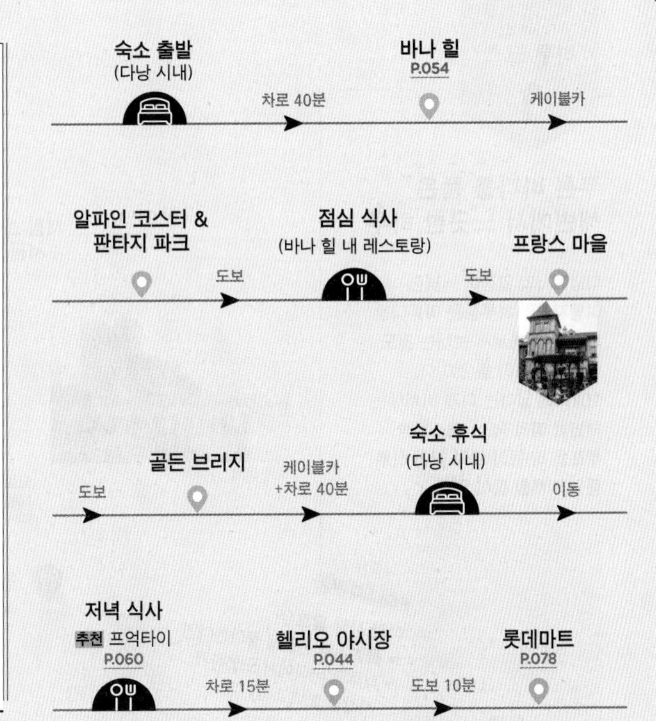

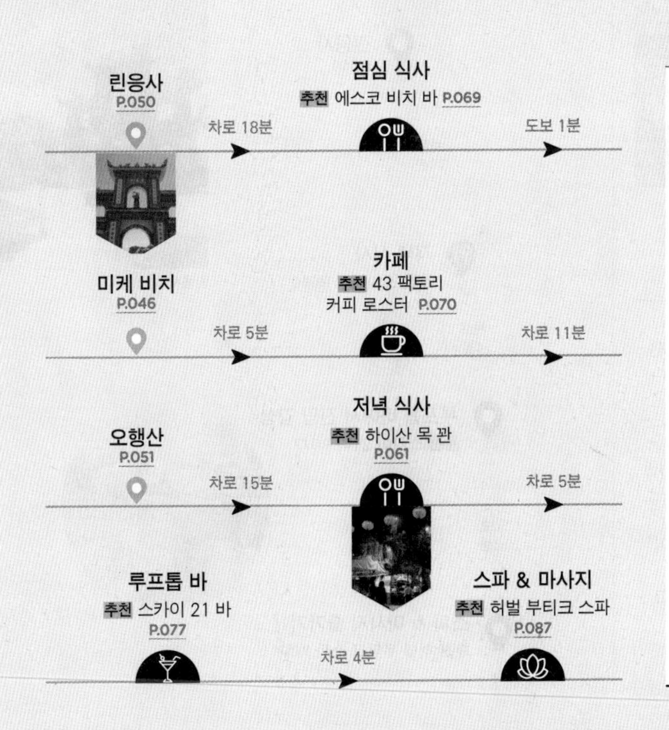

DAY

3

멋진 풍경이 있다면 멀어도 좋다!

소요 시간 9~10시간

예상 경비
입장료 5만 5,000동 + 교통비 30만 동~ + 식비 90만 동~
+ 마사지 40만 동
= Total 165만 5,000동~

점심 식사는 어디서 할까?
미케 비치 주변의 레스토랑

기억할 것 미케 비치를 따라 내려가며 바다 전망을 실컷 즐겨 보자. 오행산은 가벼운 등산을 하는 정도의 체력 소모가 따른다는 점을 알아 두자.

특별한 하루 코스 1

푸른 바다를 품은 해변에서 느긋한 하루

다낭에서의 일정이 넉넉한 여행자라면 하루쯤은 아름다운 바다에 푹 빠져서 보내는 것도 특별한 추억이 될 것이다. 10km에 달하는 미케 비치에는 해변을 따라 숙소, 레스토랑, 루프톱 바 등이 모여 있어 하루 종일 지루할 틈이 없다.

FOLLOW

이런 사람 팔로우!

- 물놀이와 선탠을 좋아한다면
- 하루쯤 바다에서 느긋하게 시간을 보내고 싶다면

소요 시간 9~10시간

예상 경비
서핑 스쿨 100만 동 + 교통비 20만 동~ + 식비 90만 동~ + 마사지 40만 동 = Total 250만 동~

기억할 것 미케 비치는 일출이 아름다운 곳으로 유명하니 이왕이면 이른 아침에 일어나 일출 풍경을 감상하자. 낮부터는 무더워지기 때문에 오전에 서핑을 배우는 것이 좋다. 낮 시간에는 잠시 더위를 피해 식사를 하거나 커피를 마시고 오후에는 린응사에 올라 전망을 감상하자.

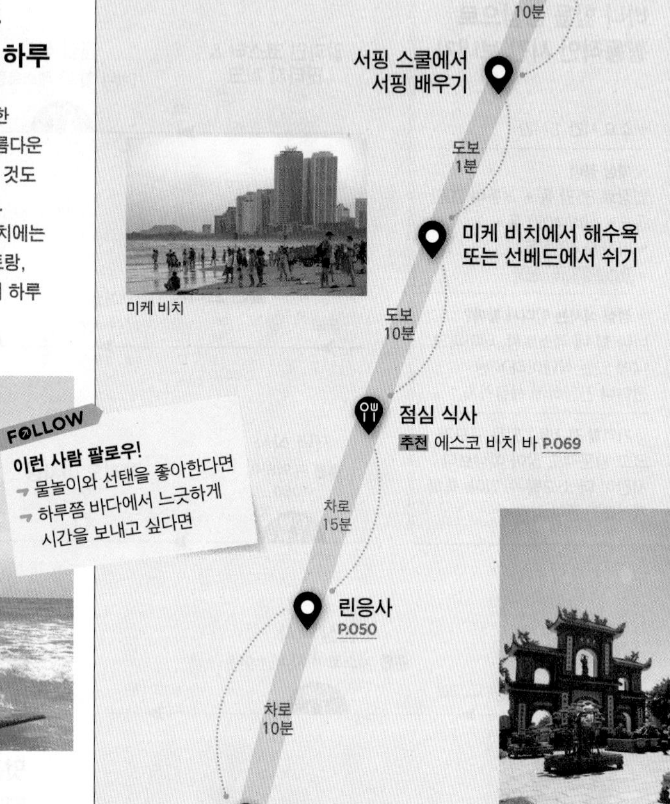

미케 비치

린응사

미케 비치에서 아침 산책 P.046

도보 10분

서핑 스쿨에서 서핑 배우기

도보 1분

미케 비치에서 해수욕 또는 선베드에서 쉬기

도보 10분

점심 식사
추천 에스코 비치 바 P.069

차로 15분

린응사 P.050

차로 10분

저녁 식사
추천 프억타이 P.060

차로 4분

루프톱 바에서 전망 감상
추천 스카이 21바 P.077

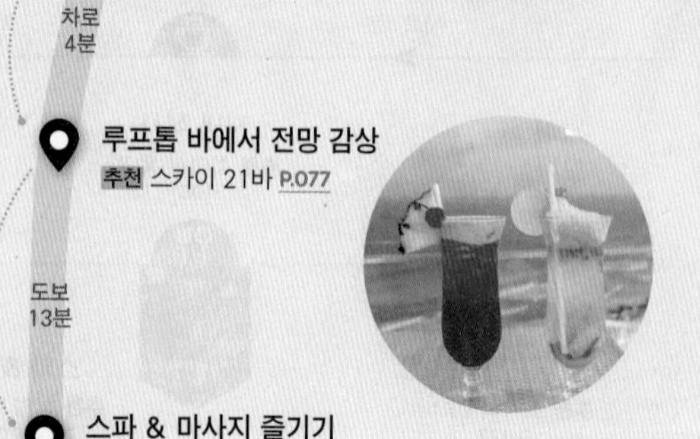

도보 13분

스파 & 마사지 즐기기
추천 허벌 부티크 스파 P.087

특별한 하루 코스

2

먹고 마시며 즐기는 맛있는 하루

다낭에는 다양한 맛을 즐길 수 있는 맛집은 물론 감각적인 스타일의 카페도 많다. 한국보다 훨씬 저렴한 물가 덕분에 맛있는 음식과 디저트를 마음껏 먹고, 멋진 카페와 바에서 감성 충전을 하며 보내면 하루 24시간이 모자랄 정도다.

FOLLOW

이런 사람 팔로우!

- 맛집 탐방을 좋아하는 식도락가
- 카페 투어를 좋아하는 커피 마니아

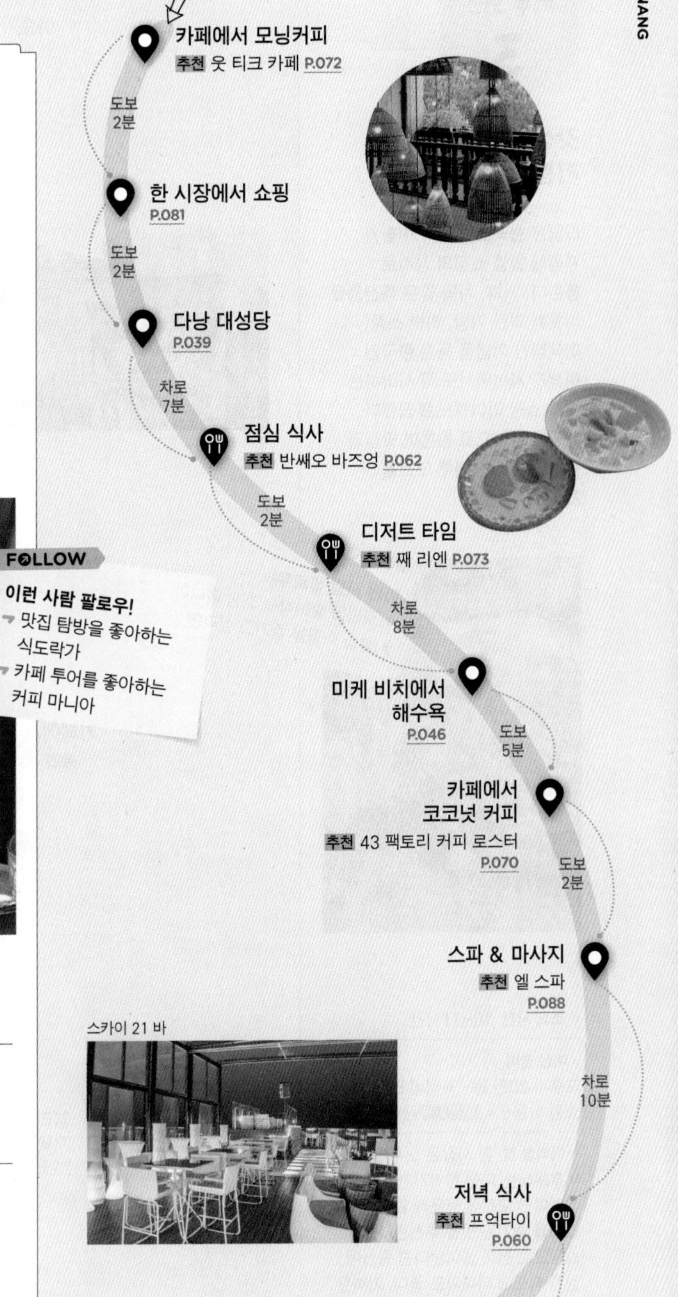

스카이 21 바

소요 시간 10~11시간

예상 경비
교통비 20만 동~ + 식비 70만 동~ + 마사지 40만 동
= Total 130만 동~

기억할 것 다낭의 카페에서는 코코넛 커피, 까페 스어다, 열대 과일주스 등 현지에서만 맛볼 수 있는 독특한 음료를 즐겨 보자. 가까운 거리는 걸어 다니고 도보 15분 이상의 거리는 그랩을 이용하면 편하다.

특별한 하루 코스

3

갓성비 쇼핑의 기쁨 만끽하기

다낭은 한국보다 물가가 훨씬 저렴해 알뜰 쇼핑의 성지로 통한다. 커피, 차와 같은 특산품을 비롯해 라탄 가방, 라탄 소품, 이색적인 기념품 등은 한국인 여행자 사이에서도 꼭 사야하는 필수 쇼핑 아이템으로 꼽힌다. 쇼핑을 중심으로 틈틈이 맛집과 관광도 누리는 하루 코스를 제안한다.

FOLLOW

이런 사람 팔로우!
- 쇼핑을 좋아하는 쇼핑 마니아
- 알뜰 쇼핑을 즐기고 싶다면

소요 시간 10~11시간

예상 경비
교통비 20만 동~ + 식비 60만 동 + 쇼핑 비용~ = Total 80만 동~

기억할 것 한 시장은 오후 5시 이후부터는 파장 분위기가 되니 이왕이면 오전에 방문해 알찬 쇼핑을 즐기는 것을 추천한다. 쇼핑으로 짐이 늘어난다면 중간에 잠깐 숙소에 다녀와도 좋다. 가까운 거리는 걸어 다니고 간간이 그랩을 이용하면 편하게 이동할 수 있다.

한 시장에서 아오자이나 의류 쇼핑

도보 1분

한강에서 기념사진 촬영
P.042

도보 1분

점심 식사
추천 냐벱
P.068

도보 3분

호아 리

다낭 대성당
P.039

도보 5분

라탄 제품과 기념품 쇼핑
추천 호아 리
P.085

차로 10분

미케 비치 산책
P.046

도보 10분

카페에서 시원한 커피 한잔
추천 43 팩토리 커피 로스터
P.070

차로 4분

감성 넘치는 소품 쇼핑
추천 YMa 스튜디오
P.085

차로 10분

헬리오 야시장에서 저녁 식사
P.044

도보 10분

롯데마트에서 식료품 쇼핑
P.078

롯데마트

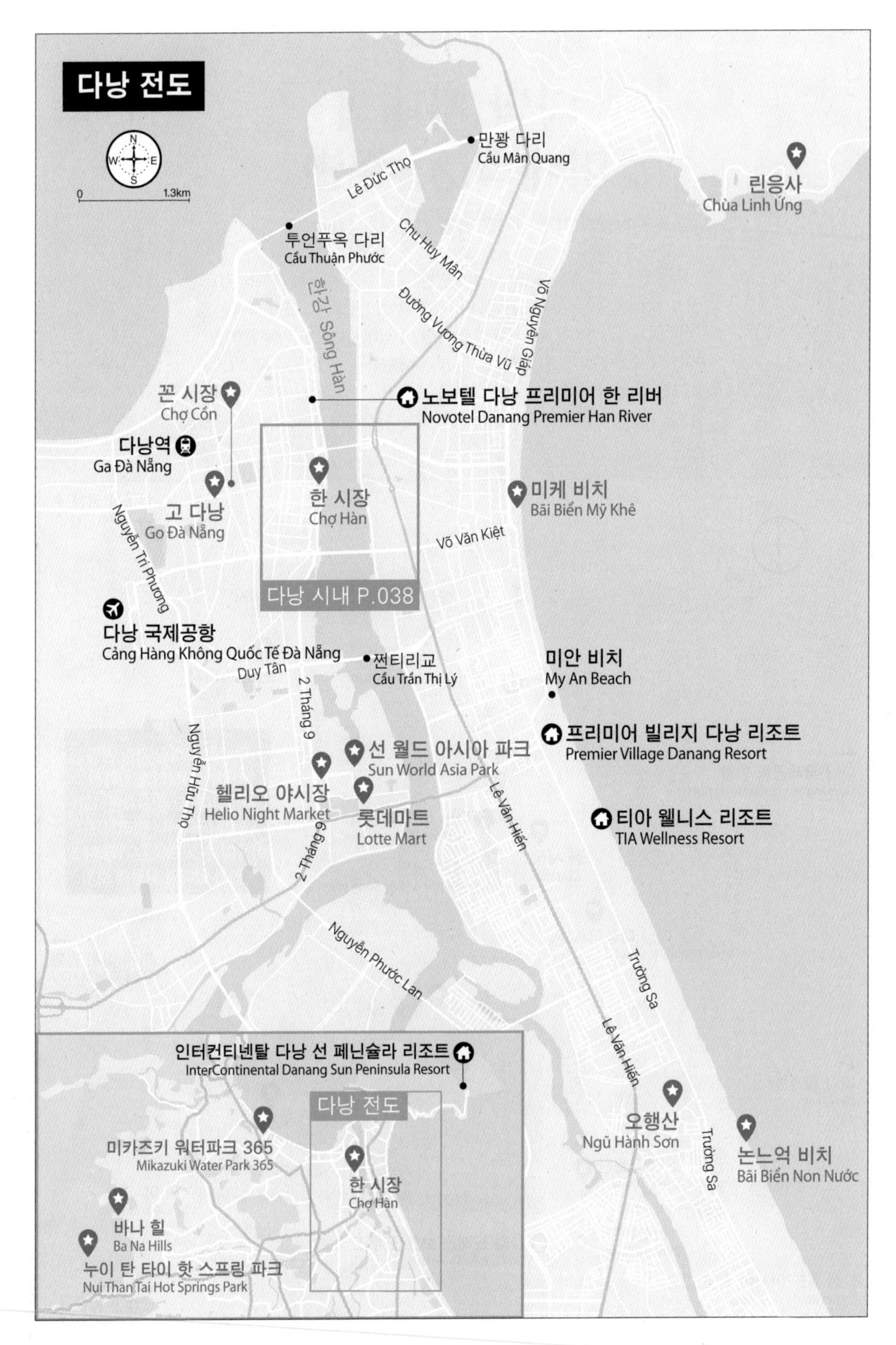
다낭 전도
0 1.3km
만꽝 다리
Cầu Mân Quang
Lê Đức Thọ
린응사
Chùa Linh Ứng
투언푸옥 다리
Cầu Thuận Phước
Chu Huy Mân
한강 Sông Hàn
Đường Vương Thừa Vũ
Võ Nguyên Giáp
꼰 시장
Chợ Cồn
노보텔 다낭 프리미어 한 리버
Novotel Danang Premier Han River
다낭역
Ga Đà Nẵng
한 시장
Chợ Hàn
미케 비치
Bãi Biển Mỹ Khê
고 다낭
Go Đà Nẵng
Võ Văn Kiệt
Nguyễn Tri Phương
다낭 시내 P.038
다낭 국제공항
Cảng Hàng Không Quốc Tế Đà Nẵng
Duy Tân
찐티리교
Cầu Trần Thị Lý
미안 비치
My An Beach
2 Tháng 9
Nguyễn Hữu Thọ
프리미어 빌리지 다낭 리조트
Premier Village Danang Resort
선 월드 아시아 파크
Sun World Asia Park
헬리오 야시장
Helio Night Market
롯데마트
Lotte Mart
Lê Văn Hiến
티아 웰니스 리조트
TIA Wellness Resort
Nguyễn Phước Lan
Trường Sa
인터컨티넨탈 다낭 선 페닌슐라 리조트
InterContinental Danang Sun Peninsula Resort
다낭 전도
미카즈키 워터파크 365
Mikazuki Water Park 365
한 시장
Chợ Hàn
바나 힐
Ba Na Hills
누이 탄 타이 핫 스프링 파크
Nui Than Tai Hot Springs Park
오행산
Ngũ Hành Sơn
논느억 비치
Bãi Biển Non Nước

다낭 시내와 미케 비치 주변

한강과 미케 비치를 따라 돌아보는 다낭 여행

다낭 여행은 다낭 대성당, 한 시장이 있는 다낭 시내 중심과 동쪽에 있는 미케 비치 주변으로 나뉜다. 한강을 따라 한 시장, 용교, 참 조각 박물관 등 주요 볼거리가 이어진다. 동쪽에 위치한 미케 비치는 10km에 달하는 다낭 대표 해변으로 푸르른 바다 풍경과 해수욕을 실컷 즐길 수 있다. 다소 떨어진 곳에 있는 린응사, 오행산과 같은 곳을 제외하고는 대부분의 명소가 다낭의 중심에 모여 있고 거리도 멀지 않아 짧은 시간에도 알차게 즐길 수 있다.

01 다낭 대성당 필수!

Giáo Xứ Chính Tòa Đà Nẵng
Da Nang Cathedral

현지인의 한마디
평일에는 도로 쪽으로 난 성당 정문을 닫아 두기 때문에 후문으로 입장해야 해요. 미사 시간에는 종교 공간이므로 조용히 둘러보는 매너가 필요해요.

다낭의 랜드마크, 핑크 성당

사랑스러운 분홍색 건물 외관 덕분에 '핑크 성당'이라는 애칭으로 불리며 여행자에게는 기념사진 촬영 명소로 통한다. 베트남 중부 다낭 대교구 성당으로 프랑스가 베트남을 지배하던 1923년 프랑스인 사제 발레 Vallet가 설계하고 건축한 프랑스식 성당이다. 뾰족한 첨탑과 크라운 아치의 고딕 양식으로 건축되었으며 프랑스 식민지 시대에 다낭에 세워진 유일한 성당이라 더 특별하다. 피뢰침이 있는 교회 지붕에는 바람의 방향을 알리는 수탉 조각상이 있어 '수탉 교회Nhà Thờ Con Gà'라고도 불린다. 성당에는 다양한 성인(聖人)들을 묘사한 중세풍의 스테인드글라스가 있고 실내 한쪽에는 예수 고난을 상징하는 조각이 놓여 있다. 성당 뒤쪽 우측에는 성모상이 서 있는 작은 동굴과 사제들의 명판이 있다.

지도 P.038
가는 방법 한 시장에서 도보 2분
주소 156 Trần Phú, Hải Châu 1 **문의** 0236 3825 285
운영 월~토요일 08:00~11:30, 13:30~16:30 ※미사 시간 월~토요일 05:00, 17:15, 일요일 05:30, 08:00, 10:00, 15:00, 16:30, 18:00
휴무 일요일(미사로 내부 입장 불가)
홈페이지 www.giaoxuchinhtoadanang.org

02

참 조각 박물관

Bảo Tàng Điêu Khắc Chăm Đà Nẵng
Da Nang Museum of Cham Sculpture

필수!

참파 왕국의 찬란한 역사

최대 규모의 참파 왕국 유물을 소장한 박물관이다. 고대 참파 왕국의 찬란하고 아름다운 조각들을 전시한다. 최초 설립은 1902년으로 프랑스 국립 극동 연구원들에 의해 추진되었다. 일부 유물은 하노이, 호찌민의 박물관과 파리의 박물관으로 보내졌으나 가장 귀중하고 가치가 높은 유물들은 이곳에 전시되어 있다. 각 전시관은 시대별로 분류되어 있으며 미선Mỹ Sơn, 짜끼에우Trà Kiệu, 동즈엉Đông Dương, 탑멈Tháp Mắm, 빈딘Bình Định 등에서 모은 수집품들이 주를 이룬다. 소장 유물은 2,000여 점에 달하며 신관과 구관에 전시되어 있다. 특히 신관에서는 참파 왕국의 건축물과 도자기, 악기 등의 유물을 아주 가까이에서 볼 수 있다. 미선 유적지에 방문할 예정이라면 이곳을 미리 둘러보고 가면 도움이 된다.

지도 P.038
가는 방법 한 시장에서 차로 5분
주소 Số 02 2 Tháng 9, Bình Hiên, Hải Châu
문의 0236 3574 801 **운영** 07:30~17:00 **요금** 6만 동 ※6세 이하 무료
홈페이지 www.chammuseum.vn

TRAVEL TALK

참파 왕국 (192~1832년) 베트남 중부에서 남부에 걸친 지역에 있던 왕국으로 인도네시아계 참족이 세운 것으로 알려져 있어요. 전성기에는 라오스, 캄보디아의 앙코르 왕국을 점령하고 인도네시아까지 세력을 떨쳤지만 명나라의 침입과 대월 전쟁, 베트남 전쟁을 겪으면서 19세기에 멸망했어요.

FOLLOW UP

참 조각 박물관에서 주목할 **힌두교 주요 신들의 석상**

참 조각 박물관에서는 고대 참파 왕국의 화려했던 과거를 엿볼 수 있다. 참파 왕국이 세운 힌두교 성지인 미선에서 발굴된 유물을 최대 규모로 소장하고 있다. 400여 점의 전시품이 있으며 석상, 조각품 등 하나하나 가치가 높은 유물이니 자세하게 관찰해 보자.

• 시바 Shiva

힌두교에서 신성시하는 신으로 '파괴의 신'이라고도 불린다. 브라흐마Brahma(창조의 신), 비슈누Vishnu(유지의 신)와 함께 힌두교 삼주신(트리무르티Trimūrti)으로 꼽힌다. 난디라고 하는 소를 타는 모습과 춤의 주인Lord of Dance으로서 춤추는 모습 등 여러 가지 형상으로 표현되고 있다.

• 비슈누 Vishnu

힌두교 최고신으로 세상의 질서를 지키고 인류를 보호하는 유지와 보존의 신이다. 힌두교의 신 가운데 가장 자비롭고 선한 신으로 통하며 세상에 혼란이 일어날 때마다 다른 존재로 변신해 종횡무진 활약한다고 전해진다. 주로 4개의 팔에 고둥, 원반, 곤봉, 연꽃을 들고 가루다를 탄 모습으로 표현된다.

• 압사라 Apsara

춤을 추는 천상의 여신으로 인드라의 하늘에 사는 천녀(天女)이자 물의 요정이다. 간다르바Gandharva(乾闥婆)의 부인으로 공중에서 춤을 추거나 음악을 연주하는 모습으로 자주 표현된다.

• 가루다 Garuda

인도 신화에 나오는 신령한 새로 인간의 몸에 독수리의 머리와 날개, 다리를 지닌다. 몸을 작게 하거나 크게 만드는 능력이 있으며 비슈누 신을 태우고 다니는 성스러운 새의 왕으로 여겨진다.

• 락슈미 Lakshmi

힌두교 신자에게 가장 인기 있는 여신으로 꼽히며 남편 비슈누와 함께 숭배된다. 미와 덕을 갖춘 여신이자 부와 풍요, 성공을 가져다주는 신으로 여겨진다. 불교에서는 '길상천(吉祥天)'이라 부른다.

03

한강

Sông Hàn
Han River

지도 P.038
가는 방법 한 시장 앞쪽

다낭의 축이 되는 중심 강

서울의 한강처럼 다낭을 가로지르는 크고 중요한 강이다. 한강을 중심으로 동쪽의 선짜반도와 서쪽의 시가지로 나뉜다. 한강에는 송한교Cầu Sông Hàn, 용교Cầu Rồng, 쩐티리교Cầu Trần Thị Lý 등 5개의 다리가 있는데 그중 4개는 프랑스와 중국에서 건설한 것이고 용교는 베트남에서 건설했다. 다낭 시내를 돌아다니다 보면 늘 보게 되는 강으로 매일 밤 유람선도 운행해 직접 배를 타고 한강의 낭만을 만끽할 수 있다.

현지인의 한마디
강변 산책을 즐기고 싶다면 한 시장 근처에 있는
한강 조각 공원Công Viên Điêu Khắc Sông Hàn으로 가 보자.
더위가 꺾인 밤에 야경 감상과 데이트를 즐기는 현지인이 많다.

TRAVEL TALK

한강 위를 오가는 크루즈 타보기

한강을 특별하게 즐기고 싶다면 크루즈를 타 보세요. 해 질 무렵 탑승하면 강 위에서 노을을 감상하기 좋고, 주말 저녁 9시에는 용교의 쇼도 볼 수 있어요. 1시간 정도 운행하는데 편안하게 다낭을 둘러볼 수 있어 연로한 부모님과의 여행이라면 더욱 추천합니다.

한강 크루즈 Du Thuyền Sông Hàn
가는 방법 노보텔 다낭 프리미어 한 리버Novotel Danang Premier Han River 앞 강변 선착장(매표소)
주소 34 Bạch Đằng, Thạch Thang, Hải Châu
문의 093 586 8508 **운영** 18:00~22:00
요금 한강 크루즈 15만 동, 디너 크루즈(식사 포함) 27만 동
홈페이지 www.dulichsonghan.net

한강 드래곤 보트 크루즈 Du Thuyền Tàu Rồng Sông Hàn
가는 방법 참 조각 박물관 맞은편, 강변 선착장(매표소)
주소 Bạch Đằng, Bình Hiên, Hải Châu
문의 0773 901 380 **운영** 18:00, 19:45, 21:30 **요금** 15만 동

04 용교

Cầu Rồng
Dragon Bridge

다낭의 상징과도 같은 다리

2013년에 세워진 용교는 총길이 666m, 높이 37.5m 규모를 자랑한다. 예로부터 용을 신성시해 온 베트남 사람들은 한강을 가로지르는 이 다리를 용의 형상으로 만들어 다낭의 랜드마크로 완성시켰다. 용교를 배경으로 사진도 찍고 근처 선짜 야시장 구경까지 하면 일석이조다. 주말에는 저녁 9시부터 약 15분간 물과 불을 뿜어내며 나름 화려한 쇼가 펼쳐져 여행자에게 인기가 많다. 이때 다리 가까운 곳에 있으면 젖을 수도 있으니 주의하자. 쇼가 진행되는 동안에는 차량이 통제된다.

지도 P.038
가는 방법 다낭 국제공항에서 차로 10분
주소 Cá Chép Hóa Rồng, Trần Hưng Đạo
운영 24시간 ※ 쇼 토 · 일요일 21:00~21:15

05 사랑의 부두

Cầu Tàu Tình Yêu
Love Lock Bridge

하트가 빛나는 낭만의 부두

용교 가까이에 조성된 다리로 이름에 걸맞는 사랑스러운 하트가 주렁주렁 달려 있다. 낭만적인 강변 풍경을 담을 수 있어 여행자에게는 기념사진 명소로 인기 있고, 주변에 예쁜 카페와 맛집이 많아서 현지인에게는 데이트 코스로 유명하다. 다리 난간에는 연인들이 사랑의 메시지를 적은 자물쇠를 달아 놓았다. 사랑의 부두에는 이곳의 심벌인 용 조각상도 있으니 한강과 용교를 배경으로 멋진 인증 사진을 남겨 보자. 저녁이 되면 하트에 불이 들어와서 낮과는 또 다른 분위기로 변신한다.

지도 P.038
가는 방법 용교 앞
주소 Cá Chép Hóa Rồng, Trần Hưng Đạo

06 선짜 야시장

Chợ Đêm Sơn Trà
Son Tra Night Market

소박한 로컬 분위기의 야시장

현대적인 헬리오 야시장에 비하면 로컬 분위기가 물씬 풍기는 소박한 야시장이다. 공터 같은 장소에 해산물을 파는 노점과 길거리 간식을 파는 노점이 모여 있어 호기심을 자극한다. 이곳의 별미로는 신선한 해산물 요리와 베트남식 길거리 피자 반짱느엉Bánh Tráng Nướng을 추천한다. 라탄 가방, 기념품, 액세서리 등을 파는 노점도 많아 흥정만 잘하면 저렴한 가격에 기념품이나 액세서리를 살 수 있으니 도전해 보자.

지도 P.038
가는 방법 사랑의 부두에서 도보 4분
주소 99 Cao Bá Quát, An Hải Trung, Sơn Trà
운영 18:00~23:00

07 헬리오 야시장 필수!

Chợ Đêm Helio
Helio Night Market

여행자를 위한 맞춤 야시장

오락 시설을 갖춘 헬리오 센터 앞에서 열리는 야시장이다. 베트남의 독특한 현지 음식을 다양하게 팔아 골라 먹는 재미가 쏠쏠하다. 여기에 시원한 얼음통에 담긴 맥주까지 곁들여 먹으면 완벽한 베트남 야식이 완성된다. 야시장치고는 앉을 수 있는 자리가 넉넉하게 준비되어 있고 시설도 깨끗한 편이다. 야시장 앞 예쁘게 꾸며 놓아 인증 사진을 남기기에도 좋다. 잘 구운 바비큐 꼬치구이, 해산물 구이 등이 인기 메뉴다. 베트남 사람들이 영양식으로 즐겨 먹는 부화 직전의 오리알 쯩빗론Trứng Vịt Lộn도 많이 파니 맛이 궁금하다면 도전해 보자. 헬리오 센터에는 아이들이 좋아할 만한 놀이 기구와 실내 오락 기구가 있다. 무대에서 크고 작은 공연이 열려 흥겨운 분위기를 돋워 준다.

지도 P.037
가는 방법 롯데마트 부근, 헬리오 센터 앞
주소 2 Tháng 9 Hòa Cường Bắc, Hải Châu
문의 0236 630 666 **운영** 17:00~22:30(우천 시 휴무)
홈페이지 www.helio.vn

⑧

선 월드 아시아 파크
Sun World Asia Park

다낭 도심 속 테마파크

다낭 시내에 위치한 테마파크로 다양한 놀이 기구와 대관람차 선 휠Sun Wheel을 즐길 수 있어 많은 여행자가 찾는다. 한국의 테마파크와 비교하면 시설이나 볼거리 면에서 다소 아쉽지만 대신 인파가 덜 붐비고 여유로운 장점이 있다. 대부분의 놀이 기구를 긴 기다림 없이 실컷 탈 수 있어 제대로 본전을 뽑을 수 있다. 더운 날씨 때문에 오후 3시에 문을 여는데 방문객은 보통 해 질 무렵 입장해 대관람차에서 다낭 야경을 보고 놀이 기구를 즐기는 식으로 관람한다. 자유 이용권 구매 시, 실내 오락 게임도 대부분 무료이므로 시간만 넉넉하다면 저렴한 이용권으로 충분히 즐길 수 있다. 다만 놀이 기구가 야외에 있어서 비가 올 때는 운행을 하지 않거나 타기 어려운 것이 많으니 참고하자.

지도 P.037
가는 방법 다낭 국제공항에서 차로 15분, 롯데마트에서 도보 8분
주소 Số 01 Phan Đăng Lưu, Hải Châu **문의** 0236 3681 666
운영 15:00~22:00 **요금** 입장료 무료, 자유 이용권 일반 20만 동, 어린이 10만 동, 대관람차 일반 10만 동, 어린이 5만 동 ※키 100cm 이하 무료
홈페이지 asiapark.sunworld.vn

TIP

방문객을 위한 이용 꿀팁

- 입장료는 무료. 놀이기구를 제외하고 대관람차 티켓만 끊을 수 있어 더 저렴하게 탈 수 있다.
- 로커가 있으니 짐이 있다면 맡겨두고 편하게 놀이기구를 타러 가자.
- 외부 음식 반입은 금지, 내부의 레스토랑, 카페 등을 이용하자.
- 롯데마트, 헬리오 야시장과도 가까운 편이라 같이 묶어서 일정을 짜면 좋다.

09

미케 비치

Bãi Biển Mỹ Khê
My Khe Beach

 필수!

다낭을 대표하는 만인의 해변

10km에 달하는 긴 해변을 따라 고운 백사장과 아름다운 바다 풍경이 이어지고 그 건너편으로는 바다 전망을 즐길 수 있는 호텔과 해산물 레스토랑 등이 밀집되어 있다. 푸른 바다와 하늘, 백사장에 야자수 나무가 드리워져 있어 열대의 아름다운 풍경을 완성시킨다. 남녀노소 누구나 즐길 수 있는 자유로운 분위기라 더욱 매력적이다. 바다에서는 서핑, 패러세일링 등의 해양 스포츠를 체험할 수 있다. 해변 중간중간 쉬어 가기 좋은 벤치, 저렴하게 이용할 수 있는 선베드, 샤워 시설 등도 갖추어져 있다. 바다는 수심이 완만하고 깨끗하게 관리되고 있는 데다 바닷물의 온도도 적당하고 비교적 큰 파도가 없는 편이라 해수욕을 즐기기에 안성맞춤이다. 환상적인 일출 풍경도 감상할 수 있으니 멋진 추억과 사진을 남기고 싶다면 아침 일찍 일어나 바다 산책을 나서 보자.

지도 P.037
가는 방법 다낭 대성당에서 차로 10분
주소 Võ Nguyên Giáp, Ngũ Hành Sơn

⑩

논느억 비치

Bãi Biển Non Nước
Non Nuoc Beach

고급 리조트가 즐비한 조용한 해변

미케 비치에서 호이안 방향으로 이어지는 해변이다. 사람들로 북적이는 미케 비치에 비해 조금 더 한적하고 조용하다. 약 5km에 달하는 해변 일대에는 세계적인 브랜드의 대형 리조트가 밀집되어 있어 주로 리조트의 전용 해변으로 사용된다. 하늘 높이 솟은 야자수와 파란 바다, 깨끗한 모래사장까지 잘 관리된 아름다운 바다 풍경을 볼 수 있어 느긋한 휴양을 즐기기에 완벽하다.

지도 P.037
가는 방법 미케 비치에서 차로 12분
주소 Hoà Hải, Ngũ Hành Sơn

TIP

비치 내 편의 시설 이용법

- 해변의 여유를 즐기고 싶다면 선베드를 빌려 보자. 미케 비치 곳곳에 저렴하게 빌릴 수 있는 선베드(1일 4만 동)가 있어 누구나 편하게 사용할 수 있다.
- 활동적인 시간을 보내고 싶다면 해양 스포츠를 즐겨 보자. 패러글라이딩(1회 50만 동), 제트 스키(15분 50만 동), 바나나 보트(15분 95만 동) 등 해변 곳곳에 다양한 액티비티를 운영하는 업체가 있고 가격도 정찰제다. 물놀이 후 이용할 수 있는 샤워 시설(1회 5,000동)과 서핑 스쿨도 있다.

※서핑 정보 1권 P.042 참고

⑪

미카즈키 워터파크 365

Mikazuki Water Park 365

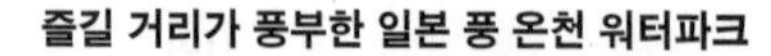

즐길 거리가 풍부한 일본 풍 온천 워터파크

일본계 리조트 브랜드에서 야심차게 오픈한 온천 워터파크 리조트이다. 새롭게 문을 열어 전체적으로 시설도 좋고 워터파크는 물론 온천, 사우나, 오락 시설, 마사지, 캡슐 호텔 등의 부대시설도 갖추고 있다. 워터파크는 실내 형 140m 길이의 짜릿한 슬라이드, 파도풀 등이 있고 비가 오거나 추운 날에도 물 온도가 따뜻해 신나게 물놀이를 즐길 수 있어 우기 시즌에 추위로 수영이 어려울 때 안성맞춤이다. 4층으로 올라가면 남녀노소가 즐길 수 있는 노천탕과 남녀가 분리된 실내 사우나(대욕장), 노천탕이 따로 있다. 내부에 식사와 음료를 해결할 수 있는 푸드 코트, 상점, 스파 등이 있다. 다낭 시내와도 그렇게 멀지 않아 하루 또는 반나절 물놀이를 하며 신나는 시간을 보낼 수 있다.

지도 P.037
가는 방법 다낭 시내에서 차로 20분
주소 Nguyễn Tất Thành, Hoà Hiệp Nam **문의** 0236 377 4555
운영 09:00~19:00 **요금** 워터파크 통합권 주중 일반 30만 동, 어린이 15만 동, 주말 일반 35만 동, 어린이 17만 동
홈페이지 www.mikazukiwaterpark.com

TIP

방문객을 위한 이용 꿀팁

- 성인용, 아동용 구명조끼와 튜브는 무료로 제공된다.
- 워터파크 1층에도 남녀 분리된 샤워, 라커룸이 있다.
- 4층에서 유료로 유카타를 빌릴 수 있다.
- 4층 목욕탕 이용 시 무료로 타월이 제공되고 목욕탕 내 샴푸, 샤워젤 등이 있다.

누이 탄 타이 핫 스프링 파크

Nui Than Tai Hot Springs Park

자연 속에서 즐기는 색다른 온천

바나 누이 추아Bà Nà Núi Chúa 자연 보호 구역 내에 위치한 600,000㎡ 규모의 드넓은 야외 온천 워터파크다. 울창한 숲에서 워터파크와 온천을 즐길 수 있어 현지인들에게 특히 유명한 곳이다. 머드배스가 포함된 티켓을 구매할 경우 머드 스파를 즐기는 특별한 경험도 할 수 있다. 규모에 비해 방문자가 적어 대기 시간 없이 슬라이드와 같은 즐길 거리를 실컷 즐길 수 있어 아이와 함께하는 가족 여행자에게 제격이다. 따뜻한 온천이 있어 비가 오는 날에도 물놀이를 즐기기 좋다. 다낭 시내에서 멀다는 점과 시설이 다소 노후한 점은 아쉽지만 저렴한 가격에 하루 종일 즐기기 좋아 충분히 매력적인 곳이다.

지도 P.037
가는 방법 다낭 시내에서 차로 50분
주소 QL14G, Hoà Phú, Hòa Vang
문의 0236 377 4555 **운영** 월~목요일 15:00~21:00, 금~일요일 15:00~22:00 **요금** 입장권 일반 45만 동, 어린이 22만 5,000동, 입장권(머드 스파 포함) 일반 58만 동, 어린이 29만 동 **홈페이지** nuithantai.vn

⑬

린응사

Chùa Linh Ứng

靈應寺

 필수!

웅장한 규모와 멋진 전망을 품은 사원

다낭 북쪽 선짜반도에 있는 사원으로 베트남에서 가장 큰 해수관음상으로 유명하다. 해발 고도 약 693m 언덕 위에 위치해 현지인에게는 드라이브 코스로 유명하고 여행자에게는 멋진 전망을 볼 수 있는 곳으로 알려져 있다. 정상에 오르면 높이 67m, 지름 35m에 달하는 거대한 해수관음상이 나온다. 해수관음상 내부는 17층으로 되어 있고 층마다 불상이 모셔져 있다. 해수관음은 바다에 업을 둔 사람의 건강을 지켜 주고 소원을 들어주는 관음보살이라고 한다. 별도의 입장료가 없는 곳임에도 불구하고 면적이 20헥타르에 달할 정도로 규모가 크고 볼거리가 많아 둘러보는데 시간이 걸린다. 특히 이곳에서 내려다보는 다낭 시내와 바다의 전망이 수려하니 꼭 한번 방문해 보자.

지도 P.037

가는 방법 다낭 시내에서 차로 20분

주소 Hoàng Sa, Thọ Quang, Sơn Trà

TIP

다낭 시내에서 제법 멀기 때문에 보통 택시나 그랩을 타고 이동한다.
택시 기사와 흥정을 해서 왕복 요금(20만~30만 동 정도)을 정한다.
린응사를 둘러보는 동안 차량은 주차장에서 기다리는 식으로도 이용할 수 있다.

14

오행산

Ngũ Hành Sơn
The Marble Mountains

지도 P.037
가는 방법 한 시장에서 차로 20분
주소 52 Huyền Trân Công Chúa
문의 090 512 1997
운영 07:00~17:30
요금 입장료 4만 동, 엘리베이터 편도 1만 5,000동, 암푸 동굴 2만 동

현지인의 한마디
내려오는 엘리베이터 탑승권은 위쪽 전망대에서 구입하면 되는데, 계단으로 걸어 내려오기에 부담이 없어 보통 올라갈 때만 구매해요.

신비로운 동굴과 사원을 만날 수 있는 산

오행산은 5개의 봉우리가 우뚝 솟은 모습을 하고 있다. 우주 만물의 근원인 목Mộc(木), 호아Hỏa(火), 토Thổ(土), 낌Kim(金), 투이Thủy(水)의 다섯 봉우리로 이루어져 오행산이라고 불린다. 오행산 중에서 물을 관장한다고 하는 투이산이 가장 유명하고 많은 여행자가 찾는다. 산 전체가 대리석으로 이루어져 있어 영어로 '마블 마운틴'이라고 불린다. 오행산이 위치한 논느억 마을은 이곳에서 채석한 대리석을 가공하는 가공업이 발달했다. 오행산 초입에서 대리석 제품을 파는 상점을 쉽게 발견할 수 있다. 투이산은 해발 108m로 정상까지 계단으로 걸어 올라가거나 엘리베이터(편도 1만 5,000동)를 타고 올라가는 방법도 있다.

FOLLOW UP

오행산 관광의 중심, 투이산
핵심 볼거리 효율적으로 둘러 보기

오행산의 다섯 봉우리 중 여행자들이 방문하는 투이산에는 볼거리가 많고 곳곳에 산재해 있어서 지도와 표지판을 참고해 방향을 잘 잡고 걸어야 한다. 암푸 동굴은 산 위가 아니라 외부 주차장 쪽에 입구가 있고 입장료도 따로 내야 한다는 점을 알아 두자. 투이산에서 놓치지 말고 꼭 봐야 할 핵심 볼거리를 소개한다.

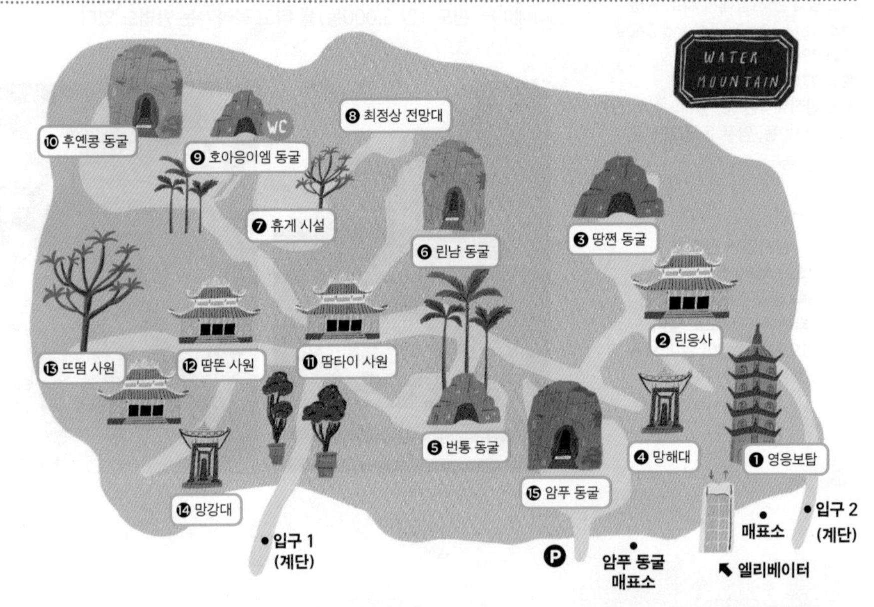

효율적인 투이산 추천 코스

① 영응보탑
↓ 도보 5분
② 린응사
↓ 도보 10분
⑥ 린냠 동굴
↓ 도보 5분
⑩ 후엔콩 동굴
↓ 도보 10분
⑪ 땀타이 사원
↓ 도보 8분
⑭ 망강대
↓ 도보 8분
⑮ 암푸 동굴

※암푸 동굴 입구는 오행산 바깥 쪽(주차장 옆)에 있어 마지막 코스로 방문하는 것이 좋다.

체력 소모도 ★☆☆

① 영응보탑 Tháp Xá Lợi

엘리베이터를 타고 올라가면 가장 먼저 보이는 탑이다. 투이산을 상징하는 팔각칠층 석탑으로 비석에는 부처를 뜻하는 범어(산스크리트어)가 적혀있고 양쪽으로 화려한 용 조각이 있어 시선을 사로잡는다.

체력 소모도 ★☆☆

② 린응사 Chùa Linh Ứng

1825년 민망 황제 시대에 세워졌으며 오행산에서 가장 큰 사원이다. 린응사는 '신령에 응한다'는 의미로 소원을 들어주는 사원이라고 전해진다. 바다를 바라보게 지어졌으며 화려하고 정교한 기둥 모양이 인상적이다.

체력 소모도 ★☆☆

⓫ 땀타이 사원 Chùa Tam Thai

1600년대에 지은 사원으로 전쟁 중 파괴되었다가 1825년 민망 황제의 명으로 다시 복원했다. 사원 앞을 지키는 불상인 포대화상(布袋和尙)의 배를 시계 방향으로 3번 문지른 후 자신의 머리에 손바닥을 대고 금전 운을 빌면 이루어진다는 속설이 있어 방문객의 필수 코스로 꼽히기도 한다.

체력 소모도 ★★☆

⓮ 망강대 Vọng Giang Đài

투이산에는 강이 내려다보이는 망강대, 멀리 바다가 보이는 망해대, 오행산 전체를 감상할 수 있는 최정상 전망대 등 전망대가 3곳이 있다. 그중에서도 망강대는 계단 수가 많은 편이 아니라서 쉽게 올라갈 수 있으니 이곳에서 탁 트인 파노라마 뷰를 즐겨 보자.

체력 소모도 ★★★

❿ 후옌콩 동굴 Động Huyền Không

오행산에서 가장 큰 동굴로 좁고 어두운 길을 따라 들어가면 넓은 동굴의 숨겨진 모습이 드러난다. 천장에 난 구멍으로 들어오는 찬란한 빛이 신비로운 장관을 이룬다. 참족의 사암 조각과 불교의 아미타여래좌상, 베트남 민간 신앙의 흔적 등을 볼 수 있다. 과거 베트남과 미국 간의 전쟁 당시 베트콩이 숨어 지냈던 곳으로 전해진다.

체력 소모도 ★★★

⓯ 암푸 동굴 Động Âm Phủ

'지옥 동굴'을 의미하며 불교 사상을 바탕으로 사후 세계를 형상화한 동굴이다. 동굴 내부는 죄를 받는 구역, 죄를 정화하는 구역, 천상 세계에서 자유를 찾는 구역으로 나뉘어 있다. 동굴 입구에 있는 음부동(陰府洞)은 죽은 뒤 극락과 지옥 중 어디로 갈지 심판하는 곳이라고 한다. 제단, 지옥을 상징하는 형상물 등이 있으며 죄를 짓고 지옥으로 떨어진 중생을 구제하고 교화시키는 지장보살도 있다. 동굴로 들어가는 입구는 투이산 바깥쪽 주차장 옆 계단을 따라 올라가는 곳에 있으며 별도의 입장권(2만 동)을 구입해야 한다.

다낭 속의 작은 프랑스

바나 힐에서 즐기는 하루 여행

바나산 국립 공원에서 길고 긴 케이블카를 타고 정상에 도착하면 또 다른 세상이 펼쳐진다. 유럽에 온 듯한 착각이 들게 하는 이국적인 건축물과 365일 신나는 퍼레이드, 남녀노소 모두를 만족시키는 어트랙션까지 즐길 거리로 넘쳐 나는 곳이 바나 힐이다. 이곳에서 잊지 못할 추억을 남겨 보자.

#What is Ba Na Hills

바나 힐은 어떤 곳일까

바나 힐은 해발 1,487m의 산꼭대기에 개발된 이국적인 테마파크다. 다낭에서 독보적인 관광 명소이자, 여행자에게 필수 방문 코스로 꼽힌다. 1919년 프랑스가 베트남을 지배하던 식민지 시절에 휴양지로 개발되었고 최근 재개발이 이루어지면서 베트남 중부를 대표하는 테마파크로 거듭났다. 다낭 속 작은 프랑스라고 불리며 남녀노소 모두에게 사랑받고 있다. 고산 지대에 있어 다낭 시내보다 선선한 편이라 현지인은 더위를 피해 이곳을 찾기도 한다. 유럽풍으로 지어진 건축물을 배경으로 인생 사진도 남겨 보고 짜릿한 케이블카, 신나는 놀이 기구를 타면서 바나 힐을 만끽해 보자.

지도 P.037
가는 방법 다낭 시내에서 차로 40분
주소 Thôn An Sơn, Hòa Ninh, Hòa Vang
문의 090 576 6777 **운영** 08:00~17:00
요금 일반 85만 동, 어린이(키 100~140cm, 70만 동
※키 100cm 이하 무료
홈페이지 banahills.sunworld.vn

#How to Go

어떻게 갈까

바나 힐은 다낭 시내에서 약 23km 떨어져 있으며 차로 40분 정도 소요된다. 택시나 그랩을 이용해 이동하는 것이 일반적인데 1인 여행자라면 셔틀버스나 여행사 투어를 이용하는 방법도 있다.

• 택시

택시로 이동할 경우 미터 요금은 더 비싸기 때문에 왕복 요금을 흥정해서 가는 게 낫다. 보통 60만~65만 동 수준이니 그 이상을 부르면 다른 택시를 이용하자. 가기 전날 택시 기사와 흥정을 한 후 숙소 앞에서 약속된 시간에 차량을 타고 바나 힐로 이동한다. 관광을 끝낸 후 주차장에서 다시 만나 다낭 시내나 숙소로 돌아오게 된다. 요금은 미리 주지 말고 일정이 다 끝난 후 지불하도록 하자.

요금 왕복 60만~65만 동

• 그랩

그랩은 보통 다낭 시내 안에서는 택시보다 저렴하고 정찰제라 편리하지만, 장거리의 경우 택시 요금보다 비싸게 나온다. 바나 힐과 같이 먼 곳으로 갈 경우 그랩으로 호출할 경우 비싸기 때문에 왕복 다녀오는 조건으로 흥정하는 것이 유리하다. 이전에 만난 그랩 기사와 카카오톡 등의 연락처를 교환해서 시간을 정하고 만나 바나 힐을 왕복하는 방법으로 많이 이용한다. 요금은 미리 주지 말고 일정이 다 끝난 후 주도록 하자.

요금 왕복 60만~65만 동(흥정)

• 클룩 셔틀버스

혼자 여행하거나 인원수가 적어 택시나 그랩 요금이 부담이라면 합리적인 요금의 셔틀버스를 이용해보자. 여행 플랫폼 클룩 홈페이지, 앱을 통해 쉽게 예약 가능하며 입장권이 포함된 패키지도 예약 가능하다. 미케 비치, 롯데마트 앞에서 픽업을 하며 출발 하루 전까지 예약 가능하며 메일, 문자 등으로 픽업 위치 등과 관련하여 연락이 온다.

운행 바나 힐행 08:30, 13:00, 다낭행 16:30
요금 왕복 1인 8,800원~
문의 093 242 6360 **홈페이지** www.klook.com

• 여행사 전세 차량

한인 여행사에서 운영하는 전세 차량의 경우 원하는 시간만큼 차를 빌려서 자유롭게 이동할 수 있어 편리하다. 바나 힐은 물론 중간에 원하는 경유지를 추가해도 좋고 다낭에서 출발해 돌아올 때는 호이안에서 내리는 식의 루트도 가능하다. 한인 여행사라 그랩, 택시보다는 믿을 수 있고 7인승부터 16인승, 29인승까지 있어 대규모 인원까지 가능하다.

요금 7인승 6시간 US$45~, 12시간 US$55~,
16인승 6시간 US$55~, 12시간 US$65~

추천 한인 여행사
다낭 보물창고 cafe.naver.com/grownman
다낭 도깨비 cafe.naver.com/happyibook

Another Trip

#How to Enjoy

어떻게 즐길까?

바나 힐은 생각보다 규모가 커서 헤매기도 쉽고 특별한 이정표도 없어서 지도 없이는 위치를 찾기 어려운 미로 같은 구조다. 놓치는 것 없이 구석구석 누비려면 바나 힐에서 나눠 주는 지도의 번호를 꼼꼼히 살펴야 알차게 즐길 수 있다.

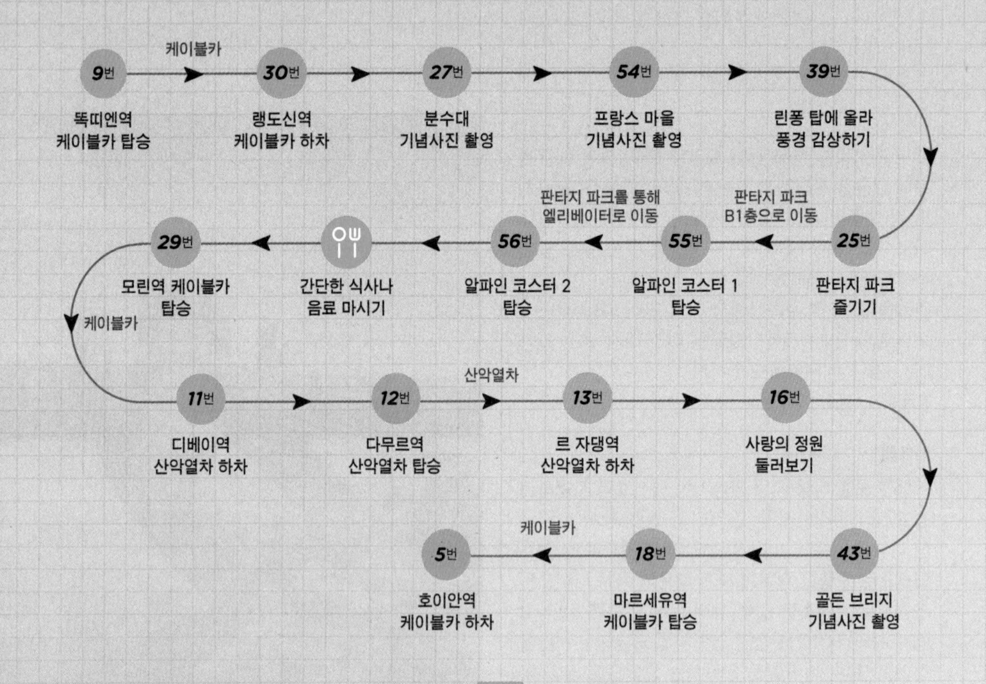

TIP

출발 전 잊지 말아야 할 체크 사항!

① 날씨 확인 후 외투 챙기기
고원 지대라 다낭 시내보다 선선하고 날씨가 변덕스러워 안개가 많이 끼고 비도 자주 온다. 출발 전 날씨를 체크하고 우산, 긴팔 외투 등을 챙기면 좋다.

② 식사는 미리 든든하게 하기
바나 힐 내에 여러 레스토랑과 카페가 있지만 다낭 시내보다 비싸고 맛도 떨어지는 편이니 출발 전에 든든하게 식사하고 가면 좋다. 바나 힐에서는 음료나 간식 정도만 먹자.

③ 시간을 넉넉하게 분배하기
인기 관광지다 보니 워낙 사람이 많고 줄도 길어서 예상했던 것보다 시간이 더 소요될 수 있다. 특히 비슷한 시간에 주차장으로 내려가는 케이블카를 타기 때문에 대기 줄이 길다. 돌아가는 시간이 정해져 있는 셔틀버스나 투어를 이용한다면 케이블카 시간을 미리 체크해서 여유 있게 움직이자.

④ 아이와 함께라면 유모차 필수
바나 힐은 워낙 규모가 커서 아이와 함께 돌아다닐 때 체력이 떨어지기 쉽다. 아이가 걷기 힘들어 할 때 유모차가 있으면 아이도, 부모도 체력을 조금이나마 아낄 수 있다. 유모차를 끌기에 좋은 환경이라 불편함 없이 이용 가능하다. 대형 유모차보다는 접이식 소형 유모차를 준비하자.

⑤ 음식물은 반입 금지
바나 힐은 원칙적으로 음식물 반입을 금지한다. 때에 따라 짐을 검사하는 경우도 있으니 규정을 지켜 음식물은 챙겨가지 않도록 하자.

⑥ 케이블카 운행 여부 확인하기
오전에 바나힐을 방문할 경우 또는 똑띠엔역 케이블카가 운행하지 않을 때, 호이안역~마르세유역, 보르도역~루브르역 케이블카로 바나 힐 정상으로 이동할 수 있다.

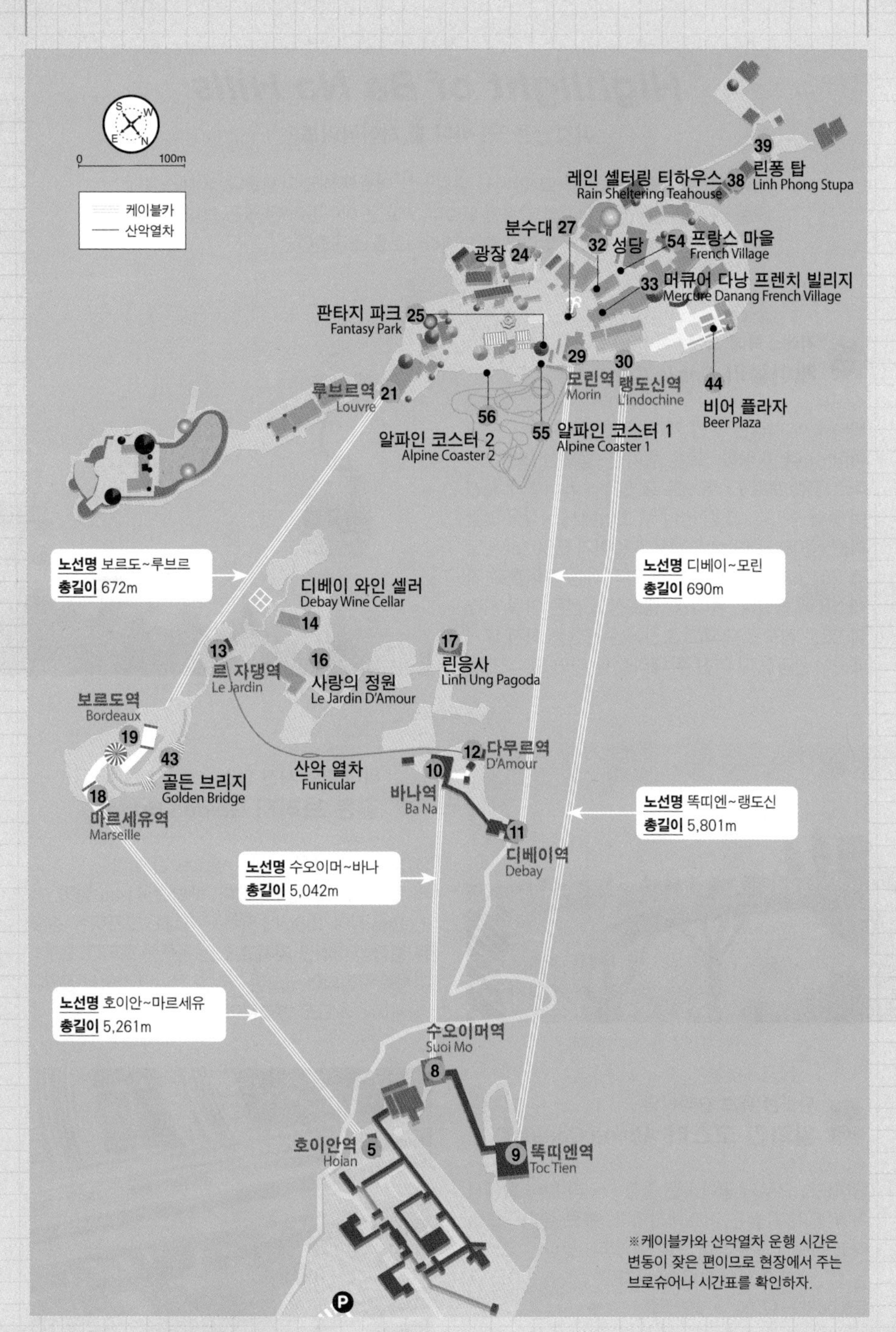

※케이블카와 산악열차 운행 시간은 변동이 잦은 편이므로 현장에서 주는 브로슈어나 시간표를 확인하자.

≪ Another Trip ≫

#Highlight of Ba Na Hills

이것만은 꼭! 바나 힐 하이라이트

바나 힐은 규모가 큰 만큼 그 안에서 즐길만한 어트랙션도 다채롭다. 기네스북에 오른 케이블카와 최고 인기의 알파인 코스터, 새로운 아이콘이 된 골든 브리지까지. 한정된 시간 속에서 놓치지 말아야 할 하이라이트를 소개한다.

기네스북에 오른 케이블카 *Cable Car*

바나 힐에 가려면 우선 케이블카를 타야 한다. 수오이머~바나, 디베이~모린, 똑띠엔~랭도신, 호이안~마르세유, 보르도~루브르 총 5개의 케이블카 노선이 운행 중이다. 그 중 바나 힐 초입에서 정상을 연결하는 똑띠엔~랭도신 노선은 총길이가 5,801m에 달해 2013년 '단일 로프 최장 거리'라는 타이틀로 기네스북에 올랐다. 똑띠엔~랭도신 노선은 이동 시간이 20분 정도 소요되고 오전에는 운행을 하지 않기 때문에 관광을 다 마친 후 내려갈 때 타면 좋다.

붐빔도 ★★★

바나 힐의 사진 명소 골든 브리지 *Golden Bridge*

2018년 6월 새롭게 생긴 명소로 현재 바나 힐 최고의 인기 명소로 급부상했다. 해발 1,414m 높이, 폭 12.8m, 길이 150m에 달하는 거대한 크기로 두 손으로 황금색 다리를 받치고 있는 독특한 형태다. 8개의 아치로 구성되어 있으며 다리를 건너면 사랑의 정원Le Jardin D'amour으로 연결된다.

붐빔도 ★★★

짜릿한 튜브 슬라이딩 알파인 코스터 *Alpine Coaster*

남녀노소 모두가 좋아하는 즐길 거리라 바나 힐에서 가장 인기가 높은 어트랙션이다. 튜브 슬라이드를 타고 짜릿한 속도감을 느낄 수 있다. 알파인 코스터는 총 2개가 있으니 모두 타 보자.

운행 08:00~17:00, 3~4분 소요

붐빔도 ★★☆

25번
신나는 놀이 기구가 한가득
판타지 파크 *Fantasy Park*

아이를 동반한 가족 여행자라면 꼭 가야 하는 판타지 파크는 아이들이 좋아하는 놀이 기구, 게임 시설 등이 있어 신나는 시간을 보낼 수 있다.

붐빔도 ★★☆

12번 13번
클래식한 이동 수단
산악열차 *Funicular*

케이블카와는 또 다른 재미를 느낄 수 있는 열차다. 클래식한 디자인의 산악열차는 1분 30초 정도로 짧게 운행하지만 색다른 경험을 할 수 있다. 디베이 와인 셀러Debay Wine Cellar, 사랑의 정원, 골든 브리지 등으로 연결된다.

운행 08:00~17:00, 1분 30초 소요

붐빔도 ★★☆

34번 54번
인생 사진을 남기는
프랑스 마을 *French Village*

프랑스 마을은 바나 힐 속 작은 유럽 마을에 온 것 같은 착각에 빠지게 한다. 유럽풍의 건축물이 이국적인 분위기를 풍겨 현지인에게는 웨딩 촬영이나 화보 촬영 명소로 인기가 높다. 마치 유럽의 성 앞에서 사진을 찍는 기분으로 멋진 사진을 남겨 보자.

붐빔도 ★☆☆

39번
바나 힐의 뷰포인트
린퐁 탑 *Linh Phong Stupa*

바나 힐에는 종교적인 사원도 여럿 있는데 린퐁 탑이 가장 대표적인 곳이다. 계단을 따라 올라가면 9층 탑이 나오는데 이곳에서 내려다보는 바나 힐의 풍경이 압권이다.

다낭 맛집

다낭은 베트남 요리를 즐기기 좋은 로컬 맛집을 비롯해 싱싱한 해산물을 푸짐하게
맛볼 수 있는 해산물 식당, 세련된 분위기의 레스토랑까지 식도락을 위한 맛집이 무척 많다.
한국과 비교해 물가도 저렴하니 다낭에서 식도락의 즐거움을 제대로 느껴 보자.

프억타이 *Phước Thái*

위치 미케 비치 주변
유형 신규 맛집
주메뉴 해산물

😊→ 신선한 해산물 요리는 가성비 끝판왕
😐→ 현지 식당이라 분위기는 기대하지 말 것

메인 로드에서 한 블록 뒤쪽에 숨은 해산물 맛집. 현지인 사이에서 유명한 곳이었는데 어느새 여행자 사이에서도 입소문이 나 북새통을 이룬다. 새우, 조개, 게, 생선 등 싱싱한 해산물을 직접 고르면서 원하는 양을 정할 수 있고 조리법도 갈릭 버터, 칠리소스, 소금구이 등과 같이 입맛대로 주문할 수 있다. 2인 기준으로 새우, 조개, 게 등 2~3가지 해산물을 300~500g 정도 주문하면 적당하다. 여기에 볶음밥, 모닝글로리 볶음 등을 추가해 곁들이면 푸짐한 해산물 잔치를 즐길 수 있다. 자칫 바가지를 쓰기 쉬운 해산물 식당 중 비교적 정직하게 운영해 추천한다.

가는 방법 미케 비치에서 도보 3분, 한 시장에서 차로 10분
주소 18 Hồ Nghinh, Phước Mỹ, Sơn Trà
문의 0236 3848 108
영업 09:30~22:30
예산 새우(1kg) 55만 동~, 볶음밥 4만 동~
홈페이지 phuocthai.com.vn

하이산 목 꽌
Hải sản Mộc quán

위치 미케 비치 주변
유형 대표 맛집
주메뉴 해산물

😊 → 친절한 서비스에 가성비 좋은 해산물
😞 → 예약 필수! 대기 인원 많음

푸짐한 해산물을 비교적 저렴한 가격에 즐길 수 있어 최근 인기 급상승 중인 해산물 맛집이다. 새우, 게, 생선, 조개 등 다양한 해산물을 원하는 조리법에 따라 선택 가능. 랍스터, 새우 등의 요리는 먹기 좋게 직접 옆에서 손질해줘서 더 만족도가 높다. 메뉴에 따라 접시당 또는 무게당 가격으로 나뉘며 2인 기준 300g씩 주문하면 적당하다. 워낙 손님이 많으니 미리 구글 맵 채팅을 통해 예약하길 추천한다.

가는 방법 미케 비치에서 도보 9분
주소 26 Tô Hiến Thành, Phước Mỹ, Sơn Trà
문의 090 566 5098
영업 10:30~23:00
예산 새우(100g) 6만 9,000동~, 볶음밥 8만 9,000동

벱헨
Bếp Hên

위치 다낭 대성당 주변
유형 대표 맛집
주메뉴 베트남 가정식 요리

😊 → 베트남의 현지 가정식
😞 → 사진 없는 메뉴와 약한 냉방

베트남 사람들이 먹는 집밥이 궁금하다면 이곳으로 가 보자. 소박하면서도 맛있는 베트남 가정식 요리를 맛볼 수 있다. 가지볶음Cà Tím Nướng Mỡ Hành, 모닝글로리볶음Rau Muống, 마늘과 새우를 양념해 튀긴 새우 요리Tôm Chiên Tỏi가 대표적인 메뉴로 볶음밥이나 흰쌀밥을 시켜서 밥과 반찬처럼 즐기면 완벽하다. 오래된 고가구와 흑백 사진 등으로 꾸며진 1980년대의 베트남 가정집 같은 빈티지한 분위기도 매력적이다.

가는 방법 다낭 대성당에서 도보 12분
주소 47 Lê Hồng Phong, Phước Ninh, Hải Châu
문의 093 533 7705
영업 09:00~15:00, 17:00~21:00
예산 모닝글로리볶음 4만 5,000동, 새우 요리 8만 5,000동

남다인
Năm Đảnh

위치 미케 비치 북쪽
유형 로컬 맛집
주메뉴 해산물

😊→ 해산물로 배 채울 수 있는 저렴한 가격
😑→ 접근성이 떨어지고 청결 상태가 좋지 않음

저렴한 가격에 다양한 해산물을 맛볼 수 있는 현지 식당이다. 외진 골목 안에 있어 접근성이 떨어지지만 가성비가 뛰어나 알뜰 여행자 사이에서 입소문이 퍼졌다. 대부분의 메뉴가 6만 동, 한국 돈 3,000원 정도로 저렴해 부담 없이 해산물을 즐길 수 있다. 조개, 게 등의 일부 메뉴는 kg당 요금으로 가격이 정해지니 미리 확인하자. 볶음밥 하나에 모닝글로리볶음, 새우구이, 조개볶음 등을 곁들여 먹으면 푸짐한 식사가 완성된다.

가는 방법 한 시장에서 차로 15분
주소 139/59/38, 10 Trần Quang Khải, Thọ Quang, Sơn Trà
문의 090 533 3922
영업 10:30~20:30
예산 요리 6만 동, 볶음밥 4만 동~

반쌔오 바즈엉
Bánh Xèo Bà Dưỡng

위치 호앙지에우Hoàng Diệu 거리 주변
유형 대표 맛집
주메뉴 반쌔오, 냄루이

😊→ 저렴하게 즐기는 현지의 맛
😑→ 일부러 찾아가야 하는 위치

다낭의 대표 요리인 반쌔오를 파는 현지 맛집으로 현지인과 여행자 모두에게 유명해 언제나 붐빈다. 워낙 골목 안쪽에 위치하고 주변에 비슷한 이름의 반쌔오 가게가 많아 찾기가 쉽지 않은데 원조인 이 집은 제일 끝에 있다. 저렴한 가격에 바삭하게 구운 반쌔오, 냄루이를 맛볼 수 있다. 반쌔오는 한 접시, 냄루이는 5개씩 판매한다. 수북하게 나오는 베트남 채소, 허브와 함께 싸서 야무지게 먹어 보자.

가는 방법 참 조각 박물관에서 도보 15분
주소 k280/23, Hoàng Diệu, Bình Hiên, Hải Châu
문의 0236 3873 168
영업 09:00~21:30
예산 반쌔오 7만 동, 냄루이(5개) 3만 5,000동, 분팃느엉 3만 동

루나 펍
Luna Pub

위치 박당Bạch Đằng 거리 주변
유형 신규 맛집
주메뉴 화덕 피자, 파스타, 생맥주

→ 맛있는 화덕 피자와 다양한 생맥주 메뉴
→ 시끌벅적한 분위기와 중심에서 약간 먼 거리

이름은 펍이지만 맛있는 이탈리아식 화덕 피자로 더 유명하다. 높은 천장에 복층 구조로 자동차 한 대가 떡하니 놓여 있고 긴 바 자리에는 각종 생맥주와 칵테일이 가득 차 있다. 흥겨운 음악, 시끌벅적하면서 자유분방한 분위기가 매력적이라 저녁에 가면 더욱 좋다. 웬만한 이탈리아 레스토랑보다 더 맛있는 파스타와 피자 메뉴를 갖추고 있다. 특히 화덕에 구운 담백한 피자 맛이 일품이니 시원한 맥주나 칵테일을 함께 즐겨 보자.

가는 방법 한 시장에서 도보 15분, 노보텔 다낭 프리미어 한 리버에서 도보 3분
주소 9A Trần Phú, Thạch Thang, Hải Châu
문의 093 240 0298
영업 17:00~23:00
예산 피자 18만 동~, 맥주 4만 5,000동~

팻피시
Fatfish

위치 사랑의 부두 주변
유형 신규 맛집
주메뉴 해산물 요리, 피자, 칵테일

→ 세련된 공간과 다양한 양식 메뉴
→ 현지 물가 대비 다소 비싼 편

사랑의 부두 바로 앞쪽에 위치한 분위기 좋은 레스토랑으로 지중해식 요리를 선보인다. 신선한 해산물을 이용한 시푸드 플래터, 카르파초, 세비체 같은 요리가 많고 칵테일, 와인 리스트도 풍부해서 디너를 즐기기에 완벽하다. 오후 5시까지는 구르메 샌드위치Gourmet Sandwich 메뉴를 선보이는데 브런치처럼 가볍게 즐기기 좋다. 베트남 요리가 질리거나 분위기 있게 저녁 식사를 즐기고 싶을 때 가면 좋다.

가는 방법 사랑의 부두에서 도보 2분
주소 439 Trần Hưng Đạo, An Hải Trung, Sơn Trà
문의 0236 3945 707 **영업** 10:00~14:00, 17:00~22:00
예산 샌드위치 14만 5,000동~, 시푸드 플래터 129만 5,000동~
홈페이지 fatfishrestaurant.com

흐엉 박 꽌
Hương Bắc Quán

위치 한 시장 북쪽
유형 로컬 맛집
주메뉴 분짜, 냄

😊→ 가성비 좋은 분짜 맛집
😑→ 로컬 식당이라 위생은 아쉬움

현지인이 즐겨 찾는 로컬 맛집으로 낮은 나무 의자에 앉아서 리얼한 현지의 맛을 즐길 수 있는 곳이다. 숯불에 구워 낸 돼지고기와 국수, 채소를 같이 먹는 분짜Bún Chaả, 바삭하게 튀긴 냄Nem이 대표 메뉴다. 한국인 입맛에도 잘 맞는 메뉴로 저렴한 가격에 맛도 좋은 편이라 인기가 많다. 색다른 음식을 맛보고 싶다면 코를 찌르는 강렬한 향의 맘Mắm Tôm 소스가 함께 나오는 분더우멧Bún Đậu Mẹt을 도전해보자.

가는 방법 한 시장에서 도보 4분
주소 59 Đống Đa, Thạch Thang, Hải Châu
문의 0812 466 666
영업 09:30~22:00
예산 분짜 4만 동~, 냄 4만 5,000동

타이 마켓
Thai Market

위치 미케 비치 주변
유형 대표 맛집
주메뉴 태국음식

😊→ 가성비 좋은 태국 요리가 다양
😑→ 태국 현지보다 대중적인 맛

다낭에 여러 개의 매장이 있는 태국 음식점이다. 적당한 가격에 다양한 태국 요리를 먹을 수 있어 선택이 폭이 넓다. 맛이 무난한 편이라 대중적으로 즐기기 좋고, 현지 식당에 비해 쾌적한 편이다. 세계 3대 수프로 불리는 똠얌꿍Tom Yam Kung을 비롯해 새콤하게 입맛을 돋우는 파파야 샐러드 솜땀Somtam이 대표 메뉴. 호불호 없이 맛있게 먹을 수 있는 팟타이Phat Thai, 태국 북부식 항정살 구이 코무양Kor Moo Yang도 한국인 입맛에 잘 맞는다.

가는 방법 미케 비치에서 도보 7분
주소 183 Nguyễn Văn Thoại, An Hải Đông, Sơn Trà
문의 093 472 7472 **영업** 10:00~22:00
예산 솜땀 5만 동~, 팟타이 10만 5,000동
홈페이지 www.thaimarket.vn

껌땀 웃반
Cơm tấm Út Vân

위치 미케 비치 주변
유형 로컬 맛집
주메뉴 껌스언, 껌가

→ 한국인 입맛에 잘 맞는 돼지갈비 맛
→ 껌스언, 껌가 외 메뉴가 적은 편

베트남식 돼지갈비 덮밥 껌스언Cơm Sườn 맛집으로 통하는 곳으로 현지인들이 백반처럼 즐겨 먹는 메뉴다. 달콤 짭조름한 양념을 바른 돼지고기를 숯불에 구워 나오는데 한국인 입맛에도 찰떡으로 잘 맞는다. 밥에 잘 구운 고기와 채소, 달걀 등이 얹어 나오는 간단한 조합이지만 한 끼 든든하게 먹을 수 있다. 단품 메뉴와 세트 메뉴, 닭고기와 같이 나오는 껌가Cơm Gà 메뉴도 있고 수프와 디저트 메뉴도 있다.

가는 방법 미케 비치에서 도보 4분
주소 132 Nguyễn Văn Thoại, Bắc Mỹ Phú
문의 090 592 2823
영업 06:00~22:00
예산 껌스언 5만 5,000동, 껌가 5만 5,000동

비키니 보텀 익스프레스
Bikini Bottom Express

위치 미케 비치 주변
유형 신규 맛집
주메뉴 수제 버거, 그릴 샌드위치

→ 제대로 된 수제 버거의 맛
→ 가격에 비해 양이 다소 적은 편

서양 여행자들과 서핑을 즐기는 장기 투숙객이 많은 이 일대에서 가장 손님이 많은 핫 플레이스이다. 햄버거를 전문으로 하는 아메리칸 식당으로 다낭에서 흔치 않게 외국 분위기를 제대로 느낄 수 있는 곳이다. 두툼한 수제 버거와 그릴 치즈 샌드위치, 감자튀김 위에 치즈가 듬뿍 올라간 푸틴이 인기 메뉴로 여기에 달콤한 밀크셰이크까지 함께 먹으면 꿀맛이다. 미케 비치에서 물놀이 후 허기질 때나 베트남 요리가 질렸을 때 가면 좋다.

가는 방법 미케 비치에서 도보 5분
주소 45-47 An Thượng 2, Bắc Mỹ An
문의 093 491 6911
영업 08:00~23:00
예산 버거 8만 9,000동~, 밀크셰이크 6만 동

미꽝 1A
Mì Quảng 1A

위치 한 시장 북쪽
유형 로컬 맛집
주메뉴 미꽝

☺→ 제대로 된 미꽝 맛보기
☹→ 더운 실내 공간

베트남 중부의 대표 요리인 미꽝 맛집으로 꼽히는 곳이다. 미꽝은 꽝남 지역의 국수라는 뜻으로 국물이 거의 없는 것이 특징이다. 두껍고 넓은 면발의 쌀국수에 건새우, 고기 고명, 채소, 허브 등을 넣어 비벼 먹는다. 고명은 닭고기, 돼지고기, 새우 등 취향에 따라 고를 수 있으며 여기에 매콤한 소스와 고추 등을 곁들여서 먹으면 독특한 풍미가 살아난다. 영어 메뉴판이 구비되어 있다.

가는 방법 한 시장에서 도보 12분
주소 1 Hải Phòng, Thạch Thang, Hải Châu
문의 0236 3827 936
영업 06:00~21:00
예산 미꽝 3만 동 5,000동~, 미꽝 스페셜 5만 동

분짜까 109
Bún Chả Cá 109

위치 한 시장 북쪽
유형 로컬 맛집
주메뉴 분짜까

☺→ 저렴한 가격의 어묵 국수
☹→ 현지 식당 수준의 시설

미꽝과 더불어 다낭에서 꼭 먹어봐야 하는 분짜까를 파는 맛집이다. 분짜까는 근해에서 잡은 싱싱한 생선 살을 다져서 만든 어묵인 짜까Chả Cá에 토마토와 채소 등을 넣은 국수다. 베트남 중부 지역의 향토 음식으로 마치 어묵탕에 국수를 넣은 것과 비슷한 맛이 난다. 깔끔하면서도 시원한 육수와 어묵, 국수의 조합이 절묘하게 잘 어우러져 한국인 입맛에도 거부감이 없다.

가는 방법 한 시장에서 도보 12분
주소 109 Nguyễn Chí Thanh, Hải Châu 1, Hải Châu
문의 094 571 3171
영업 06:30~22:00
예산 분짜까 3만 동~, 분짜까 스페셜 5만 동

반깐 응아
Bánh Canh Nga

위치 한 시장 북쪽
유형 로컬 맛집
주메뉴 반깐Bánh Canh

☺→ 한국인 입맛에 맞고 저렴
☹→ 현지 메뉴판과 소통의 어려움

반깐은 중부 지방의 대표적인 음식으로 타피오카 가루를 넣어 만든 쫄깃한 면발이 특징인 국수이다. 새우, 어묵, 게 등의 고명을 추가해 먹는데 한국인의 입맛에도 잘 맞는다. 추천 메뉴는 새우 반깐Bánh Canh Tôm으로 감칠맛 나는 국물에 쫀득한 면발이 아주 맛있고 새우도 푸짐하게 들어가 든든한 한끼를 즐길 수 있다. 여기에 튀긴 반꾸어이Bánh Quẩy까지 올려 먹으면 완벽하다.

가는 방법 한 시장에서 도보 10분
주소 78 Nguyễn Chí Thanh, Hải Châu 1, Hải Châu
문의 090 502 2644
영업 10:00~22:00
예산 반깐 4만 동~, 주스 1만 5,000동~

퍼 홍
Phở Hồng

위치 노보텔 근처
유형 대표 맛집
주메뉴 퍼보

😊→ 가성비 좋고 주문이 쉬움
😑→ 한국 스타일 쌀국수

다낭 시내에서 한국인 여행자가 가장 많이 찾는 소고기 쌀국수, 퍼보Phở Bò 맛집이다. 한국어 메뉴가 있어 주문도 쉽고 맛도 현지 맛보다는 한국인 입맛에 친숙한 맛으로 김치도 주문 가능. 대표 메뉴인 쌀국수 퍼보는 고명으로 올리는 소고기에 따라 메뉴가 조금씩 달라진다. 퍼따이Phở Tái는 데치듯 살짝 익힌 고기가 나오고 퍼거우Phở Gầu는 지방이 있는 양지 고기가 함께 나온다.

가는 방법 노보텔 다낭 프리미어 한 리버에서 도보 3분
주소 10 Lý Tự Trọng, Thạch Thang, Hải Châu
문의 0988 78 2341
영업 07:00~21:00
예산 퍼보 5만 5,000동

꽌 껌후에응온
Quán Cơm Huế Ngon

위치 다낭 대성당 주변
유형 로컬 맛집
주메뉴 바비큐

😊→ 다양한 재료를 구워 먹는 재미
😑→ 위생과 소통의 어려움

현지인에게 인기 있는 화로구이 집이다. 끓여 먹는 탕 메뉴도 있지만 대부분 숯불에 굽는 화로구이를 먹는다. 오징어, 새우, 문어와 같은 해산물부터 돼지고기, 소고기, 채소까지 다양한 메뉴가 있는데 육류보다는 해산물이 더 맛있다. 숯이 든 작은 화로를 테이블 위에 올려 주는데 다양한 재료를 구워 먹는 재미가 쏠쏠하다. 시원한 맥주와 함께 현지인처럼 식사를 즐겨 보자.

가는 방법 다낭 대성당에서 도보 10분
주소 65 Trần Quốc Toản, Phước Ninh, Hải Châu
문의 0236 3531 210
영업 11:00~23:00
예산 소고기 6만 9,000동~, 돼지고기 4만 9,000동~

분팃느엉 바짜이
Bún Thịt Nướng Bà Trai

위치 한 시장 북쪽
유형 로컬 맛집
주메뉴 반쌔오, 분짜, 냄루이

😊→ 최고의 가성비
😑→ 청결 상태가 좋지 않음

가게 입구에서부터 숯불에 구워지는 냄루이가 시선을 사로잡는다. 냄루이는 다진 고기로 만든 베트남식 꼬치구이로 냄루이를 주문하면 쌈 채소와 향채, 라이스페이퍼가 함께 나와 풍성하게 차려진다. 냄루이에 시원한 맥주를 곁들이면 천국이 따로없다. 냄루이 외에 숯불에 구운 고기와 쌀국수를 국물 없이 비벼 먹는 분팃느엉Bún Thịt Nướng도 이 집의 대표 메뉴다.

가는 방법 한 시장에서 차로 6분
주소 186 Đống Đa, Thuận Phước, Hải Châu
문의 0236 3894 159
영업 14:00~22:00
예산 냄루이(1개) 7,000동, 분텃느엉 4만 동~

냐벱
Nhà Bếp

위치 한 시장 주변
유형 신규 맛집
주메뉴 반쌔오, 분짜, 냄루이

☺→ 한국인 입맛에 잘 맞는 음식
☹→ 내부가 다소 좁은 편

베트남 음식을 다채롭게 선보이는 곳으로 한 시장 바로 앞이라 쇼핑 전후로 식사하기 최적의 위치다. 현지인보다는 여행자를 대상으로 하는 음식점이라 내부도 넓고 위생도 깨끗하다. 베트남 감성으로 꾸며져 있어 분위기도 예쁘고 사진 메뉴가 있어 주문도 쉽다. 추천 메뉴는 해산물을 듬뿍 넣은 볶음 국수Mì xào hải sản와 분짜, 반쌔오, 파인애플 볶음밥, 퍼보 등이고 세트 메뉴도 있다.

가는 방법 한 시장에서 도보 1분
주소 22 Hùng Vương, Hải Châu 1, Hải Châu
문의 0236 3966 268
영업 09:00~21:00
예산 쌀국수 8만 9,000동~

아이 러브 반미
I Love Bánh Mì

위치 한 시장 주변
유형 신규 맛집
주메뉴 반미

☺→ 한글 메뉴판이 있음
☹→ 현지 물가 대비 비싼 편

한 시장 주변에는 여행자를 대상으로 하는 반미집이 여럿 모여 있는데 그중에서도 가장 평이 좋은 반미 맛집으로 꼽힌다. 베트남 음식에 익숙치 않다면 '불고기 반미', '양념치킨 반미'를 추천하고 베트남식 반미를 먹고 싶다면 '베트남 전통 반미'를 주문하자. 현지인이 먹는 반미에 비하면 비싼 편이지만 한 시장과 가까워 접근성이 좋고 청결하기 때문에 초보 여행자에게 제격이다.

가는 방법 한 시장에서 도보 2분
주소 100 Trần Phú, Hải Châu 1, Hải Châu **문의** 090 647 0391
영업 08:30~20:30
예산 반미 4만 동~, 스무디 5만 동~, 불고기 반미 7만 동, 양념치킨 반미 7만 동, 스무디 5만 동~

미까사
My Casa

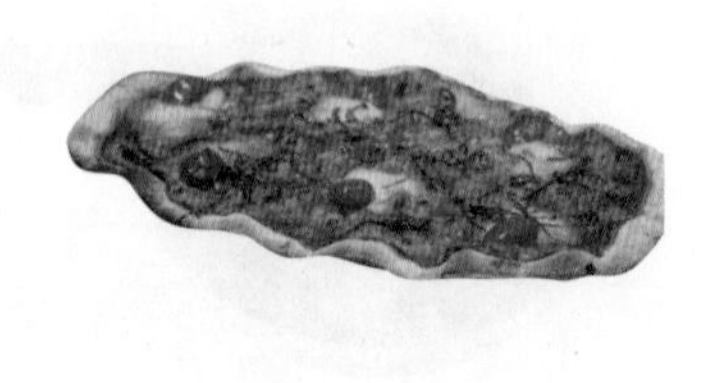

위치 미케 비치 주변
유형 신규 맛집
주메뉴 파스타, 피자, 타파스

☺→ 타파스 메뉴가 다양
☹→ 요리의 맛이 1% 부족

이탈리아 출신 여행자와 스페인 출신 여행자가 합심하여 만든 퓨전 레스토랑이다. 맛있는 파스타와 피자, 타파스 등을 선보인다. '집'이라는 뜻의 상호명처럼 편안하고 친근한 분위기에서 소박한 집밥 같은 이탈리아, 스페인 요리를 즐길 수 있다. 타파스 요리와 곁들이기 좋은 칵테일 종류도 다양하다. 오후 5시부터 7시까지는 해피 아워로 50% 할인된 가격에 칵테일을 즐길 수 있다.

가는 방법 미케 비치에서 도보 5분
주소 53 Morrison, Phước Mỹ, Sơn Trà **문의** 076 990 8603
영업 11:00~14:00, 17:00~22:00
휴무 수요일
예산 피자 19만 동, 파스타 19만 동
홈페이지 mycasa-danang.com

퍼 비엣
Phở Việt

위치 선짜 야시장 주변
유형 로컬 맛집
주메뉴 퍼보

→ 깔끔한 육수의 맛있는 쌀국수
→ 다소 애매한 위치

숨은 쌀국수 맛집으로 오직 쌀국수로만 승부한다. 진하면서도 깔끔한 쌀국수 맛이 일품이고 가격도 저렴해 더 고마운 곳이다. 쌀국수 종류는 고기 부위에 따라 나뉘는데 살짝 데친 소고기가 들어간 퍼따이와 지방이 있는 양지고기가 들어간 퍼거우가 추천 메뉴다. 가장 비싼 닥비엣Đặc Biệt은 스페셜 메뉴로 여러 가지 고명이 다 들어간 쌀국수이니 입맛에 맞게 골라 먹어 보자.

가는 방법 선짜 야시장에서 도보 5분
주소 1066 Ngô Quyền, An Hải Bắc, Sơn Trà
문의 0869 898 998
영업 05:30~23:00
예산 퍼따이 4만 5,000동, 퍼거우 4만 5,000동

미꽝 꾸에쓰어
Mỳ Quảng Quê Xưa

위치 롯데마트 주변
유형 로컬 맛집
주메뉴 미꽝, 반짱꾸온팃해오

→ 저렴한 반짱꾸온팃해오 맛집
→ 일부러 찾아가야 하는 위치

다소 애매한 위치라 아는 사람만 일부러 찾아가는 맛집이다. 다낭의 대표 국수 미꽝과 베트남식 수육 반짱꾸온팃해오를 전문으로 판매한다. 특히 반짱꾸온팃해오는 부드럽게 삶은 고기에 채소를 듬뿍 넣고 라이스페이퍼에 싸 먹는 요리로 마치 우리의 돼지고기 수육과 비슷한 맛이다. 한국인 입맛에도 잘 맞아 맛있게 먹을 수 있으며 무엇보다 가격이 저렴해 부담 없이 즐길 수 있다.

가는 방법 롯데마트에서 차로 6분
주소 165 Núi Thành, Hoà Cường Bắc, Hải Châu
문의 091 995 0677
영업 06:00~22:00
예산 반짱꾸온팃해오 6만 5,000동~, 미꽝 6만 동

에스코 비치 바
Esco Beach Bar

위치 미케 비치 주변
유형 신규 맛집
주메뉴 피자, 파스타

→ 미케 비치를 품은 뷰 맛집
→ 현지 물가 대비 비싼 가격

미케 비치를 바로 코앞에 두고 맛있는 요리와 술을 즐길 수 있는 비치 바 겸 레스토랑이다. 세련된 인테리어와 바다가 바로 보이는 탁 트인 구조라 이국적인 무드가 가득. 특히 맑은 날에는 푸른 오션 뷰가 환상적이다. 대표 메뉴는 피자와 파스타인데 맛도 꽤 괜찮은 편. 가볍게 런치와 디너 식사로도 좋고 저녁이면 힙한 바의 분위기로 변신해 칵테일과 함께 취하기에도 좋다.

가는 방법 모나크 호텔에서 도보 3분, 미케 비치에 위치
주소 Lô 12 Võ Nguyên Giáp, Mân Thái, Sơn Trà
문의 0236 3955 668
영업 08:00~24:00
예산 피자 17만 동~, 파스타 19만 동~

다낭 카페

베트남은 커피 문화가 발달해서 다낭에도 크고 작은 카페가 무척 많은 편이다. 독특한 베트남 스타일의 커피, 까페 스어다를 비롯해 시원하고 달콤한 코코넛 커피, 고소한 풍미의 에그 커피까지 이색적인 베트남의 커피를 즐겨 보자.

꽁 카페
Cộng Cà Phê

위치 한 시장 주변
유형 인기 카페
주메뉴 코코넛 커피

→ 코코넛 커피의 원조
→ 한국인 여행자가 너무 많음

베트남에서 가장 성공한 프랜차이즈 카페로 빈티지한 콘셉트의 인테리어가 독특하다. 이곳의 인기 메뉴는 코코넛 커피Cốt Dừa Cà Phê다. 코코넛밀크를 넣고 갈아서 만든 코코넛 스무디에 로부스타 원두로 내린 커피를 섞어 달콤하면서도 진한 커피 향의 조화가 끝내준다. 상큼한 열대 과일 주스를 마시고 싶다면 패션 프루트Trà Đào Chanh Leo나 꼭 Cóc 주스를 추천한다.

가는 방법 한 시장에서 도보 2분
주소 96-98 Bạch Đằng, Hải Châu 1, Hải Châu
문의 0236 6553 644 **영업** 07:00~23:30
예산 코코넛 커피 4만 9,000동, 망고 스무디 5만 9,000동
홈페이지 congcaphe.com

43 팩토리 커피 로스터
43 Factory Coffee Roaster

위치 미케 비치
유형 신규 카페
주메뉴 사이펀 커피, 콜드브루

→ 특색 있는 커피 메뉴
→ 현지 물가 대비 비싼 가격

새롭게 문을 연 카페로 이 주변에서는 제법 규모가 큰 복층 구조로 되어 있으며 마치 물 위에 있는 것 같은 야외 좌석이 독특하다. 트렌디한 스타일의 인테리어와 이색적인 커피 메뉴로 무장해 핫플레이스로 뜨고 있다. 직접 로스팅까지 하는 데다 프렌치 프레스, 사이펀, 푸어 오버 등 다양한 방식으로 추출한 커피를 즐길 수 있어 커피 마니아에게 인기가 많다.

가는 방법 아다모 호텔Adamo Hotel에서 도보 4분
주소 422 Ngô Thì Sỹ, Bắc Mỹ An, Ngũ Hành Sơn
문의 0799 343 943 **영업** 08:00~17:00
예산 에스프레소 5만 5,000동~, 카페라테 6만 5,000동
홈페이지 43factory.coffee

브루맨 커피
Brewman Coffee

위치 다낭 대성당 주변
유형 신규 카페
주메뉴 코코넛 커피

😊→ 북적이지 않는 분위기와 맛있는 커피
😑→ 길가에서 보이지 않아 지나치기 쉬움

골목 깊숙이 숨어 있어 일부러 찾아가야만 발견할 수 있는 카페다. 독특한 스타일의 외관부터 눈길을 사로잡으며 내부로 들어가면 2층으로 이어지는 계단과 커피를 만드는 커피 바 공간이 탁 트여 있어 한눈에 들어온다. 까페 스어다 같은 베트남 커피 메뉴를 비롯해 케멕스로 내리는 커피와 콜드 브루 커피도 있다. 그중에서도 달콤한 코코넛 커피가 유독 맛있으니 꼭 맛보자. 다낭 대성당 가까이에 있으므로 관광 후에 찾아가 시원한 커피 한 잔의 여유를 즐기기에도 좋다.

가는 방법 다낭 대성당에서 도보 3분
주소 k27a/21 Thái Phiên, Phước Ninh, Hải Châu
문의 096 735 9292
영업 07:00~22:00
예산 코코넛 커피 4만 5,000동~

남토 하우스 커피
Namto House Coffee

위치 다낭 대성당 주변
유형 로컬 카페
주메뉴 에그 커피, 에그 타르트

😊→ 달걀을 사용한 다양한 메뉴
😑→ 에그 커피의 맛에 호불호가 있는 편

베트남의 독특한 커피 메뉴인 에그 커피로 유명한 카페. 복층 구조에 감성적인 분위기로 꾸며져 있어 베트남 젊은이들 사이에서 핫 플레이스로 통한다. 이곳의 시그니처인 에그 커피는 여느 카페와 조금 다르게 서빙된다. 에그 크림, 커피, 연유가 한데 나오지 않고, 각각 따로 나오는데 커피와 연유를 먼저 섞은 후 부드러운 에그 크림을 조금씩 넣어 마시면 된다. 커피뿐만 아니라 디저트도 인기가 많다. 그중 에그 타르트와 짭짤한 파이 반쭝무오이Bánh Trứng Muối를 추천한다.

가는 방법 다낭 대성당에서 도보 3분
주소 130 Nguyễn Chí Thanh, Hải Châu 1
문의 094 887 7777
영업 07:30~22:30
예산 망고 스무디 3만 5,000동, 코코넛 커피 4만 5,000동

롱 커피
Long Coffee

위치 꽝쭝Quang Trung 거리 주변
유형 로컬 카페
주메뉴 까페 스어다

🙂→ 저렴한 현지 베트남 커피
🙁→ 소통이 어렵고 더운 편

다낭에서 베트남 사람들이 마시는 현지 커피를 경험해 보고 싶다면 이곳으로 가자. 현지인이 인정하는 로컬 카페로 자리에 앉으면 시원한 차와 커피가 나오는 시스템이다. 자체적으로 로스팅한 원두로 내린 까페 스어다는 달콤하면서도 커피 맛이 진해 강렬하다. 엉덩이를 겨우 붙일 만한 작은 의자에 앉아 현지인처럼 커피를 내리고 또 마시면서 현지 베트남 커피 맛을 제대로 느껴 보자.

가는 방법 한 시장에서 도보 15분
주소 123 Lê Lợi, Thạch Thang, Hải Châu
문의 0236 3825 426
영업 06:00~18:00
예산 까페 스어다 1만 6,000동
홈페이지 www.longcoffee.com

쭝응우옌 레전드
Trung Nguyên Legend

위치 동다 거리 주변
유형 신규 카페
주메뉴 베트남 커피, 까페 스어다

🙂→ 시원하고 편안한 실내
🙁→ 현지 물가 대비 비싼 편

우리에게는 G7으로 유명한 베트남 커피 브랜드에서 운영하는 카페로 최근에 문을 열었다. 커피 메뉴는 크게 베트남 커피와 에스프레소를 이용한 커피 종류로 나뉜다. 간단한 디저트와 반미도 갖추어 가볍게 요기하기 좋다. 베트남 커피는 6가지 원두 가운데 고를 수 있으며 원두에 따라 가격도 차이가 난다. 2층으로 되어 있고 세련된 인테리어와 시원한 냉방 시설을 갖추어 안락하다.

가는 방법 한 시장에서 차로 6분
주소 104 Đống Đa, Thuận Phước, Hải Châu **문의** 091 282 8344
영업 06:00~22:30
예산 박씨우 4만 9,000동~, 코코넛 커피 7만 7,000동
홈페이지 trungnguyenlegend.com

웃 티크 카페
Út Tịch Café

위치 한 시장 주변
유형 로컬 카페
주메뉴 코코넛 커피, 망고 스무디

🙂→ 베트남 전통 분위기의 포토 존 가득
🙁→ 실내가 다소 어두운 편

베트남 전통의 감성을 녹인 이국적인 분위기의 카페로 한 시장과 가까워 접근성이 좋다. 베트남풍의 벽화와 주렁주렁 걸린 라탄 조명, 베트남 거리 풍경을 담은 노란색 벽화가 돋보인다. 2층으로 올라가면 또 다른 분위기가 펼쳐지는데 한강을 내려다볼 수 있는 테라스석이 있다. 달콤하고 시원한 코코넛 커피, 상큼한 망고 스무디, 아보카도 스무디가 인기이고 진한 카페라테 맛도 좋다.

가는 방법 한 시장에서 도보 2분
주소 102 Bạch Đằng, Hải Châu 1, Hải Châu
문의 093 534 5121
영업 06:30~22:30
예산 망고 스무디 4만 9,000동~, 코코넛 커피 4만 9,000동

로컬 빈스
The Local Beans

위치 다낭 대성당 주변
유형 신규 카페
주메뉴 코코넛 커피, 에그 커피

😊→ 트렌디한 공간과 다양한 메뉴
😐→ 접근성이 다소 애매한 편

다낭의 현지 젊은 층 사이에서 뜨고 있는 카페로 워크 스페이스를 같이 운영하는 소셜 공간이다. 모던하면서도 트렌디한 분위기 속에서 전문성이 느껴지는 맛있는 커피를 마실 수 있다. 커피는 베트남 로컬 커피와 에스프레소를 이용한 커피로 나뉘는데 그중 코코넛 커피를 추천한다. 다른 카페와 비교해도 단연 탁월한 맛을 낸다. 생코코넛의 과육을 넣고 갈아서 더욱 신선한 코코넛 맛이 느껴진다.

가는 방법 다낭 대성당에서 도보 12분
주소 56A Lê Hồng Phong, Phước Ninh, Hải Châu **문의** 0784 117 944
영업 06:30~22:30
예산 코코넛 커피 4만 2,000동, 아메리카노 3만 5,000동
홈페이지 www.thelocalbeans.com

남 하우스
Nam House

위치 다낭 대성당 주변
유형 로컬 카페
주메뉴 에그 커피

😊→ 빈티지한 분위기
😐→ 골목 안에 있어 찾기 어려움

골목 안에 숨어 있어 쉽게 눈에 띄지 않지만 일단 안으로 들어서면 빈자리를 찾아보기 힘들 정도로 베트남의 젊은 층에게 사랑받는 카페다. 오래된 주택을 개조해 만든 레트로풍의 인테리어가 특징이다. 현지인이 주로 이용하는 곳이라 저렴한 커피 가격에 탁월한 맛을 내는 고마운 곳. 특히 베트남의 독특한 커피인 에그 커피를 추천한다. 달콤하면서도 고소해 카푸치노처럼 풍부한 맛을 느낄 수 있다.

가는 방법 다낭 대성당에서 도보 6분
주소 Khoảng 30 m, 15/1, Số 15 Lê Hồng Phong, Vô hẻm, Hải Châu
문의 0366 865 996
영업 06:00~22:00
예산 커피 2만 동~, 에그 커피 2만 7,000동, 스무디 3만 5,000동

째 리엔
Chè Liên

위치 참 조각 박물관 주변
유형 로컬 카페
주메뉴 째

😊→ 독특한 현지식 디저트
😐→ 호불호가 갈리는 두리안의 향

현지인이 사랑하는 디저트 째Chè 전문점이다. 다양한 디저트가 있는데 그중 두리안을 넣은 째타이Chè Thái가 이곳의 간판 메뉴다. 부드러운 코코넛밀크에 얼음과 젤리, 강렬한 향의 두리안을 넣고 섞어 먹는데 두리안 향이 묘하게 중독성 있다. 독특한 디저트에 도전해 보고 싶다면 추천한다. 두리안을 빼고 먹고 싶다면 '째타이콩서우리엥Chè Thái Không Sầu Riêng' 메뉴를 주문하면 된다.

가는 방법 참 조각 박물관에서 도보 10분
주소 189 Hoàng Diệu, Nam Dương, Hải Châu
문의 0906 446 073
영업 08:00~22:00
예산 째타이 2만 5,000동

시트론
Citron

위치 선짜반도 주변
유형 인기 카페
주메뉴 애프터눈 티

☺→ 멋진 풍경과 특급 서비스
☹→ 시내에서 멀고 비싼 가격

다낭 최고급 리조트로 꼽히는 인터콘티넨탈 다낭 선 페닌슐라 리조트에서 멋진 뷰와 함께 애프터눈 티를 즐길 수 있다. 해발 100m 공중에 떠 있는 것 같은 독특한 테이블 구조가 이곳의 시그니처로 여성 여행자의 마음을 사로잡는다. 눈이 시리도록 푸른 바다를 바라보며 달콤한 디저트를 즐기면 이곳이 천국이 아닐까 싶다. 투숙객이 아니라도 사전 예약 시 이용 가능하다.

가는 방법 다낭 시내에서 차로 30분
주소 Bãi Bắc, Thọ Quang, Sơn Trà
문의 0236 3938 888
영업 06:30~22:00, 애프터눈 티 15:00~17:00 예산 애프터눈 티 129만 9,000동~
※서비스 차지+세금 15% 추가

원더러스트
Wonderlust

위치 한 시장 주변
유형 인기 카페
주메뉴 코코넛 커피, 과일 스무디

☺→ 트렌디하고 예쁜 인테리어
☹→ 음료 맛은 평범한 편

한 시장과 가깝게 위치한 카페로 현지인들 사이에서는 핫플로 통한다. 이 일대에서 보기 힘든 심플하고 트렌디한 스타일에 독특한 복층형 구조로 자연광이 환하게 들어와 더 화사하고 밝은 분위기다. 코코넛 커피는 물론 코코넛 망고, 코코넛 밀크셰이크 등 코코넛을 이용한 다양한 메뉴가 있다. 한쪽에서는 소소한 잡화와 기념품도 판매한다. 한 시장이나 다낭 대성당을 둘러본 후 쉬어가기 좋다.

가는 방법 한 시장에서 도보 1분
주소 96 Đ. Trần Phú, Hải Châu 1
문의 0236 374 4678
영업 07:30~23:00
예산 아메리카노 5만 동, 코코넛 라떼 6만 5,000동

라 비시클레타 카페
La Bicicleta Café

위치 다낭 대성당 근처
유형 로컬 카페
주메뉴 에그 커피, 코코넛 커피

☺→ 맛있는 에그 커피
☹→ 규모가 작고 더운 편

지나치기 쉬운 작은 규모의 카페지만 맛있는 에그 커피 맛집으로 입소문이 나 조금씩 단골이 늘고 있다. 신선한 달걀로 만드는 에그 커피는 베트남에서 맛볼 수 있는 명물 커피다. 풍성한 달걀 거품이 진한 커피 향과 만나 부드럽고 고소한 풍미를 느낄 수 있다. 식지 않게 따뜻한 물에 담겨 나오는데 식으면 살짝 비릴 수 있으니 따뜻할 때 바로 마시자. 다낭 대성당 관광 후 방문하면 좋다.

가는 방법 다낭 대성당에서 도보 2분
주소 33 Trần Quốc Toản, Phước Ninh, Hải Châu
문의 093 611 2530
영업 07:00~22:00
예산 에그 커피 3만 5,000동, 까페 스어다 2만 동

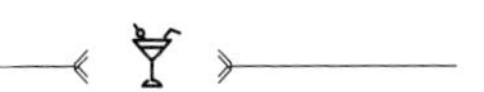

다낭 나이트라이프

다낭의 밤은 시원한 맥주와 음악에 취하기 좋은 펍을 비롯해 신나는 밤을 보낼 수 있는 현지 클럽, 라이브 바 등 즐길 거리가 다양하다. 또한 아찔한 뷰를 즐길 수 있는 루프톱 바도 미케 비치, 한강 변 일대에 많아서 황홀한 야경을 즐기며 칵테일에 취하기도 좋다.

스카이 36 바
Sky 36 Bar

위치 박당Bạch Đằng 거리 주변
유형 루프톱 바
주메뉴 칵테일

☺ → 화려한 야경과 세련된 분위기
☹ → 현지 물가 대비 비싼 가격

지금처럼 다낭에 루프톱 바가 많지 않던 때부터 최고의 인기를 끌었던 곳으로 탁 트인 공간에 장애물 없이 파노라마 뷰를 즐길 수 있다. 베트남 현지 물가와 비교했을 때 깜짝 놀랄 만큼 가격이 비싸 다소 부담스럽지만 그럼에도 불구하고 식지 않는 인기를 자랑한다. 호텔 루프톱 바인 만큼 어느 정도 드레스 코드를 맞춰서 가자.

가는 방법 한 시장에서 도보 13분, 노보텔 다낭 프리미어 한 리버 36층
주소 36 Bạch Đằng, Thạch Thang, Hải Châu
문의 090 115 1536 **영업** 18:00~02:00
예산 시그니처 칵테일 29만 동~
※서비스 차지+세금 15% 추가
홈페이지 sky36.vn

톱
The Top

위치 미케 비치 주변
유형 루프톱 바
주메뉴 칵테일, 맥주

☺ → 부담 없는 가격과 편안한 분위기
☹ → 인기가 많아 자리가 부족

너무 핫한 분위기나 화려한 루프톱 바가 부담스럽다면 이곳이 제격이다. 호텔 아라카르트 다낭 비치 24층에 위치한 루프톱 바로 투숙객보다 외부 손님이 더 많이 찾아올 정도로 인기 있다. 야외석도 있고 안락한 실내석도 있어 가족 여행자도 부담 없는 편안한 분위기가 매력이다. 가격대도 비싸지 않은 편이니 가벼운 마음으로 가 보자.

가는 방법 미케 비치, 아라카르트 다낭 비치A La Carte Danang Beach 24층
주소 200 Võ Nguyên Giáp, Phước Mỹ, Sơn Trà
문의 0236 3959 555
영업 06:30~22:30
예산 맥주 7만 동~, 커피 7만 동
홈페이지 www.alacartedanangbeach.com

온 더 라디오 바
On The Radio Bar

위치 다낭 대성당 주변
유형 라이브 클럽
주메뉴 칵테일, 맥주

😊→ 공연, 퍼포먼스 등 볼거리가 풍부
😞→ 취향에 따라 갈리는 공연

라이브 공연과 함께 흥겨운 분위기에 취하고 싶다면 추천한다. 매일 저녁 라이브 밴드의 연주, DJ의 화려한 퍼포먼스와 같은 공연이 있어 신나는 분위기 속에서 춤도 추고 노래도 부르면서 다낭의 밤을 만끽할 수 있다. 외국인보다 현지인이 더 많이 찾는 곳으로 베트남 현지의 나이트라이프를 경험하기 좋다.

가는 방법 다낭 대성당에서 도보 8분
주소 76 Thái Phiên, Phước Ninh, Hải Châu
문의 090 197 7755 **영업** 19:00~02:00
예산 맥주 7만 5,000동~, 칵테일 14만 동~
홈페이지 ontheradio.business.site

푸이
Phủi

위치 미케 비치 주변
유형 로컬 술집
주메뉴 맥주, 해산물 안주

😊→ 저렴하고 맛있는 해산물 안주
😞→ 오픈된 구조라 더위에 취약

다낭 사람들이 매일 밤 맛있는 술과 안주를 즐기면서 왁자지껄한 밤을 보내는 곳이다. 주로 해산물을 이용해서 만드는 베트남식 안주는 대부분 6만 동으로 저렴한 가격에 비해 맛도 좋은 편이다. 대부분의 손님이 현지인이라 시끌벅적한 로컬 분위기를 만끽하면서 요리와 술에 취하기 좋다.

가는 방법 미케 비치에서 도보 6분, 폰테 부티크 빌라 Ponte Boutique Villa 건너편
주소 109 Hồ Nghinh, Phước Mỹ, Sơn Trà
문의 093 503 4566 **영업** 11:00~22:00
예산 요리 6만 동~, 맥주 1만 5,000동~

TRAVEL TALK

현지인처럼 길맥해보기

베트남 로컬 스타일로 술을 마셔 보고 싶다면 오! 미아Oh! Mia로 가 보세요. 이곳은 낮에는 볼 수 없고 밤에만 반짝 열리는 길거리 맥줏집으로, 여행자는 찾아보기 힘들어요. 수레 하나와 노란색 플라스틱 의자를 쫙 깔아 놓고 술을 파는데 낮은 의자에 앉아 한강 야경을 보며 기분 좋게 한잔하기 좋아요. 현지인들 틈에 껴 맥주를 마시는 이색적인 경험은 잊지못할 추억이 됩니다.
가는 방법 한 시장에서 강변 방향, 케이마트 옆
주소 106 Bạch Đằng, Hải Châu 1, Hải Châu **영업** 18:00~23:30
예산 스트롱보 4만 5,000동, 맥주 2만 5,000동

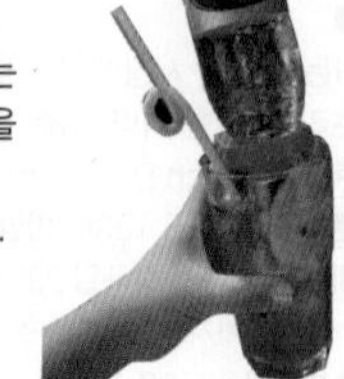

스카이 21 바
Sky 21 Bar

위치 미케 비치 주변
유형 루프톱 바
주메뉴 칵테일, 맥주

😊 → 멋진 전망과 적당한 가격
😞 → 낮에는 영업 안 함

미케 비치에 위치한 고층 호텔의 루프톱 바 경쟁 속에서 최근 가장 인기 있는 곳이다. 21층에 위치한 루프톱 바로 계단식 구조로 자리가 배치되어 있어 더 멋진 뷰를 즐길 수 있다. 미케 비치가 내려다보이는 시원스러운 경치는 물론 반대쪽 자리에서 다낭의 시티 뷰도 감상할 수 있다. 소주를 응용한 독특한 칵테일부터 맥주까지 메뉴가 다양하다. 오후 5시부터 8시까지 해피 아워에는 칵테일을 1+1으로 마실 수 있으니 이용해 보자.

가는 방법 벨 메종 파로산드 다낭 호텔Belle Maison Parosand Danang Hotel 21층 **주소** 216 Võ Nguyên Giáp, Phước Mỹ, Sơn Trà **문의** 0236 392 8688 **영업** 17:00~24:00 **예산** 칵테일 12만 동~, 맥주 4만 동~
※서비스 차지+세금 15% 추가

오큐 라운지 펍
Oq Lounge Pub

위치 박당 거리 주변
유형 클럽
주메뉴 칵테일, 맥주

😊 → 신나는 분위기의 현지 클럽
😞 → 계산서를 꼼꼼히 확인해야 함

다낭에서 클럽에 가 보고 싶다면 이곳으로 가면 된다. 베트남 현지 음악부터 팝, 케이팝까지 골고루 나오고 수많은 현지인과 외국인으로 북적거린다. 약간은 촌스러운 현지 느낌의 클럽인데 그래서 더 신경 쓸 것 없이 신나게 놀 수 있다. 밤 10시는 넘어서 가야 피크 타임이 시작되니 너무 일찍 가지 않도록 하자. 종종 더 많은 요금을 추가한 영수증을 준다는 안 좋은 후기도 있으니 계산 전 꼼꼼하게 금액을 확인해 보자.

가는 방법 한 시장에서 도보 16분
주소 18-20 Bạch Đằng, Thạch Thang, Hải Châu
문의 093 545 6517
영업 20:00~03:00
예산 맥주 8만 5,000동~

뉴 골든 파인 펍
New Golden Pine Pub

위치 한 시장 주변
유형 펍
주메뉴 칵테일, 맥주

😊 → 격의 없는 분위기와 저렴함
😞 → 이른 시간에 가면 다소 썰렁함

가볍게 맥주를 마시면서 기분이 내키면 춤을 추기도 하며 흥겹게 즐기고 싶을 때 가기 좋은 곳이다. 현지인과 외국인 여행자가 저녁 시간에 맥주를 마시면서 즐기는 펍으로 많이 찾는다. 부담 없는 술값에 몸이 들썩이는 신나는 음악을 들으며 여행자끼리 격의 없이 어울리기 좋은 분위기다. 다른 펍이나 클럽이 밤 12시에서 새벽 2시 사이에 문을 닫는 것에 비해 이곳은 더 늦게까지 운영해서 2차로 방문하기 좋다.

가는 방법 한 시장에서 차로 5분
주소 325 Đ. Trần Hưng Đạo, An Hải Bắc
문의 0901 770 000
영업 20:00~04:00
예산 맥주 8만 2,000동~, 칵테일 12만 동~

다낭 쇼핑

다낭의 쇼핑은 고급스러운 쇼핑보다는 한 시장에서 아오자이, 라탄 소품, 잡화 등을 저렴하게 사는 알뜰 쇼핑과 롯데마트에서의 기념품, 식재료 폭풍 쇼핑이 주를 이룬다. 한 시장의 경우 워낙 저렴해 잘만 고르면 가성비 좋은 제품을 구입할 수 있다.

롯데마트 *Lotte Mart*

위치 헬리오 야시장 주변
유형 쇼핑몰
특징 베트남 커피, 특산품 등 기념품 쇼핑을 한 번에

다낭을 찾는 여행자에게 쇼핑 필수 코스로 통하는 곳이다. 우리에게 친숙한 대형 쇼핑몰로 여행자 입맛에 맞게 다양한 상품을 구비하고 있다. 여행자 눈높이로 쇼핑하기 쉽게 진열해 놓아서 한국인 여행자에게 인기가 높다. 단순히 쇼핑만 하는 곳이 아니라 환전, 짐 보관, 배달 등 차별화된 서비스로 승부하고 있다. 특히 여행자가 많이 구입하는 커피, 차, 견과류, 라면, 과자 등은 쇼핑하기 쉽게 한곳에 잘 진열해서 기념품 쇼핑에 최적화된 곳이다. 또 반가운 김치, 고추장, 즉석 밥, 김, 라면, 소주 등 웬만한 한국 식료품은 모두 구입할 수 있을 정도로 다양해 현지에서 한국 식재료가 필요할 때 유용하다.

가는 방법 한 시장에서 차로 15분
주소 6 Nại Nam, Hoà Cường Bắc, Hải Châu
문의 0236 3611 999
영업 08:00~22:00
홈페이지 www.lottemart.com.vn

TIP

1층 입구 좌측의 환전소는 환율도 좋은 편이고 정직하게 운영해 여행자가 많이 이용한다. 마트 내 식사 및 휴식 공간으로는 1층의 무한 리필 샤부샤부 레스토랑 '키치키치Kichi-Kichi', 패스트 푸드점, 롯데리아, KFC, 2층의 인기 카페 체인 '푹롱 커피 & 티Phúc Long Coffee & Tea' 등이 있다.

FOLLOW UP

롯데마트 뚝뚝하게 쇼핑하는 법

롯데마트는 방문객을 위한 다양한 서비스를 제공해 단순한 쇼핑몰 이상의 공간으로 인기가 높다. 짐 보관 및 배달 서비스, 환전 등의 서비스가 있으니 적극 이용해 보자. 쇼핑몰 규모가 크고 층별로 상품 구성 등에 차이가 있어 미리 파악하고 가면 시간을 절약할 수 있다.

01 양손이 자유로운 짐 보관 서비스

마지막 날 체크아웃 후 짐이 고민이라면 롯데마트에 맡겨 두는 방법이 있다. 숙소가 외진 곳에 있거나 마지막으로 롯데마트에서 쇼핑을 한 후 비행기를 타러 갈 예정이라면 더욱 편리하다. 3층과 4층의 짐 보관소Customer Locker에서 무료로 맡아 준다.

롯데마트 층별 안내 한눈에 보기

층	매장 안내
5	오락실, 영화관, 코인 노래방
4	짐 보관소, 자율 포장대, 배송 서비스, 마트(신선식품, 채소, 과일, 라면, 주류, 베트남 특산품 등)
3	짐 보관소, 마트(생활용품, 의류, 화장품, 가전제품, 주방용품 등)
2	푹롱 커피 & 티, 의류, 레고 등
1	환전소, 카페, 키치키치, 롯데리아, KFC, 하일랜드 커피 등

02 모바일 쇼핑 후 숙소로 받는 배달 서비스

롯데마트 스피드 엘Speed L 앱을 통해 쇼핑을 즐기고 숙소로 편안하게 배송받을 수 있다. 다낭 주요 호텔의 경우 15만 동 이상 구매 시 당일 무료 배달을 해줘서 한국인 여행자에서 인기를 끌고 있다. 한국어 지원이 되고 가입이나 이용 방법도 간단해 초보자도 쉽게 이용할 수 있다. 앱을 통해 상품을 구입하고 대금은 카드 결제하거나 직접 호텔 로비에서 배달원에게 현금으로 지불하면 된다. 시간이 없어서 롯데마트에 가기 힘들거나 다소 외진 위치의 숙소에 콕 박혀서 먹을 간식, 음료, 술 등이 필요할 때 유용하다.

※스피드 엘 주문 방법은 1권 P.177 참고

03 달랏 특산품 쇼핑하기

너무 많은 베트남 아이템 사이에서 무엇을 사야 할지 고민이 된다면 3층 코너에 진열된 랑팜L'angfarm 제품을 골라보자. 베트남에서도 특산품으로 유명한 고산지대 달랏Da Lat에서 생산되는 각종 특산품을 전문적으로 판매하는 브랜드로 포장도 깔끔하고 상품의 퀄리티도 좋아 추천할만하다. 달랏의 대표 특산품 아티초크Artichoke 차는 건강에 좋아 선물용으로도 좋다. 말린 망고를 비롯해 마카다미아, 캐슈너트와 같은 견과류도 다양하다.

고 다낭 *GO! Đà Nẵng*

위치 꼰 시장 주변
유형 쇼핑몰
특징 현지인이 즐겨 찾는 쇼핑몰

롯데마트가 여행자 입맛에 맞게 갖춰놓은 쾌적한 쇼핑몰이라면 고 다낭은 현지인이 더 애용하는 쇼핑몰이다. 현지인이 주로 찾는 곳이다 보니 가격은 롯데마트보다 조금 저렴한 반면 여행자가 주로 구입하는 상품에 대한 진열이나 구성은 다소 아쉽다. 현지인이 많이 구매하는 채소, 과일 등의 신선식품은 롯데마트보다 질이 좋고 가격도 저렴하다. 대부분의 제품은 롯데마트와 비슷하기 때문에 굳이 갈 필요가 없지만 쇼핑의 주 목적이 과일과 현지 식재료라면 고 다낭을 추천한다.

가는 방법 한 시장에서 차로 5분, 도보 15분
주소 255-257 Hùng Vương, Vĩnh Trung, Hải Châu
문의 0236 3666 085 **영업** 08:00~22:00
홈페이지 go-vietnam.vn

현지인의 한마디
한국인 여행자는 롯데마트를 좋아하지만 현지인은 고 다낭을 더 자주 찾아요. 가격도 조금 더 저렴하고 로컬 브랜드가 다양해요. 특히 과일을 구매한다면 신선도나 종류, 가격 면에서 고 다낭에서 사는 것을 추천합니다.

TIP

가뿐한 쇼핑을 위한 보관 서비스 이용하기

① 짐 보관 서비스
2층 입구 좌측에 짐을 맡아 주는 데스크가 있다. 크고 작은 짐이 있다면 이곳에 맡기고 편안하게 쇼핑을 즐기자. 단, 귀중품은 제외된다.
운영 08:00~22:00

② 물품 배달 서비스
구매 금액이 30만 동 이상인 경우 7km 이내 거리까지 무료 배달이 가능하다. 보통 4~12시간 내에 배달되는 파손 위험이 있는 상품은 제외된다. 2층 입구 옆에서 접수할 수 있다.

한 시장 *Chợ Hàn*

위치 한강 조각 공원 주변
유형 시장
특징 여행자의 알뜰 쇼핑 성지

다낭에서 가장 활발하게 운영되는 재래시장으로 저렴한 쇼핑의 즐거움을 느낄 수 있어 한국인 여행자 사이에서 인기가 유독 뜨겁다. 2층 구조로 1층은 베트남의 식재료, 채소, 과일, 반찬, 과자 및 커피 등을 파는 곳이 모여 있고 2층은 각종 의류, 잡화, 아오자이 등을 파는 곳이 많다. 특히 아오자이에 관심이 있는 여행자라면 다낭에서 가장 저렴하게 구매할 수 있는 곳이기 때문에 필수 코스로 방문한다. 여행자는 보통 2층에서 아오자이를 맞춤 제작하거나 저렴한 열대풍의 의류, 티셔츠, 신발, 속옷 등을 구매한다. 아무래도 베트남 물가가 저렴한 편이라서 의류나 신발 등이 한국보다 훨씬 저렴하기 때문에 잘만 고르면 알뜰 쇼핑을 즐길 수 있다. 한국인 여행자가 워낙 많이 찾다 보니 간단한 한국어 소통도 가능하다. 한국인이 많이 가는 곳은 가격대도 적정가로 형성되어 있으니 미리 가격대를 체크한 뒤 구입하자.

가는 방법 다낭 대성당에서 도보 3분
주소 119 Trần Phú, Hải Châu 1, Hải Châu
문의 0236 3821 363
영업 06:00~19:00 ※매장에 따라 다름

FOLLOW UP

한 시장
믿고 사는 인기 쇼핑 아이템

한 시장은 저렴한 가격에 현지 쇼핑의 재미를 느낄 수 있어 여행자의 쇼핑 일번지로 통한다. 단, 적정가를 모르고 가면 바가지를 쓸 수 있으니 적당한 가격과 추천 상점을 참고해서 알뜰 쇼핑을 즐겨 보자.

2층 인기 아이템

• 아오자이

나만을 위한 아오자이를 맞춤 제작할 수 있는 상점이 2층에 모여 있다. 보통 디자인과 치수 확정 후 1~2시간 정도면 옷이 완성된다. 제작하고 난 후에는 꼭 입어 보고 몸에 잘 맞는지, 엉성한 부분은 없는지 체크하자.

적정가 1벌 세트 25만~30만 동

• 의류

열대 분위기가 물씬 풍기는 원피스, 셔츠, 스포츠 티셔츠, 반바지 등이 불티나게 팔리는 상점이 모여 있다. 인기 비결은 놀랄 만큼 저렴한 가격이다. 가족들과 다 같이 패밀리 룩으로 맞춰 입고 기념사진을 찍는 용도로 구입하기 좋다.

적정가 티셔츠 6만 동~, 과일 프린트 셔츠 7만 동~

• 신발

운동화, 샌들 등을 집중적으로 파는 신발 상점도 많다. 라탄 소재로 만든 편안한 슬리퍼는 여행자 사이에서 인기 아이템이다.

적정가 라탄 슬리퍼 8만~10만 동, 운동화 30만~50만 동, 샌들 12만 동~

• 머플러

가성비 좋은 스카프와 머플러를 파는 상점이다. 다양한 디자인과 재질의 머플러를 아주 저렴하게 판매해 인기 있다. 가격 대비 질도 괜찮고 실용적이라 지인을 위한 선물용으로 많이 구입한다.

적정가 머플러 7만~13만 동, 스카프 3만 동~

- **가방**

여행 중 가볍게 들 수 있는 크로스 백부터 클러치 백, 여행용 캐리어까지 다양한 종류의 가방을 판매한다. 짐이 늘어 캐리어를 추가로 구입해야 한다면 이곳에서 저렴하게 구입해 보자.

적정가 캐리어 20인치 36만 동, 24인치 40만 동, 28인치 60만 동

1층 먹거리와 살거리

- **열대 과일**

1층의 열대 과일 상점에서 망고스틴, 망고 등을 판매한다. 망고는 구입 시 먹기 좋게 썰어 주기도 한다. 과일 값은 제철 시기에 따라 차이가 큰 편이니 가격부터 확인하고 구매하자.

적정가 망고스틴(1kg) 15만~30만 동, 망고(1kg) 3만~4만 동 ※제철 시기에 따라 다름

TIP

쇼핑 고수의 시장 이용법

- 한 시장 내 상당수의 상점이 정찰제가 아니라 가격대를 모르면 바가지 쓸 위험이 크다. 아오자이, 티셔츠, 라탄 가방 등은 어느 정도 형성된 적정가가 있으니 미리 가격을 파악하면 도움이 된다.
- 상점마다 차이가 있지만 보통 아침 8시부터 저녁 5시 사이에 방문하는 것이 좋다. 2층부터 둘러본 후 1층에서 과일이나 기념품 등을 구입하는 순서로 계획한다.
- 아오자이를 맞출 예정이라면 우선 2층으로 가서 아오자이부터 맞추자. 제작을 기다리는 1~2시간 사이에 한 시장 쇼핑을 구석구석 즐긴 후 아오자이를 찾으러 가면 효율적이다.
- 1층은 식료품 판매가 주를 이루는데 말린 과일, 건어물, 과자, 커피 등의 식품은 품질이나 가격 편차가 심한 편이기 때문에 추천하지 않는다.

- **라탄 제품**

다낭 여행에서 가장 많이 사는 라탄 가방을 비롯해 라탄 모자, 라탄 테이블웨어, 기념품 등을 판매한다. 소소한 라탄 소품을 구매하기 좋다.

적정가 라탄 가방 20만 동~, 라탄 트레이(3종) 30만 동~

- **코코넛 과자**

여행자 사이에서 가장 인기 있는 과자로 꼽힌다. 바삭한 식감에 많이 달지 않아 대부분 대량으로 구입한다. 1층에 판매하는 곳이 많은데 비슷한 포장의 가짜도 많으니 잘 가려서 구입하자. 많이 사면 약간의 흥정도 가능하다.

적정가 코코넛 과자(1팩) 1만 5,000동

빈콤 플라자
Vincom Plaza

위치 송한교 주변
유형 쇼핑몰
특징 다낭에서 가장 번듯한 복합 쇼핑몰

다낭에서 가장 고급 쇼핑몰로 꼽히지만 한국에 비해 입점 브랜드나 종류는 매우 적다. 4층 규모로 잡화, 패션 브랜드 매장과 카페, 레스토랑 등이 있으며 CGV 영화관과 키즈 카페도 있어 현지인에게는 여가 시간을 즐길 수 있는 멀티 공간으로 사랑받는다. 간단한 간식이나 다낭 특산품을 살 수 있는 윈마트Winmart도 있어 롯데마트나 고 다낭에 갈 시간이 없는 여행자에게 유용하다.

Shop List

- ☑ 윈마트 Winmart(2층) 기념품, 식품, 과일 등을 파는 슈퍼마켓
- ☑ 티니 월드 Tini World(3층) 베트남의 대표적인 키즈 카페 브랜드
- ☑ CGV(4층) 대형 영화관

가는 방법 한 시장에서 차로 5분, 도보 15분
주소 910A Ngô Quyền, An Hải Bắc, Sơn Trà
문의 0236 3996 688 **영업** 09:30~22:00
홈페이지 www.vincom.com.vn

꼰 시장
Chợ Cồn

위치 고 다낭 주변
유형 시장
특징 베트남의 재래시장

현지인이 이용하는 로컬 재래시장을 기대하는 이들에게는 꼰 시장이 제격이다. 다낭의 속살을 엿볼 수 있는 시장으로 초보 여행자라면 말 붙이기도 힘들 정도로 상인들의 포스가 넘친다. 이용객의 99%는 현지인이며 식생활에 필요한 채소, 육류, 과일 등을 파는 상점과 의류, 잡화, 생활용품 등을 파는 상점이 촘촘하게 모여 있다. 오후가 되면 노점 사이 길바닥에 옷을 산더미처럼 쌓아 놓고 파는 이들과 옷을 헤집으며 고르는 이들로 정신이 쏙 빠질 정도로 분주해진다. 한 시장이 여행자 맞춤 시장으로 변한 것 같아 다소 아쉽다면 꼰 시장으로 가 보자. 현지인 대상이라 소통이 어려우며 가격대를 잘 모르고 가면 오히려 비싸게 살 수 있으니 주의하자.

현지인의 한마디
시장 안으로 들어가면 음식을 파는 점포도 모여 있으니 로컬 음식을 맛보고 싶다면 도전해 보세요. 다양한 종류의 음식 외에 생과일 주스를 파는 곳도 있어요. 특히 아보카도 아이스크림인 깸버는 꼭 먹어 보세요.

가는 방법 고 다낭 맞은편, 한 시장에서 차로 6분
주소 290 Hùng Vương, Vĩnh Trung, Hải Châ
문의 0236 3837 426
영업 06:00~18:00

호아 리
Hoa Ly

위치 용 다리 주변
유형 잡화, 기념품
특징 퀄리티 높은 기념품과 도자기

베트남 전역의 기념품을 모아 놓은 보물창고 같은 공간. 시장 제품과는 다른 품질이 높은 아이템이 많고 흔히 보기 힘든 레어템도 다양하다. 가방, 파우치와 같은 소소한 잡화부터 베트남의 전통 특산품, 세련된 개량 아오자이와 핸드메이드 제품이 가득하다. 2층으로 올라가면 도자기로 유명한 밧짱Bat Trang 지역의 도자기 식기도 만날 수 있다. 가격은 시장보다는 비싸지만 퀄리티가 좋고 정찰제라 흥정이 필요 없다.

가는 방법 용 다리에서 도보 4분
주소 252 Đ. Trần Phú, Phước Ninh
문의 0236 356 5068
영업 10:00~19:00

디 아트 초콜릿
D'art Chocolate

위치 용 다리 주변
유형 초콜릿 전문점
특징 베트남 산 초콜릿 전문점

베트남 산 카카오를 사용한 고급 초콜릿 브랜드로 하노이, 호찌민에도 매장이 있다. 방부제나 식품 첨가물을 사용하지 않고 카카오 고유의 맛이 느껴지는 퀄리티 높은 초콜릿을 맛볼 수 있다. 코코넛, 생강, 다크, 말차, 피스타치오 등을 넣은 다채로운 초콜릿을 고를 수 있고 가격은 종류에 따라 차이가 있지만 초콜릿 바가 9만~11만 동 수준. 포장과 구성도 고급스러워 선물용으로 좋다.

가는 방법 용 다리에서 도보 4분
주소 247 Đ. Trần Phú, Phước Ninh
문의 093 920 6335
영업 08:30~20:00

YMa 스튜디오
YMa Studio

위치 미케 비치 주변
유형 인테리어 소품
특징 감각 있는 라이프스타일 숍

시장에서 파는 상품들의 퀄리티가 실망스럽고 비슷비슷한 디자인이라 아쉽다면 이곳으로 가자. 다낭에서 보기 드문 라이프스타일 숍으로 독특한 디자인에 감각적인 인테리어 소품, 식기, 잡화 등이 가득하다. 대부분의 상품이 베트남에서 만든 수제품이며 퀄리티가 높다. 도자기, 나무 그릇, 트레이 등 여심을 저격하는 예쁜 아이템이 많다. 시장에 비하면 조금 비싸다.

가는 방법 프리미어 빌리지 다낭 리조트에서 도보 5분
주소 10 Khuê Mỹ Đông 2, Khuê Mỹ, Ngũ Hành Sơn 문의 096 207 0189
영업 10:00~19:00 휴무 일요일

머이째지하이
Mây Tre Dì Hải

위치 한 시장 주변
유형 잡화
특징 착한 가격의 라탄 제품

가방, 인테리어 소품, 모자 등 라탄 제품을 흥정 없이, 바가지 없이 사고 싶다면 이곳으로 가자. '한 시장 반미 까페 옆 라탄 상점'이라 불리는 곳으로 한국인 여행자 사이에서도 입소문이 자자하다. 종류가 다소 한정적이라는 점만 빼면 한 시장의 상점과 비교해도 저렴한 편이고, 가격도 정찰제라 마음 놓고 구입할 수 있다. 모자는 4만 동부터, 가방은 디자인에 따라 차이가 있지만 15만~50만 동 수준이며 테이블 매트, 컵 받침 등도 저렴하다.

가는 방법 한 시장 맞은편, 반미 해피 브래드Bánh mì Happy bread 옆 **주소** 16 Hùng Vương, Hải Châu 1, Hải Châu **문의** 0236 3892 013 **영업** 07:00~19:00

테이블 프로듀스
Table Produce

위치 한 시장 주변
유형 초콜릿 전문점
특징 베트남 특산품, 식료품 상점

베트남 지역의 질 좋은 특산품과 식료품을 판매하는 상점으로 가게는 작지만 알찬 아이템만 모아두었다. 베트남 중부 지역의 유명한 커피 원두를 비롯해 각 지역의 차, 꿀, 잼, 초콜릿, 말린 과일, 견과류, 건어물 등을 판매하고 있다. 품질도 좋고 다양한 종류를 소량 포장으로 판매해 기념 삼아 구입하기 좋다. 일본인이 운영하고 있어 간단한 일본 식재료도 있다.

가는 방법 한 시장에서 도보 1분
주소 42 Nguyễn Thái Học, Hải Châu 1
문의 0325 544 946 **영업** 09:00~20:00 **휴무** 수요일

TRAVEL TALK

다낭 의외의 쇼핑 명소, 약국

다낭 여행 중 의외로 많이 방문하는 곳은 바로 약국이에요. 스트렙실Strepsils, 비판텐Bepanthen, 더마틱스Dermatix 등은 한국에서도 판매하지만 베트남에서 더 저렴해 여행자들이 많이 구입해요. 한 시장 바로 앞에 있는 다파코 블루 파머시와 한국인이 운영하는 하나 약국이 여행자가 찾는 대표적인 약국입니다.

다파코 블루 파머시 Dapharco BLU Pharmacy
가는 방법 한 시장에서 도보 1분, 아이 러브 반미 맞은편
주소 110 Trần Phú, Hải Châu 1, Hải Châu
문의 0236 3588 589
영업 07:30~21:30

하나 약국 HaNa Pharmacy
가는 방법 빈콤 플라자에서 도보 10분
주소 01a An Nhơn 1, An Hải Bắc, Sơn Trà
문의 0796 564 768, 카카오톡 ID hanapharma
영업 월~토요일 08:00~21:00, 일요일 08:00~12:30

다낭 스파 & 마사지

다낭에는 크고 작은 중저가 스파가 무척 많고 대부분 가격대와 메뉴도 비슷하다.
합리적인 가격에 마사지를 받을 수 있는 곳이 많아 1일 1마사지는 필수. 미케 비치
주변과 다낭 대성당 근처에 모여 있으며 인기 있는 곳은 사전 예약을 추천한다.

허벌 부티크 스파

Herbal Boutique Spa

위치 미케 비치 주변
유형 중급 로컬 스파

☺→ 합리적인 가격에 탁월한 실력
☹→ 애매한 위치라 접근성이 떨어짐

가는 방법 미케 비치에서 도보 13분
주소 90 Đình Nghệ, An Hải Bắc, Sơn Trà
문의 0762 347 999
영업 09:00~22:30
예산 허벌 시그니처 마사지(60분) 45만 동, 뱀부 마사지(70분) 55만 동
홈페이지 herbalspa.vn

허벌 스파로 시작해 다낭에 여러 곳의 분점을 운영할 정도로 꾸준한 인기와 호평이 이어지는 곳이다. 1호점 옆에 새롭게 문을 연 이곳은 시설이 더욱 깔끔하고 고급스러워졌다. 천연 재료를 사용해 전신을 부드럽게 마사지해 주는 '허벌 스파'가 대표 메뉴이며 그 외에도 뱀부, 캔들 등을 이용한 마사지도 인기가 많다. 자외선에 지친 피부를 위한 페이셜, 스킨 트리트먼트 메뉴와 임산부를 위한 마사지도 준비되어 있다. 인기가 높아 홈페이지나 전화로 사전 예약하고 방문할 것을 권한다.

엘 스파
L Spa

위치 미케 비치 주변
유형 중급 로컬 스파

☺→ 탁월한 실력과 좋은 가성비
☹→ 예약 필수, 현금 결제

이 일대는 비슷한 규모와 가격대의 마사지 숍이 모여 있는 일명 마사지 골목인데, 그 많은 경쟁 업체 중에서 단연 평이 좋은 곳이다. 대표 메뉴는 2명의 세러피스트가 마사지해 주는 '엘 스파 2 세러피스트 마사지'이며 따뜻한 스톤으로 뭉친 근육을 풀어 주는 핫 스톤 마사지도 인기다. 합리적인 가격과 깔끔한 시설, 마사지 실력이 탁월한 편이라 다녀온 이들의 만족도가 높다. 인기가 높아 사전 예약은 필수다.

가는 방법 미케 비치에서 도보 5분
주소 05 An Thượng 4, Bắc Mỹ Phú, Ngũ Hành Sơn
문의 0236 3959 093
영업 11:30~20:30
예산 시그니처 마사지(60분) 49만 동, 핫 스톤 마사지(100분) 94만 동
홈페이지 lspadanang.com

타오 네일스
Thảo Nails

위치 다낭 대성당 주변
유형 네일, 페디큐어 전문

☺→ 저렴한 가격에 무한 아트
☹→ 섬세함이 다소 부족

한국인 여행자 사이에서 평이 좋은 네일 숍이다. 기본 컬러는 물론 파츠, 큐빅, 자개 등을 별도의 추가 요금 없이 마음대로 골라 추가할 수 있는 데다 가격도 저렴해 인기가 높다. 퀄리티도 좋고 직원들이 꼼꼼하게 케어해 줘서 만족도가 높다. 네일, 페디큐어와 마사지를 함께 받을 수 있는 메뉴도 있으니 취향에 맞게 골라 보자. 페이스북, 인스타그램을 통해 예약 가능하니 미리 예약하고 방문할 것을 추천한다.

가는 방법 한 시장에서 도보 7분
주소 253 Nguyễn Chí Thanh, Phước Ninh, Hải Châu **문의** 090 524 5242
영업 월~토요일 08:30~20:00, 일요일 08:30~19:00
예산 젤 페디큐어+15분 마사지 US$20
홈페이지 www.facebook.com/thaonailsdanang

스파 365
Spa 365

위치 미케 비치 주변
유형 중급 스파

☺→ 깔끔한 시설과 픽업 서비스
☹→ 마사지사에 따른 실력 차

깔끔한 시설에서 친절한 서비스로 만족도 높은 마사지를 받을 수 있어 최근 인기가 많아지고 있는 스파. 간단한 발 마사지부터 전신 마사지는 물론 어린이 마사지 등의 메뉴가 있는데 아로마, 스톤을 함께 받을 수 있는 전신 마사지가 인기다. 마사지 메뉴에 따라 다낭 시내 안에서 픽업, 드롭 서비스를 제공하고 있어 편리하다. 한 시장과 미케 비치 부근에 2개의 지점을 운영하고 있으니 숙소에서 가까운 곳을 선택하면 된다.

가는 방법 미케 비치에서 도보 7분
주소 364 Võ Nguyên Giáp, Bắc Mỹ An
문의 093 499 5410
영업 10:00~22:00
예산 발 마사지(60분) 48만 동, 아로마 마사지(60분) 48만 동
홈페이지 spa365.kr

퀸 스파
Queen Spa

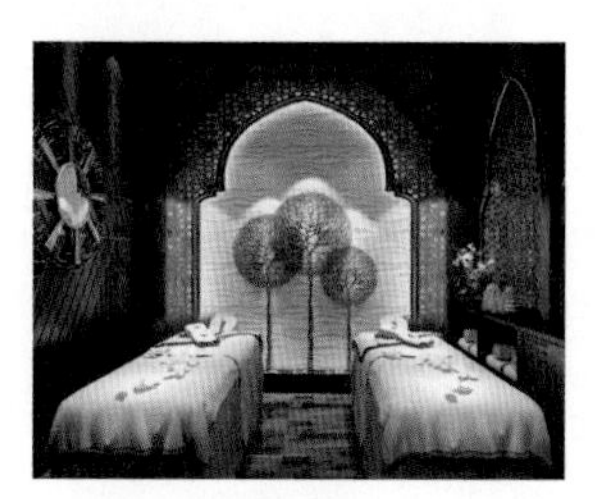

위치 사랑의 부두 주변
유형 중급 스파

→ 특급 스파 수준의 서비스
→ 동선이 불편한 애매한 위치

고급스러운 시설과 섬세한 서비스, 정성스러운 마사지 실력으로 정평이 난 곳이다. 마사지를 받기 전 집중적으로 받고 싶은 부위와 아픈 부위 등을 설문지에 체크한 후 마사지가 시작된다. 허벌 볼, 대나무, 핫 스톤 등 자연 친화적인 재료를 이용한 마사지가 많은데 그중에서도 따뜻하게 데운 대나무로 부드럽게 롤링을 해서 근육을 이완시켜 주는 뱀부 마사지를 추천한다. 워낙 손님이 많아 예약은 필수다.

가는 방법 사랑의 부두에서 도보 13분
주소 144 Phạm Cự Lượng, An Hải Bắc, Sơn Trà
문의 093 242 9429
영업 08:30~21:00
예산 보디마사지(60분) 45만 동~, 뱀부 마사지(90분) 78만 동~
홈페이지 queenspa.vn

라니 스파
Lani Spa

위치 미케 비치 주변
유형 저가 스파

→ 저렴한 가격에 다양한 메뉴
→ 시설은 다소 떨어지는 편

아담한 규모이지만 저렴한 가격에 실력도 괜찮은 편이어서 손님들로 북적인다. 마사지와 네일, 페디큐어 등의 메뉴가 있고 그중에서도 아로마 보디마사지와 젤 네일이 인기 있다. 다른 스파보다 늦은 시간까지 운영하므로 밤 시간을 이용해 마사지, 네일을 받고 싶은 이들에게 안성맞춤이다. 단, 기본 요금 외에 시간당 팁(60분 US$3, 120분 US$5)이 별도로 추가되니 이용할 예정이라면 알아 두자.

가는 방법 미케 비치에서 도보 6분
주소 19 An Thượng 26, Bắc Mỹ Phú, Ngũ Hành Sơn
문의 090 587 6274
영업 09:00~23:00
예산 보디마사지(60분) 35만 동~, 젤 네일 23만 동

골든 로터스
Golden Lotus

위치 다낭 대성당 주변
유형 중급 스파

→ 다낭 시내 중심에 위치
→ 서비스 팁 추가

베트남에서 17년간 스파 매장을 전문적으로 운영해 온 곳이다. 간단하게 받을 수 있는 발 마사지부터 보디마사지, 핫 스톤 마사지, 허벌 볼 마사지, 스크럽 등 전문적인 메뉴까지 고루 갖추고 있다. 오리엔탈 무드의 인테리어가 예쁘고 차와 과일 등의 다과 서비스도 정성스럽게 제공한다. 로커, 샤워 시설도 완비되어 있다. 평일 오전 10시부터 오후 1시까지는 해피 아워로 15% 가격 할인이 있다.

가는 방법 다낭 대성당에서 도보 4분
주소 209 Trần Phú, Phước Ninh, Hải Châu
문의 0236 3878 889
영업 09:00~22:00
예산 발 마사지(60분) 25만 동, 골든 로터스 마사지(90분) 43만 동
홈페이지 gloospa.com

HOI AN

호이안

호이안은 15~19세기에 남중국해에서 가장 중요한 동서 무역의 요충지로 영광을 누렸다. 활발한 교역이 이뤄지면서 중국, 일본, 서양의 영향을 많이 받았고 현재까지도 독특한 건축 양식과 잔재가 곳곳에 남아 있어 마치 시간이 멈춘 것 같은 오래된 도시의 풍경을 볼 수 있다. 이 문화적 가치와 아름다움을 인정받아 1999년 호이안 구시가지 전체가 유네스코 세계문화유산으로 지정되었다. 쨍하게 빛나는 노란 벽과 오래된 고가 사이로 주렁주렁 달린 등이 빛나고 좁은 골목 사이로 시클로와 자전거가 분주하게 오가는 호이안 구시가지의 이국적인 풍경은 여행자의 마음을 설레게 만든다. 해가 저물면 투본강에는 나룻배를 타고 소원 등을 띄우려는 이들로 분주해지고 거리는 수십, 수백 개의 등에 불이 켜지면서 더욱 컬러풀한 빛깔로 물든다. 호이안의 명물 요리를 경험할 수 있는 맛집, 수백 년 된 목조 건물에 숨은 루프톱 카페, 자연 속에서 이색적인 체험도 즐기면서 호이안을 여행해 보자.

유네스코
세계문화유산
베트남
중부
에코 투어
구시가지
투본강
호이안
명물 요리
자전거

호이안 들어가기

다낭 국제공항, 다낭 시내에서 호이안까지는 약 30km 떨어져 있으며 차로 40~50분 정도 걸린다. 택시, 그랩, 여행사 전세 차량, 셔틀버스 등 여러 교통수단을 이용해서 이동할 수 있다. 인원과 예산에 맞게 이동 수단을 결정하면 된다.

택시

택시는 기본적으로 미터제로 운행하지만 다낭에서 호이안까지의 장거리 운행은 기사와 요금을 흥정하는 것이 좋다. 호이안까지 미터 요금으로 갈 경우 호이안 내 목적지에 따라 50만~60만 동 정도의 요금을 예상하면 되는데 미터 요금이 아닌 흥정을 통해 요금을 정하고 출발해야 더 저렴하다. 출발 지점에 따라 약간 차이는 있지만 다낭 시내에서 호이안까지는 택시 1대당 편도 30만~35만 동 수준으로 요금을 정하면 된다. 만약 미터기 요금으로 계산한다면 베트남 택시의 미터기 요금이 맨 뒤의 '0' 세 자리를 생략하고 '.0'으로 표시된다는 점을 기억하자. 미터기에 '50.0'이라고 적혀 있으면 5만 동, '100.0'은 10만 동이다. 요금은 미리 내지 말고 호이안에 도착해서 내릴 때 지불하도록 하자. 잔돈이 없다며 거스름돈을 주지 않는 경우가 있으니 탑승하기 전에 대략적으로 요금을 준비하자.

요금 다낭 시내 출발 편도 30만~35만 동(흥정)

그랩

여행자들이 다낭에서 많이 사용하는 모바일 차량 공유 서비스인 그랩을 이용해 다낭에서 호이안까지 이동할 수 있다. 원하는 위치로 차량을 부를 수 있고 정확한 요금을 확인하고 탈 수 있어 편리하다. 단, 장거리 이동의 경우 단거리보다는 요금이 많이 나오는 편이고 택시를 흥정하는 것보다 요금이 조금 더 나올 수 있다는 점을 참고하자. 또한 밤이나 새벽 시간에 다낭 국제공항이나 다낭 시내에서 호이안 행 그랩을 부를 경우 잘 잡히지 않고 취소되는 경우가 많은 편이라 밤 시간 대는 그랩을 추천하지 않는다.

요금 다낭 시내 출발 편도 4인승 35만~40만 동, 7인승 45만~50만 동

숙소 픽업 서비스

대부분의 호이안 숙소에서 다낭, 다낭 국제공항으로 픽업과 샌딩 서비스를 유료로 운영한다. 숙소 예약 후 메일을 통해 신청하거나 예약한 사이트의 채팅 서비스, 요청 사항 등에 도착 시간과 항공편명 등을 적은 후 신청하면 된다. 가격은 숙소에 따라 차이는 있지만 차량 1대당 30만~40만 동 수준으로 그랩, 택시와 큰 차이가 없는 편이다. 특히 밤, 새벽 시간대에 낯선 택시나 그랩을 타는 것이 우려된다면 숙소 픽업 서비스를 추천한다. 마찬가지로 호이안 숙소에서 체크아웃 후 다낭 국제공항이나 다낭 지역으로 이동할 때도 숙소 차량 서비스를 유료로 요청할 수 있다.

요금 다낭 시내, 다낭 국제공항 기준 편도 30만~40만 동

여행사 전세 차량

한인 여행사를 통해 픽업, 샌딩 서비스 또는 전세 차량을 예약하는 방법도 있다. 특히 인원이 많거나 부모님, 아이들과 함께하는 가족 여행에 안성맞춤이다. 1회 픽업 서비스로 이용할 수도 있고 시간제로 운전기사가 딸린 차량을 빌릴 수도 있다. 시간제로 빌릴 경우 호이안까지 이동하면서 관광지 1~2곳 정도를 들르는 식으로 이용하면 관광까지 알차게 즐길 수 있어서 유용하다. 다낭 숙소에서 차를 타고 오행산, 안방 비치 등을 둘러본 후 호이안 숙소에 내리는 식으로 이용하면 좋다.

요금 픽업 서비스 : 차량 7인승 US$20~, 차량 16인승 US$25~
시간제 전세 차량 : 차량 7인승 6시간 US$45~, 12시간 US$55~

차량 종류와 수용 인원
7인승 최대 5~6인, 짐이 많을 경우 4인까지 탑승 가능
16인승 최대 8~13인, 짐이 많을 경우 8인까지 탑승 가능

추천 한인 여행사
다낭 보물창고 cafe.naver.com/grownman
다낭 도깨비 cafe.naver.com/happyibook

호이안 익스프레스 셔틀버스

호이안을 중심으로 운영되는 여행사로 호이안-다낭-후에로 이어지는 셔틀버스를 운행한다. 다낭 국제공항, 다낭 사무소로 이용하는 한 시장 근처의 다낭 비지터 센터Da Nang Visitor Center에서 예약 및 탑승이 가능하며 홈페이지를 통해 온라인 예약도 가능하다. 호이안 내에 위치한 호이안 익스프레스 사무실 또는 호이안 시내 안의 호텔에 내려 준다. 다낭에서 출발해 호이안까지 가는데 1시간 10분 정도 소요된다. 셔틀버스 외에 단독 전세 차량도 예약할 수 있으며 호이안 투어 상품도 판매한다.

다낭 사무소
가는 방법 한 시장 옆, 다낭 비지터 센터Da Nang Visitor Center에서 예약 가능
주소 108 Bạch Đằng, Hải Châu 1, Hải Châu, Đà Nẵng
문의 0236 3550 111

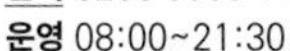

운영 08:00~21:30
운행 다낭 공항 → 호이안 07:00, 08:15, 10:15, 11:15, 13:15, 14:15, 16:15, 17:15, 19:15, 21:00 / 다낭 시내 → 호이안 07:00, 08:30, 10:30, 11:30, 13:30, 14:30, 16:30, 17:30, 19:30, 21:00
요금 편도 US$6(13만 동)
홈페이지 hoianexpress.com.vn

클룩 셔틀버스

온라인 투어 플랫폼 클룩에서도 호이안 셔틀버스를 운행한다. 비교적 저렴한 가격에 다낭에서 호이안까지 이동할 수 있어 알뜰 여행자 또는 나 홀로 여행자에게 추천한다. 다낭 국제공항, 다낭 시내에서 탑승 가능하고 호이안을 출발 해 다낭으로 가는 셔틀버스도 운행한다. 클룩 홈페이지에서 사전 예약가능하다.

운행 다낭 공항 출발 호이안행 07:00, 08:15, 10:15, 11:15, 13:15, 14:15, 16:15, 17:15, 19:15, 21:00
요금 편도 7,600원~
홈페이지 www.klook.com

호이안 시내 교통

호이안 구시가지는 차량이 통제되는 길이 많아 주로 도보나 자전거로 돌아다녀야 하고
택시는 구시가지 바깥에서 탑승 가능하다. 고즈넉한 매력이 가득 넘치는 호이안 구시가지 안에서는
도보로 충분히 이동이 가능하며 자전거, 시클로를 타고 돌아보는 것도 색다른 재미가 느껴질 것이다.

택시

호이안 구시가지는 차량 운행이 통제되므로 택시를 타려면 큰길가로 나가서 잡아야 한다. 가까운 거리를 가더라도 통제된 길이 많아 돌아가야 하므로 거리에 비해 요금이 더 나오며 기본요금도 다낭에 비해 비싼 편이다. 택시 회사는 비나선과 마일린 택시가 믿을 만하니 녹색과 흰색의 차량 색상과 로고를 잘 확인한 후 탑승한다.

요금 기본 1만 3,000~1만 8,000동

그랩

호이안에서도 승차 공유 서비스 그랩을 이용할 수 있어 이동에 큰 어려움은 없다. 내가 있는 위치에서 그랩을 부를 수 있고 거리에 따라 정해진 요금만 지불하면 되기 때문에 바가지의 걱정도 덜 수 있다. 단, 호이안 구시가지 내로 차량 진입이 어렵기 때문에 그랩을 부를 경우 내 위치에서 가장 가까운 그랩 승차 포인트로 자동 지정되니 픽업 위치에 유의하자.

요금 호이안 내 이동 4만~8만동

시클로

자전거의 일종으로 호이안 구시가지를 짧은 시간 내에 둘러볼 수 있는 관광용 교통수단이다. 특히 더운 날씨에 체력이 떨어졌을 때나 오래 걷기 힘든 나이 지긋한 부모님에게 안성맞춤이다. 안호이교 앞에서 출발해 호이안 시장 주변까지 도는 식으로 코스가 진행되며 보통 15~20분 정도 소요된다. 정해진 요금이 없으니 반드시 시간과 요금을 흥정한 후 이용하자.

타는 곳 안호이교Cầu An Hội 주변, 투본강 일대 **요금** 15~20분 20만 동~ ※흥정 필수

자전거

곳곳에 차량을 통제하는 호이안 구시가지에서 자전거보다 좋은 이동 수단은 없다. 호이안 내 대부분의 숙소에서 무료로 대여해 주며 여행사나 자전거 대여소에서 유료로 대여할 수도 있다. 대여 시 여권이 필요할 수 있으니 지참하자. 출발하기 전에 자전거 상태와 안장 높이 등을 체크하고 자물쇠도 꼭 챙기자.

요금 1일 3만~5만 동~

FOLLOW UP

호이안 구시가지 통합 입장권 구입하기

유네스코 세계문화유산에 등재된 호이안의 구시가지와 주요 관광 명소를 방문하기 위해서는 통합 입장권을 구입해야 한다. 입장권이 없으면 박물관 입장이 불가하며, 수시로 입장권 검사를 하기도 하니 잘 보관하자.

01 통합 입장권은 꼭 구매해야 할까?

호이안을 방문하는 여행자들이 항상 고민하는 질문 중 하나다. 호이안 구시가지 풍경과 음식점 등만 구경하고 고가, 푹끼엔 회관 등의 건축물 내부에 입장하지 않는데 굳이 입장권이 필요할까 생각하는 경우가 많다. 하지만 건축물 내부를 입장하지 않더라도 호이안 구시가지를 방문하려면 통합 입장권을 구입하는 것이 규정이다. 구시가지로 들어가는 길목 곳곳에 있는 매표소에서 입장권을 구매하고 들어가라고 저지하는 경우도 있고, 입장권 검사를 복불복으로 하기 때문에 구입하는 것이 마음 편하다. 간혹 입장권을 구매하지 않고 둘러보는 여행자도 있어 불합리하게 생각되기도 하지만 유네스코 세계문화유산 보호를 위한 기금이니 입장권을 구매하고 관람하자.

TIP

어떤 곳일까?

① **고가** 과거 부유했던 중국, 일본의 상인들이 살던 집으로 현재까지 자손들이 대를 이어 거주하는 곳도 있다.

② **향우 회관** 과거 해상 무역을 하던 중국 상인들이 호이안에 정착하며 고향 사람들끼리 친목을 도모하기 위해 만든 곳이다. 안전한 항해를 기원하고 조상의 공덕을 기리며 제사를 지내는 곳으로도 쓰였다.

입장권 사용 가능 관광 명소

종류	명칭
문화유산	내원교 P.101
문화유산	꽌꽁 사원 P.105
고가	풍흥 고가 P.102
고가	떤끼 고가 P.103
고가	득안 고가 P.102
사당	쩐가 사당 P.104
박물관	민속 문화 박물관 P.105
박물관	도자기 무역 박물관 P.104
문화유산	껌포 마을 회관
문화유산	민흐엉 마을 회관
문화유산	호이안 전통 예술공연장
고가	꽌탕 고가
사당	응우옌쯔엉 사당
박물관	호이안 박물관
박물관	사후인 문화 박물관
향우 회관	푹끼엔 회관 P.105
향우 회관	꽝찌에우 회관
향우 회관	찌에우쩌우 회관

02 매표소를 체크하자

호이안 구시가지로 들어가는 길에 노란색 건물의 통합 입장권 판매소가 있다. 판매소는 한 군데가 아니라 구시가지 길목 곳곳에 있어 어디서든 쉽게 구입할 수 있다. 1인당 통합 입장권을 1장씩 구입하면 된다.

운영 07:30~21:00 **요금** 12만 동

03 통합 입장권 사용법

24시간 유효한 통합 입장권은 5장의 티켓이 붙어 있는데 구시가지 내 18개의 관광 명소 중 5곳을 골라서 내부를 입장할 수 있다. 각각의 명소에 입장할 때 통합 입장권을 보여 주면 직원이 입장권을 1장씩 오려 낸다. 호이안 구시가지 내에서 검표원들이 수시로 입장권 검사를 하니 잃어버리지 않게 잘 보관하자.

TIP

호이안의 전통 공연 감상하기

입장권 구매 시 호이안 전통 예술 공연장에서 춤과 노래, 악기 연주가 어우러진 전통 문화 공연을 관람할 수 있다.

호이안 전통 예술 공연장
Hoi An Traditional Art Performance House

주소 66 Bạch Đằng, Old Town **운영** 10:15~17:00(공연 10:15, 15:15) **요금** 통합 입장권으로 입장

Hoi An **Best Course**

호이안 추천 코스

일정별 코스

체력은 자신 있다! 투어와 체험을 알차게 즐기는 2박 3일

호이안 여행은 크게 구시가지 중심과 호이안 근교의 투어, 체험 등으로 나뉜다. 호이안 구시가지의 명소는 투본강 변을 따라 오밀조밀 모여 있어 충분히 걸어서 둘러볼 수 있다. 호이안 근교에는 에코 투어, 미선 투어 등 반나절 일정으로 즐길 거리가 많으니 알차게 호이안 여행을 즐겨 보자.

TRAVEL POINT

- **이런 사람 팔로우!** 호이안을 처음 여행한다면
- **여행 적정 일수** 꽉 채운 3일
- **여행 준비물과 팁** 발이 편한 운동화, 뜨거운 햇볕을 가리는 모자와 선글라스
- **사전 예약 필수** 에코 투어, 쿠킹 클래스, 미선 투어, 호이안 메모리스 쇼

호이안 구시가지 구석구석 탐방

- **소요 시간** 8~10시간
- **예상 경비** 입장료 12만 동 + 나룻배 15만 동~ + 식비 30만 동 = Total 57만 동~
- **점심 식사는 어디서 할까?** 호이안 구시가지 안의 식당에서
- **기억할 것** 호이안 구시가지의 명소는 대부분 가깝게 모여 있어 도보로 여행하기 충분하다. 여행 중에 더위에 지칠 때는 시원한 코코넛 커피를 마시며 한숨 쉬어 가자.

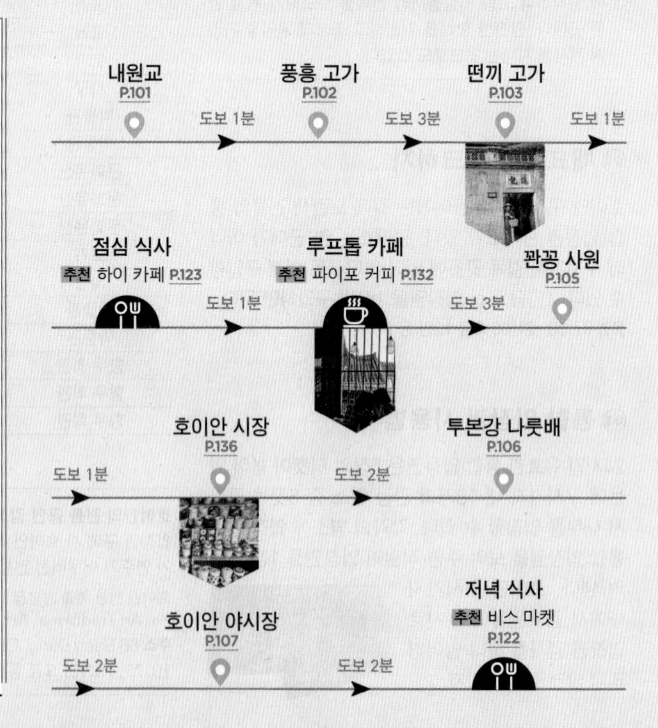

DAY 2

근교 투어로 떠나는 알찬 체험 코스

→ **소요 시간** 10~12시간

→ **예상 경비**
투어 49만 9,000동~ + 교통비 10만 동 + 식비 20만 동~
= Total 79만 9,000동~

→ **점심 식사는 어디서 할까?**
쿠킹 클래스에 점심 식사가 포함되니 직접 만든 음식들로 점심을 즐겨 보자.

→ **기억할 것** 에코 투어와 쿠킹 클래스를 묶어서 한 번에 즐기면 가격도 저렴하고 일정도 알차니 이왕이면 같이 즐기자.

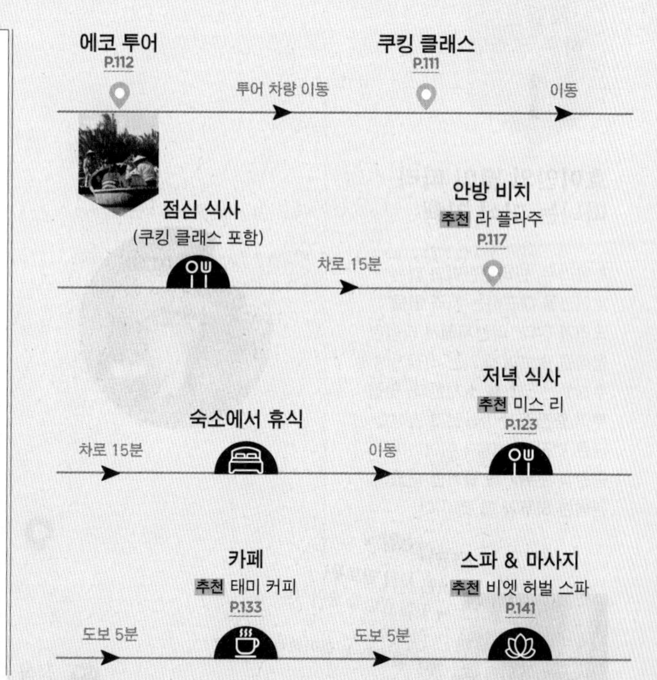

DAY 3

주변 명소까지 도는 한 바퀴 코스

→ **소요 시간** 10~12시간

→ **예상 경비**
투어 49만 9,000동~
+ 입장료 75만 동 + 교통비 15만 동~ + 식비 30만 동~
= Total 169만 9,000동~

→ **점심 식사는 어디서 할까?**
호이안 구시가지 근처의 식당에서 명물 요리를 맛보자.

→ **기억할 것** 호이안 임프레션 테마파크는 공연 시작 1~2시간 전에 미리 가야 테마파크도 둘러보고 곳곳에서 열리는 미니 공연도 감상할 수 있다.

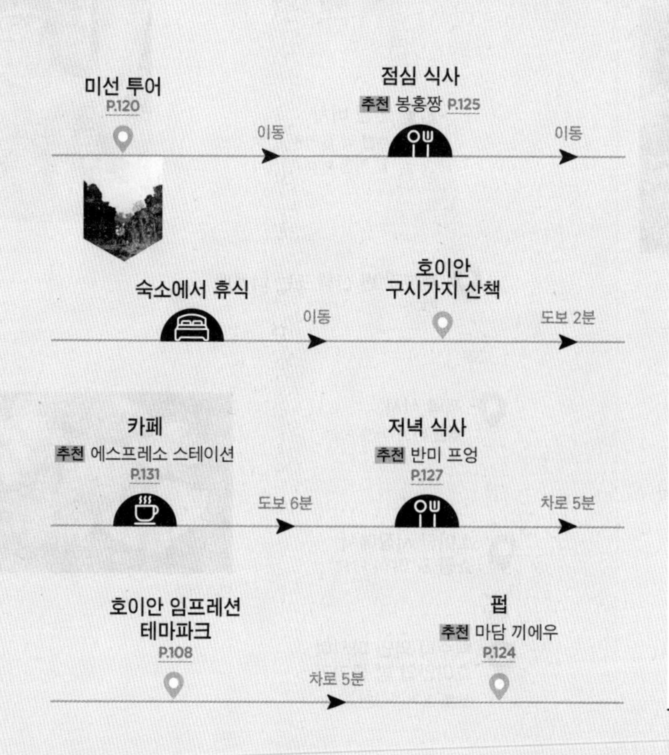

특별한 하루 코스 1

호이안의 별미 따라 떠나는 미식 기행

까올러우, 반바오반박과 같은 호이안을 대표하는 지역 명물 요리가 많다. 여행지에서 다양한 음식을 맛보며 즐기는 미식가에게 추천하는 코스를 소개한다. 맛집 투어 중간중간 아날로그 감성을 담은 멋진 카페에서 쉬어가며 공간과 분위기를 즐기면 더없이 완벽한 하루가 될 것 이다.

FOLLOW

이런 사람 팔로우!
- 맛집 탐방을 좋아하는 미식가
- 카페 투어를 좋아하는 커피 마니아

소요 시간 10~11시간

예상 경비
입장료 12만 동 + 식비 80만 동~
+ 교통비 20만 동~
= Total 112만 동~

기억할 것 호이안을 대표하는 별미 요리인 까올러우, 반바오반박 등은 꼭 맛보자. 그리고 최고의 가성비라 할 수 있는 반미도 호이안의 필수 먹거리다. 더운 오후에는 안방 비치로 이동해 시원한 바다에서 물놀이도 즐겨 보고 저녁에는 야시장에서 길거리 음식도 맛보자.

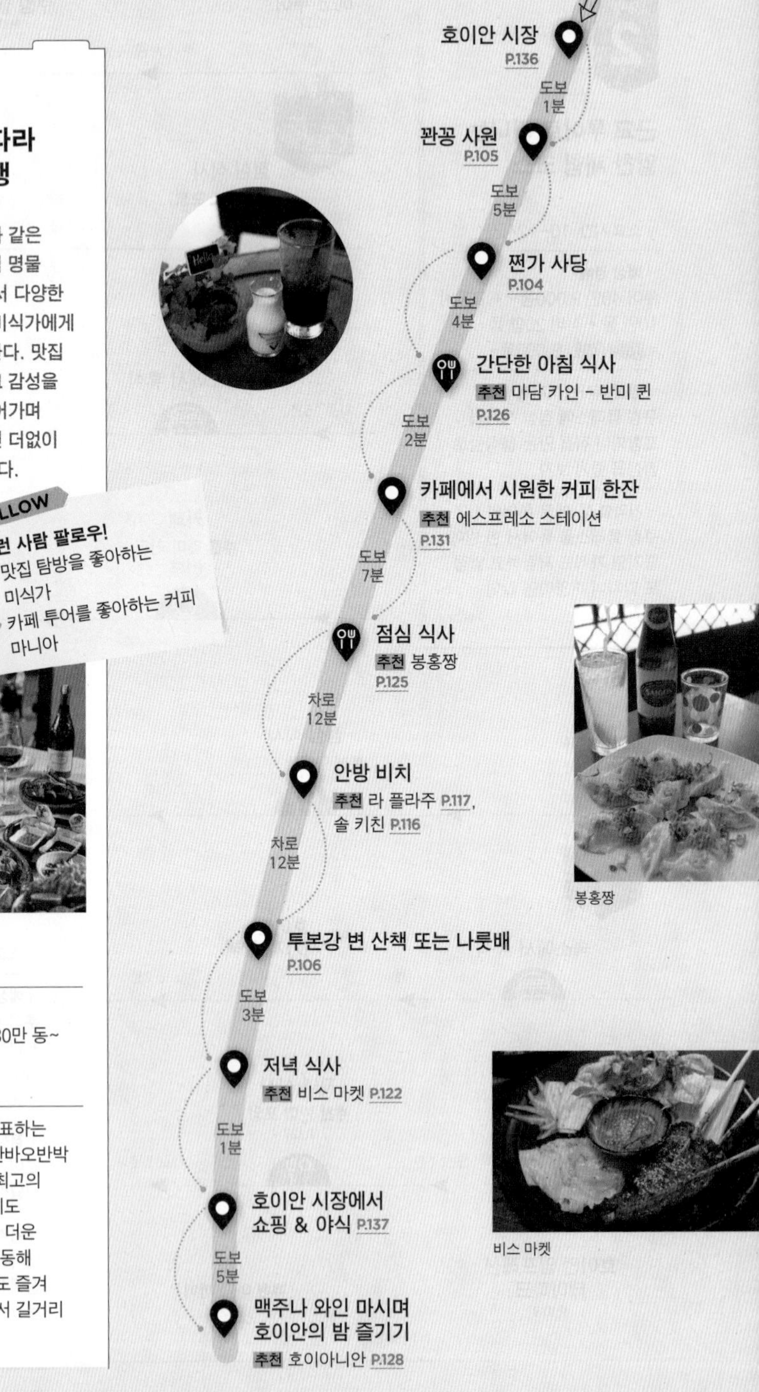

봉홍짱

비스 마켓

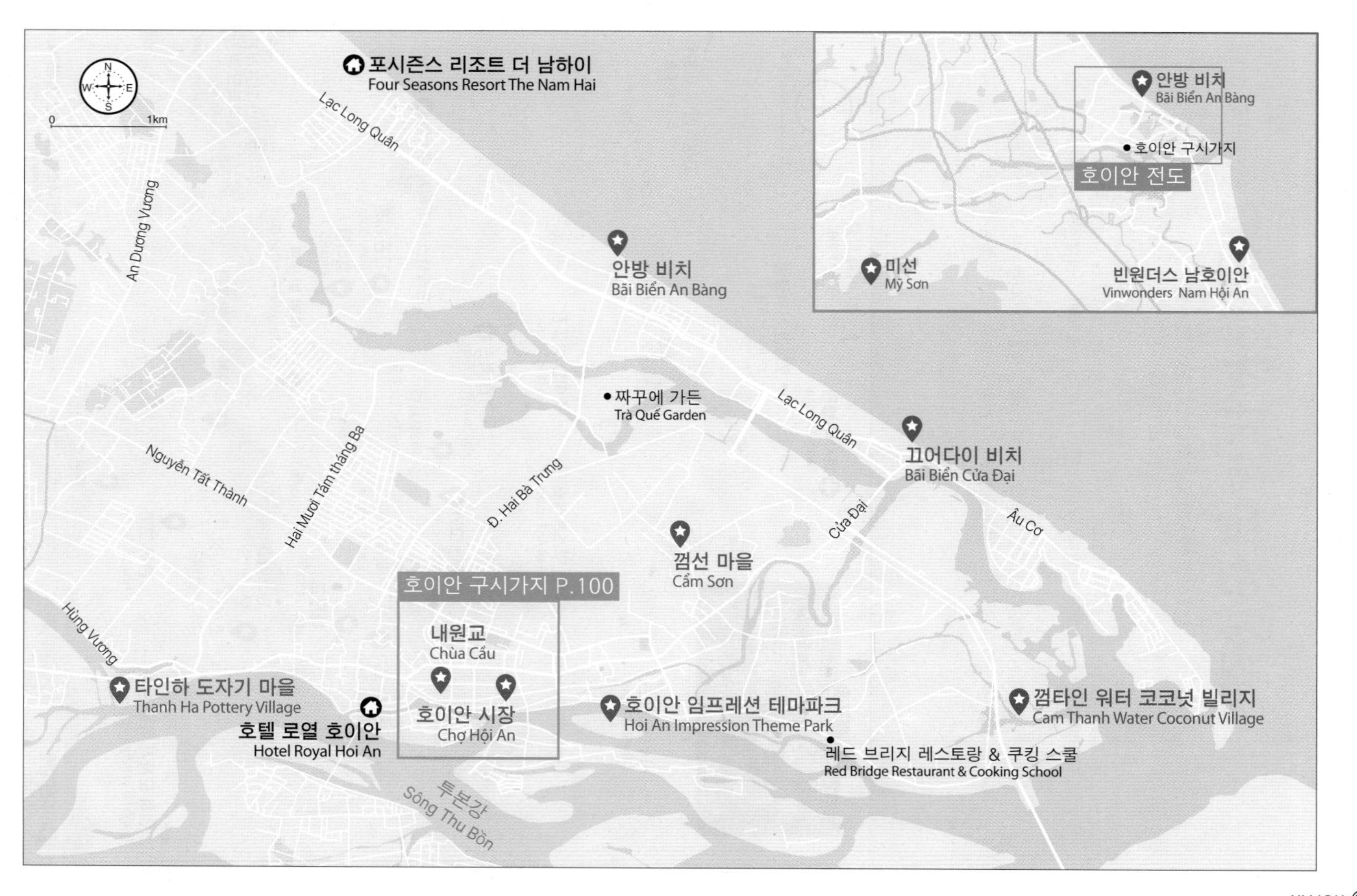

포시즌스 리조트 더 남하이
Four Seasons Resort The Nam Hai
Lạc Long Quân
An Dương Vương
안방 비치
Bãi Biển An Bàng
짜꾸에 가든
Trà Quế Garden
Lạc Long Quân
끄어다이 비치
Bãi Biển Cửa Đại
Nguyễn Tất Thành
Hai Mươi Tám tháng Ba
Đ. Hai Bà Trưng
Cửa Đại
Âu Cơ
껌선 마을
Cẩm Sơn
호이안 구시가지 P.100
내원교
Chùa Cầu
호이안 시장
Chợ Hội An
Hùng Vương
타인하 도자기 마을
Thanh Ha Pottery Village
호텔 로열 호이안
Hotel Royal Hoi An
호이안 임프레션 테마파크
Hoi An Impression Theme Park
껌타인 워터 코코넛 빌리지
Cam Thanh Water Coconut Village
레드 브리지 레스토랑 & 쿠킹 스쿨
Red Bridge Restaurant & Cooking School
투본강
Sông Thu Bồn
0
1km
N
E
S
W
안방 비치
Bãi Biển An Bàng
호이안 구시가지
호이안 전도
미선
Mỹ Sơn
빈원더스 남호이안
Vinwonders Nam Hội An

호이안 구시가지와 근교

호이안 여행의 하이라이트가 모여 있는 곳

무역 도시로 흥했던 호이안의 과거를 고스란히 간직하고 있는 호이안 구시가지. 주렁주렁 달린 등이 빛나는 골목을 따라 오래된 건축물이 모여 있고 흐드러지게 핀 꽃과 분주히 오가는 시클로까지 이국적인 풍경에 감탄이 절로 나온다. 투본강 변을 따라 이어지는 박당Bạch Đằng 거리는 가장 메인이 되는 도로이고 그 뒤로 좁은 골목들이 거미줄처럼 연결된다. 호이안의 중심을 흐르는 투본강은 낮이면 서정적인 풍경을 선사하고 해 질 무렵이면 나룻배를 타고 소원 등을 띄우려는 이들로 붐빈다. 밤이 되면 투본강 너머의 야시장 구경도 놓치지 말자.

(01)

내원교

Chùa Cầu
Japanese Covered Bridge

현지인의 한마디
베트남의 화폐 2만 동 뒷면에 그려진 다리가 바로 내원교랍니다. 여행자 중에는 2만 동 지폐를 들고 기념사진을 찍는 이들도 있어요.

지도 P.100
가는 방법 호이안 시장에서 도보 8분
주소 Nguyễn Thị Minh Khai, Minh An
문의 0236 3825 285
운영 07:00~21:00
요금 통합 입장권으로 입장

호이안을 대표하는 명소

투본강으로 흘러 들어가는 작은 하천 위에 놓인 내원교는 중국 거리와 일본 거리를 연결해 주는 다리로 1593년에 지어졌다. 일본인이 건축해 '일본교'라고도 불린다. 호이안 구시가지의 랜드마크 역할을 하고 있으며 여행자들이 기념사진을 찍는 포토 스폿이기도 하다. 다리 위에 지어진 2층 목조 건물 1층에는 일본 상인들이 안전한 항해를 기원했던 사원이 있다. 2층은 투본강을 내려다볼 수 있는 전망대 역할을 한다. 다리 양 끝으로 중국 거리 쪽에는 개, 일본 거리 쪽에는 원숭이 조각상이 있다. 이 조각상들은 원숭이와 개가 악귀를 물리친다는 주술적 신앙에서 비롯했다는 설과 원숭이해에 다리가 건설되기 시작해 개해에 완공되었다고 해서 세워 두었다는 설이 있다. 워낙에 많은 사람이 찾는 곳이라 제대로 둘러보고 기념사진도 찍고 싶다면 오전 시간대에 방문하는 것을 추천한다.

② 풍흥 고가

Nhà Cổ Phùng Hưng
Old House of Phung Hung

베트남, 중국, 일본의 건축 양식이 혼재된 고가

호이안이 번성했던 1780년에 지어져 240년이나 된 목조 건축물로 호이안 구시가지에서 가장 오래된 가옥이다. 현재도 8대 후손들이 살고 있어 오랜 세월에도 불구하고 비교적 관리가 잘되어 있다. 나무 문과 발코니는 중국식, 본당 지붕은 일본식, 나머지 건물과 앞뒤의 지붕은 베트남식으로 지어졌다. 2층에 조상의 위패를 모시는 사당이 있는데 방문객에게 공개하고 있어 구석구석 둘러볼 수 있다. 한쪽으로는 발코니가 나 있는데 구시가지가 내려다보이는 풍경 덕분에 이곳에서 기념사진을 찍으려는 이들이 많아 한번에 들어가는 인원수를 제한하고 있다. 내원교 가까이에 있으며 내부에서 실크 공예 기념품도 판매한다.

지도 P.100
가는 방법 내원교 옆, 호이안 시장에서 도보 8분
주소 4 Nguyễn Thị Minh Khai, Minh An
운영 08:00~18:00
요금 통합 입장권으로 입장

③ 득안 고가

Nhà Cổ Đức An
Old House of Duc An

한약방, 독립운동 기지로도 사용된 고가

중국 출신의 한약재 무역 상인의 가옥으로 17세기에 처음 지어진 후 1850년대에 재건축되었다. 내부는 아담한 정원과 목조 가구로 꾸며졌으며 흑백 사진도 볼 수 있다. 20세기 초 한약방으로 운영되었으며 베트남, 중국, 서양 등 여러 국가의 정치 사상가가 쓴 서적도 많이 보유했다. 그래서 당시 프랑스의 식민지였던 베트남에서 반프랑스 활동을 하던 독립운동가, 지식인, 혁명가가 자연스럽게 이곳으로 많이 모였다. 특히 베트남 독립운동을 주도한 까오홍라인Cao Hồng Lãnh을 중심으로 독립운동가의 기지로도 사용되었다고 한다. 방문객에게 공개하지 않는 공간이 많아 볼 수 있는 곳이 한정적인 것이 다소 아쉽다.

지도 P.100
가는 방법 파이포 커피 옆, 내원교에서 도보 2분
주소 129 Trần Phú, Minh An
운영 08:00~21:00
요금 통합 입장권으로 입장

떤끼 고가

Nhà Cổ Tấn Ký
Old House of Tan Ky

노란색 벽이 강렬한 고가

200여 년 전, 18세기 호이안의 중국인 상인 떤끼가 살던 집으로 현재 7대손이 거주하고 있다. 입구는 좁지만 안으로 길게 이어지는 호이안의 전형적인 건축 양식을 엿볼 수 있다. 천장의 무늬는 일본식이며 중국의 시화도 그려져 있다. 앞뒤로 문이 나 있는 독특한 구조인데 투본강 방향의 문은 배로 실어 온 화물을 나르는 외국인 상인들이 이용했으며 구시가지 방향의 문으로는 호이안에 거주하는 상인이 드나들었다고 한다. 투본강 쪽 문은 시선을 압도하는 진한 노란 벽과 작은 문의 구조가 이색적이라 화보 촬영이나 기념사진 촬영 명소로 사랑받는다.

지도 P.100
가는 방법 내원교에서 도보 3분
주소 101 Nguyễn Thái Học, Minh An
운영 08:30~17:45
요금 통합 입장권으로 입장

⑤ 바무 사원
Chùa Bà Mụ

현지인의 숨은 명소이자 고전미가 깃든 사원

한국인 여행자에게는 아직 잘 알려지지 않았지만 현지인 사이에서는 일부러 찾아와 기념사진을 남기는 명소로 뜨고 있다. 사원 내부 입장은 어려운 곳이므로 사원을 배경으로 멋진 사진을 찍어보자. 사원의 화려한 조각과 바로 앞의 연못에 비치는 반영이 특히 아름답다. 고전적인 매력이 넘치는 곳으로 마치 중국의 오래된 고전 영화의 한 장면 같은 모습 덕분에 인기가 많다. 낮의 모습도 멋지지만 해 질 무렵에 찾으면 분위기가 또 달라서 근사하다. 단, 이 일대에 과일 바구니를 들고 사진을 찍으라고 권유하는 현지인이 많은데 사진을 찍은 후 팁이나 과일 구매를 강요하니 주의하자.

지도 P.100
가는 방법 내원교에서 도보 2분, AHA 카페 옆
주소 675 Hai Bà Trưng, Minh An

⑥ 쩐가 사당
Nhà Thờ Tộc Trần

베트남의 화교 출신인 쩐씨 가문의 사당

1700년경 베트남에 이주한 화교 쩐씨 가문의 사당이다. 화교 출신임에도 베트남 응우옌 왕조의 고위 관리직을 맡았던 쩐뜨냑은 1802년 황제의 사절단으로 중국에 가면서 조상을 기리기 위한 사당을 세웠다. 풍수지리설에 따라 정원, 사당 등을 배치하고 담장을 둘렀으며 내부 장식은 일본, 중국 양식이 혼재되어 있다. 제를 지내는 사당과 쩐 가문의 후손들이 지내는 공간으로 이루어져 있으며 선조 대대로 내려오는 유품도 전시한다. 한쪽 벽면의 노란색 표시와 숫자는 투본강이 범람해 쩐가 사당이 침수되었던 연도를 기록해 놓은 것이라 흥미롭다.

지도 P.100
가는 방법 내원교에서 도보 5분
주소 21 Lê Lợi, Minh An
운영 월요일 07:00~18:00, 화~일요일 07:00~21:00
요금 통합 입장권으로 입장

⑦ 도자기 무역 박물관
Bảo Tàng Gốm Sứ Mậu Dịch

호이안 도자기의 역사를 엿볼 수 있는 박물관

1920년경에 건축된 오래된 목조 건축물로 1995년에 개조해 도자기 무역 박물관으로 새롭게 문을 열었다. 8세기에서 18세기에 실크로드를 오가던 400여 점의 진귀한 도자기를 전시한다. 과거 동쪽으로는 중국과 일본, 서쪽으로는 인도와 같은 나라들과 활발하게 해상 무역을 펼치며 도자기 교역을 통해 번성했던 호이안의 역사도 엿볼 수 있다. 호이안에서 발굴된 도자기를 비롯해 침몰선에서 나온 도자기도 볼 수 있어 흥미롭다. 도자기 외에도 무역선 모형과 지도, 항해에 사용되었던 자료 등 무역에 관한 내용도 함께 전시하고 있다.

지도 P.100
가는 방법 내원교에서 도보 5분
주소 80 Trần Phú, Minh An
운영 07:00~21:00
요금 통합 입장권으로 입장

⑧ 푹끼엔 회관
Hội Quán Phúc Kiến

화교들이 친목 도모를 위해 만든 향우 회관

1697년에 지어졌으며 화려하고 정교한 건축 양식과 조각들이 꽤 인상적이다. 푸젠 지역 출신 화교들의 향우회 장소로 쓰였던 대표적인 중국식 건물로 과거 낯선 이국 땅에서 서로 단합하며 친목을 도모했던 화교들의 단결심을 엿볼 수 있다. 바다의 여신 톈허우(天后)를 섬기는 성전으로도 이용되었다. 본당 입구로 들어가면 오른쪽에 난파된 배의 선원을 구하는 톈허우 여신의 그림이 있다. 그 옛날 선원들의 바다에 대한 두려움과 안전한 항해에 대한 염원을 짐작해 볼 수 있다. 호이안에 정착한 중국인이 세운 회관 중 가장 규모가 크고 아름다운 건축물로 손꼽힌다.

지도 P.100
가는 방법 내원교에서 도보 5분
주소 46 Trần Phú, Minh An
운영 07:00~18:00
요금 통합 입장권으로 입장

⑨ 꽌꽁 사원
Miếu Quan Công

《삼국지》의 관우(關羽)를 모시는 도교 사원

1653년에 건립되었으며 화려한 색과 장식을 볼 수 있는 중국 양식 사원. 바다를 오가며 교역을 했던 광둥 상인들이 바다의 여신에게 태풍이나 풍랑으로부터 지켜 주길 기도했던 곳이기도 하다. 한쪽에는 충성심과 재능, 재물의 신으로 여겨지는 관우에게 소원을 비는 이들의 행렬도 이어진다. 중앙 홀에 이르는 길은 구름에 싸인 청룡이 지키고 있으며 정면에 관우상이 자리한다. 관우상 양쪽에는 관평(관우의 장남)과 주창(관우를 돕는 무사)이 관우를 호위하고 있으며 관우가 탔다는 적토마 동상도 있다. 내부로 들어가면 관우를 비롯해 삼국지의 주요 인물들이 그려진 그림도 있다.

지도 P.100
가는 방법 호이안 시장에서 도보 1분
주소 24 Trần Phú, Minh An
운영 08:00~18:00
요금 통합 입장권으로 입장

⑩ 민속 문화 박물관
Bảo Tàng Văn Hoá Dân Gian

호이안의 전통문화와 풍습을 기록한 박물관

호이안의 전통 공예와 생활 양식을 볼 수 있는 박물관이다. 2층으로 된 오래된 고택을 개조해 박물관으로 이용하고 있다. 길이 57m, 폭 9m의 규모로 이 일대에서는 가장 큰 건축물에 속하지만 박물관이라고 하기에는 규모가 작은 편이다. 전시는 과거 호이안 사람들의 소박한 삶을 보여 주는 데 집중한다. 약 500여 점의 자료가 전시되어 있는데 대부분 의식주에 관련된 것이고 당시 농업과 어업에 이용한 각종 도구를 비롯해 생활 방식, 민속 문화, 관습 등을 엿볼 수 있다. 각종 모형을 이용해 이해하기 쉽게 전시되어 있어 아이와 함께 하는 방문이라면 가볼 만하다.

지도 P.100
가는 방법 내원교에서 도보 7분
주소 33 Nguyễn Thái Học, Minh An
운영 07:00~21:30 **휴무** 음력 20일
요금 통합 입장권으로 입장

⑪

투본강

Sông Thu Bồn
Thu Bon River

호이안을 품은 강

호이안을 감싸 안으며 흐르는 투본강은 호이안을 더 아름답게 만든다. 과거에는 강을 따라 물자를 나르며 호이안이 국제적인 무역항으로 번성하는 데 중요한 역할을 했다. 투본강에서 꼭 해봐야 하는 것은 나룻배를 타고 소원 등을 띄워 보는 일이다. 너무 어두울 때 타면 주변 풍경이 안 보이므로 석양이 질 무렵에 타야 더 드라마틱한 호이안 구시가지 풍경을 즐기고 기념사진도 남길 수 있다. 홍등으로 은은하게 빛나는 호이안 구시가지를 바라보고 두 손 가득 염원을 담아 소원 등도 띄워 보면서 잊지 못할 호이안의 밤을 남겨 보자.

지도 P.099
가는 방법 내원교 앞, 박당 거리 주변으로 흐르는 강
주소 Bạch Đằng, Minh An

TRAVEL TALK

낭만적인 밤을 선사하는 나룻배, 바가지 요금 주의!

호이안의 저녁, 꼭 해봐야 하는 것이 있다면 투본강 나룻배를 타는 것입니다. 하지만 오후부터 자신의 배에 손님을 태우려는 상인들의 호객 행위가 심해집니다. 요금은 정찰제로 배 한 대당 1~3인 15만 동, 4~5인 20만 동이며 소원 등은 3개에 2만 동 수준입니다. 너무 비싼 요금에 바가지를 쓰지 않도록 조심하세요. 보통 나룻배를 타고 20분 정도 투본강 일대를 한 바퀴 돌아보게 됩니다.
타는 곳 안호이교 주변, 투본강 일대
가격 나룻배(정찰제) 1대 1~3인 15만 동, 1대 4~5인 20만 동, 소원등(3개) 2만 동~

⑫ 호이안 야시장 필수!

Chợ Đêm Hội An
Hoi An Night Market

매일 밤 불야성을 이루는 야시장

호이안의 낭만적인 밤을 즐길 때 놓치지 말고 가봐야 하는 명소다. 안호이교를 건너면 우측으로 야시장 거리가 시작되는데 호이안의 상징과도 같은 제등을 파는 상점이 특히 많다. 라탄 조명, 라탄 가방, 베트남 색이 짙은 기념품을 파는 노점이 이어지고 호기심을 자극하는 현지 간식거리와 음료, 과일 등도 판매한다. 여행자들이 호이안 야시장에서 꼭 사는 베스트 아이템은 은은한 불빛이 예쁜 라탄 조명으로 사이즈에 따라 가격 차이는 있지만 10만~15만 동 수준이다. 가벼운 마음으로 밤 마실을 즐기며 구경하기 좋다. 물건을 살 때 약간의 흥정은 필수다.

지도 P.100
가는 방법 안호이교 건너편
주소 3 Nguyễn Hoàng, Minh An
운영 17:00~24:00

⑬ 프레셔스 헤리티지 뮤지엄

Precious Heritage Museum

사진으로 만나는 베트남의 소수 민족

프랑스 사진작가 레한Rehahn의 작품을 전시하는 갤러리다. 그는 약 8년간 베트남 전역을 다니며 베트남의 54개 소수 민족 인물 사진을 찍어 유명해졌는데 그중에서도 소녀 같은 미소를 간직한 호이안의 할머니, 마담 쏭Xong의 사진으로 특히 주목받았다. 호이안에 2곳의 갤러리가 있는데 드엉판보이쩌우Đường Phan Bội Châu 거리에 위치한 이곳이 규모가 크고 다양한 작품을 감상할 수 있다. 레한의 사진과 소수 민족의 의복, 도구 등을 무료로 관람할 수 있으며 그의 사진으로 즐기며 만든 엽서, 책 등을 판매한다. 갤러리 안쪽에 간단한 음료를 파는 작은 카페도 함께 운영한다.

지도 P.100
가는 방법 내원교에서 박당 거리를 따라 도보 12분
주소 26 Phan Bội Châu, Cẩm Châu
문의 0235 6558 382 **운영** 08:00~20:00
홈페이지 www.rehahnphotographer.com

⑭

호이안 임프레션 테마파크

Hoi An Impression Theme Park

잊지 못할 추억을 선사할 호이안의 특별한 공연

호이안의 전통을 잘 살려 꾸며 놓은 대규모 테마파크로 다양한 볼거리, 즐길 거리를 제공한다. 그중에서도 호이안 메모리스 쇼는 이곳의 메인 프로그램으로 호이안에서 특별한 공연을 경험하고 싶다면 놓치지 말아야 한다. 공연 시작 전에 곳곳에서 '미니 쇼'라는 이름으로 크고 작은 퍼포먼스가 퍼레이드처럼 이어지니 이왕이면 공연 1~2시간 전에 가서 작은 볼거리를 알차게 즐긴 후 메인 공연을 감상하자. 공연 티켓은 홈페이지, 클룩, 여행사 등에서 사전 구매할 수 있으며 매표소에서 현장 구매도 가능하다.

지도 P.099
가는 방법 호이안 구시가지에서 차로 8분
주소 200 Nguyễn Tri Phương, Cẩm Nam
운영 15:00~22:00, 호이안 메모리스 쇼 19:30~20:45
휴무 화요일
요금 에코석 60만 동~, 하이석 75만 동~, VIP석 120만 동~
홈페이지 hoianmemoriesland.com

호이안 메모리스 쇼 관람을 위한 팁

- 좌석은 3가지 종류로 구역은 나뉘어 있지만 구역 내에서는 지정석이 아니라 선착순이므로 서둘러 가는 것이 좋다.
- 야외 공연장이다 보니 대부분의 자리는 야외석이다. 비가 내릴 것 같으면 입장 시 우비를 주니 잘 챙기자.

FOLLOW UP

호이안 임프레션 테마파크
호이안 메모리스 쇼 이야기

400년의 역사를 지닌 매력적인 항구 도시 호이안의 역사와 문화에 대한 이야기를 베트남 전통 의상인 '아오자이'와 '베틀'을 통해 들려준다. 1km가 넘는 큰 무대에서 500명이 넘는 연주자와 연기자들이 웅장하고 드라마틱한 공연을 선보인다. 야외의 열린 공간에서 호이안의 풍경을 압축해 놓은 것 같은 생생한 무대를 배경으로 과거 호이안의 영광과 베트남 여인들의 아름다움을 표현한다. 엄청난 규모와 연기자들의 수려한 공연이 감동을 선사한다.

제1막 생명

과거에 때 묻지 않은 자연과 평화로운 땅에서 농사를 짓고, 가축을 키우고, 옷감을 짜며 목가적인 삶을 살아가던 호이안 사람들을 보여 준다. 아이는 강가에서 놀고 어머니는 뱃속에 새로운 생명을 품은 모습을 연출한다.

제2막 결혼식

고대 국가의 수장들이 이웃 국가와의 평화를 통해 나라를 지키는 모습, 국토를 확장하면서 번영하는 모습을 보여 준다. 또한 제만 왕과 후옌짠 공주의 성대한 결혼식 장면을 재연하며 환상적인 춤과 퍼레이드가 이어진다.

제3막 등불과 바다

과거 베트남의 남자들이 가족의 생계와 미래를 위해 거친 바다로 떠나던 모습과 남편을 기다리는 베트남 여인들의 모습을 담아 낸다. 남편이 바다에서 안전하게 돌아오기를 바라는 마음을 등불을 밝히며 춤으로 표현한다.

제4막 호이안의 황금기

뱃고동 소리, 웅장한 음악 소리와 함께 호이안 항구에 수많은 배가 모이며 붐빈다. 과거 각국에서 모여든 상인들과 물자 교류를 통해 번영했던 호이안의 황금기를 보여준다.

제5막 아오자이

아오자이에 농을 쓰고 자전거를 타는 여인들, 베틀을 짜는 소녀를 통해 열심히 살아가는 베트남 여성들의 모습을 보여 준다. 호이안 구시가지의 풍경이 음악과 어우러지며 공연은 절정에 이른다.

TIP

공연이 끝난 직후에는 인파가 몰려 택시 잡기가 어렵다. 직원들에게 택시를 불러 달라고 하거나 대기 중인 호이안 셔틀버스를 이용한다. 셔틀버스 요금은 호이안 구시가지까지 1인당 2만~3만 동이다.

Another Trip

페달을 밟으며 구시가지 밖으로

호이안 자전거 여행

호이안의 구시가지는 택시나 그랩이 들어갈 수 없어 자전거가 최고의 교통수단이 되어 준다. 구시가지를 조금만 벗어나도 초록초록한 시골 풍경과 이색적인 도자기 마을, 재래시장 등 때 묻지 않은 호이안의 진짜 모습을 만날 수 있다.

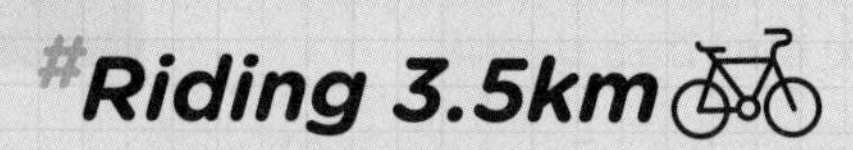

호이안의 소박한 모습을 만나러 가는 길

• 타인하 도자기 마을 Thanh Ha Pottery Village

15세기 말, 호이안의 무역 활동이 활발했던 시기에 형성된 도자기 마을로 현재는 방문객을 위한 도자기 체험 마을로 변신했다. 번성했던 과거에 비하면 소박한 모습이지만 전통 도자기를 구경하고 직접 도자기를 만들어 보는 체험도 할 수 있다. 입장권을 가지고 가면 귀여운 도자기 피리를 기념품으로 하나씩 주니 잊지 말고 받자.

지도 P.099
가는 방법 호이안 구시가지에서 자전거로 10분
주소 Phạm Phán, Thanh Hà **문의** 0235 3864 040
운영 08:00~17:30 **요금** 3만 5,000동

• 껌선 마을 Cẩm Sơn

호이안 중심에서 벗어나 끄어다이 비치 방향으로 가다 보면 나오는 마을로 호이안의 순수한 시골 풍경을 엿볼 수 있다. 초록빛 논이 펼쳐지고 소들이 느긋하게 풀을 뜯어 먹고 있는 목가적인 풍경에 마음이 평화로워진다. 특별한 볼거리는 없지만 호이안의 시골 풍경과 논뷰를 감상하며 자전거를 타는 것만으로 힐링되는 기분을 느낄 수 있을 것이다.

지도 P.099 **가는 방법** 호이안 구시가지에서 자전거로 10분
주소 Lê Thánh Tông, Cẩm Châu

TIP

본격 라이딩을 체험하는 자전거 투어

전문적인 라이딩을 경험하고 싶다면 아래 여행사를 체크하자. 호이안의 로컬 맛집 탐방이나 시골 풍경을 감상하는 투어를 비롯해 하이번 패스, 미선 유적지까지 40km 이상을 달리는 다양한 프로그램이 있다.

호이안 사이클링 Hoi An Cycling

가는 방법 내원교에서 도보 13분 **주소** 86/7 Nguyễn Trường Tộ, Minh An **문의** 091 988 2783 **영업** 09:00~21:00 **예산** 바이크 투어 US$35~ **홈페이지** hoiancyclingtour.com

Another Trip

쿠킹 클래스 vs 에코 투어

현지인과 함께하는 호이안 체험 여행

호이안에는 호이안의 자연과 전통문화를 체험할 수 있는 투어가 다양한 편이다. 특히 베트남의 전통 요리를 배우는 쿠킹 클래스와 바구니처럼 생긴 코코넛 배를 타고 호이안의 자연과 문화를 체험하는 에코 투어는 대표적인 인기 투어로 꼽힌다.

내 손으로 만드는 베트남 요리

베트남 요리에 관심이 있다면 쿠킹 클래스를 체험해 보자. 직접 재래시장에서 장을 보는 것부터 시작해 베트남 전통 요리를 함께 만들어 보는 전문적인 쿠킹 스쿨이 꽤 많다. 가격 대비 구성도 알차서 한 번쯤 해볼 만하다. 자세한 재료 설명과 함께 누구나 쉽게 배울 수 있고 직접 만든 요리들로 식사까지 해 풀코스로 즐길 수 있다.

미리 보는 쿠킹 클래스 과정

❶ 숙소 픽업 또는 미팅 장소에서 만나기

❷ 재래시장에서 식재료에 대해 배우기

❸ 배를 타고 쿠킹 클래스 장소로 이동

❹ 향채, 허브 등을 재배하는 오가닉 팜 방문

❺ 재료 손질 및 요리과정 설명 듣고 조리 시작

❻ 직접 만든 음식으로 사람들과 함께 만찬

예약하기

호이안에는 쿠킹 클래스를 운영하는 쿠킹 스쿨이 많고 대부분 홈페이지를 통해 예약 가능하다. 원하는 쿠킹 클래스를 선택하고 날짜, 이메일 등을 기입하면 예약이 완료된다. 최소 1~2일 전에 예약하는 것이 좋다.

• 레드 브리지 레스토랑 & 쿠킹 스쿨
Red Bridge Restaurant & Cooking School

호이안에서 가장 인기 있는 쿠킹 스쿨 중 한 곳이다. 깨끗하고 관리된 조리 시설과 알찬 수업 내용, 레시피 등이 잘되어 있어 추천한다.

주소 Thon 4, Hội An, Quang Nam
문의 0235 3933 222 **예산** 클래식 US$35, 디럭스 US$59
홈페이지 www.visithoian.com

• 지오안 쿠커리 스쿨 Gioan Cookery School

호이안에서 여행자 사이에서 평이 좋은 인기 쿠킹 클래스. 배우고 싶은 베트남 음식을 세트 메뉴 3가지 또는 40가지 베트남 요리 중에 배우고 싶은 메뉴를 2~4개 내 마음대로 선택할 수 있다.

주소 222/17 Lý Thường Kiệt, Sơn Phong
문의 0985 780 401 **예산** 쿠킹 클래스 US$40
홈페이지 gioancookery.com

TIP

쿠킹 클래스를 예약하지 전에 알아 두면 좋은 팁

- 대부분의 쿠킹 스쿨은 호이안 구시가지에서 벗어난 동쪽의 껌타인 지역에 위치한다. 예약 시 숙소 픽업 여부, 만나는 미팅 장소 등을 체크해 보자.
- 클래스에 따라 차이는 있지만 수업은 보통 4~5시간 정도 소요되며 대부분 영어로 진행된다. 강사가 요리하는 모습을 바로 앞에서 보고 배우기 때문에 영어가 서툴러도 문제없다.
- 베트남의 애피타이저 고이꾸온과 짜조, 여행자에게 친숙한 요리인 반쌔오, 분짜 등을 포함해 3~4가지 요리를 배운다. 사전에 원하는 요리를 요청할 수 있는 클래스도 있으니 배우고 싶은 요리가 있다면 문의해 보자.
- 레시피는 따로 프린트해서 나눠 주는 곳이 많으니 나중에 실전 요리를 위해 잘 챙겨 두자.

#Eco Tour

때 묻지 않은 자연에서 즐기는 에코 투어

호이안의 매력을 제대로 느낄 수 있는 투어 중 하나다. 코코넛 마을로 통하는 껌타인 워터 코코넛 빌리지Cam Thanh Water Coconut Village에서 호이안의 청정 자연과 전통적인 생활 방식을 체험한다. 바구니처럼 생긴 코코넛 배, 까이퉁Cái Thùng을 타고 강으로 나가서 직접 전통 낚시를 해보고, 자연환경을 생생하게 경험할 수 있다. 코코넛 배는 베트남 어부들이 가까운 바다에 나가 고기를 잡을 때 이용하던 전통 배로 모터나 다른 동력 없이 뱃사공이 재주껏 배를 저어 움직인다. 단순히 코코넛 배를 타고 둘러보는 것을 넘어 베테랑 뱃사공들은 풀을 꺾어 반지나 왕관, 메뚜기 등을 만들어 주거나 배를 양쪽으로 신나게 흔들어 마치 놀이 기구를 탄 것 같은 짜릿함도 안겨 준다. 또 현지 어부들이 낚시를 할 때 사용하는 그물을 직접 던져 보는 등 이색적인 체험을 해볼 수 있어 재미있고 유익하다.

미리 보는 에코 투어

❶ 숙소 픽업 후 투어 장소로 이동

❷ 껌타인 워터 코코넛 빌리지 도착

❸ 까이퉁을 타고 수풀이 우거진 수로 안으로 진입

❹ 배안에서 뱃사공의 화려한 쇼 감상

❺ 어부의 그물 던지기와 전통 낚시 체험

❻ 뱃사공이 야자나무 잎으로 반지 등을 만들어 주기도 한다.

예약하기

여행사에서 투어를 예약하는 방법과 코코넛 배만 운영하는 현지 업체를 이용하는 방법이 있다. 여행사 투어는 픽업 서비스와 쿠킹 클래스, 에코 투어가 포함된 반나절 일정으로 진행되며 보통 오전, 오후 스케줄이 정해져 있다. 그에 맞춰서 개인 일정을 짜야 한다. 반면 현지 업체를 이용할 경우 자신이 원하는 시간에 연락을 해서 간단하게 코코넛 배만 즐길 수 있고 가격도 더 저렴한 편이다.

• 신투어리스트 TheSinhTourist

베트남 전역에 체인을 둔 대형 여행사로 다양한 투어 종류와 저렴한 가격이 최대 장점이다. 하루 1번 오전 시간에 에코 투어와 쿠킹 클래스가 포함된 상품이 있다. 호이안의 신투어리스트에서 하루 전에 예약하면 된다.

주소 646 Hai Bà Trưng, Minh An
문의 0235 3863 948
예산 쿠킹 클래스+에코 투어 49만 9,000동
홈페이지 www.thesinhtourist.vn

• 행 코코넛 Hang Coconut

짧고 굵게 코코넛 배만 타고 싶은 여행자에게 제격이다. 1인당 비용이 저렴한 편이고 원하는 시간에 갈 수 있어 편리하다. 쿠킹 클래스도 운영하고 있어 2가지를 같이 즐길 수도 있으며 이동은 직접 가도 되고 유료 픽업 서비스를 신청할 수도 있다.

주소 Tổ 3 Thôn Vạn Lăng, Cẩm Thanh
문의 카카오톡 ID hangcoconut
예산 일반 US$4, 어린이 US$2
홈페이지 hangcoconut.com

TIP

에코 투어와 쿠킹 클래스를 한 번에!

신투어리스트와 행 코코넛 같은 업체에서는 코코넛 배와 쿠킹 클래스가 합쳐진 투어도 운영한다. 한 번에 2가지 체험을 할 수 있어 따로 하는 것보다 시간과 비용을 절약할 수 있고 직접 만든 요리로 식사까지 할 수 있어 가성비도 뛰어나다. 업체에 따라 시장 투어 포함 여부, 스케줄 등이 차이가 있으니 비교해보고 고르자.

⑮ 끄어다이 비치

Bãi Biển Cửa Đại
Cua Dai Beach

소박한 매력의 비치

호이안에서 가장 가까운 비치로 긴 해변을 따라 열대 야자수가 하늘 높이 솟아 있다. 미케 비치나 안방 비치에 비하면 소박한 분위기이다. 이 일대에는 가성비 좋은 중급 리조트가 많이 모여 있어 장기 체류 여행자, 서양인 여행자가 즐겨 찾는다. 다만 최근에 모래 유실이 심한 탓에 모래주머니, 가림막을 곳곳에 설치해 놓아 예전만큼의 아름다움은 찾아보기 힘들다는 점이 아쉽다.

지도 P.099
가는 방법 호이안 구시가지에서 차로 10분
주소 Hội An, Quảng Nam

⑯ 안방 비치

Bãi Biển An Bàng
An Bang Beach

365일 활기가 넘치는 인기 절정의 비치

호이안에서 멀지 않은 곳에 위치한 안방 비치는 여행자 사이에서 반나절 비치 트립으로 핫한 곳이다. 안방 비치는 푸른 바다 위로 하얗게 출렁이는 파도와 모래사장 바로 코앞으로 레스토랑이 줄줄이 이어진다. 특이한 점은 레스토랑에서 음료와 식사를 즐기면 모래사장에 있는 파라솔과 선베드, 샤워 시설을 무료로 이용할 수 있다는 것이다. 안방 비치 입구에서 가까운 솔 키친 레스토랑이 이 일대의 중심이라 할 수 있는데 남쪽으로 갈수록 레스토랑 가격이 저렴해지고 인파도 적다. 맛있는 음식과 시원한 음료, 맥주를 마시면서 일광욕을 즐기거나 바다에서 실컷 놀고 온 후 방갈로에 기대어 쉬면서 신선놀음을 할 수 있으니 지상 낙원이 따로 없다.

지도 P.099
가는 방법 호이안에서 차로 15분
주소 Hai Bà Trưng, Hội An, Quảng Nam

현지인의 한마디
대부분의 레스토랑은 샤워 시설을 갖추고 있지만 타월이나 간단한 세면도구는 제공하지 않아요. 물놀이를 하려면 챙겨가세요. 레스토랑을 이용하지 않고 해변에만 머물 생각이라면 모래사장 위에 깔 수 있는 비치 타월을 챙겨 가도 좋습니다.

TIP

액티비티한 활동을 원한다면 해양 스포츠!

해변을 걷다 보면 곳곳에 해양 스포츠 종류와 가격이 적힌 안내판이 있어 쉽게 이용할 수 있다. 패러세일링과 바나나 보트, 제트 스키를 즐길 수 있고 가격도 정찰제라 바가지요금을 걱정하지 않아도 된다.(11월~2월 제외)

제트 스키 2인 15분 70만 동
패러세일링 1인 60만 동, 2인 90만 동

FOLLOW UP

해변의 여유를 닮은 **안방비치 분위기 맛집 찾기**

안방 비치를 제대로 즐기는 방법은 바다 앞에 줄지어 모여 있는 레스토랑 중 하나를 골라 내 집처럼 편안하게 머물며 느긋한 시간을 보내는 것이다. 음료나 식사를 주문하면 레스토랑에 딸려 있는 선베드, 방갈로, 샤워 시설도 무료로 이용이 가능하다. 한적한 매력의 카페부터 환상적인 뷰 맛집까지 자신의 취향에 맞게 골라보자.

독보적인 인기의 핫 플레이스

• 솔 키친 Soul Kitchen

안방 비치에서 가장 손님이 많은 곳으로 특히 한국인 여행자에게 폭발적인 인기를 얻고 있다. 안방 비치 초입에 방갈로 스타일로 꾸며져 있어서 이국적인 열대 분위기가 물씬 풍기는 레스토랑이다. 다양한 음식과 음료를 갖추고 있으며 목요일부터 일요일까지는 오후 5시 30분부터 라이브 공연도 열려 흥겨운 분위기에 취하기 좋다.

문의 090 644 0320
영업 07:00~23:00
예산 버거 14만 5,000동~, 칵테일 6만 5,000동~
홈페이지 www.soulkitchen.sitew.com

바다 전망이 예쁜 곳

• 덱 하우스 The Deck House

이 일대에서 가장 세련된 스타일이 돋보이는 곳으로 해변 전망이 좋아서 인기가 많다. 2층으로 되어 있는데 특히 바다가 가장 예쁘게 보이는 명당자리를 차지하기 위한 경쟁이 꽤나 치열하다. 다른 곳보다 가격이 조금 더 비싼 편인데 음식 맛도 기대할 만한 수준이 아니니 음료와 함께 간단한 요리 정도만 주문해서 먹자. '쇼어 클럽Shore Club'이라는 이름의 바 & 레스토랑도 함께 운영한다.

문의 090 565 8106 **영업** 07:00~22:00
예산 맥주 4만 동~, 시푸드 보트 62만 5,000동~
※서비스 차지 5% 추가

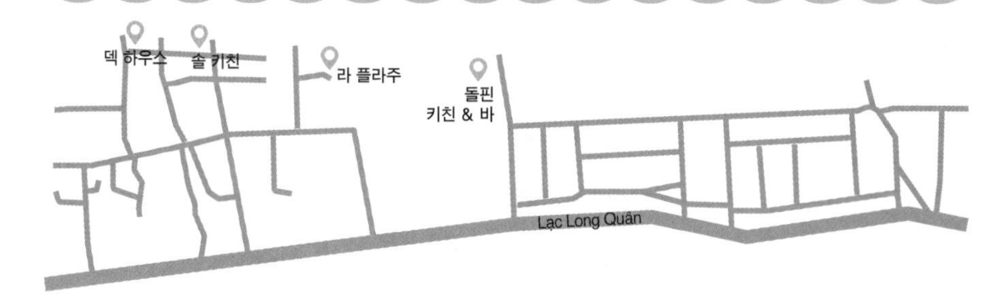

한국 여행자들
사이에서 인기

• 라 플라주 La Plage

알록달록 컬러풀한 인테리어가 시선을 사로잡는 레스토랑으로 한국 여행자들 사이에서 특히 인기가 많다. 가리비 구이, 오징어 볶음 등 해산물 메뉴가 대표 메뉴. 바로 앞으로 넘실거리는 바다가 아름답고 날이 좋은 날이면 선 베드에 누워서 해변을 즐겨도 좋다. 짐 보관은 물론 간단하게 샤워를 할 수 있는 샤워 시설도 갖추고 있어 식사 후 바다에서 신나게 놀기도 좋다.

문의 093 592 7565 **영업** 08:00~22:30
예산 볶음밥 11만 동~, 맥주 3만 동~

여유 넘치는 분위기에
착한 가격

• 돌핀 키친 & 바 Dolphin Kitchen & Bar

아름다운 안방 비치를 바로 앞에 품고 있는 레스토랑 겸 바. 모래사장 위에 선 베드가 있고 나무로 지은 방갈로도 있어 열대 분위기를 즐기며 식사를 즐기기 좋다. 베트남 요리를 비롯해 파스타, 샐러드 등 메뉴가 골고루 있고 이 일대의 식당 중에서는 가격대가 조금 더 저렴한 편이다. 식사나 음료를 주문할 경우 샤워 시설, 선 베드 등을 이용할 수 있어 물놀이를 하며 안방 비치를 즐기기에도 완벽하다.

문의 077 249 4117
영업 08:00~22:30
예산 샐러드 7만 5,000동~,
맥주 2만 5,000동~

⑰

빈원더스 남호이안
Vinwonders Nam Hội An

아이들과 함께하는 가족 여행에 최적화된 테마파크

최근에 개장한 테마파크로 아이를 동반한 가족 여행자에게 추천할 만한 곳이다. 다낭의 바나 힐에 비해 아직 덜 알려져 방문객이 적은 것이 장점이다. 붐비지 않다 보니 오랜 기다림 없이 놀이 기구를 즐길 수 있다. 62헥타르에 달하는 거대한 부지 내에는 동물을 가까이에서 볼 수 있는 리버 사파리, 4D 영화를 관람할 수 있는 영화관, 트릭 아트관, 소수 민족의 대표 직물과 공예품을 감상할 수 있는 공예 마을까지 다양한 어트랙션이 준비되어 있다. 호이안 구시가지를 축소해 꾸며 놓은 거리도 이색적이며 신나는 물놀이를 즐길 수 있는 워터 월드까지 두루 갖추어 아이들과 하루 종일 신나는 시간을 보내기에 부족함이 없다.

지도 P.099
가는 방법 호이안 구시가지에서 차로 25분
주소 Thanh Niên, Bình Minh, Thăng Bình **문의** 0898 219 889
운영 09:00~20:00 **요금** 전일권 일반 60만 동, 어린이(키 100~139cm) 45만 동, 오후권(15:00~) 일반 42만 동 **홈페이지** vinwonders.com

TIP

무료 셔틀버스로 이동하기

다낭과 호이안에 위치한 빈펄 그룹 리조트, 비치 등에서 1일 1회 무료 셔틀버스를 운행한다.

운행 루트

다낭 출발 09:00 멜리아 빈펄 다낭 리버프론트Melia Vinpearl Riverfont – 빈펄 럭셔리 다낭Vinpearl Luxury Da Nang – 빈펄 리조트 & 스파 다낭Vinpearl Resort & Spa Da Nang – 빈원더스 남호이안Vinwonders Nam Hoi An(돌아오는 편은 18:00 출발)
호이안 출발 09:00 빈펄 리조트 & 스파 호이안Vinpearl Resort & Spa Hoi An – 끄어다이 비치 – 안방 비치 – 하이바쯩 거리Đường Hai Bà Trưng – 빈원더스 남호이안Vinwonders Nam Hoi An(돌아오는 편은 18:00 출발)

FOLLOW UP

빈원더스 남호이안
아이가 좋아하는 어트랙션 즐기기

빈원더스 남호이안은 대규모 테마파크로 규모가 크고 즐길 거리가 많아 시간을 여유롭게 잡고 가는 것이 좋다. 더위가 강한 낮에는 워터 파크에서 시원하게 물놀이를 즐기고, 동물들과 만날 수 있는 리버 사파리도 놓치지 말자. 저녁에는 알록달록 등불이 켜진 낭만적인 분위기로 낮과는 또 다른 매력을 느낄 수 있다.

Best Time
09:30~12:00

리버 사파리
River Safari

보트를 타고 사파리를 둘러본다. 일반 동물원에 비해 동물을 가까이에서 관찰할 수 있어 아이들이 무척 좋아한다. 먹이(3만 동)를 구입하면 기린이나 코끼리, 앵무새에게 직접 주는 체험도 가능하다.

▶ Check!
운영 09:30~16:30
마지막 보트 출발 16:00

Best Time
12:00~16:00

워터 월드
Water World

개장한 지 얼마 되지 않아 시설이 쾌적하다. 짜릿한 슬라이드, 물 폭탄, 파도 풀 등을 갖추고 있어 온 가족이 즐길 수 있다. 짐을 맡길 수 있는 보관함이 있으며 수영복은 챙겨 가야 한다.

▶ Check!
운영 10:00~17:30
대여 물품 비치 타월, 수영복, 튜브

Best Time
16:00~19:00

어드벤처 랜드
Adventure Land

규모가 제법 크고 놀이 기구도 많은데 방문객은 적은 편이라 기다림 없이 빠르게 탑승할 수 있다. 12m 높이까지 올라가는 트리 스윙Tree Swing, 롤러코스터, 범퍼카 등 다양한 놀이 기구를 즐겨 보자.

▶ Check!
운영 09:00~20:00
추천 어트랙션 로스트 밸리Lost Valley

TIP

방문객을 위한 이용 꿀팁

- 워터 월드, 어드벤처 랜드의 일부 놀이 기구는 키 100cm, 120cm, 130cm 미만인 어린이는 탑승 제한이 있다.
- 음식물 반입은 금지되며 간단한 물품은 짐 보관함(2만 동)에 보관할 수 있다.
- 규모가 크고 각 어트랙션 간에 거리가 있는 편이라 더운 날씨에는 지칠 수 있다. 아이, 부모님과 함께 다닌다면 입장할 때 버기 서비스 이용권(1인 10만 동)을 구매해서 편하게 이동하자.
- 입장권을 오후권으로 구입하면 훨씬 저렴하다. 더위가 한풀 꺾인 오후에 방문해 짧고 굵게 즐기고 싶은 여행자에게 추천한다. 단, 리버 사파리, 워터 월드는 시간 관계상 체험하기 어려우니 참고하자.

Another Trip

참파 왕국의 성지

미선 유적으로 시간 여행 떠나기

미선은 4세기에서 13세기에 걸쳐 참파 왕국의 왕들에 의해 세워졌다. 힌두교를 중심으로 불교와 토착 신앙이 혼재된 독특한 건축 양식으로 인해 '베트남 속 작은 앙코르 와트'라고도 불린다. 찬란했던 참파 문명의 위대한 유산이 남아 있는 미선 유적지로 떠나 보자.

#유구한 문명의 발자취

'아름다운 산'이라는 뜻의 미선Mỹ Sơn은 4세기에서 13세기에 이르기까지 약 900년에 걸쳐 형성된 참파 왕국의 성지이자 유네스코에서 지정한 세계문화유산이다. 미선은 종교적 성지로 과거 왕들의 장례를 치르던 곳으로 알려져 있다.

마하파르바타산 아래 정글로 둘러싸인 유적지 안에는 70여 개의 참파 유적이 남아 있었으나 1969년과 1972년 폭격으로 대부분 파괴되었고 현재 20여 개의 유적이 남아 있다.

미선 유적을 복원한 프랑스 학자가 이곳을 A~K까지 총 11개 구역으로 분류해 연구했으나 1994년 베트남에서 철수하면서 연구, 조사는 중단되었다. 이후 조사가 재개되었으나 베트남 전쟁으로 인해 상당 부분이 훼손된 상태이고 그중 B~D구역이 가장 양호한 편이다. 유적지 내 건축물들은 테라코타 방식으로 지어진 것이 많은데 오늘날까지도 부식되지 않고 그대로 보존된 벽돌들은 미스터리로 남아 있다. 건축물과 유적을 복원하기 위해 각국의 도움과 협력이 이루어지고 있지만 당시의 건축법과 일치하는 방식을 찾지 못해 어려움을 겪고 있다.

가는 방법 호이안에서 차로 70분
주소 Duy Phú, Duy Xuyên, Quảng Nam
문의 0235 3731 309
운영 06:30~17:30
요금 15만 동
홈페이지 mysonsanctuary.com.vn

TRAVEL TALK

베트남 영광의 시대, 참파 왕국

4세기 말에 형성된 것으로 알려진 참파 왕국은 과거 베트남 중남부 지역을 중심으로 강력한 왕국으로 발전했습니다. 전성기에는 지형적으로 가까운 라오스와 캄보디아의 앙코르 와트를 점령하고 인도네시아까지 세력을 떨쳤지만 명나라의 침입과 대월 전쟁, 베트남 전쟁을 겪으면서 흔적만 남긴 채 사라졌다고 합니다.

#볼거리 집합소 B~D구역

현재까지 가장 양호한 상태를 유지하고 있는 구역이다. B구역의 본당인 B1은 유적 중 가장 빠른 4세기경에 지어진 것으로 추정되며 구역 내 도열된 링가 역시 동남아시아에서 가장 오래된 것으로 알려져 있다. 실내 전시관에는 D구역에서 출토된 일부 유물들을 모아 전시하는데 중요 유물들은 다낭의 참 조각 박물관으로 옮겨졌다. 건축물 외벽에는 신, 꽃, 동물 등 섬세하고 아름다운 부조들이 남아 있으며 이는 고고학적으로 중요한 가치를 지닌다.

TIP

미선 유적지 관광에 대비하는 자세

- 미선 유적지는 야외를 많이 걸으면서 둘러보게 되므로 체력 소모가 크다. 더운 날씨에는 갈증도 많이 난다. 사 먹을 곳이 마땅치 않으니 시원한 음료수나 물을 챙겨 가자.
- 실내가 없는 야외 유적지라 뜨거운 태양이나 비를 피할 곳이 없다. 사전에 날씨를 확인하고 모자, 선글라스, 우산 등을 챙겨 가는 것이 좋다.
- 매표소에서 미선 유적지까지 약 2km 떨어져 있어 전기 자동차를 타고 이동하는 것이 편리하다. 이용료는 입장료에 포함된다.

#미선을 제대로 즐기는 현지 여행사 투어

미선은 호이안에서 약 40km, 다낭에서 약 60km 거리에 위치해 중부 지역을 여행하는 이들에게 하루 코스로 다녀오기 좋은 관광지로 인기가 높다. 개별적으로 가는 것보다는 여행사 투어를 이용하는 편이 효과적이다. 호이안과 다낭에서 출발하는 반일 투어는 미선 유적을 관람하기에 충분하고 한인 여행사, 현지 여행사에서 쉽게 예약이 가능하다. 투어 종류에 따라 차량 또는 보트를 이용해 호이안으로 돌아올 수 있고 점심이 포함된 상품도 있으니 포함 사항, 일정 등을 체크한 후 선택하자. 베트남 전쟁 당시 지뢰가 많이 매설된 곳이기도 해 인솔자 또는 가이드를 따라 이동하고 정해진 동선과 루트를 벗어나지 않도록 주의하자.

• 신투어리스트

베트남 전역에 체인을 둔 대형 여행사로 호이안에서 출발하는 미선 투어 상품을 판매한다. 영어 가이드의 미선 유적지 해설을 포함하는데 저렴한 가격이 가장 큰 경쟁력이다. 오전 8시부터 시작해 낮 2시 30분 정도에 끝나는 일정으로 호이안 타운 안의 호텔은 픽업도 가능하다.

주소 646 Hai Bà Trưng, Minh An
문의 0235 3863 948
예산 미선 투어 49만 9,000동~ **홈페이지** www.thesinhtourist.vn

호이안 맛집

호이안 지역의 명물 요리로 통하는 까올러우Cao Lầu, 호안탄Hoành Thánh, 반바오반박Bánh Bao Bánh Vạc(화이트 로즈) 등을 파는 현지 식당부터 여행자 입맛에 잘 맞는 레스토랑까지 선택의 폭이 넓다. 또한 반미Bánh Mì 맛집도 유독 많으니 꼭 맛보자.

비스 마켓 *Vy's Market*

위치 호이안 야시장 주변
유형 대표 맛집
주메뉴 베트남 요리, 해산물

☺→ 넉넉한 좌석과 다양한 메뉴로 선택의 폭이 넓음
☹→ 다소 시끌시끌한 분위기와 현지 물가 대비 비싼 편

호이안 야시장 초입에 위치한 레스토랑으로 이름처럼 마켓 콘셉트로 음식 종류에 따라 구역을 나누어 놓았다. 안으로 들어가면 규모가 상당히 큰 편이라 많은 인원이 함께 방문하기에 안성맞춤이다. 백과사전처럼 두꺼운 메뉴판은 베트남 요리는 물론 채식주의자를 위한 메뉴, 서양식 메뉴까지 종류별로 사진과 함께 안내되어 있어 보기 편하고 메뉴 선택의 폭이 넓은 것이 장점이다. 쿠킹 클래스도 운영하는 곳이라 음식 맛도 평균 이상이다. 추천 음식은 호이안의 명물인 닭고기덮밥 껌가Cơm Gà, 오징어구이Mực Là Nướng, 조개볶음Nghêu Xào Sả 등이 있다. 저녁에는 라이브 음악을 연주해 분위기가 더 활기차다.

가는 방법 호이안 야시장 초입에 위치
주소 3 Nguyễn Hoàng, Minh An
문의 0235 3926 926
영업 08:30~21:30
예산 반쌔오 6만 5,000동, 샐러드 10만 8,000동~
홈페이지 tastevietnam.asia

미스 리
Miss Ly

위치 호이안 시장 주변
유형 대표 맛집
주메뉴 까올러우, 반바오반박

☺ → 호이안 명물 요리를 맛보기에 안성맞춤
☹ → 손님의 90% 이상이 한국인 여행자

한국인 여행자에게 유독 인기가 많은 집이다. 찾아가기 좋은 위치와 적당한 가격, 꽤 괜찮은 맛까지 두루두루 장점이 많아 식지 않는 인기를 자랑한다. 호이안의 명물 요리 까올러우, 반바오반박, 호안탄 등이 추천 메뉴로 깔끔하면서도 기본에 충실한 맛을 낸다. 인기를 증명하듯 언제 가도 빈자리가 없어 대기해야 하는데 테이블 회전율은 빠른 편이다.

가는 방법 호이안 시장에서 도보 1분
주소 22 Nguyễn Huệ, Cẩm Châu
문의 090 523 4864
영업 11:00~21:00
예산 까올러우 6만 동, 반바오반박 7만 동

하이 카페
Hải Café

위치 호이안 구시가지 내
유형 대표 맛집
주메뉴 바비큐 요리

☺ → 접근성이 좋고 근사한 분위기
☹ → 대부분 야외석이라 더운 편

여행자들이 많은 구시가지 한가운데 있음에도 불구하고 상당히 비밀스럽게 숨어 있는 레스토랑이다. 바비큐 메뉴가 주 종목으로 바로 옆에서 직접 고기를 굽는 모습을 볼 수 있다. 베트남 요리 외에 해산물, 꼬치구이 등의 바비큐 메뉴가 많으며 맛있는 요리와 시원한 맥주 한잔을 즐기기에 완벽하다. 식당 내 정원이 아름다워 마치 숲속에서 식사하는 듯한 낭만적인 분위기도 느낄 수 있다.

가는 방법 내원교에서 도보 3분
주소 111 Trần Phú, Minh An
문의 0235 3863 210 **영업** 08:00~22:30
예산 바비큐 플래터 25만 동, 치킨 바비큐 14만 동
※서비스 차지 5% 추가
홈페이지 www.visithoian.com

마담 끼에우
Madam Kiều

위치 호이안 야시장 주변
유형 신규 맛집
주메뉴 껌가, 까올러우

→ 투본강 변과 구시가지의 전망이 좋은 맛집
→ 현지 물가 대비 약간 비싼 편

투본강 변 바로 앞에 위치해 전망이 좋은 맛집이다. 2층으로 되어 있는데 특히 2층의 바깥 자리가 명당이다. 낭만이 넘치는 투본강 변과 그 너머 구시가지의 고즈넉한 풍경까지 한눈에 볼 수 있다. 베트남 요리가 주 종목으로 메뉴가 꽤 다양한데 그중 껌가와 까올러우를 추천한다. 음식 맛보다는 뷰가 좋은 곳이라 간단하게 음료만 마시면서 전망을 감상해도 좋다.

가는 방법 내원교에서 도보 3분
주소 43 Nguyễn Phúc Chu, An Hội
문의 098 627 1804
영업 07:30~24:00
예산 까올러우 10만 동, 껌가 15만 동

송호아이
Sông Hoài

위치 호이안 야시장 주변
유형 로컬 맛집
주메뉴 팃느엉, 냄루이

→ 저렴한 가격에 탁월한 맛
→ 찾기 어려운 위치, 냉방이 약한 편

골목 안쪽에 있는 숨은 맛집이다. 식당이라기보다는 현지 가정집을 개조한 소박한 분위기다. 메뉴는 딱 4가지뿐인데 가격이 모두 3만 5,000동이다. 노릇하게 잘 구운 냄루이와 팃느엉이 특히 맛있으니 꼭 맛보자. 새우를 넣은 스프링 롤 튀김인 람꾸온과 반쌔오도 맛있지만 속재료는 다소 부실한 편이다. 일단 가격이 워낙 저렴하기 때문에 4가지 음식을 모두 시켜서 하나씩 맛볼 것을 추천한다.

가는 방법 호이안 실크 마리나 리조트에서 도보 2분
주소 59/32, 18 Tháng 8, Minh An
문의 0235 3917 005
영업 11:00~23:00
예산 반쌔오 3만 5,000동, 냄루이 3만 5,000동

봉홍짱(화이트 로즈 레스토랑)
Bông Hồng Trắng (White Rose Restaurant)

위치 하이바쯩Hai Bà Trưng 거리 주변
유형 로컬 맛집
주메뉴 반바오반박, 호안탄

→ 호이안 명물 반바오반박과 호안탄 대표 맛집
→ 메뉴가 딱 2가지뿐

호이안에서 꼭 먹어 봐야 하는 명물 요리. 화이트 로즈라 불리는 반바오반박과 호안탄, 딱 2가지 메뉴로 승부하는 맛집이다. 매일 5,000개 가까이 만들 정도로 인기가 많으며 현지에서도 전문점으로 인정받아 주변 식당에 납품하고 있다. 2층 규모로 2층이 1층보다 더 넓고 쾌적하다. 촉촉하고 부드러운 맛의 반바오반박과 바삭바삭한 맛이 별미인 호안탄을 즐겨 보자.

가는 방법 내원교에서 도보 10분
주소 533 Hai Bà Trưng, Cẩm Phổ
문의 090 301 0986
영업 07:30~20:30
예산 반바오반박 7만 동, 호안탄 10만 동

껌가 바부오이
Cơm Gà Bà Buội

위치 판쭈찐Phan Chu Trinh 거리 주변
유형 로컬 맛집
주메뉴 껌가, 짜오가

→ 제대로 맛보는 호이안의 명물 껌가
→ 진한 닭고기 향과 내장 때문에 호불호가 갈림

호이안의 명물 음식 중 하나로 꼽히는 껌가 맛집으로 현지인이 즐겨 찾는다. 껌가는 잘게 찢은 닭고기 외에 내장까지 고명으로 올린 덮밥이다. 보통의 껌가 요리보다 닭고기 향이 더 진하게 나기 때문에 베트남 음식에 익숙하지 않다면 약간의 도전 정신이 필요하다. 짜오가Cháo Gà는 우리의 닭죽과 맛이 거의 비슷해 누구나 먹기 좋다. 현지인 식당이라 내부가 협소하고 에어컨이 없어 더운 편이다.

가는 방법 반미 프엉에서 도보 2분
주소 22 Phan Chu Trinh, Minh An
문의 090 576 7999
영업 10:30~14:30, 17:00~21:00
예산 껌가 3만 5,000동, 짜오가 2만 동

Another Trip

1,000원의 푸짐한 행복

반미 맛집 4대 천왕

반미는 프랑스의 영향을 받아 보편화된 베트남식 샌드위치로 바게트 빵에 햄, 고기, 치즈, 각종 채소 등을 듬뿍 넣고 베트남식 소스를 뿌려서 만든다. 푸짐한 양과 맛 덕분에 여행자 사이에서도 인기가 많다. 특히 호이안은 다낭이나 후에에 비해 반미 맛집이 많고 가격도 황송할 만큼 저렴하다. 우리 돈으로 1,000원 남짓이면 한 끼 배부르게 먹을 수 있는 반미 맛집 중 베스트 4곳을 뽑아 소개한다.

#믿고 먹는 반미의 정석

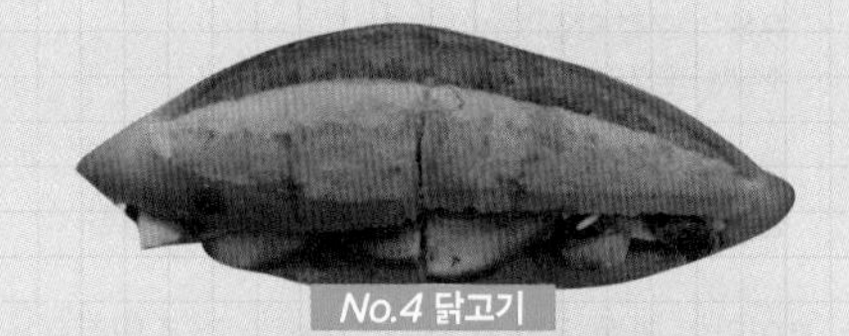

No.4 닭고기

• 마담 카인 - 반미 퀸
Madam Khanh - The Bánh Mì Queen

30년 전통의 호이안 대표 반미 맛집이다. 1층과 2층에 먹고 갈 수 있는 자리가 마련되어 있고 쾌적한 편이라 다른 반미집보다 비교적 편안하게 먹을 수 있다. 반미 메뉴는 6가지가 있는데 낯선 향신료에 민감한 입맛이라면 가장 대중적인 4번 닭고기를 추천한다. 담백한 닭고기와 채소가 들어가 바게트와 잘 어우러진 맛을 낸다. 여기에 매콤한 칠리 소스를 넣으면 더 맛깔나게 먹을 수 있다.

가는 방법 호이안 익스프레스 여행사에서 도보 1분
주소 115 Trần Cao Vân, Minh An
문의 0777 476 177
영업 06:30~19:30
예산 반미 2만 동~

#소박하지만 기본에 충실한 맛

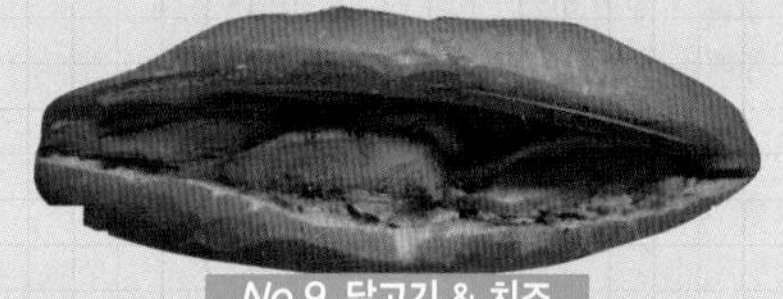

No.9 닭고기 & 치즈

• 피 반미 Phi Bánh Mì

테이블 3~4개가 전부이고 반미를 만드는 주방도 단출하지만 맛만큼은 누구에게도 뒤지지 않는다. 반미 메뉴는 총 11가지로 달걀, 치즈, 닭고기, 돼지고기 등의 재료에 따라 종류가 나뉜다. 호불호 없이 한국인 입맛에 잘 맞는 추천 메뉴는 9번 닭고기&치즈로 구운 닭고기와 치즈의 조합이 잘 어우러진다. 아낌없이 모든 재료를 넣은 11번 피 스페셜 반미도 인기 있다. 시원한 맥주와 함께 먹으면 찰떡궁합이다.

가는 방법 내원교에서 도보 10분, 호이안 익스프레스 여행사에서 도보 5분
주소 88 Thái Phiên, Minh An
영업 08:00~20:00
예산 반미 1만 5,000동~

TIP

내 입맛에 맞는 반미 찾기

- 고수를 넣은 반미가 많은 편이니 고수가 싫다면 미리 빼 달라고 하자.
- 파테Pate는 닭이나 돼지의 간을 곱게 갈아서 만든 것으로 특유의 강한 향이 있어 한국인의 입맛에는 잘 맞지 않는다. 비위가 약하다면 파테가 들어가지 않은 반미 메뉴를 먹는 게 안전하다.
- 반미를 먹을 때 짝꿍과도 같은 옥수수 우유Sữa Bắp를 함께 먹어 보자. 대부분의 반미집에서 판매하는데 부드럽고 달콤한 맛에 묘하게 빠져든다. 이외에도 연꽃씨 우유Sữa Hạt Sen, 검은깨 우유Sữa Mè Đen 등도 있다.

#불티나게 팔리는 반미 대박집

No.8 닭고기 & 치즈

● 반미 프엉 Bánh Mì Phượng

호이안의 반미집을 통틀어 손님이 가장 많은 곳은 이곳이 아닐까. 여러 명의 직원이 정신없이 반미를 만드는 진풍경을 감상할 수 있다. 1~2층의 자리에서 먹거나 테이크아웃해 숙소에서 먹어도 좋다. 추천 메뉴는 닭고기와 치즈가 들어간 8번, 소고기와 치즈가 들어간 5번, 구운 돼지고기를 넣은 13번이다. 반쎄오, 까올러우 등의 현지 음식도 판매하는데 반미만은 못한 아쉬운 맛이니 다른 메뉴에 눈돌리지 말고 반미를 꼭 즐기자.

가는 방법 호이안 시장에서 도보 3분
주소 2b Phan Chu Trinh, Cẩm Châu
문의 090 574 3773
영업 06:30~21:30
예산 반미 2만 동~, 옥수수 우유 1만 5,000동

#반미계의 신흥 강자

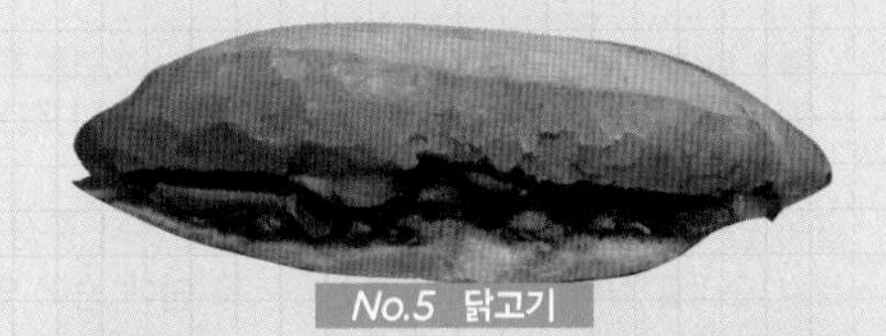
No.5 닭고기

● 반미 숨 Bánh Mì Sum

숨은 반미 맛집으로 현지의 맛과 향이 더 강하게 나는 곳이라 반미 마니아에게 추천한다. 다소 외진 곳에 있지만 쉴 새 없이 반미를 포장해가는 현지인 손님들이 이어진다. 바로 옆에서 반미 만드는 모습을 생생하게 관찰할 수 있어 더 재미있다. 소박한 로컬 가게지만 청결하게 관리한 재료와 세심하게 만드는 모습에서 믿음이 절로 간다. 구운 돼지고기를 넣은 3번, 닭고기가 들어간 5번 반미를 추천한다.

가는 방법 내원교에서 도보 6분
주소 149 Trần Hưng Đạo, Cẩm Phổ
문의 0235 3917 089
영업 06:00~21:30
예산 반미 3만 동~

느 이터리
Nữ Eatery

위치 내원교 주변
유형 신규 맛집
주메뉴 베트남 요리, 퓨전 요리

😊→ 이색적인 퓨전 메뉴
😑→ 실내가 좁고 더운 편

골목 안에 숨은 맛집으로 호이안 로컬 요리를 살짝 변형시킨 퓨전 요리를 선보인다. 메뉴는 주문하기 수월하게 샐러드, 수프, 메인, 디저트로 나뉘고 종류도 메뉴 가짓수도 많지 않아 음식에 대한 전문성이 느껴진다. 채소가 듬뿍 들어간 고이꾸온Gỏi Cuốn은 애피타이저로 제격이다. 껌Cơm은 잘 구운 닭고기에 코울슬로를 곁들인 덮밥인데 한국인 입맛에도 잘 맞는다.

가는 방법 내원교에서 도보 1분
주소 10A Nguyễn Thị Minh Khai, Minh An
문의 0825 190 190
영업 12:00~21:00
휴무 월요일
예산 고이꾸온 5만 동, 껌 10만 동

퍼 뚱
Phở Tùng

위치 호이안 구시가지 내
유형 로컬 맛집
주메뉴 소고기 쌀국수

😊→ 저렴한 가격에 친절함은 덤
😑→ 트인 공간이라 더울 수 있음

구시가지 중심에 위치하지만 골목 안에 숨어 있어 여행자에게는 아직 덜 알려진 쌀국수 맛집이다. 현지인 단골손님이 많은 만큼 착한 가격에 담백하면서도 맛있는 소고기 쌀국수를 먹을 수 있어 반갑다. 메뉴는 퍼보 하나뿐이며 기본과 스페셜로 나뉘는데 스페셜에는 고명과 수란이 추가되어 나온다. 깔끔하고 담백한 육수와 부드러운 국수 맛이 좋아 찾는 이들의 만족도가 높다.

가는 방법 코펜하겐 딜라이트 Copenhagen Delights 옆 골목 안
주소 51/7 Phan Chu Trinh, Minh An
문의 0787 777 258
영업 06:00~12:00, 16:30~20:00
예산 퍼보 3만 동

호이아니안
The Hoianian

위치 호이안 구시가지 내
유형 신규 맛집
주메뉴 와인, 스테이크, 리조또

😊→ 풍경과 낭만을 즐기기 좋은 곳
😑→ 내부가 다소 좁은 편

투본강 바로 앞에 위치한 분위기 좋은 레스토랑. 베트남 요리는 물론 퓨전 메뉴, 폭 넓은 와인 리스트와 칵테일을 갖춘 곳이다. 낮 12시부터 저녁 7시까지는 해피아워로 하우스 와인, 로컬 맥주를 1+1로 마실 수 있다. 2층으로 올라가면 이국적인 호이안의 풍경을 내려다볼 수 있다. 낭만적 분위기 속에서 맛있는 술과 요리와 함께 호이안의 밤을 즐기며 기분 좋게 취하기 좋은 곳이다.

가는 방법 안호이교에서 도보 3분
주소 88 Bạch Đằng, Phường Minh An
문의 093 627 0707
영업 08:00~23:00
예산 스테이크 18만 9,000동~, 칵테일 11만 9,000동~

까로동
Cá Rô Đồng

위치 판쭈찐Phan Chu Trinh 거리 주변
유형 신규 맛집
주메뉴 반바오반박, 호안탄

☺→ 다양한 베트남 요리 종류
☹→ 양이 다소 적은 편

베트남 감성 가득한 아늑한 분위기 속에서 호이안의 대표 요리를 비롯해 다양한 베트남의 맛을 즐길 수 있다. 호이안의 명물 요리로 꼽히는 반바오반박, 호안탄는 입맛을 돋궈주는 애피타이저로 제격. 다양한 국수, 볶음밥, 생선 요리 등 메뉴가 꽤나 많고 대체적으로 음식들이 깔끔하면서도 기본에 충실한 맛이라 한국인 입맛에도 잘 맞는다. 사진과 한국어 메뉴가 있어 주문이 수월하다.

가는 방법 반미 프엉에서 도보 2분
주소 29 Phan Chu Trinh, Phường Minh An
문의 093 561 9681
영업 08:00~24:00
예산 호안탄 7만 5,000동~, 볶음밥 7만 동~

바바스 키친
Babas Kitchen

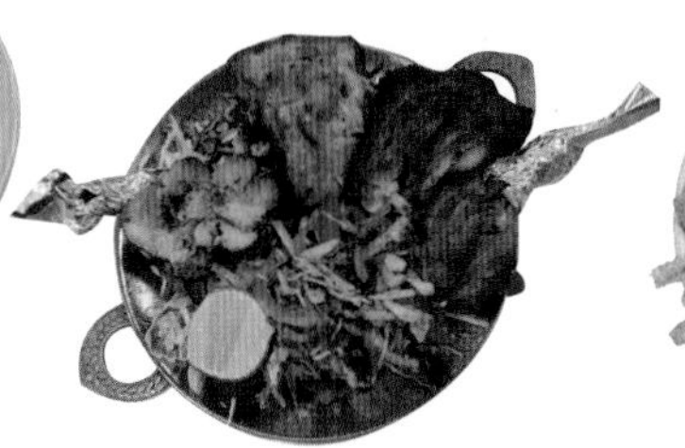

위치 판쭈찐 거리 주변
유형 신규 맛집
주메뉴 인도 요리

☺→ 본토에 가까운 인도 요리
☹→ 메뉴가 많아 결정이 어려움

인도인이 운영하는 제대로 된 인도 요리 전문점이다. 합리적인 요금에 본토에 가까운 맛의 인도 요리를 선보인다. 추천 메뉴는 버터 치킨 커리와 갈릭 치킨 커리며 여기에 잘 구운 난과 로티 등을 곁들이면 한 끼 식사가 완성된다. 탄두리치킨은 담백하면서도 은은한 숯불 향이 어우러져 무척 맛있다. 인도의 전통 요구르트 음료 라씨Lassi까지 곁들여서 즐겨 보자.

가는 방법 내원교에서 도보 2분
주소 115 Phan Chu Trinh, Minh An
문의 0235 3939 919
영업 11:00~22:00
예산 치킨 커리 12만 5,000동~, 난 3만 5,000동~
홈페이지 www.babaskitchen.vn

3 스테이션 비스트로
3 Station Bistro

위치 쩐흥다오 거리 주변
유형 신규 맛집
주메뉴 반바오반박, 까오러우

☺→ 다양한 메뉴와 분위기
☹→ 중심에서 살짝 벗어난 위치

꽤 규모가 큰 레스토랑으로 호이안 감성 가득한 분위기 속에서 맛있는 요리를 즐길 수 있다. 베트남 음식을 전문적으로 선보이며 가볍게 먹을 수 있는 쌀국수 같은 메뉴부터 본격적인 메인 요리까지 다양하다. 분보 후에, 퍼보, 보네 등 베트남 대표 아침 메뉴들도 있어 여유롭게 조식을 즐기기에도 좋다. 은은한 조명이 켜지는 저녁이면 분위기가 더 좋아 디너를 즐기기에도 좋은 곳이다.

가는 방법 내원교에서 도보 6분
주소 111 Trần Hưng Đạo, Phường Minh An
문의 093 561 9681
영업 06:00~22:00
예산 반바오반박 7만 9,000동, 까오러우 4만 9,000동

호아히엔
Hoa Hiên

위치 투본강 주변
유형 대표 맛집
주메뉴 냄루이, 분짜, 퍼보

☺→ 구시가지보다 여유로운 분위기와 가성비
☹→ 일부러 찾아가야 하는 위치

투본강 변의 서정적인 풍경과 함께 맛있는 베트남 요리를 즐길 수 있는 곳이다. 다양한 메뉴가 있으며 가격도 비싸지 않고 플레이팅도 예쁘게 나와 호평을 받는다. 베트남식 꼬치구이 냄루이, 소고기 쌀국수 퍼보, 달짝지근한 분짜 등이 추천 메뉴다. 한적하고 조용한 분위기에서 여유롭게 식사를 즐길 수 있다.

가는 방법 호이안 시장에서 도보 15분
주소 35 Trần Quang Khải, Cẩm Châu
문의 0235 3939 668 **영업** 09:00~20:30
예산 냄루이 6만 동, 반쎄오 6만 동
홈페이지 hoahienrestaurant.com

탄팟 레스토랑
Tấn Phát Restaurant

위치 껌안Cẩm An 주변
유형 로컬 맛집
주메뉴 생선 튀김, 새우 요리

☺→ 가성비 좋은 현지식 해산물 요리
☹→ 중심에서 살짝 벗어난 위치

안방 비치와 끄어다이 비치 사이에 위치한 레스토랑. 오징어, 새우, 조개 등의 해산물 메뉴부터 육류 요리까지 다양한데 간판 메뉴는 도미 튀김이라 불리는 'Crispy Red Snapper'. 생선 한 마리를 통으로 바삭하게 튀긴 후 매콤 달콤한 칠리소스가 함께 나온다. 여기에 볶음밥, 모닝 글로리 볶음 등도 곁들여 먹으면 든든한 한 끼 완성이다.

가는 방법 안방 비치에서 차로 5분
주소 205 Lạc Long Quân, Cẩm An
문의 090 514 9558
영업 10:00~23:00
예산 생선 튀김 18만 동, 새우구이 15만 동

TRAVEL TALK

호이안의 뷰 맛집
덱The Deck

호이안의 가장 높은 곳에서 투본강과 호이안 구시가지를 내려다볼 수 있는 멋진 루프톱 바입니다. 규모는 작지만 탁 트인 구조로 시원스러운 뷰를 감상할 수 있어요. 오후 5~7시는 해피 아워이고 금~토요일에는 오후 5시부터 DJ의 음악도 즐길 수 있어요.
가는 방법 내원교에서 도보 10분, 호텔 로열 호이안Hotel Royal Hoi An 8층 **주소** 39 Đào Duy Từ, Cẩm Phổ **문의** 0235 3950 777 **영업** 16:00~22:00 **예산** 맥주 8만 5,000동 ※서비스 차지+세금 15% 추가 **홈페이지** hotelroyal-hoian.com

호이안 카페

호이안에는 호이안만의 고즈넉한 매력이 잘 녹아든 멋진 카페가 많다. 구시가지 안에는 낡고 오래된 건물을 개조한 루프톱 카페가, 투본강 변에는 호젓한 강 풍경을 감상할 수 있는 카페가 모여 있다. 골목 안에도 숨은 로컬 카페가 많다.

에스프레소 스테이션

The Espresso Station

위치 쩐흥다오Trần Hưng Đạo 거리 주변
유형 로컬 카페
주메뉴 코코넛 커피, 블랙 라테

→ 예쁜 분위기와 특색 있는 커피 메뉴
→ 야외 공간이 반 이상이라 냉방이 약함

골목 안에 숨어 있지만 커피 맛과 분위기가 좋아 꾸준히 사람들의 발길이 이어지는 인기 카페다. 비밀 정원처럼 규모는 작지만 아기자기하게 꾸며져 있다. 실내석과 야외석으로 나뉘는데 야외석은 식물이 많아 트로피컬한 분위기를 즐길 수 있다. 추천 메뉴는 달콤한 코코넛 커피, 고소한 향과 부드러운 거품이 매력적인 에그 커피다. 그 외에도 '차콜 라테'라고도 불리는 블랙 라테, 비트를 이용해 만드는 예쁜 핑크빛의 핑크 라테와 파란색의 블루 라테까지 호기심을 자극하는 독특한 메뉴가 많아 고르는 즐거움이 있다. 홈메이드 그래놀라와 요거트, 반미 등 간단한 식사로 먹을 수 있는 메뉴도 있다. 감성이 묻어나는 분위기 덕분에 SNS에서도 꽤 핫하다.

가는 방법 호이안 시장에서 도보 9분, 호이안 익스프레스 여행사 옆 골목으로 도보 1분
주소 28/2 Trần Hưng Đạo, Cẩm Phổ
문의 0235 6283 910
영업 08:00~17:30
예산 코코넛 커피 6만 5,000동, 블랙 라테 6만 5,000동
홈페이지 www.theespressostation.com

파이포 커피
Faifo Coffee

위치 호이안 구시가지 내
유형 대표 카페
주메뉴 베트남 커피, 과일 스무디

☺→ 루프톱에서 내려다보는 풍경
☹→ 평범한 음료의 맛과 분위기

호이안 구시가지 중심에 위치한 카페로 호이안 전통 건축 양식의 좁고 높은 건물에 있다. 베트남 커피부터 달콤한 디저트와 다양한 음료를 판매하는데 맛보다는 좋은 위치와 분위기, 뷰로 인기가 높다. 그중 하이라이트는 바로 루프톱이다. 계단을 따라 3층으로 올라가면 이곳의 숨은 명소인 루프톱이 나타난다. 탁 트인 야외에는 등이 걸려 있고 아래로는 호이안 구시가지의 풍경이 아름답게 펼쳐져 있다. 올드타운을 배경으로 인생 사진을 남겨 보자.

가는 방법 내원교에서 도보 3분
주소 130 Trần Phú, Minh An
문의 0235 3921 668 **영업** 07:00~21:30
예산 베트남 커피 4만 동~, 망고 스무디 8만 5,000동~
홈페이지 faifocoffee.vn

92 스테이션
92 Station

위치 호이안 구시가지 내
유형 신규 카페
주메뉴 코코넛 커피, 과일 스무디

☺→ 멋진 전망의 루프톱
☹→ 3층 자리에 앉지 못하면 의미 없음

최근 여행자 사이에서 핫 플레이스로 조금씩 알려지는 곳이다. 겉모습은 평범한 카페지만 이곳의 비밀 병기는 바로 루프톱이다. 3층으로 올라가면 바람이 솔솔 부는 전망 좋은 공간이 나온다. 음식도 팔지만 간단히 주스나 커피, 맥주 등을 마실 것을 추천한다. 해가 질 무렵에 가장 멋지므로 구시가지를 배경으로 기념사진을 남겨 보자.

가는 방법 내원교에서 도보 4분
주소 92 Trần Phú, Minh An
문의 090 506 3199
영업 07:00~19:00
예산 코코넛 커피 4만 5,000동, 아이스티 4만 5,000동

핀 커피
Phin Coffee

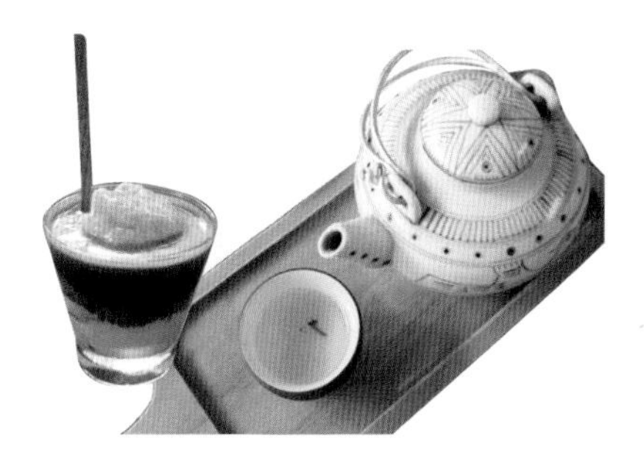

위치 호이안 구시가지 내
유형 대표 카페
주메뉴 코코넛 커피, 스무디 볼

→ 자유롭고 편안한 분위기가 매력적
→ 전부 야외석이라 더운 날씨에는 비추천

정말 아는 사람만 찾아오라는 듯 좁은 골목 안쪽에 작정하고 숨어 있지만 막상 카페에 들어서면 예상 밖의 북적이는 손님들에 놀라게 된다. 정원과도 같은 편안하고 싱그러운 분위기가 매력적이어서 장기 여행자의 숨은 아지트로 활약하고 있다. 핀에 내려 마시는 베트남 커피, 코코넛 맛이 진한 코코넛 커피, 에그 커피 등 커피 종류가 다양하고 맛도 좋다. 아보카도를 듬뿍 바른 토스트, 그래놀라, 스무디 볼 등 건강한 아침 식사로도 제격인 메뉴도 갖추고 있다.

가는 방법 내원교에서 도보 3분, 파이포 커피 옆 골목 안
주소 132/7 Trần Phú, Minh An
문의 091 988 2783 **영업** 08:00~17:30
예산 커피 4만 동~, 토스트 5만 5,000동~
홈페이지 phincoffeehoian.com

태미 커피
Tamy Coffee

위치 호이안 구시가지 내
유형 신규 카페
주메뉴 코코넛 커피, 과일 스무디

→ 호이안 감성 가득한 사진 맛집
→ 음료 맛은 그럭저럭

호이안 구시가지의 입지가 좋은 곳에 자리 잡은 카페. 각 공간마다 호이안 감성이 가득하게 꾸며져 있어 인생 샷을 부르는 사진 맛집으로 통한다. 2층의 테라스도 예쁘고 구석구석 베트남 전통 소품들로 꾸며 눈길을 사로잡는다. 3층으로 올라가면 구시가지가 한 눈에 내려다보이는 루프톱이 있으니 놓치지 말자. 베트남 커피 메뉴와 과일 스무디 등 다양한 음료 메뉴가 있다. 그중 코코넛 커피, 베트남 식 라떼 박씨우BạcXiu, 망고 스무디를 추천한다.

가는 방법 내원교에서 도보 1분
주소 29 Phan Chu Trinh, Phường Minh An
문의 093 561 9681
영업 08:00~24:00
예산 커피 3만 9,000동~, 스무디 6만 8,000동

스타벅스
Starbucks

위치 쩐흥다오 거리 주변
유형 신규 카페
주메뉴 커피, 디저트

☺→ 시원하고 넓은 실내
☹→ 현지 물가 대비 비싼 커피 값

새롭게 문을 연 스타벅스로 호이안을 상징하는 노란색 컬러와 전통적인 건축양식으로 꾸며진 스타벅스를 만날 수 있다. 음료 메뉴는 기존의 스타벅스와 비슷한 편이고 바나나 로프, 코코넛 밀크번은 베트남 스타일 디저트로 이색적이다. 내부가 시원하고 쾌적해 더위를 피하기 제격이다. 아오자이를 입은 테디 베어, 베트남 시티머그, 텀블러, 베트남 커피의 필수품인 핀Phin 등 베트남 스타벅스 MD 상품이 다양하다.

가는 방법 내원교에서 도보 6분
주소 40 Trần Hưng Đạo, Phường Minh An
문의 0235 3525 021
영업 07:00~22:00
예산 아메리카노 6만 5,000동~, 카페라떼 8만 동~

아트북 카페 & 비스트로
Artbook Cafe & Bistro

위치 쩐흥다오 거리 주변
유형 신규 카페
주메뉴 커피, 티

☺→ 음료는 물론 기념품 쇼핑까지
☹→ 열린 공간이라 더위에는 취약

바무 사원Chùa Bà Mụ 맞은편에 위치한 카페로 전통 양식의 건물을 카페로 개조해 색다른 공간으로 재창조했다. 1층은 카페 겸 베트남 기념품을 판매하는 선물가게도 함께 운영 중이다. 베트남 색이 물씬 풍기는 포스터, 문구 용품, 기념품 등을 판매한다. 하이라이트는 2층인데 포스터로 꾸민 북 카페 같은 분위기에 넓은 창 너머로 바무 사원이 내려다보인다. 커피와 차, 스무디를 비롯해 간단한 음식 메뉴도 판매한다.

가는 방법 내원교에서 도보 2분
주소 728 Đ. Hai Bà Trưng, Phường Minh An
문의 0858 722 396
영업 08:00~21:00
예산 아메리카노 4만 동~, 아이스티 4만 5,000동~

로지스 카페
Rosie's Cafe

위치 리타이또Lý Thái Tổ 거리 주변
유형 신규 카페
주메뉴 베트남 커피, 디저트

☺→ 건강한 브런치, 주스 메뉴
☹→ 구시가지에서 다소 먼 거리

호이안 구시가지에서 벗어난 곳에 자리해 있지만 찾아오는 단골 손님이 많다. 아기자기한 감성이 느껴지는 분위기와 건강한 브런치, 주스 메뉴가 인기의 비결이다. 특히 스무디 볼, 팬케이크, 아보카도 토스트 등 열대 과일을 이용한 브런치 메뉴가 맛있다. 생과일을 듬뿍 넣어 만든 스무디, 채식 메뉴도 준비되어 있어 가볍게 브런치를 즐기고 싶은 여성 여행자들이 좋아할 만하다. 자전거를 타고 돌아볼 때 들르면 좋다.

가는 방법 내원교에서 도보 20분
주소 02 Mạc Đĩnh Chi, Cẩm Sơn
문의 0774 599 545
영업 월~금요일 09:00~16:00, 토요일 08:00~15:00
휴무 일요일 **예산** 스무디 볼 8만 동~, 주스 5만 동~

재오
Gieo

위치 떤타인Tan Thanh 비치 주변
유형 신규 카페
주메뉴 베트남 커피, 샐러드

☺→ 감각적인 공간과 건강한 맛
☹→ 위치와 호불호가 강한 요리

안방 비치에서 호이안 방향으로 내려오면 만날 수 있는 카페 겸 레스토랑이다. 하늘하늘 나부끼는 가리개 너머로 보이는 남다른 분위기의 내부 인테리어가 시선을 사로 잡는다. 인테리어 디자이너가 직접 꾸민 소품들로 꾸며 놓았다. 베트남 스타일의 진하고 달콤한 커피 한잔을 마시며 시간을 보내기 좋다. 화학조미료를 사용하지 않은 건강한 맛의 요리도 갖추고 있어 가볍게 식사를 즐기기에도 좋다.

가는 방법 안방 비치에서 도보 20분, 떤타인 비치Bãi Biển Tân Thành에서 도보 2분 **주소** 23 Nguyễn Phan Vinh, Cẩm An **문의** 091 569 7696
영업 10:00~17:00
예산 국수 18만 5,000동~, 커피 5만 9,000동~ **홈페이지** gieo.vn

쭈 안 카페
Chu An Cafe

위치 호이안 구시가지 내
유형 신규 맛집
주메뉴 커피, 주스

☺→ 투본강 풍경 감상에 굿
☹→ 내부가 다소 좁고 냉방에 취약

호이안의 중심인 안호이교 바로 앞 코너에 있는 목 좋은 카페다. 바깥 자리에 앉아서 유유히 떠다니는 나룻배, 분주히 지나가는 시클로 등 구시가지 풍경을 감상하며 쉬어가기 좋다. 베트남 식 커피 종류 외에도 아메리카노, 라떼를 비롯해 과일 주스도 다양하다. 베트남식 부드러운 라떼 박시우Bạc Xỉu와 달콤하고 시원한 수박 주스가 추천 메뉴. 칵테일, 맥주 메뉴가 있어 저녁이면 술 한 잔을 즐기기에도 좋다.

가는 방법 안호이교에서 바로 앞
주소 136 Nguyễn Thái Học, Phường Minh An
문의 090 590 3939
영업 06:30~22:30
예산 커피 3만 5,000동~, 주스 5만 동~

사운드 오브 사일런스 커피 숍
Sound of Silence Coffee Shop

위치 떤타인Tan Thanh 비치 주변
유형 로컬 카페
주메뉴 베트남 커피, 크레이프

☺→ 좋은 커피 맛과 해변 바로 앞
☹→ 위치와 짧은 영업시간

안방 비치에서 약간 벗어난 한적한 해변가에 위치해 있어 프라이빗한 분위기가 느껴지는 카페. '사운드 오브 사일런스'라는 카페 이름에 걸맞게 조용히 커피를 마시기 좋은 곳이다. 커피 맛도 좋아 주변에 머무는 장기 여행자들의 아지트로도 사랑 받고 있다. 달콤한 크레이프, 오믈렛 등과 같은 메뉴도 갖추고 있어 가볍게 아침 식사나 브런치를 즐기기에도 안성맞춤이다. 바다가 보이는 자리에 앉아 휴식을 취해보자.

가는 방법 안방 비치에서 도보 20분, 떤타인 비치에서 도보 2분
주소 40 Nguyễn Phan Vinh, Cẩm An
문의 090 636 9484
영업 07:00~19:30
예산 커피 3만 5,000동~, 크레이프 5만 5,000동~

호이안 쇼핑

구시가지 거리에 있는 부티크, 잡화점, 기념품점 등 상점에서의 쇼핑이 주를 이룬다. 과일이나 간식 등을 구매하고 싶다면 호이안 시장에 가 보는 것도 좋다. 호이안은 가죽 제품과 테일러 숍이 무척 유명하고 그 수도 많으니 관심이 있다면 공략해 보자.

호이안 시장

Chợ Hội An

위치 투본강 변 앞
유형 시장
특징 호이안의 부엌 역할을 하는 최대 시장

호이안 일대에서 가장 큰 시장으로 호이안 중심에 위치한 단층짜리 건물과 그 주변에 시장이 크게 형성되어 있다. 건물 안에는 저렴한 현지 음식과 열대 과일주스, 디저트를 맛볼 수 있는 가게가 빼곡하게 자리한다. 건물 외부에는 여행자를 위한 기념품과 의류, 잡화를 파는 상점이 즐비하며 현지인이 구입하는 각종 채소, 과일, 정육 등을 파는 노점도 모여 있다. 저녁에는 이 일대에 먹거리 수레가 문을 열어 야시장 분위기로 변신한다. 기념품이나 열대 과일을 구입하면서 호이안 사람들의 생생한 삶도 엿볼 수 있으니 꼭 한 번 방문해 보자.

TIP

여행자의 방문이 늘면서 간혹 바가지를 씌우는 상점이 있으니 주의하자. 또한 아무래도 현지 시장이다 보니 위생이 떨어지는 곳이 있을 수 있다. 과일이나 음식 상태를 잘 확인하며 조심히 먹도록 하자.

가는 방법 내원교에서 도보 8분
주소 Trần Quý Cáp, Cẩm Châu
영업 06:00~18:00

FOLLOW UP

호이안 시장에서
꼭 해봐야 할 여행 미션

호이안 시장은 생선, 채소, 과일 등을 파는 것은 물론이고 여행자를 위한 기념품, 그릇, 의류, 등불 등 다양한 아이템을 판매한다. 또한 시장 안팎에서 저렴한 현지 음식도 맛볼 수 있으니 시원한 과일주스나 간식을 가볍게 즐겨도 좋다.

MISSION 1 호이안의 명물 먹거리 맛본다!

노란색의 호이안 시장 건물 안으로 들어가면 칸칸이 빼곡하게 음식점들이 모여 있어 이색적인 모습을 보여 준다. 까올러우, 반바오반박, 호안탄 등 호이안 명물 요리들을 파는 곳들이 많고 가격도 저렴한 편이다.

영업 09:00~16:30
예산 까올러우 5만 동, 호안탄 3만 동

MISSION 2 신또, 째 마시며 더위를 날린다!

열대 과일을 갈아서 만드는 베트남식 스무디 신또Sinh Tố와 베트남 디저트 째Chè를 파는 상점이 많다. 특히 째는 녹두, 우뭇가사리, 땅콩, 두부, 젤리 등의 재료에 과일 등을 넣어 먹는 베트남식 빙수로 더울 때 먹으면 꿀맛이다.

영업 09:00~16:30
예산 신또 3만 동~, 째 2만 5,000동

MISSION 3 열대 과일의 당도 100% 흡수한다!

호이안에서 열대 과일을 사고 싶다면 호이안 시장으로 가자. 시장 주변에 신선한 과일을 파는 노점이 많이 모여 있다. 과일은 제철이 있어 계절에 따라 가격 차이가 나며 흥정은 필수다. 적정가를 확인하고 사자.

적정가 망고(1kg) 3만~5만 동

MISSION 4 베트남풍 그릇 골라 담는다!

베트남 색이 짙게 녹아 있는 식기, 찻잔 등을 구입하고 싶다면 호이안 시장에서 투본강 주변으로 형성된 상점을 공략하자. 다른 곳보다 많은 종류의 그릇, 컵 등을 갖추고 있다. 물건 구입 시 흥정은 필수다.

적정가 작은 종지 5만 동~, 중간 사이즈 접시 10만 동~

다바오
Da Bảo

위치	호이안 시장 주변
유형	잡화
특징	가성비 좋은 가죽 전문점

호이안에서 꼭 사야 하는 아이템 중 하나가 바로 가죽 제품이다. 질 좋은 가죽 제품을 저렴하게 구입할 수 있기 때문이다. 특히 서양인 여행자에게 필수 쇼핑 아이템으로 통한다. 호이안에는 가죽 제품 전문점이 많은데 그중에서도 이곳은 제품의 종류가 다양하고 가격 대비 질도 좋아 단골손님이 많다. 버펄로 가죽, 악어가죽, 스웨이드 등의 종류가 있으며 가볍게 매기 좋은 크로스 백, 지갑, 벨트 등이 베스트셀러 아이템이다. 정찰제가 아니기 때문에 흥정은 필수다.

가는 방법 호이안 시장에서 도보 4분, 투본강 변에 위치
주소 78 Bạch Đằng, 32 Trần Phú, Minh An **문의** 0932 539 899
영업 08:00~22:00
홈페이지 hoianrealleather.com

선데이 인 호이안
Sunday in Hoi An

위치	내원교 주변
유형	잡화
특징	여성 취향 저격의 소품 숍

구시가지 안에 위치한 편집 숍으로 예쁜 물건을 선별해 놓아 여심을 저격한다. 호이안 시장에서 파는 제품과 비교하면 가격이 비싼 편이지만 품질이 뛰어나고 시장에서 찾아 보기 힘든 개성있는 디자인 제품이 많다. 열대의 감성이 은은하게 녹아 있는 아이템은 인테리어 소품이나 일상복에 매치하기에도 어색하지 않고 무난한 편이다. 그릇은 10만~30만 동, 가방은 50만~80만 동 수준으로 가격도 합리적이다. 괜찮은 인테리어 소품, 그릇, 라탄 가방 등을 쇼핑하고 싶다면 찾아가 보자.

가는 방법 내원교 바로 옆
주소 184 Trần Phú, Old Town
문의 0797 676 592
영업 09:00~21:00
홈페이지 www.sundayinhoian.com

숍 빈빈
Shop Bean Bean

위치	호이안 야시장 주변
유형	로컬 옷 가게
특징	아오자이 대여, 저렴한 의류

저렴한 가격에 아오자이를 대여할 수 있어서 최근 여행자들 사이에서 입소문이 난 곳이다. 디자인과 사이즈가 다양한 아오자이가 준비되어 있어서 선택의 폭이 넓다. 굳이 맞춤 제작까지는 하고 싶지 않지만 한번쯤은 아오자이를 입어보고 싶은 여행자들에게 추천한다. 아오자이와 전통 모자 농까지 포함해 하루 대여 비용은 15만 동으로 저렴한 편. 이국적인 호이안에서 어여쁜 아오자이를 입고 여행하며 색다른 추억과 기념사진을 남겨보자. 간단한 한국어 소통도 가능하다.

가는 방법 호이안 야시장에서 도보 2분
주소 90-92 Ngô Quyền, An Hội
문의 090 517 6224
영업 07:00~22:00

메티세코
Metiseko

위치	호이안 시장 주변
유형	부티크
특징	세련된 실크 전문점

베트남에서 생산한 질 좋은 오가닉 면과 고급 실크로 만든 의류를 선보이는 베트남 브랜드이다. 가격대는 다소 높은 편이지만 원단이 좋고 세련된 디자인이 돋보이는 의류가 많아서 호이안에서 퀄리티 높은 의류를 찾는 이들에게 추천한다. 은은한 색감과 패턴을 주로 사용해 단아하면서도 자연스러운 멋이 느껴지는 디자인의 옷이 많다. 가격대는 블라우스 US$100~150, 원피스 US$200 수준이며 스카프나 파우치, 가방, 홈 인테리어 패브릭 소품 등도 함께 판매한다.

가는 방법 내원교에서 도보 2분
주소 142 Trần Phú, Minh An
문의 0235 3929 878
영업 08:30~21:30
홈페이지 metiseko.com

리칭 아웃
Reaching Out

위치	내원교 주변
유형	기념품
특징	고퀄리티의 수공예품 숍

호이안에서 퀄리티 있는 도자기 및 소품, 액세서리 등을 구매하고 싶다면 이곳을 추천한다. 대량 생산해 퀄리티가 떨어지는 제품이 아닌 정교하게 제작된 수제품이 많아 질 좋은 제품을 원한다면 제격이다. 특히 이곳은 장애인을 고용하는 사회적 기업이어서 더욱 의미 있다. 직접 공예품을 만들어 보는 체험 클래스도 운영 중이다. 같은 이름으로 운영하는 티 하우스에서는 이곳에서 만든 찻잔에 정성스럽게 만든 차를 담아 주니 평소 차를 좋아한다면 한번 가 보자.

가는 방법 내원교에서 도보 2분, 득안 고가 옆 **주소** 131 Trần Phú, Phường Minh An **문의** 093 532 3626 **영업** 월~금요일 08:00~18:30, 토~일요일 09:00~16:30 **홈페이지** www.reachingoutvietnam.com

TRAVEL TALK

맞춤옷을 제작해 보세요!

오래전부터 직물이 발달한 호이안은 전 세계에서 재단사가 가장 많은 도시로 꼽히며 현재도 곳곳에서 셀 수 없이 많은 테일러 숍을 발견할 수 있습니다. 특히 서양인 여행자 사이에서 호이안의 맞춤옷은 필수로 통할 만큼 인기가 높아요. 내 몸에 딱 맞게 치수를 재고 원단부터 디자인까지 취향대로 고를 수 있어 특별하답니다. 게다가 한국과 비교하면 가격도 저렴한 편이고 빠르면 반나절, 길어도 1~2일 정도면 옷이 완성된답니다. 가격은 원단, 디자인에 따라 천차만별인데 보통 원피스는 10만 원, 슈트는 15만~20만 원 정도 예상하면 됩니다. 세상에 단 하나밖에 없는 드레스나 슈트를 맞춤 제작하고 싶다면 도전해 보세요.

얄리 쿠튀르 Yaly Couture
가는 방법 호이안 시장에서 도보 4분
주소 358 Nguyễn Duy Hiệu, Cẩm Châu
문의 0235 3914 995
영업 08:00~21:30
홈페이지 www.yalycouture.com

베베 테일러 BeBe Tailor
가는 방법 호이안 시장에서 도보 3분
주소 05-07 Hoàng Diệu, Cẩm Châu
문의 0235 2212 670
영업 08:00~21:30
홈페이지 www.bebetailor.com

호이안 스파 & 마사지

호이안 곳곳에 저렴하게 스파와 마사지를 즐길 수 있는 업소들이 있어 여행자가 많이 이용한다. 중저가 스파가 많은 편이고 구시가지를 벗어나면 목가적인 풍경 속에서 힐링 스파를 받을 수 있는 자연주의 콘셉트의 스파도 있다.

가든 1975 스파
The Garden 1975 Spa

위치 쩐흥다오Trần Hưng Đạo 거리 주변
유형 중급 스파

☺→ 왕복 차량 서비스와 스파 분위기
☹→ 로컬 스파에 비해 높은 가격

리조트 느낌이 나는 중급 규모의 스파. 마사지 스킬이 꽤 좋은 곳으로 여행자들의 만족도가 높다. 일반적인 오일, 핫스톤 등의 마사지는 물론 임산부, 어린이 마사지도 갖추고 있다. 한국인이 운영하는 곳으로 카카오톡으로 쉽게 예약이 가능하며 성인 2인 90분 이상 마사지 예약 시 다낭 및 호이안 지역 내 픽업, 샌딩 서비스를 제공한다. 별도로 팁 요금(60분/5만 동, 90분/7만 동)이 추가된다.

가는 방법 내원교에서 도보 10분
주소 Trần Hưng Đạo, Phường Cẩm Phổ
문의 0379 701 975
영업 10:00~22:00
예산 보디 마사지(60분) 62만 동, 핫스톤 마사지(90분) 82만 동

블루 기프트 스파
Blue Gift Spa

위치 막딘치Mạc Đĩnh Chi 거리 주변
유형 로컬 마사지

☺→ 가성비와 픽업 서비스
☹→ 로컬 마사지라 시설은 소박한 편

부담 없는 저렴한 가격에 마사지 실력도 좋아 다녀온 이들 사이에서 입소문이 난 곳이다. 로컬 스파라 시설은 소박하지만 과일, 차 등을 정성스럽게 제공하며 마사지 스킬도 좋고 세심하게 관리해 준다. 건식 마사지를 비롯해 아로마 오일, 핫스톤 등 취향대로 고를 수 있다. 호이안 중심에서 다소 벗어나 있지만 2명 이상 마사지를 받을 경우 호이안은 물론 다낭까지 픽업과 샌딩 서비스를 제공해 편리하다.

가는 방법 내원교에서 차로 8분
주소 52 Mạc Đĩnh Chi, Cẩm Sơn
문의 094 118 5762
영업 10:00~22:00
예산 릴랙싱 마사지(60분) 40만 동, 아로마 마사지(60분) 47만 동

비엣 허벌 스파
Viet Herbal Spa

위치 쩐흥다오 거리 주변
유형 로컬 마사지

☺→ 마사지 실력과 픽업 서비스
☹→ 매장을 지나치기 쉬움

골목 깊숙이 숨어 있는 소박한 로컬 스파로 규모는 아담하지만 마사지 실력이 좋고 가격도 저렴해 방문할 가치가 있는 곳이다. 다양한 마사지 메뉴 중 핫스톤, 아로마, 타이 마시지가 혼합된 마사지가 가장 인기 있다. 그 밖에도 어린이나 임산부를 위한 마사지가 별도로 준비되어 있어 가족이 함께 마사지를 즐기기 좋다. 하루 전 사전 예약 시 할인 혜택이 있으며, 마사지 메뉴에 따라 호이안, 다낭으로 픽업 서비스를 무료로 제공한다. 예약할 때 미리 문의하자.

가는 방법 안방 비치에서 도보 약 6분, 호이안에서 차로 15분
주소 55 Trần Hưng Đạo, Phường Minh An **문의** 070 800 6007
영업 09:00~22:00
예산 타이 마사지(60분) 37만 동, 핫스톤 마사지 (90분) 54만 동

다한 스파
Dahan Spa

위치 안방 비치 주변
유형 중급 스파

☺→ 한국인이 운영해 소통 편리
☹→ 로컬 스파에 비해 비싼 가격

깔끔한 시설과 왕복 픽업 서비스, 한국어 소통 등으로 한국인 여행자들 사이에서 인기가 높다. 카카오톡을 통해 한국어로 간단하게 예약 가능하며 2인 이상 예약 시 다낭 공항 및 다낭 시내에서 호이안으로 픽업 서비스를 무료로 제공해 편리하다. 건식, 아로마, 핫스톤, 대나무 등 다양한 마사지가 있는데 마사지 요금과 별개로 팁 요금(60분/5만 동, 90분/7만 동)이 추가되는 점을 알아두자. 다낭, 호이안, 안방 비치 3곳에 스파를 운영 중이다.

가는 방법 안방 비치에서 도보 약 6분, 호이안에서 차로 15분
주소 130 Lạc Long Quân, Cẩm An
문의 094 118 5762
영업 10:00~22:00
예산 보디 마사지(60분) 64만 동, 보디 마사지(90분) 82만 동

코랄 스파
Coral Spa

위치 호이안 야시장 주변
유형 중급 로컬 스파

☺→ 야시장과 묶어 가기 좋음
☹→ 종종 팁을 요구

아담한 규모지만 깨끗한 시설과 친절함으로 한국인 여행자 사이에서 호평을 받고 있는 곳이다. 대표 메뉴인 코랄 스파 시그니처 마사지는 코코넛 오일을 이용한 전신 마사지다. 조금 더 강하게 누르는 마사지를 원한다면 타이 오일 마사지를 추천한다. 뭉친 근육을 섬세하게 풀어줘 스트레칭을 한 듯한 개운함을 느낄 수 있다. 호이안 야시장과 가까워 구경 후에 마사지를 받아 피로를 풀며 하루를 마무리하는 코스로도 안성맞춤이다.

가는 방법 내원교에서 도보 5분
주소 69 Nguyễn Phúc Tần, An Hội
문의 0235 3910 172
영업 10:00~21:00
예산 발 마사지(60분) 38만 동, 핫스톤 마사지(90분) 58만 동, 코랄 스파 시그니처 마사지(90분) 55만 동

HUE

후에

베트남 최초의 통일 왕조이자 마지막 왕가인 응우옌 왕조가 143년간(1802~1945년)
통치한 베트남의 옛 수도이자 고도(古都)이다. 후에 황성을 비롯해 응우옌 왕조의 황릉들은
귀중한 가치를 인정받아 1993년 유네스코 세계문화유산으로 지정되었다.
빠르게 변해 가는 베트남의 많은 도시들과 달리 후에는 조금 느린 속도로 과거와 현재가
조화롭게 공존하고 있어 느긋한 매력을 느낄 수 있다. 유유자적 흐르는
흐엉강의 서정적인 풍경이 마음을 울리고 과거 베트남 왕조의 영화를 엿볼 수 있는
명승고적이 많아 베트남의 역사와 전통에 대한 이해도 깊어진다.
후에는 흐엉강을 사이에 두고 신시가지와 구시가지로 구분된다. 응우옌 왕조의 역사를 엿볼
수 있는 구시가지는 고색창연한 기품이 느껴지며 가장 후에다운 모습을 간직하고 있다. 반면
신시가지는 호텔과 레스토랑, 카페 등이 모여 있어 자유분방한 여행자 거리를 형성하고 있다.

황릉
베트남
중부
흐엉강
황성
황궁 요리
응우옌 왕조
후에 유적

후에 들어가기

후에는 다낭 중심에서 약 95km 거리에 있으며 차로 2시간 정도 소요된다.
호이안에서는 약 120km 거리에 있으며 차로 2시간 40분 정도 소요된다.
지리적으로 다낭이 중간에 있기 때문에 호이안에서 다낭을 거쳐 후에로 이동하게 된다.
크게 여행사 전세 차량과 여행사 셔틀버스가 대표적이다.

여행사 전세 차량

가장 편안하게 이동하는 방법은 여행사 전세 차량을 이용하는 것이다. 비용은 조금 비싸지만 인원수에 따라 차량을 고를 수 있고, 운전기사가 포함된 차량을 일행만 단독으로 사용하기 때문에 인원이 많거나 부모님, 아이들과 함께하는 가족 여행에 안성맞춤이다. 한인 여행사나 호이안 익스프레스와 같은 현지 여행사를 통해 예약하면 된다.
차량을 단독으로 이용하는 만큼 지역 간 이동 외에 중간에 관광지까지 한번에 즐길 수도 있다. 후에까지의 이동 시간 외에 관광지 1~2곳 정도를 둘러볼 시간까지 넉넉히 잡는 것이 좋다. 보통 다낭에서 출발 시 린응사, 하이번 패스 등을 둘러본 후 후에 숙소에 내리는 식으로 이용한다. 요금은 보통 달러 기준이지만 당일 환률에 맞춰 베트남 동으로도 지급이 가능하다.

• 한인 여행사

한국인이 운영하는 여행사에서도 다낭, 호이안에서 출발해 후에로 이동하는 전세 차량을 예약할 수 있다. 6시간 또는 12시간 단위로 빌려서 오행산, 린응사 등을 구경한 다음 후에에 도착하는 동선을 주로 이용한다.

요금 7인승 US$80~(6시간), 16인승 US$90~(6시간) / 다낭 → 후에 샌딩 US$60~
홈페이지 다낭 도깨비 cafe.naver.com/happyibook
다낭 보물창고 cafe.naver.com/grownman

• 호이안 익스프레스

호이안을 중심으로 운영하는 여행사로 인원수에 따라 세단, 미니밴, 미니버스로 차종이 나뉜다. 세단은 2인에 짐 2~3개, 미니밴은 3인에 짐 3~4개, 미니버스는 6인에 짐 6~7개 정도로 생각하면 된다. 운전기사가 포함된 차량을 단독으로 사용할 수 있어 편리하다.

요금 다낭 → 후에 4인승 US$95~
홈페이지 hoianexpress.com.vn

• 호이안 프라이빗 카

호이안에서 전세 차량 렌트를 전문으로 하는 업체다. 호이안에서 다낭이나 후에까지 운전기사가 포함된 차량을 빌려 이동할 수 있다. 6시간을 빌리면 중간에 오행산, 하이번 패스 등을 둘러본 다음 후에에 도착한다. 그 외에도 데이 투어, 공항 픽업 서비스를 제공한다.

요금 호이안 출발 4인승 150만 동~(6시간)
홈페이지 hoianprivatecar.com

신투어리스트 셔틀버스

베트남 전역에 여행사를 운영하는 대표적인 현지 여행사로 각 지역을 이어 주는 셔틀버스도 운행하고 있다. 호이안, 후에에 사무소가 있으며 후에로 가는 버스는 각 출발 도시의 사무소에서 직접 예약하면 된다. 숙소로 픽업하러 오는 것이 아니라 직접 사무소로 가서 탑승해야 하고 후에 사무소에 내려 주기 때문에 숙소까지 다시 이동해야 한다. 호이안 출발 시 4시간 소요된다. 가격이 저렴하다는 점이 가장 큰 장점이다.

요금 편도 19만 9,000동
홈페이지 www.thesinhtourist.vn

호이안 사무소
가는 방법 내원교에서 도보 10분 **주소** 646 Hai Bà Trưng, Minh An **문의** 0235 3863 948
운영 06:00~22:00 **운행** 후에행 08:00, 13:45, 호이안행 08:30, 13:15

호이안 익스프레스 셔틀버스

호이안을 중심으로 운영되는 여행사에서 호이안-다낭-후에로 이어지는 셔틀버스를 운행한다. 셔틀버스 외에 전세 차량도 예약할 수 있으며 투어 상품도 판매한다.

요금 호이안 → 후에(편도) 39만 동, 다낭 → 후에(편도) 30만 동
홈페이지 hoianexpress.com.vn

다낭 사무소
가는 방법 한 시장 옆, 다낭 비지터 센터 내 **주소** 108 Bạch Đằng, Hải Châu 1, Hải Châu
문의 0236 3550 111 **운영** 08:00~21:30

호이안 사무소
가는 방법 호이안 박물관에서 도보 2분 **주소** 30 Trần Hưng Đạo, Minh An **문의** 0938 405 917 **운영** 08:00~17:00

운행 시간표

호이안 → 후에

	호이안	다낭	후에
오전	08:00	08:45	11:30
오후	16:00	16:45	19:30

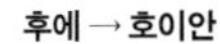
후에 → 호이안

	후에	다낭	호이안
오전	08:00	10:45	11:30
오후	16:00	18:45	19:30

TIP

클룩을 통해 이동하기
투어, 셔틀버스 등을 예약할 수 있는 클룩에서도 후에로 이동하는 교통편을 예약할 수 있다. 앱이나 홈페이지에서 간편하게 예약할 수 있으며 예약 후 문자 또는 메일로 시간, 픽업 포인트 등의 안내가 온다.
요금 다낭~후에 셔틀버스(편도) 1인 1만 600원~, 전세 차량(3인승/편도) 9만 1,900원~
홈페이지 www.klook.com

후에 시내 교통

다낭에서 여행자들은 주로 그랩을 이용해서 이동하지만 후에는 그랩 사용이 안되고 도보 또는 택시 이용이 일반적이다. 버스가 있지만 여행자가 이용하기에는 다소 불편하다. 시클로는 관광용으로 짧게 타는 식이고 가격도 흥정이 필요해 추천하지 않는다.

택시

후에 내에서는 그랩 이용이 어렵다. 택시가 여행자들이 가장 많이 이용하게 되는 교통수단이다. 기본요금은 택시 회사마다 차이가 있지만 1만 2,000~1만 6,000동 수준. 후에 시내 자체가 크지 않기 때문에 요금에 큰 부담이 없다. 믿을 수 있는 택시 회사는 마일린 택시이고 현지인들은 방 택시Vang Taxi도 많이 이용한다. 단, 택시 잡기가 다소 어려울 수 있으니 미리 호텔이나 식당 직원에게 택시를 불러달라고 요청하고 목적지 주소를 보여 주면 더 편리하다. 후에 공항에서 시내까지는 약 15km 거리로 택시 요금은 20만 동 정도 예상하면 된다. 다낭과 함께 후에를 둘러보는 여행자라면 후에 공항을 이용할 일이 없지만 참고하자.

요금 기본 1만 2,000~1만 6,000동

시클로

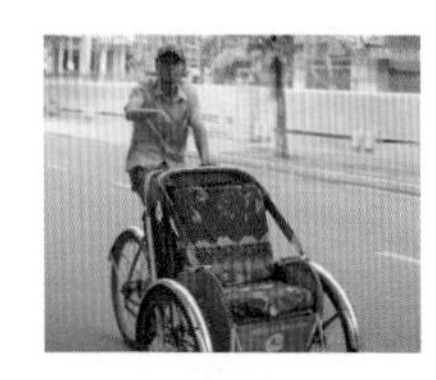

후에 황성 주변에서 호객을 하는 시클로를 쉽게 발견할 수 있다. 먼 거리를 이동하는 이동 수단이라기보다는 후에 황성 주변을 둘러보는 즐길 거리로 생각하면 된다. 정해진 요금이 없으니 타기 전에 반드시 흥정해 가격을 정하고 탑승하자. 신시가지에서 구시가지까지는 5만~7만 동, 20~30분 이용 시 7만~10만 동 정도가 적당하다. 요금은 반드시 내릴 때 지불하자.

요금 신시가지-구시가지 5만~7만 동

TRAVEL TALK

다낭과 후에를 연결하는 열차

다낭역과 후에역을 오가는 열차는 하이번 패스와 해안을 따라 달리므로 창 너머로 멋진 풍경을 감상할 수 있어 색다른 즐거움을 줍니다. 대신 짐을 가지고 기차역까지 가야 한다는 불편함이 있고 열차의 연착이 잦다는 것도 단점입니다. 도시 간 이동 시간은 2시간 40분에서 3시간 정도 소요된다. 기차표는 다낭역에서 직접 구입하거나 여행사를 통해 구입할 수 있습니다. 역에서 기차표를 구입할 때는 목적지와 출발 날짜를 메모해서 보여 주는 것이 좋습니다.

요금 다낭-후에 편도 7만~10만 동
홈페이지 dsvn.vn

다낭역 Ga Đà Nẵng
주소 791 Hải Phòng, Tam Thuận, Thanh Khê, Đà Nẵng

후에역 Ga Huế
주소 Nguyễn Tri Phương, Huế

FOLLOW UP

후에 근교 황릉을 편하게 여행하는 방법

후에의 주요 볼거리인 황릉은 후에 중심에서 벗어난 근교에 있는데 거리가 멀고 대중교통이 없어 개별적으로 찾아가기가 쉽지 않다. 대부분 여행사를 통한 투어에 참여하는데 투어가 어떤 식으로 진행되는지 알아보자.

투어 종류와 코스

투어는 반나절 투어부터 1박 2일 투어까지 다양한 일정이 있고 워낙 여행사가 많아 예약도 쉽다. 보통 오전에는 후에 근교의 황릉을 둘러보고 오후에는 후에 황성과 티엔무 사원을 둘러보는 식으로 진행된다. 포함 내역과 픽업 여부, 스케줄, 가격 등을 고려해서 투어를 선택하자. 일반적으로 투어 요금에는 교통편(버스, 흐엉강 크루즈)과 점심 식사가 포함되며 황릉 입장료는 불포함이다. 클룩 같은 온라인 홈페이지, 앱을 통해서도 쉽게 예약 가능하다.

1일 투어 *07:30~17:00*

포함 사항 교통편, 흐엉강 크루즈 탑승료, 가이드, 점심 식사

- *07:30~08:00* 숙소 픽업 또는 여행사에서 출발
- *08:30* 오전 투어 일정 시작
  - 민망 황릉 관람
  - 카이딘 황릉 관람
  - 베트남 전통 공연 관람 또는 베트남 전통 공예 마을 방문
- *11:45* 점심 식사
- *12:35* 오후 투어 일정 시작
  - 후에 황성
  - 티엔무 사원
  - 흐엉강 크루즈
- *16:30* 선착장 도착, 투어 종료

반일 투어 *07:30~13:00*

포함 사항 교통편, 가이드, 점심 식사

- *07:30~08:00* 숙소 픽업 또는 여행사에서 출발
- *08:30* 투어 일정 시작
  - 민망 황릉 관람
  - 카이딘 황릉 관람
  - 베트남 전통 공연 관람 또는 베트남 전통 공예 마을 방문
- *11:45* 점심 식사
- *13:00* 투어 종료

추천 여행사

● 신투어리스트 TheSinhTourist

수많은 여행사 중 베트남 전역에 체인을 거느린 대표적인 현지 여행사 신투어리스트를 추천한다. 후에 투어 상품도 다양하고 가격도 저렴한 편이며 여행자 거리에 사무소가 있어 예약도 편리하다.

가는 방법 후에 여행자 거리, DMZ 바에서 도보 3분
주소 38 Chu Văn An, Phú Hội **문의** 0234 3845 022 **예산** 후에 투어 29만 9,000동~ **홈페이지** www.thesinhtourist.vn

Hue **Best Course**

후에 추천 코스

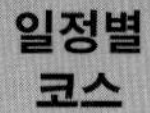

후에에서 꼭 봐야 할 핵심 명소만 엄선한 1박 2일

후에는 흐엉강을 중심으로 후에 황성이 위치한 구시가지와 숙소, 레스토랑이 밀집된 신시가지로 나뉜다. 첫날은 후에 황성과 신시가지의 여행자 거리 주변을 둘러보고 둘째 날은 후에 근교에 있는 황릉 투어로 일정을 짜면 좋다.

TRAVEL POINT

- **이런 사람 팔로우!** 후에를 처음 여행한다면
- **여행 적정 일수** 꽉 채운 2일
- **여행 준비물과 팁** 발이 편한 운동화, 뜨거운 햇볕을 가리는 모자와 선글라스
- **사전 예약 필수** 후에 근교의 황릉 투어

신구의 조화를 만끽하는 하루

- **소요 시간** 10~12시간
- **예상 경비**
입장료 23만 동 + 교통비 10만 동~ + 식비 30만 동 = Total 63만 동~
- **점심 식사는 어디서 할까?**
후에 황성 근처의 카페에서
- **기억할 것** 후에 시내는 규모가 크지 않아 부지런히 움직이면 하루 동안 충분히 돌아볼 수 있다. 후에 황성은 볼거리가 다양하니 시간 여유를 가지고 관람하자.

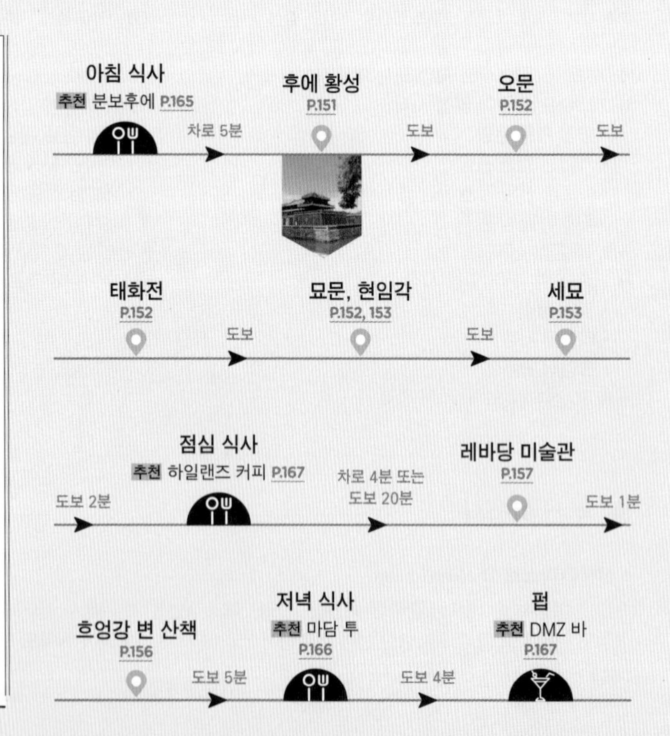

DAY **2**

후에 근교 황릉 유적 탐방 코스

소요 시간 10~12시간

예상 경비
입장료 42만 동~ + 투어 29만 9,000동 + 식비 30만 동~= Total 101만 9,000동~

점심 식사는 어디서 할까?
오전부터 시작해 오후에 끝나는 투어는 대부분 점심 식사가 포함된다.
※저녁은 여행자 거리에서

기억할 것 투어로 하루 종일 도는 일정이고 야외에서 보내는 시간이 많으니 모자, 선글라스, 우산이나 외투 등을 챙겨 날씨에 대비하자.

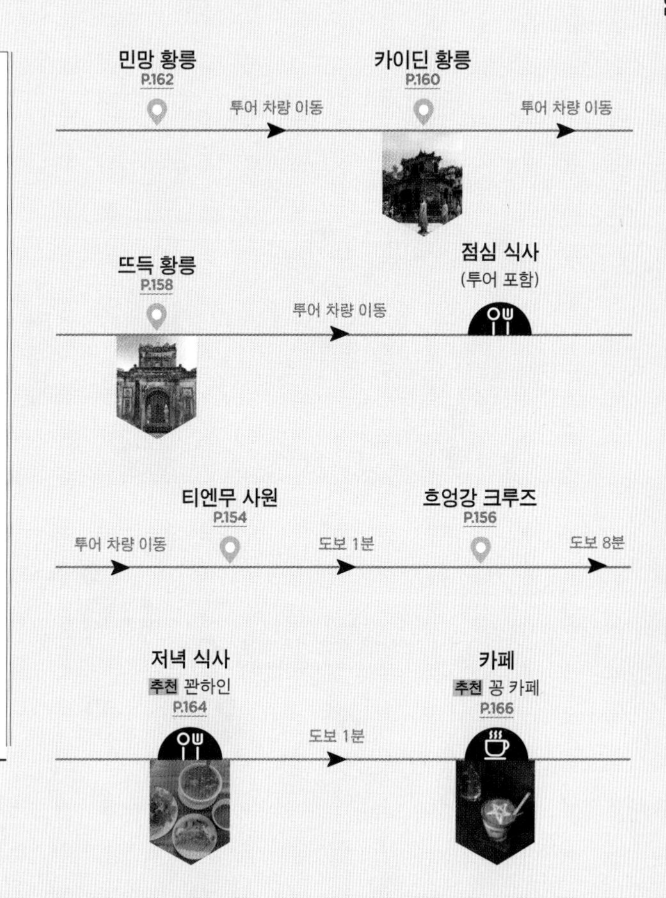

TRAVEL TALK

후에 황성과 황릉의 통합권으로 경비 절약하기

개별적으로 황릉을 방문할 경우 각 황릉마다 입장권을 구매해야 합니다. 황릉의 입장권은 각각 15만 동이라 여러 황릉을 둘러볼 계획이라면 통합권으로 구입하는 것이 경제적이에요. 후에 황성과 후에 근교의 황릉이 포함된 통합권은 근교 황릉 포함 여부에 따라 2가지 종류가 있고 3~4곳이 포함된 통합권의 유효 기간은 2일입니다. 여행사의 투어 상품은 대부분 투어 요금에 입장료가 포함되지 않기 때문에 여러 곳을 둘러볼 예정이라면 통합권 구매를 추천합니다.

통합권 요금

종류		일반	어린이
개별 입장권		15만 동	3만 동
통합권	후에 황성+민망 황릉 +카이딘 황릉	42만 동	8만 동
	후에 황성+민망 황릉 +카이딘 황릉+뜨득 황릉	53만 동	10만 동

후에 황성과 근교 황릉 주변

찬란했던 베트남의 옛 수도로 떠나다

후에는 마지막 왕가인 응우옌 왕조가 통치한 베트남의 옛 수도이며, 1993년 유네스코 세계문화유산으로 지정되었다. 후에 여행은 크게 후에 시내와 근교로 나뉘며 시내에서는 흐엉강 주변의 후에 황성이 후에 여행의 백미로 꼽힌다. 근교로 나가면 응우옌 왕조의 역대 황제들이 잠들어 있는 황릉과 사원이 있으므로 하루는 후에 시내, 하루는 근교의 황릉을 돌아보는 것이 좋다.

후에 황성

Đại Nội Huế
Hue Royal Palace

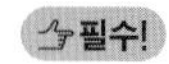

필수!

후에 여행의 백미로 꼽히는 웅장한 황성

1802년 베트남을 최초로 통일한 잘롱 황제는 후에를 수도로 정하고 응우옌 왕조Nhà Nguyễn를 세웠다. 그로부터 140여 년간 응우옌 왕조가 이어졌으며 후에 황성은 이 시기에 지어진 것이다. 황성은 2개의 해자와 약 2.5km에 달하는 성벽으로 둘러싸여 있고 성벽의 높이는 무려 37m에 이른다. 황성의 입구인 오문에는 3개의 문이 있는데 중앙의 문은 황제만 사용할 수 있었다고 한다. 오문을 통과하면 작은 연못과 패방이 서 있는 다리가 나온다.

2개의 패방을 지나면 태화전이 나타난다. 지금의 태화전은 베트남 전쟁 때 파괴된 것을 10분의 1로 축소해 복원해 놓은 것이니 실제로는 상당히 화려하고 거대했음을 짐작할 수 있다. 태화전 뒤편으로 들어서면 내궁에 해당하는 자금성을 마주하게 되는데 베트남 전쟁 때 미군의 폭격으로 대부분 파괴되어 현재 남아 있는 건물이 없다. 1968년 미군이 이곳에 무차별적인 폭격을 가해 민간인을 포함하여 1만여 명이 목숨을 잃었고 당시 수많은 유적들도 파괴되었다. 현재는 유네스코 세계문화유산으로 등재되어 복원과 보존 작업이 진행되고 있다.

지도 P.150
가는 방법 쯔엉띠엔교에서 차로 3분
주소 Thuận Thành, Huế
문의 0234 3501 143
운영 하절기 06:30~17:30, 동절기 07:00~17:00
요금 일반 20만 동, 어린이(7~12세) 4만 동
홈페이지 hueworldheritage.org.vn

TIP

후에 황성 관람을 위한 팁

- 후에 황성을 제대로 둘러보려면 최소 3시간 이상 필요하므로 일정을 여유롭게 잡는 게 좋다.
- 황성에 입장할 때는 노출이 심한 옷은 삼가도록 하자. 규제가 심하지는 않지만 종종 입장이 불허되기도 한다.
- 무더운 낮 시간은 되도록 피하고 이른 오전에 관람하는 것을 추천한다.
- 비가 내리지 않는 한 낮 시간은 그늘이 거의 없어 무척 뜨거우니 햇볕을 가릴 수 있는 모자, 양산, 선글라스 등을 준비하면 좋다.

FOLLOW UP

후에 황성
구석구석 자세히 살펴보자!

후에 황성은 과거 베트남을 통치했던 응우옌 왕조의 역대 황제들이 머물렀던 궁궐이다. 워낙 규모가 크고 볼거리가 풍부해 둘러보는데 반나절을 투자해도 아깝지 않은 곳이다. 지도를 참고해서 동선을 따라 구석구석 둘러보고 황성 바깥쪽에 위치한 황실 박물관까지 놓치지 말고 방문하자.

헤매지 않는 효율적인 추천 동선

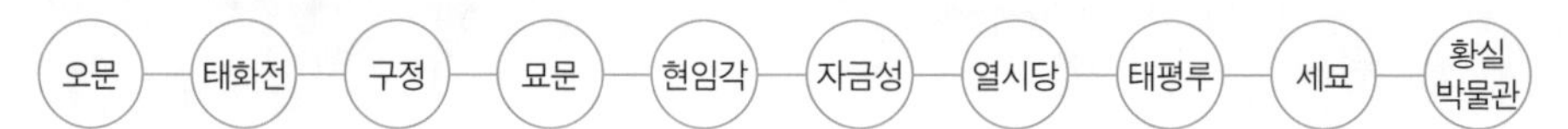

❶ 오문 Cửa Ngọ Môn | 午門

성 안에는 방향에 따라 4개의 문이 위치해 있다. 동문은 '인간의 문', 서문은 '미덕의 문', 남문은 '정오의 문', 북문은 '평화의 문'이다. 이중 남문인 오문은 정오가 되면 태양이 문 중앙에 오도록 지어졌으며, 황성의 입구 역할을 한다.

❷ 태화전 Điện Thái Hòa | 太和殿

황제의 즉위식, 국빈식, 황실 의례가 거행되던 곳으로 황성의 중심에 자리한다. 태화전의 옛 모습이 그나마 많이 남아 있는 부분은 기둥과 용마루다. 내부에는 옥좌를 비롯해 옥쇄, 고문서 등이 전시되어 있다. 내부 사진 촬영은 금지된다.

❸ 구정 Cửu Đỉnh | 九鼎

현임각 앞에 놓인 9개의 청동 세발솥은 권력의 상징이다. 각각의 솥은 1대에서 9대까지의 황제를 의미한다. 베트남 국가 보물로 지정된 초대 황제 잘롱의 솥은 무게가 무려 2.6톤에 이른다.

❹ 묘문 Miếu Môn | 廟門

현임각으로 가는 길목에 있는 종묘의 정문이다. 곳곳에 황제를 상징하는 용과 봉황을 비롯해 거북, 소나무, 국화, 난 등의 동식물을 표현한 섬세한 부조물을 볼 수 있다.

❺ 현임각 Hiển Lâm Các | 顯臨閣

높이 13m, 3층 누각으로 지어진 왕실 사원으로 황성 내에서 가장 높은 건물이다. 응우옌 왕조를 기리기 위해 민망 황제 때 지어졌다.

❻ 자금성 Tử Cấm thành | 紫禁城

넓은 잔디밭 옆으로 길게 뻗은 건축물을 볼 수 있다. 이곳은 과거 황제가 매일 집무를 보던 집무실과 연회장, 침소, 서재 등이 있었던 황제의 가장 중요하고도 사적인 공간이었다. 안타깝게도 전쟁의 피해로 인해 대부분 소실되고 흔적만 남아 있다.

❼ 열시당 Duyệt Thị Đường | 閱是堂

회랑 우측의 열시당은 황실 전용 극장으로 사용되던 공간이다. 베트남 최초의 대극장으로 알려져 있으며 현재도 정기 공연이 열린다. 엽서나 기념품을 구입할 수 있는 작은 상점도 운영 중이다.

❽ 태평루 Thái Bình Lâu | 太平樓

응우옌 왕조의 3대 황제, 티에우찌가 만든 서재로 황제가 책을 읽으며 시간을 보낸 공간이다. 돌로 만든 계단과 화려한 장식으로 꾸며진 지붕, 섬세한 조각의 문양 등이 시선을 사로잡는다.

❾ 세묘 Thế Miếu | 世廟

응우옌 황제들의 위패가 모셔진 곳으로 폐위된 2명의 황제(5대, 6대)와 바오다이 황제를 제외한 밖 총 10명의 황제의 위패가 있다.

❿ 황실 박물관 Bảo tàng Cổ vật Cung đình

후에 황궁의 동쪽에 위치하며 1923년 카이딘 황제가 개관한 박물관이다. 당대 최고의 장인들이 만든 왕실의 조각품, 미술품, 금과 옥으로 만든 장신구 등 응우옌 왕조의 귀중한 유물을 전시한다.

운영 07:00~17:30

티엔무 사원
Chùa Thiên Mụ

지도 P.150
가는 방법 후에 황성에서 차로 8분
주소 Hương Hòa, Huế
문의 08:00~18:00

후에를 대표하는 유서 깊은 사원

흐엉강 변의 낮은 언덕 위에 위치한 티엔무 사원은 1601년에 창건된 유서 깊은 불교 사원이다. 4개의 기둥을 지나 계단을 올라가면 티엔무 사원의 상징인 높이 21m의 8각7층 복연보탑(福緣寶塔)이 나타난다. 각 단마다 불상이 있고 탑 양옆에는 2톤의 무게를 자랑하는 범종과 비석이 있다. 규모는 크지 않지만 위엄이 느껴지는 대웅전에는 청동 불상이 모셔져 있다. 티엔무 사원은 과거 소신공양(燒身供養)으로 자신의 몸을 불태워 불교 탄압에 맞선 승려 틱꽝득Thích Quảng Đức이 지냈던 곳이기도 하다. 베트남 사람들은 보통 가족이나 혼자서 사원을 찾는데 연인과 함께 방문하면 헤어진다는 미신이 있기 때문이라고 한다.

FOLLOW UP

티엔무 사원
꼭 봐야 하는 관람 포인트

응우옌 왕조가 번영하던 시기에 지어진 곳으로 후에를 대표하는 유서 깊은 사원이다. 이곳의 상징이라 할 수 있는 복연보탑을 비롯해 불교 탄압에 맞섰던 틱꽝득의 자동차, 사리탑 등 티엔무 사원에서 놓치지 말아야 할 것을 소개한다.

● 복연보탑

티엔무 사원의 상징으로 높이 21m의 8각7층 석탑이다. 띠에우찌Thiệu Trị 황제가 1844년에 세운 탑으로 '자비탑'이라고도 불리며 각 단상에는 불상이 모셔져 있다. 우아하고 섬세한 건축미가 돋보여 후에를 대표하는 유적으로 꼽힌다. 석탑 왼쪽 정자에는 무게 2톤에 달하는 범종과 사원의 역사를 새긴 거북이 비석이 있다.

● 틱꽝득의 자동차

대웅전으로 가는 길옆 전시관에 파란색 자동차가 한 대 서 있다. 이 자동차는 1963년 응오딘지엠Ngo Dinh Diem의 독재와 불교 탄압에 항거하여 소신공양한 승려 틱꽝득이 호찌민으로 이동할 때 탑승한 차량이다. 자동차 뒤로 걸린 대형 사진은 미국 사진작가 말콤 브라운Malcom Browne이 촬영한 것으로 1963년 세계의 보도사진(퓰리처상)에 선정되었다. 사진 속에는 활활 타오르는 화염 속에서 한 치의 흐트러짐 없이 가부좌 자세를 한 채 소신공양하는 틱꽝득의 마지막 모습이 담겨 있다.

● 사리탑

대웅전 뒤편에 있는 6층탑 아래에는 승려 틱돈허우Thích Đôn Hậu(1905~1992년)의 사리가 모셔져 있다고 전해진다. 틱돈허우는 베트남 정부의 종교 차별, 불교 박해에 맞서 싸우는 운동을 펼친 존경받는 인물이다. 베트남 국회의원과 베트남 불교회의 제3대 제사장을 맡기도 했다.

TIP

티엔무 사원에서 신시가지로 가기

티엔무 사원 관람을 마친 후 사원 앞 선착장에서 배를 타면 건너편 신시가지 선착장으로 갈 수 있다. 식사를 하거나 숙소에 가서 쉬고 싶은 여행자에게 효율적이다. 요금은 시간대에 따라 조금씩 달라지며 흥정도 가능한데 대략 10만 동 내외로 흥정하면 적당하다. 만약 후에 투어로 티엔무 사원을 방문할 경우 대부분 투어 요금에 배 요금까지 포함된다.

흐엉강
Sông Hương

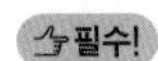

후에를 감싸 안으며 흐르는 강

후에의 중심을 가로지르는 중요한 강으로 '향강(香江)'이라고도 불린다. 강의 상류에 있는 화훼 단지에서 강물을 따라 꽃향기가 흘러내린다고 하여 붙여진 이름이다. 후에 지역은 흐엉강을 기준으로 동쪽의 신시가지와 서쪽의 구시가지로 나뉜다. 흐엉강을 가로지르며 동서를 연결하는 다리 중 쯔엉띠엔교Cầu Trường Tiền는 오랜 역사를 자랑하는 철교로 파리 에펠탑을 설계한 에펠의 작품이다. 총길이는 402m이며 6개의 강철 블록으로 연결되어 있다. 유람선을 타고 후에의 정취를 느껴 보거나 저녁 무렵 강변 산책로를 따라 걸으며 낭만적인 야경을 감상해 보자.

지도 P.150
가는 방법 후에 황성에서 도보 10분

TRAVEL TALK

흐엉강에서 크루즈 타고 후에 풍경을 즐겨 보세요

흐엉강 변에서 여행자 거리로 가는 방향에는 '드래곤 보트'라고 부르는 크루즈들이 줄지어 모여 있어요. 강물 위를 유유히 유람하면서 후에의 아름다운 풍경과 다리, 티엔무 사원 등을 둘러볼 수 있답니다. 강변에서 호객을 하는 크루즈 업체들은 정해진 시간과 금액 없이 제각각이라 흥정을 해야 한다는 것이 단점이에요. 크루즈 투어를 전문적으로 하는 업체에 미리 예약하는 것을 추천합니다. 단, 후에 근교의 황릉 투어를 할 경우 대부분의 투어에 흐엉강 크루즈 탑승 일정이 포함되기 때문에 따로 신청하지 않아도 됩니다. 클룩 앱, 홈페이지를 통해서도 저렴한 후에 흐엉강 투어 상품을 예약할 수 있다.

까 후에 Ca Huế (Du thuyền trên sông Hương)
흐엉강 크루즈를 전문으로 하는 여행사입니다. 정찰제이며 홈페이지에서 사전 예약이 가능합니다.
주소 49 Lê Lợi, Phú Hội, Thành phố Huế **문의** 082 677 5166
요금 1인 10만 동~ **운영** 19:00~20:00, 20:00~21:00
홈페이지 cahuesonghuong.com

④ 레바당 미술관

Trung Tâm Nghệ Thuật Lê Bá Đảng

베트남 유명 화가의 미술관

레바당(1921~2015년)은 베트남을 대표하는 예술가로 베트남에서 태어나 프랑스에서 사망했다. 살아생전 프랑스에 거주하면서 작품 활동을 했으며 모국인 베트남의 재건을 위해 많은 노력을 기울였다. 베트남 정부는 레바당을 기념하기 위해 미술관을 건립했으며 2층으로 된 미술관 안에 작가의 대표작을 비롯해 여러 작품들을 소장, 전시하고 있다. 흐엉강 변에 있어 가볍게 강가를 산책한 후 미술관을 둘러보면 좋다.

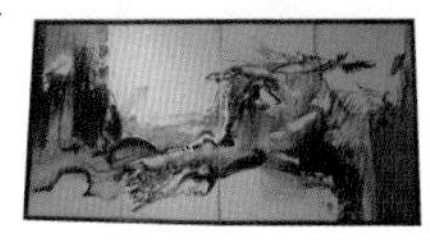

지도 P.150
가는 방법 흐엉강 변에 위치 **주소** 15 Lê Lợi, Vĩnh Ninh **문의** 0234 3837 411 **운영** 07:30~11:30, 13:00~17:00 **휴무** 월요일 **요금** 일반 3만 동, 어린이 2만 동 **홈페이지** lebadangartfoundation.com

⑤ 안딘궁

Cung An Định

카이딘 황제의 별장

1902년에 세워진 프랑스 건축 양식의 건물로 12대 황제 카이딘이 즉위 전 가족들과 함께 머물기 위해 지은 별장으로 알려져 있다. 카이딘 황제와 아들인 바오다이가 이곳에 머물렀다고 한다. 궁은 3층으로 이루어져 있으며 화려하게 빛나는 금빛 장식과 당시 황제와 가족들이 사용하던 유물, 그림, 사진 등이 남아 있다. 아쉽게도 명성만큼 관리가 되지 않아 찾는 이는 많지 않다.

지도 P.150
가는 방법 후에 시내에서 차로 5분
주소 179 Phan Đình Phùng, Phú Nhuận
문의 0234 3524 429 **운영** 07:00~17:00
요금 5만 동

06

뜨득 황릉
Lăng Tự Đức

근교!

지도 P.150
가는 방법 후에 시내에서 차로 15분
주소 17/69 Lê Ngô Cát, Thủy Xuân
운영 07:00~17:30
요금 일반 15만 동, 어린이 3만 동

고즈넉한 아름다움이 깃든 장대한 황릉

거대하고 아름다우며 잘 보존된 황릉 중 하나로 평가받는 곳으로 후에 구시가지에서 7km 정도 떨어진 투이쑤언Thủy Xuân 지역에 자리한다. 뜨득 황릉은 1864년에 짓기 시작해 1867년에 완성되었다. 황릉의 입구를 통해 안으로 들어가면 가장 먼저 연잎이 가득 찬 연못이 보이고 연못을 따라 걷다 보면 겸궁이 나온다. 연못에는 황제가 풍류를 즐기거나 낚시를 하기 위해 만든 정자가 있다. 겸궁 안쪽에는 황제가 생전에 별궁으로 쓰던 화겸전(和謙殿)이 있다.

뜨득 황제가 통치를 하던 시기는 프랑스가 본격적으로 베트남을 식민지화하려고 침략을 행했었고 황제 사후에는 국가적 시련이 가속화됐다. 뜨득 황제는 이곳을 살아생전에 호화로운 생활을 즐기는 휴식처로, 죽어서는 영생을 위한 안식처로 삼기 위해 3년이라는 오랜 시간을 들여 건설했다. 하지만 너무 호화롭게 건설하다 보니 엄청난 노동력과 자금이 필요했다. 이로 인해 백성들의 원망이 자자했고 반란까지 일어났다고 전해진다. 뜨득 황제는 이곳을 자신의 무덤으로 건설하였으나 정작 죽은 뒤에 자신의 시신이 도굴되는 것을 막기 위해 제3의 장소에 묻혔다. 황제의 진짜 무덤을 만든 약 200명의 인부는 비밀 유지를 위해 모두 참수되었다고 한다.

FOLLOW UP

뜨득 황릉
놓치면 아쉬운 필수 볼거리

뜨득 황제는 응우옌 왕조의 황제 가운데 가장 오랫동안 통치했던 왕으로 황릉 또한 규모가 제법 크다. 황릉의 중요 건물인 화겸전을 비롯해 기품이 느껴지는 정자, 공덕비 등 황릉의 주요 볼거리를 꼼꼼하게 둘러보자.

● 화겸전

겸궁 안쪽에 자리한 화겸전은 황제가 생전에 별궁으로 쓰던 곳으로 알려져 있다. 건물 내부에는 황제의 초상화를 비롯해 위패, 유물 등이 보관되어 있다.

● 정자

연못에는 황제가 풍류를 즐기거나 낚시를 하기 위해 만든 2개의 정자가 있는데 첫 번째 정자는 계단식으로 연못까지 이어지며 두 번째 정자는 규모가 크고 고즈넉한 분위기를 풍긴다.

● 황궁과 공덕비

황궁과 공덕비는 다른 황릉에 비해 소박한 모습인데 뜨득 황제의 유체가 이곳에 묻히지 않았기 때문이라고 전해진다. 뜨득 황릉에는 황비의 시신만 묻혀 있다.

TRAVEL TALK

뜨득 황제

3대 황제 띠에우찌Thiệu Trị(1841~1847년 재위)의 둘째 아들로 1847년부터 1883년까지 36년간 후에를 통치한 응우옌 왕조의 4대 황제입니다. 13명의 황제 중에 가장 오랫동안 통치했던 왕으로 100여 명에 달하는 황후와 후궁을 거느렸지만 자식은 없었던 것으로 전해집니다. 뜨득 황제 역시 다른 황제들과 마찬가지로 미리 자신의 무덤을 지어놓고 이곳에서 호화로운 생활을 즐겼다고 합니다. 한편 뜨득 황제는 기독교를 탄압하고 유럽과 무역 및 외교 정책에 반대하여 쇄국 정책을 펼쳤는데요. 19세기 중반 베트남의 가톨릭교도가 45만 명으로 늘어나자 대대적으로 탄압했으며 유럽인 선교사 25명과 베트남 성직자 300여 명을 처형, 2만 명의 신도가 죽었습니다. 박해 소식을 들은 프랑스가 응징하기 위해 다낭과 호찌민의 침략을 감행했습니다. 그리하여 1858년부터 베트남과 프랑스는 전쟁에 돌입했고 침략과 공격 끝에 뜨득 황제는 결국 1862년에 항복했습니다. 4년간의 전쟁 끝에 1862년 프랑스는 베트남의 불평등 내용을 담은 '사이공 조약'을 체결하며 프랑스의 식민 지배가 시작됐습니다.

카이딘 황릉

Lăng Khải Định

지도 P.150
가는 방법 후에 시내에서 차로 15분
주소 Khải Định, Thủy Bằng, Hương Thủy
운영 07:00~17:30
요금 일반 15만 동, 어린이 3만 동

유럽 양식이 혼재된 사치스럽고 화려한 황릉

카이딘 황제는 응우옌 왕조의 12대 황제이며 3단으로 구성된 황릉은 1920년 건축을 시작하여 11년 만에 완성되었다. 프랑스와 중국의 건축법, 거기에 불교와 힌두교 양식까지 사용된 것이 특징이다. 고딕 양식으로 지어진 황릉 본당 계성전의 제단과 내부 천장, 벽면은 화려한 모자이크와 타일, 금박 등으로 장식되어 있으며 카이딘 황제의 사진과 왕좌에 앉아 있는 등신상이 있다. 화려한 건축에는 막대한 비용이 들었는데 부족한 자금을 충당하기 위해 세금을 20%나 올려서 국민들에게 큰 반감을 샀다고 전해진다. 금박의 청동 황제상은 프랑스에서 제작되었다고 하며 아래에 황제의 유체가 안치되어 있다. 다른 공간에는 통치 시절의 사진과 프랑스 귀족 복장을 한 황제의 동상도 있다.

FOLLOW UP

카이딘 황릉
놓치면 아쉬운 필수 볼거리

친프랑스 정책을 펼치며 유럽 문화에 심취해 있었던 카이딘 황제의 성향이 고스란히 녹아 있는 황릉이다. 서양의 건축 양식을 도입하고 콘크리트를 사용하는 등 다른 황릉과는 확연히 다른 서구적인 분위기를 풍긴다. 황제의 능에서 가장 화려한 천정궁을 비롯해 카이딘 황제가 잠들어 있는 계성전과 카이딘 황제의 청동상은 놓치지 말고 둘러보자.

● 계성전

카이딘 황제가 잠들어 있는 계성전은 화려한 문양, 금박으로 빛나는 천장, 유리 모자이크 장식이 시선을 압도한다. 재단 안쪽 18m 깊이에 카이딘 황제의 유골이 안치되어 있다. 현판 아래에는 카이딘 황제의 흑백사진이 걸려 있다.

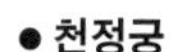

● 천정궁

황릉에서 가장 화려한 천정궁은 바로크 양식으로 지어졌으며 동서양의 건축 양식이 혼재되어 독특하면서도 아름답다. 시멘트로 만들어진 다른 곳과 달리 이곳은 대리석으로 지어졌으며 내부는 섬세한 조각들로 꾸며져 있다.

● 석상

궁정에는 신하들과 코끼리, 말 등의 석상이 무덤을 지키고 있다. 석상들은 사람의 실제 신체 크기를 그대로 본떠 만든 것으로 알려져 있으며 표정까지 세밀하게 조각되어 있다. 뒷줄의 병사상은 신발을 신고 있지 않아 흥미롭다.

TRAVEL TALK

카이딘 황제

응우옌 왕조의 12대 황제로 1916년에 즉위하여 1925년 사망했습니다. 친프랑스 정책을 펼친 것으로 알려져 있으며 정사에는 관심이 없고 사치스러운 생활을 즐긴 것으로 유명합니다.

● 방첨탑

비정 좌우로는 방첨탑(오벨리스크)이 세워져 있다. 시멘트로 만들어졌으며 위로 갈수록 가늘어지는 형태로 유럽 건축 양식과 중국의 영향이 녹아 있음을 알 수 있다.

● 비정

팔각형의 정자로 응우옌 왕조의 마지막 황제인 바오다이가 그의 아버지 카이딘 황제를 기리기 위해 세운 것이다. 안쪽에는 카이딘 황제의 업적이 조각된 공적비가 있다.

민망 황릉

Lăng Minh Mạng

지도 P.150
가는 방법 후에 시내에서 차로 20분
주소 QL49, Hương Thọ, Hương Trà
운영 07:00~17:30
요금 일반 15만 동, 어린이 3만 동

전통 양식이 돋보이는 거대하고 아름다운 황릉

민망 황릉은 후에 구시가지에서 약 12km 떨어진 곳에 있다. 후에 근교에 있는 황릉 중 가장 아름다운 경관과 큰 규모를 자랑하며 1840년에 지어지기 시작해 1843년에 완성되었다. 황릉 건물 외부는 중국 건축 양식이지만 내부의 정원은 유럽 양식을 보인다. 1,750m의 성벽에 둘러싸여 있으며 응우옌 왕조의 전성기를 느낄 수 있다. 정문은 대홍문이며, 동쪽에는 좌홍문, 서쪽에는 우홍문이 있다. 입장은 좌홍문을 이용한다.
황릉은 크게 전각, 헌덕문, 숭은전이 있는 초입 부분, 중도교와 2층의 명루가 있는 중간 부분, 그리고 황제의 능이 자리한 끝부분으로 나눌 수 있다. 전각부터 황릉까지 완벽한 대칭 구조로 지어졌으며 40여 개의 건축물이 있다. 좌우로는 아름다운 연못과 호수가 자리한다. 황제의 능은 언덕 위에 있어 계단을 따라 올라가야 하는데 아쉽게도 일반인의 출입은 제한되어 볼 수 없다.

TRAVEL TALK

민망 황제 응우옌 왕조의 2대 황제로 초대 황제인 잘롱 황제의 넷째 아들입니다. 29세의 나이에 왕위에 올랐으며 1820년에서 1840년까지 통치 기간 내내 군사 제도를 정비하고 환관 제도를 폐지하는 등 건실한 나라를 만들기 위해 노력했습니다. 40명의 아내와 142명의 자녀를 두었다고 합니다.

FOLLOW UP

민망 황릉
놓치면 아쉬운 필수 볼거리

민망 황릉은 민망 황제가 생전에 설계한 곳으로 1840년에 착공하여 1843년에 완공되었다. 엄청난 규모의 부지에 연못, 정원을 비롯해 석상, 명루 등으로 호화롭게 꾸며져 있다. 중국의 풍수지리설과 건축 양식에 많은 영향을 받았다.

● 숭은전

민망 황제와 황후의 위패가 모셔져 있다. 고즈넉한 분위기로 규모는 작지만 아름다운 처마 장식을 구경할 수 있다. 주황색 기와를 사용한 2단 지붕과 붉은색 문, 화려한 용 그림이 시선을 사로잡는다.

● 명루

황제가 명상을 즐기거나 휴식을 취하기 위해 1841년에 지은 곳이다. 나무로 만들어진 2층 누각으로 풍수지리에 따라 산과 물을 앞뒤로 배치했다. 누각 내에는 황제가 생전에 사용했던 침대가 있다.

● 다리

숭은전과 명루를 연결하는 다리가 3개 있다. 중앙의 다리는 오직 황제만 사용했던 다리이고 좌우의 다리는 문무관 신하들이 사용했다고 한다. 주변 풍경이 아름다워 황제도 즐겨 찾았다고 한다.

● 황릉

패방 너머 민망 황제가 잠들어 있다는 황릉은 역대 후에의 왕실의 묘역 가운데 가장 위엄을 느낄 수 있는 곳으로 꼽힌다. 울창한 수목으로 둘러싸여 있는데 아쉽게도 입장이 금지되어 있다.

● 석상

황릉의 전각이 자리한 부근에는 문무관, 코끼리, 말 등의 석상이 세워져 있다. 석상의 크기가 작은 것은 민망 황제의 키(150cm)보다 작게 만들어야 했기 때문이라고 한다.

● 전각

황릉 초입에 세워진 전각 내부에는 민망 황제의 치적을 기록한 공적비가 있다. 이는 민망 황제의 아들이었던 티에우찌 황제가 만든 것이다.

후에 맛집

후에는 독특한 명물 요리를 비롯해 화려한 플레이팅의 궁중 요리를 맛볼 수 있는 미식의 고장이다. 후에 요리를 맛보기 위해 현지인들이 일부러 찾아올 정도다. 후에를 방문한다면 분보후에, 반배오 같은 후에 지역의 대표 요리를 꼭 맛보자.

꽌하인 *Quán Hạnh*

위치 포득찐Phó Đức Chính 거리 주변
유형 대표 맛집
주메뉴 후에 대표 음식

☺→ 저렴하게 맛볼 수 있는 후에 대표 음식 세트
☹→ 가성비가 좋으나 대단한 맛은 아님

가는 방법 꽁 카페 대각선에 위치
주소 11 Phó Đức Chính, Phú Hội
문의 0358 306 650
영업 10:00~21:00
예산 세트 메뉴 12만 동, 반코아이 3만 동

후에에서 장사가 가장 잘되는 식당 중 한 곳이다. 후에 지역의 명물 음식만 골라 놓은 간결한 메뉴와 저렴한 가격 때문에 여행자와 현지인 모두 많이 찾는다. 추천 메뉴는 해산물을 넣어 끓인 베트남식 죽 짜오하이산Cháo Hai San, 새우와 채소를 넣고 부침개처럼 부친 반코아이Bánh Khoái다. 후에의 대표 음식을 조금씩 다양하게 맛보고 싶다면 세트 메뉴를 시켜 보자. 반배오, 반코아이, 냄루이, 반꾸온팃느엉, 냄란 등을 골고루 맛볼 수 있어 인기다. 마지막으로 디저트는 홈메이드 캐러멜 크림 푸딩에 패션 프루트 시럽을 올린 깸플란트Kem Flant를 주문해 입가심으로 즐기자.

분보후에
Bún Bò Huế

위치 리트엉끼엣 거리 주변
유형 로컬 맛집
주메뉴 분보후에

☺→ 저렴하고 맛있는 후에 국수
☹→ 깔끔하지 않은 현지 식당

후에 하면 가장 먼저 거론되는 명물 국수 분보후에를 파는 집이다. 분보후에는 우리로 치면 돼지국밥처럼 돼지고기의 다양한 특수 부위를 듬뿍 얹어 내는 국수다. 부드러운 면발과 담백한 육수 맛, 알찬 고명으로 맛있게 한 끼를 해결할 수 있다. 생각보다 한국인 입맛에도 잘 맞는 편이다. 바로 옆에 같은 메뉴를 파는 비슷한 식당이 붙어 있으니 간판이나 주소를 확인하자.

가는 방법 쯔엉띠엔교에서 도보 10분, 리트엉끼엣Lý Thường Kiệt 거리
주소 19 Lý Thường Kiệt, Phú Nhuận
문의 762 615 097
영업 05:00~21:00
예산 분보후에 4만 동

니나스 카페
Nina's Cafe

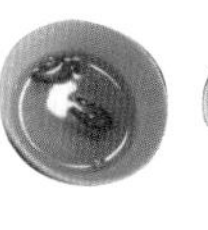

위치 응우옌찌프엉 거리 주변
유형 신규 맛집
주메뉴 후에 대표 음식

☺→ 영어 소통 가능, 다양한 메뉴
☹→ 여행자 입맛에 맞춰진 식당

골목 안쪽에 숨어 있지만 여행자 사이에서는 후에 맛집으로 입소문이 난 곳이다. 후에의 전통 음식을 다양하게 맛볼 수 있는데 가격도 적당하고 음식도 맛있다. 후에 전통 요리는 기본이고 그 밖에도 메뉴가 무척 다양한 편이다. 그중에서도 후에 스타일의 꼬치 냄루이와 식감이 좋은 반배오를 추천한다. 후에 요리와 디저트를 조금씩 맛보기 좋은 세트 메뉴도 있다.

가는 방법 응우옌찌프엉Nguyễn Tri Phương 거리, 골목 안에 위치
주소 16/34 Nguyễn Tri Phương, Phú Hội **문의** 0234 3838 636
영업 09:00~22:30
예산 세트 메뉴 16만 동~, 냄루이 6만 동 **홈페이지** ninascafe.wixsite.com/huecafe

낌롱 파인 다이닝
Kim Long Fine Dining

위치 후에 황성 주변
유형 대표 맛집
주메뉴 후에 황궁 요리

☺→ 후에 황궁 요리 맛보기
☹→ 불편한 접근성과 비싼 가격

과거 베트남의 수도였던 후에에서 황궁 요리를 경험해 보자. 이곳은 왕조의 요리를 만들었던 마지막 음식 세공 장인이 진두지휘하는 곳이라 더욱 신뢰가 간다. 궁에 초대된 것 같은 기품 넘치는 실내 분위기도 매력적이다. 후에 황궁 요리들은 데코레이션이 화려하고 신선한 재료 본연의 맛을 살린 건강한 맛이 특징이다. 단품 요리도 있지만 제대로 경험하고 싶다면 코스 요리를 추천한다.

가는 방법 후에 황성에서 차로 7분, 에인션트 후에 가든 하우스Ancient Hue Garden House 내 **주소** 47 Kiệt 104 Kim Long, Kim Long
문의 0234 3590 902 **영업** 08:00~22:00 **예산** 샐러드 9만 9,000동~, 메인 16만 9,000동~
홈페이지 ancienthue.com.vn

마담 투
Madam Thu

위치 보티사우 거리 주변
유형 신규 맛집
주메뉴 후에 대표 음식

😊→ 접근성, 가격, 맛 모두 좋음
😑→ 실내 규모가 작고 더움

여행자 거리로 통하는 보티사우 거리 중심에 위치한 식당으로 적당한 가격에 전통 후에 음식을 맛볼 수 있어 인기를 끌고 있다. 채소와 새우를 넣은 스프링 롤 꾸온 팃Cuốn Tôm Thịt이 맛있고 작은 종지에 담겨 나오는 반배오Bánh Bèo는 촉촉하면서도 자꾸 손이 가는 맛이 매력적이다.

가는 방법 보티사우 거리에 위치 **주소** 45 Võ Thị Sáu, Phú Hội **문의** 0234 3681 969 **영업** 08:00~22:00 **예산** 반배오 5만 5,000동, 냄란 5만 5,000동 **홈페이지** www.madamthu.com

찬
Chạn

위치 보티사우 거리 주변
유형 로컬 맛집
주메뉴 후에 음식

😊→ 베트남 전통 가정식 체험
😑→ 손님이 많아 붐비는 편

후에의 전통적인 가정식 요리를 선보이는 곳으로 현지인과 관광객 모두에게 사랑받는 곳이다. 내부 분위기도 베트남 현지인 집에 초대된 듯한 아늑함이 느껴진다. 메뉴는 사진과 함께 재료별로 나뉘어 있는데 종류가 많아 주문이 어렵다면 밥과 다양한 반찬이 같이 나오는 껌디아나찬Cơm Dĩa Nhà Chạn을 추천한다.

가는 방법 여행자 거리, 킨 도 호텔Kinh Do Hotel 옆에 위치 **주소** 1 Nguyễn Thái Học, Phú Hộ **문의** 0788 525 179 **영업** 09:00~22:00 **예산** 수프 7만 5,000동, 껌디아나찬 9만 5,000동~

꽁 카페
Cộng Cà Phê

위치 응우옌찌프엉 거리 주변
유형 대표 카페
주메뉴 코코넛 커피

😊→ 믿고 먹는 코코넛 커피 맛집
😑→ 다른 지역에도 많은 카페

베트남의 인기 프랜차이즈이자 국내에도 있는 꽁 카페로 후에에도 새롭게 문을 열었다. 시그니처라 할 수 있는 카키색을 테마로 꽁 카페 특유의 빈티지한 감성이 녹아 있다. 최고 인기 메뉴는 코코넛 커피Cốt Dừa Cà Phê이며 진한 베트남 커피를 경험하고 싶다면 까페너우Cà Phê Nâu를 추천한다. 건강에 좋은 이색적인 주스를 먹고 싶다면 꼭싸인Cóc Xanh 주스를 주문해서 맛보자.

가는 방법 체리시 호텔Cherish Hotel 대각선에 위치 **주소** 22 Bến Nghé, Phú Hội **문의** 091 186 6503 **영업** 07:00~23:30 **예산** 코코넛 커피 4만 9,000동 **홈페이지** congcaphe.com

핀 홀릭
PhinHolic

위치 응우옌찌프엉 거리 주변
유형 로컬 카페
주메뉴 커피, 스무디

😊→ 넓은 좌석과 저렴한 음료
😐→ 조금은 촌스러운 분위기

2층으로 된 큰 규모의 카페로 베트남 커피를 비롯해 열대 과일을 이용한 음료를 다양하게 갖추어 호기심을 자극한다. 특히 베트남식 스무디 신또가 맛있는데 망고, 아보카도, 코코넛 등 열대 과일을 듬뿍 넣어 풍부한 맛을 자랑하며 더위에도 즉효 약이다. 시원한 에어컨과 무선 인터넷도 제공해 쾌적하게 머물다 갈 수 있다. 편안한 소파에 기대어 여행 중 잠시 쉬어 가자.

가는 방법 체리시 호텔 옆에 위치
주소 65 Bến Nghé, Phú Hội
문의 091 171 5551
영업 07:00~22:30
예산 스무디 3만 5,000동~

하일랜즈 커피
Highlands Coffee

위치 후에 황성 주변
유형 대표 카페
주메뉴 핀스어다, 반미

😊→ 후에 황성 바로 앞에 위치
😐→ 무난한 맛과 분위기

베트남의 스타벅스로 통하는 인기 카페 체인 브랜드. 후에 황성 바로 앞에 있어 황성을 한 바퀴 돌아본 후 잠시 숨을 돌리며 쉬어가기 좋다. 베트남 커피 중에서는 달콤한 연유가 섞인 핀스어다Phin Sữa Đá를 추천한다. 독특한 베트남 음료에 도전하고 싶다면 차가운 우롱차에 연꽃씨와 밀크 폼이 올라간 골든 로터스 티Golden Lotus Tea를 마셔 보자. 한 끼 식사로 든든한 반미 메뉴도 있다.

가는 방법 후에 황성에서 도보 1분
주소 46 Đinh Công Tráng, Phú Hậu
문의 0234 3778 968
영업 07:00~22:00
예산 커피 2만 9,000동~ **홈페이지** www.highlandscoffee.com.vn

TRAVEL TALK

후에의 밤을 즐기기 좋은 DMZ 바DMZ Bar

25년이나 된 오랜 역사를 가진, 후에 여행자 거리의 터줏대감 같은 펍이랍니다. 여행자 거리 초입, 제일 좋은 자리에 위치하며 낮이고 밤이고 활기가 넘쳐요. 저녁이면 여행자가 모여들어 시원하게 맥주를 마시며 여독을 푸는 장소로 오랜 세월 동안 사랑받아 왔습니다. 펍이기는 하지만 이른 아침부터 문을 열며 식사, 음료 메뉴도 다양해 하루 종일 여행자의 아지트로 이용된답니다. 피크타임인 저녁에는 시끌벅적한 음악과 술 한잔으로 기분 내기에 더없이 좋으니 후에에서 하루 머무는 일정이라면 신나는 밤을 즐겨 보세요.

가는 방법 팜응울라오Phạm Ngũ Lão 거리 초입에 위치
주소 60 Lê Lợi, Phú Hội
문의 0234 3823 414
영업 07:00~02:30
예산 맥주 2만 3,000동~, 스무디 9만 9,000동~
홈페이지 dmz.com.vn

레 쟈뎅 드 라 까람볼
Les jardins de la Carambole

위치 후에 황성 주변
유형 로컷 맛집
주메뉴 스테이크, 파스타, 베트남 요리

😊→ 고급스러운 분위기와 맛
😑→ 현지 가격 대비 비싼 편

이국적이고 고풍스러운 콜로니얼 풍의 건축 양식이 인상적인 레스토랑. 2층 구조로 되어 있다. 유러피언 메뉴를 비롯해 베트남 현지 메뉴까지 두루 갖추고 있다. 서양 여행자들이 많이 찾는 곳으로 베트남 음식보다는 파스타, 스테이크, 피자 등의 메뉴가 맛있고 제대로 즐길 수 있는 코스 메뉴도 있다. 후에 황성 근처에 있어 관광 후 식사를 즐기기 좋은 위치에 있다.

가는 방법 후에 황성에서 도보 6분
주소 32 Đặng Trần Côn, Thuận Hoà
문의 234 3548 815
영업 07:00~23:00
예산 피자 20만 동~, 칵테일 15만 동

타벳
Tà Vẹt

위치 보티사우 거리 주변
유형 로컬 맛집
주메뉴 베트남 요리

😊→ 현지인처럼 즐기는 술과 요리
😑→ 사람이 많아 시끌시끌한 편

여행자가 모이는 보티사우 거리의 맛집 중에서도 유독 사람이 많아 365일 시끌벅적하고 활기가 넘치는 곳이다. 특히 밤에는 술과 요리를 즐기려는 이들로 빈자리를 찾기 힘들 정도로 인기가 많다. 생선, 새우 등 해산물을 이용한 요리가 많고 대부분의 음식이 가격 대비 맛도 좋은 가성비 맛집이다. 맛깔나는 베트남 요리를 안주 삼아 시원한 맥주를 마시며 후에의 밤을 만끽해 보자.

가는 방법 보티사우 거리에 위치
주소 11 VõThịSáu, PhúHội
문의 079 353 2686
영업 16:30~01:30
예산 볶음밥 6만 동, 맥주 1만 5,000동~

눅 이터리
Nook Eatery

위치 응우옌찌프엉 거리 주변
유형 신규 맛집
주메뉴 버거

😊→ 소문이 자자한 수제 버거 맛집
😑→ 찾기 힘든 위치

여행자 사이에서 수제 버거 맛집으로 입소문이 자자한 곳이다. 알록달록한 인테리어가 독특해 젊은 층 여행자에게 특히 인기가 좋다. 베트남 현지 요리도 팔지만 간판 메뉴인 버거 종류를 맛보기를 추천한다. 그중 눅 버거, 치즈 버거가 베스트셀러다. 베이컨, 아보카도, 치즈 등의 토핑을 추가할 수도 있다. 버거와 함께 열대 과일과 채소를 듬뿍 넣고 만든 디톡스 주스도 곁들여 먹자.

가는 방법 응우옌찌프엉 거리, 골목 안에 위치
주소 34 NguyễTri Phương, PhúHội
문의 090 574 362
영업 08:30~21:30
예산 버거 11만 동~, 주스 5만 동~

SURVIVAL

SOS

다낭 · 호이안 · 후에
여행 중 위기 탈출

SOS ①

안전한 베트남 여행을 위한 주의 사항

베트남은 우리와 교통 체계가 다르고 안전에 대한 인프라도 많이 부족한 편이다. 낯선 도시인 만큼 길을 건너거나 자전거를 탈 때 주위를 잘 살피는 등 주의해야 한다. 그 외에도 물놀이, 도난 사고 등 베트남 여행 중에 조심해야 할 사항들을 알아보자.

복잡한 거리에서는 교통사고 조심

베트남은 거리에 오토바이가 무척 많고 교통 법규 준수율이 낮기 때문에 처음 현지 교통 상황을 보면 복잡하고 혼란스러운 거리 풍경에 놀라게 될 것이다. 도로에 횡단보도나 신호등 시설이 부족하고 오토바이와 차량은 좀처럼 속도를 멈추지 않고 달리기 때문에 여행자들은 길을 건너는 것조차 무섭게 느껴질 것이다. 이런 상황에서 오토바이나 차량 등을 직접 운전하는 것은 추천하지 않으며 길을 건널 때도 각별한 주의가 필요하다. 교통사고가 발생해도 긴급 구조나 응급조치가 열악한 상황이라 더 위험하다. 또한 베트남은 자동차 보험 보장이 한국과 비교해 상당히 낮은 편이라 피해를 입더라도 보상 받기가 어렵다. 길을 건너거나 거리를 걸을 때는 항상 오토바이, 차량을 조심하면서 이동하자.

바다 및 수영장에서 물놀이 조심

베트남에서는 물놀이 중 물에 빠지는 사고가 종종 일어나기 때문에 항상 조심할 필요가 있다. 특히 물의 깊이와 파도의 높이가 일정하지 않은 바다에서 수영할 때는 각별히 주의해야 한다. 수상 레포츠를 즐길 때는 반드시 구명조끼 등 안전 장비를 착용해야 하며 음주 상태에서는 절대로 해서는 안 된다. 또 기상 예보를 수시로 확인하여 태풍, 해일과 같은 갑작스런 날씨 변화에도 대비하자.

현금이나 소지품 도난 주의

자주 있는 일은 아니지만 소매치기, 강도 및 도난의 위험에도 조심해야 한다. 사람이 많은 한 시장이나 바나 힐과 같은 곳에서는 가방이나 휴대품을 항상 몸에 소지하고 주의를 기울이자. 사진을 찍어 주는 것처럼 접근한 후 휴대폰이나 신용카드를 훔치려고 하는 경우도 종종 있으니 마음을 놓아서는 안 된다. 늦은 시간에 혼자서 인적이 드문 거리를 배회하는 행동은 자제하는 것이 좋고 숙소 내에서도 귀중품은 세이프티 박스에 넣거나 본인이 소지하고 다니도록 하자.

여행자 보험은 선택이 아닌 필수

여행을 떠나기 전에 미리 여행자 보험에 가입해 두는 것이 좋다. 현지에서 병이 났을 때 병원에서 발생하는 의료비, 사건 사고 시 발생하는 분실 및 피해 금액을 어느 정도 보상받을 수 있기 때문에 유용하다. 출발 전 공항에서 또는 홈페이지, 앱 등을 통해 간편하게 가입할 수 있다. 비용도 여행 일정이 길지 않다면 1~2만 원 정도이기 때문에 혹시 모를 사고를 대비해 가입하는 것이 좋다. 단, 현지에서 사고가 발생하거나 병원에 갈 경우 추후 여행자 보험 처리를 위하여 경찰서의 폴리스 리포트, 병원의 진단서, 영수증 등을 꼭 챙겨 둬야 보상을 받을 수 있다.

현지에서 챙겨야 할 서류

병원에서 치료를 받은 경우

현지 병원에서 치료를 받은 경우 보험 청구 시 필요한 서류를 받아 두자. 병원 진료 내역을 확인할 수 있는 진단서Medical Report와 약품 구입 시 처방전, 관련 영수증 등을 빠짐없이 챙겨야 추후 보상받을 수 있다.

도난을 당한 경우

경찰서로 가서 도난 신고를 한 후 폴리스 리포트Police Report 발급을 위한 서류를 작성한다. 외국인이 베트남 경찰서에서 도난 확인서를 발급받으려면 꼭 베트남어가 가능한 사람이 필요하니 호텔 직원이나 소통이 가능한 현지인에게 도움을 청하는 것이 좋다.

여행자 보험 청구 절차

보험 회사마다 약간의 차이는 있다.

① 보험금 청구서 양식 작성
② 개인정보처리 표준 동의서 작성
③ 사고 확인서, 여권 사본, 통장 사본 제출
④ 출입국 기록 증명 서류 제출
⑤ 폴리스 리포트 또는 진료 내역을 확인할 수 있는 진단서 제출

※보험 회사마다 휴대품의 보상 범위와 금액 등에 차이가 있기 때문에 가입 전에 꼼꼼히 비교하고 가입하도록 하자.

SOS 2

알고 가면 안 당한다! 가장 흔한 사기 유형과 주의사항

베트남은 사회주의 국가이고 범죄에 대한 처벌이 굉장히 강한 나라여서 폭력 범죄, 테러 발생률은 낮은 편에 속한다. 그럼에도 불구하고 여행자를 대상으로 종종 환전, 택시 등의 사기 사건이나 바가지요금, 도난 사고 등이 일어나기도 하니 사기 유형에 대해 알아 두고 여행자 스스로 조심할 필요가 있다.

환전 사기

흔하지는 않지만 종종 베트남 동을 현지에서 환전할 때 사기가 일어나기도 한다. 베트남의 화폐 단위는 한국보다 20배 높기 때문에 이에 익숙지 않은 여행자들은 혼란스러울 수밖에 없다. 환전할 때는 먼저 수수료, 커미션을 따로 요구하는지 확인하자. 커미션이나 수수료가 없는 것이 정상이니 요구를 한다면 다른 곳에서 환전하는 것이 좋다. 환전할 미국 달러 액수를 제시한 다음 정확히 얼마를 베트남 동으로 환전해 줄 것인지 계산기의 숫자를 통해 확인한 후 돈을 받는다. 처음 말한 금액과 다르게 커미션, 수수료 등을 차감하고 주는 사기가 종종 있다. 환전한 베트남 동을 받은 후에는 그 자리에서 금액이 정확하게 맞는지 두세 번 꼼꼼하게 확인하자.

운동화 수선, 구두닦이 사기

다낭 지역보다는 호찌민, 하노이와 같은 대도시에서 종종 일어나는 사기 유형이다. 거리를 걷거나 야외 카페에 앉아 있을 때 무작정 다가와서는 신발이 찢어졌다며 수선하는 척한 후 돈을 요구하는 식이다. 또는 요청하지 않았는데도 구두를 닦는 척하면서 돈을 요구하는 수법도 있다. 이런 사람들은 굉장히 끈질기게 돈을 요구하기 때문에 어쩔 수 없이 돈을 주게 되는 경우가 있다. 낯선 이가 다가와서 옷이나 신발 등을 만지며 접근하면 경계하고 정중하게 사양하면서 그 자리를 벗어나도록 하자.

현금 사기

택시 기사나 현지 상인 등이 베트남 화폐 단위에 익숙하지 않은 여행자에게 금액에 맞는 화폐를 찾아 주겠다는 명목으로 지갑에서 직접 돈을 꺼내 가는 식으로 사기를 치는 경우가 있다. 순식간에 돈을 낚아채듯이 빼 가는데 실제 금액보다 '0'이 하나 더 붙은 지폐나 더 많은 금액을 가져가는 일이 종종 일어나니 어떤 경우에도 현금은 본인이 정확하게 세어 지불하자.

택시 사기

종종 택시 기사가 목적지까지 돌아서 가거나 터무니없이 높은 요금을 요구하는 경우가 있다. 가능하면 믿을 만한 택시 회사인 비나선과 마일린 택시를 이용하는 것이 안전하다. 거리에 멈춰서 호객을 하는 택시보다는 지나가는 택시를 잡도록 한다. 미터기 요금보다 더 많은 금액을 요구할 경우 호텔에 도착한 상황이면 호텔 직원에게 중재를 요청할 수 있다. 하지만 소액이라면 차라리 포기하고 주는 것이 신변에 안전하다.

그랩 기사 사칭 사기

주로 공항이나 롯데마트 앞 등 그랩 기사들이 진을 치며 기다리는 곳에서 종종 일어난다. 휴대폰을 흔들며 자신이 요청한 그랩 기사라고 하는 이들이 많은데 거짓말인 경우가 대부분이다. 무조건 다가오는 기사의 차량을 타지 말고 그랩 앱 속의 차량 번호와 기사의 얼굴이 맞는지 확인한 후 탑승하자. 내가 부른 그랩이 아니라 다른 차량에 탈 경우 그랩에 표시되는 요금과 다르게 높은 요금을 부르며 위압적인 행동을 하기도 하니 반드시 확인해야 한다.

SOS 3

여권을 분실 또는 훼손했을 때

다낭에서 여권을 분실한 경우 다낭이 아닌 하노이 소재 대사관 또는 호찌민 소재 총영사관을 방문해서 여권을 재발급받아야 한다. 시간과 비용이 상당히 소요되니 여권을 분실하지 않도록 각별히 주의해야 한다. 여권을 잃어버린 경우 다음과 같은 과정에 따라 여권을 재발급받을 수 있다.

여권 재발급 과정과 준비물(대사관 기준)

여권 분실 시, 다낭 출입국 관리사무소에서 여권분실 확인서(Police Report)를 발급, 그 후 호찌민 또는 하노이 이동 후 출국사증까지 받아야 한국으로 귀국할 수 있다. 여권 분실 신고서는 주다낭 대한민국 총영사관 홈페이지에서 다운로드 받을 수 있으니 먼저 다운로드 받아 작성 후 다낭 출입국 관리사무소에 방문하자. 여권 발급은 복잡한 과정이니 분실하지 않도록 최대한 주의하자.

❶ 다낭 출입국 관리사무소에 방문해 여권 분실 신고서(주다낭 대한민국 총영사관 홈페이지에서 다운로드 가능)를 제출 후 여권분실 확인서(Police Report)를 발급받는다.
❷ 발급받은 여권분실 확인서(Police Report)를 가지고 주베트남 대한민국 대사관(하노이) 또는 주호찌민 대한민국 총영사관에 방문하여 출국사증 재발급을 받는다. 근무일 기준 5~6 일 소요된다.
준비물 여권 신청서(비치), 여권용 사진 2장, 여권분실 신고서(비치), 구여권 사본(신분증 대체 가능), E-ticket 사본

- **다낭 출입국 관리 사무소**
  주소 78 Lê Lợi, Thạch Thang, Hải Châu, Đà Nẵng
  문의 0236 3860 191
- **주다낭 대한민국 총영사관**
  주소 Tang 3-4, Lo A1-2 Chuong Duong, P. Khue My, Q. Ngu Hanh Son, TP. Da Nang
  운영 09:00~11:30, 13:30~16:00
  문의 023 6356 6100, 긴급 093 112 0404
- **주베트남 대한민국 대사관(하노이)**
  주소 SQ4 Diplomatic Complex., Do Nhuan St., Xuan Dao, Bac Tu Liem, Hanoi
  문의 024 3771 0404(영사과)
- **주호찌민 대한민국 총영사관**
  주소 107 Nguyễn Du, Phường Bến Thành, Quận 1, HồChíMinh
  문의 028 3824 2593
  (여권 · 공증 등 일반 민원)

SOS 4

현금이나 가방을 도난당했을 때

자주 있는 일은 아니지만 베트남 현지에서 종종 소매치기, 강도, 도난 사건이 일어나기도 한다. 주로 사람이 많이 붐비는 테마파크와 시장, 야시장 등에서 일어나니 소지품을 도난당하지 않도록 가방이나 지갑 등의 관리에 각별히 주의하자. 만약 여행 중에 물품을 분실했다면 가장 먼저 현지 경찰서에서 잃어버린 물건에 대한 신고를 해야 한다. 해외여행자 보험에 가입한 경우 현지 경찰서로부터 폴리스 리포트Police Report를 받아야 귀국 후 보험 회사에 청구가 가능하니 꼭 챙겨 두자. 여행 경비를 분실, 도난당해서 당장 사용할 경비가 없어 난처한 경우에는 신속해외송금 지원제도를 이용하는 방법이 있다.

신속해외송금 지원제도란?

해외에서 우리나라 국민이 소지품 분실, 도난 등 예상치 못한 사고로 급히 사용할 현금이 필요한 경우 국내의 지인이 외교부 계좌로 입금하면 현지 대사관 및 총영사관에서 해외여행객에게 긴급 경비를 현지화로 전달하는 제도다. 가까운 대사관 및 총영사관에서 신청하거나 영사 콜센터 상담을 통해 가능하다.
영사 콜센터 +82 2 3210 0404

SOS 5

신용카드를 잃어버렸을 때

신용카드를 분실했을 때는 우선 해당 카드사로 전화해 분실 신고부터 하고 카드를 정지해야 피해를 최소화할 수 있다. 혹시 현지에서 본인이 아닌 타인의 부정 사용 금액이 있으면 가까운 경찰서에 가서 폴리스 리포트를 작성하는 것이 추후 보상 신청에 유리하다. 피해 금액이 있을 경우 귀국 후 카드사에 문의해 카드 보상과 관련된 내용을 확인하고 신청하면 된다. 해외 결제가 가능한 신용카드는 베트남에서 결제 시 비밀번호가 필요 없다는 점을 노려 절도 후 곧장 금은방, 전자 제품 매장 등에서 결제하기 때문에 금전적인 피해가 발생하는 사례도 종종 있다. 결제 시 앱이나 문자 등을 통해 신용카드 결제 내역을 수신할 수 있도록 출국 전에 미리 신청해 두면 타인의 이용이나 결제 금액 등을 파악해 대처할 수 있다.

주요 카드사 문의

카드 발급사	분실 신고 번호	홈페이지
신한카드	+82-2-1544-7000	www.shinhancard.com
KB국민카드	+82-2-6300-7300	card.kbcard.com
삼성카드	+82-2-2000-8100	www.samsungcard.com
현대카드	+82-2-3015-9000	www.hyundaicard.com
하나카드	+82-2-1800-1111	www.hanacard.com
롯데카드	+82-2-1588-8300	www.lottecard.co.kr
우리카드	+82-2-6958-9000	www.wooricard.com
BC카드	+82-2-950-8510	www.bccard.com
NH농협카드	+82-2-1644-4000	card.nonghyup.com
씨티카드	+82-2-2004-1004	www.citicard.co.kr

SOS 6

가벼운 복통이나 두통이 있을 때

길거리 음식이나 신선하지 않은 해산물 등을 먹고 배탈이 났을 경우 가까운 약국에 가는 것이 좋고 심할 경우 병원으로 가자. 이를 방지하려면 길거리 음식이나 음료는 먹지 않는 것이 좋다. 현지 식당에서 무료로 나오는 물이나 차도 물갈이를 할 수 있기 때문에 유료의 생수, 음료를 따로 시켜서 먹는 것이 안전하다.

다낭 시내에서 찾아가기 쉬운 약국

- **하나 약국 HaNa Pharmacy**
  한국인이 운영하는 약국이라 의사소통이 잘되고 편리하다. 카카오톡으로 증상에 대해 문의할 수 있으며 그랩을 통해 약 배달도 가능해 위급 상황에 요긴하다.
  가는 방법 빈콤 플라자에서 도보 10분
  주소 01a An Nhơn 1, An Hải Bắc, Sơn Trà, Đà Nẵng
  문의 0796 564 768, 카카오톡 ID hanapharma
  영업 월~토요일 08:00~21:00, 일요일 08:00~12:30

- **다파코 블루 파머시 Dapharco BLU Pharmacy**
  한 시장 바로 앞에 있는 약국으로 접근성이 좋고 찾아가기 쉽다. 약의 종류가 많지 않지만 기본적인 약은 갖추었고 영어로 간단한 의사소통이 가능하다.
  가는 방법 한 시장에서 도보 1분, 아이 러브 반미I love Bánh Mì 맞은편에 위치
  주소 110 Trần Phú, Hải Châu 1, Hải Châu, Đà Nẵng
  문의 0236 3588 589 **영업** 07:30~21:30

SOS 7

공항에서 짐을 잃어버렸을 때

공항에서 수하물이 분실된 경우 항공사의 책임으로 배상을 받을 수 있다. 수화물 확인표를 해당 항공사 직원에게 제시한 다음 분실 신고서를 작성한다. 수하물이 파손되었을 때에도 보상해 주는 항공사가 많으니 꼭 문의하자. 여행자 보험에 가입한 경우에도 대부분 보상을 받을 수 있으니 수하물에 관한 보험 사항을 확인하자.

SOS 8

피부가 뒤집어졌을 때(화상, 햇볕 알레르기 등)

다낭은 한국보다 무더운 날씨이고 특히 여름에는 자외선이 강해서 자외선 차단제를 수시로 발라 주는 것이 중요하다. 자외선을 막아 줄 얇은 긴팔이나 모자, 양산 등을 챙기는 것도 좋다. 또한 알로에 베라 젤을 발라 수분을 보충해 주면 도움이 된다. 화상이나 햇볕 알레르기가 발생한 경우에는 화끈거리는 증상이 없어질 때까지 흐르는 시원한 물로 열기를 식혀 준 다음 화상 연고나 화상 크림을 바른다. 증상이 심할 때는 약국에 가서 증상을 말하고 처방을 받는 것이 좋다.

SOS 9

몸이 아파서 병원에 가야 할 때

현지에서 갑작스럽게 열이 나거나 몸이 아픈 경우 증상이 심해질 때는 병원으로 가자. 현지 병원은 시설이 열악하고 소통이 어렵기 때문에 외국인이 주로 찾는 국제 병원을 이용하는 것이 좋다. 현지 병원보다 비싸지만 좋은 시설과 실력 있는 의료진이 있고 한국어, 영어 통역이 가능한 직원도 상주하고 있어 도움이 된다.

다낭의 주요 국제 병원

- **빈맥 국제 병원 Vinmec International Hospital**
  다낭의 대표적인 국제 병원으로 최신식 시설을 갖추고 있다. 영어 및 한국어 통역이 가능한 직원이 상주하고 있다.
  주소 30 Tháng 4, Hoà Cường Bắc, Cẩm Lệ, Đà Nẵng
  문의 0236 371 1111
- **패밀리 병원 Family Hospital**
  외국인 여행자가 많이 찾는 병원으로 병원 시설도 최신식이고 한국어 통역이 가능한 직원이 있어 의사소통에 큰 도움이 된다.
  주소 73 Nguyễn Hữu Thọ, Hòa Thuận Nam, Hải Châu, Đà Nẵng **문의** 1900 2250

알아 두면 유용한 베트남어				
	단어	두통 sự đau đầu	복통 đau bụng	열 nhiệt
	단어	설사 sự tiêu chảy	어지럼증 chứng hoa mắt	구토 sự ói mửa
	단어	기침 ho hen	소화제 thuốc tiêu hoá	해열제 thuốc hạ nhiệt
	단어	감기약 thuốc cảm	설사약 thuốc tiêu chảy	
	회화	가까운 병원으로 가 주세요. Cho tôi tới bệnh viện gần đây.		
	회화	아기 몸에서 열이 납니다. Đứa trẻ bị sốt.		
	회화	배가 아파요. Đau bụng quá.		
	회화	두통약 주세요. Cho mình thuốc nhức đầu đi.		
	회화	병원 진단서와 영수증이 필요합니다. Cần phải chuẩn đoán bệnh viện và hóa đơn.		

SOS 10

무더위로 인한 증상이 나타났을 때(열사병, 땀띠 등)

베트남의 더운 날씨, 특히 가장 무더운 여름철에는 열사병과 냉방병을 조심해야 한다. 베트남의 여름은 우리의 여름보다 더운 편이고 외부에서 관광하면서 오랜 시간 자외선과 무더위에 노출되면 더위를 먹을 수 있다. 건강에 유의하면서 수분 보충도 충분히 해주는 식으로 여행하자. 또한 실내로 들어오면 에어컨의 냉방이 강력해 온도 차가 심하게 나기도 하는데 이로 인한 냉방병도 조심할 필요가 있다. 더위에 지칠 때는 시원한 실내나 그늘에서 휴식을 취하면서 갈증 해소와 열을 식혀 주는 데 도움이 되는 과일이나 생수를 수시로 많이 마시자. 복장은 시원한 소재에 통풍이 잘되는 옷으로 준비하고 피부가 예민한 편이라면 얇은 긴팔 옷을 입는 것도 좋다. 증상이 심할 경우 한인이 운영하는 약국 또는 병원을 방문한다.

SOS 11

휴대폰·카메라·충전기 등이 고장 났을 때

현지에서 휴대폰이나 카메라, 충전기 등이 고장 났을 때는 가까운 전자 제품 상가로 가 보자. 대표적인 곳으로는 필롱 테크놀로지가 있다. 인기 쇼핑몰인 빈콤 플라자의 빈 프로에서도 간단한 전자 제품을 구입할 수 있다.

다낭의 전자 제품 전문 매장

- **필롱 테크놀로지Phi Long Technology**
  다낭의 대표적인 전자 상가로 현대적인 건물에 컴퓨터, 휴대폰 등 다양한 전자 제품을 다루는 매장이 입점해 있다.
  가는 방법 한 시장에서 차로 7분, 도보 25분
  주소 158 Hàm Nghi, Thạc Gián, Thanh Khê, Đà Nẵng
  문의 0236 3888 000 **영업** 07:30~21:00

SOS 12

교통사고가 났을 때

베트남은 교통 환경이 열악하고 신호 체계, 횡단보도 등의 시설이 부족한 편이라 길을 걸어다닐 때 각별히 신경을 쓰는 것이 좋다. 또 사고가 발생했을 때 신속한 사고 처리 및 응급 이송 체계도 잘 갖추어져 있지 않고 언어 소통도 어려워 무엇보다도 사고가 일어나지 않도록 조심해야 한다. 교통사고 발생 시 우선 경찰(113)과 응급 구급차(115)에 직접 연락을 하거나 주변에 도움을 청하자.

긴급 연락처

응급(구급차) 115
경찰(범죄) 113
화재 114
패밀리 병원 Family Hospital 1900 2250
빈맥 국제 병원 Vinmec International Hospital
주소 30 Tháng 4, Hoà Cường Bắc, Cẩm Lệ, Đà Nẵng
문의 0236 371 1111

한국 영사콜센터(24시간) +82 2 3210 0404
주베트남 대한민국 대사관 024 3771 0404, 긴급 090 402 6126
주호찌민 대한민국 총영사관 028 3822 5757, 긴급 093 850 0238
주다낭 대한민국 총영사관 023 6356 6100, 긴급 093 112 0404

INDEX

☑ 가고 싶은 관광 명소를 미리 체크해보세요.

다낭 호이안 물가 시세표

※대략적인 시세를 반영한 가격으로 약간의 차이는 날 수 있으나 2배 이상으로 부르는 경우는 바가지일 수 있으니 주의하자.
※과일은 시즌에 따라 가격 차이가 큰 편이니 참고하자.

교통			
다낭 시내 ~ 바나 힐	택시 또는 그랩 (흥정) : 편도 30만~35만 동, 왕복 60만~65만 동		
다낭 ~ 호이안	택시 또는 그랩 (흥정) : 편도 30만~35만 동, 왕복 60만~65만 동		
한 시장 & 현지 시장			
티셔츠	5만 동~	슬리퍼	10만 동~
원피스	6만 동~	샌달	12만 동~
얇은 스카프	3만 동~	라탄 가방	12만 동~
머플러	7만 동~	라탄 트레이	10만 동~
캐리어	20인치 36만 동~	라탄 모자	8 만동~
캐리어	26인치 45만 동~	라탄 컵받침	10만 동~ (5개 세트)
기본 아오자이	30만 동~	농	3만 동~
레이스 아오자이	40만 동~	파우치	6 만동~
망고	3만 동~ (1kg)	애플 망고	4만 동~ (1kg)
망고스틴	15만 동~ (1kg)	용과	4만 동~ (1kg)
주요 관광지			
다낭 한강 크루즈	1인 15만 동~	호이안 소원등	2만 동~ (3개)
호이안 나룻배	1~3인 15만 동, 4~5인 20만 동 (정찰제/배 한 대 가격)	호이안 시클로	20만 동~ (약 15~20분)
호이안 나룻배	1~3인 15만 동, 4~5인 20만 동 (정찰제/배 한 대 가격)	호이안 코코넛 배	1인 US$4 (+입장료 코코넛 마을 3만 동)

베트남 여행회화 기초

한국어	베트남 발음	베트남어 표기	한국어	베트남 발음	베트남어 표기
안녕하세요	신짜오	Xin chào	계산할게요	띤 띠엔	tính tiền
실례(죄송)합니다	신로이	Xin lỗi	알겠습니다	또이 히에우	Tôi hiểu
감사합니다	깜언	Cám ơn	얼마입니까?	바오 니여우?	Bao nhiêu?
괜찮아요. 문제 없다	콤 싸오	không sao	이거 살게요	또이 무어 까이 나이	Tôi mua cái này
다시 만나요	헨 갑 라이	Hẹn gặp lại	너무 비싸요	막 꽈	Mắc quá
이름이 무엇입니까?	안 뗀 라 지?	Anh tên là gì?	깎아 주세요	잠쟈 디	Giảm giá đi
제 이름은 Kim이에요	또이 뗀 라 Kim	Tôi tên là Kim	이거 주세요	초 또이 까이 나이	cho tôi cái này
			천천히 말해주세요	신 노이 짬 짬	Xin nói chầm chậm
나는 한국인입니다	또이 라 응어이 한꿕	Tôi là người Hàn Quốc	화장실이 어디예요?	퐁 베 신 어 더우?	Phòng vệ sinh ở đâu?
맛있다	응온	ngon	공항이 어디입니까?	썬 바이 어 더우?	Sân bay ở đâu
예쁘다	뎁	đẹp	택시를 불러 주세요	고이 딱 씨 좁 또이	Gọi tắc xi giúp tôi

한국어	베트남 발음	베트남어 표기	한국어	베트남 발음	베트남어 표기
1	못	một	7	바이	bảy
2	하이	hai	8	땀	tám
3	바	ba	9	찐	chín
4	본	bốn	10	므으이	mười
5	남	năm	100	짬	một trăm
6	사우	sáu	1000	응안	một nghìn(ngàn)

베트남 화폐

★ 베트남 동 　 🇰🇷 한화

★ 500,000동 ➡ 🇰🇷 28,000원

★ 200,000동 ➡ 🇰🇷 11,200원

★ 100,000동 ➡ 🇰🇷 5,600원

★ 50,000동 ➡ 🇰🇷 2,800원

★ 20,000동 ➡ 🇰🇷 1,120원

★ 10,000동 ➡ 🇰🇷 560원

★ 5,000동 ➡ 🇰🇷 280원

★ 2,000동 ➡ 🇰🇷 112원

★ 1,000동 ➡ 🇰🇷 56원

★ 500동 ➡ 🇰🇷 28원

※환율은 2023년 4월 초 기준

베트남 화폐 지갑 만들기

인덱스 파일 또는 지갑, 봉투에 붙여 나만의 '동'지갑을 만들어 보세요!

Không cho rau ngò
고수 빼 주세요
콩 쪼 라우 응오

500,000동 28,000원	200,000동 11,200원	100,000동 5,600원
500,000동 28,000원	200,000동 11,200원	100,000동 5,600원

영수증

팁

$ 달러

1,000동 56원

2,000동 112원

5,000동 280원

10,000동 560원

20,000동 1,120원

50,000동 2,800원

영수증

팁

$ 달러

1,000동 56원

2,000동 112원

5,000동 280원

10,000동 560원

20,000동 1,120원

50,000동 2,800원

팔로우하라!

가이드북을 바꾸면 여행이 더 업그레이드된다

더* 가벼워지다

더 새로워지다

더 풍성해지다

2023 – 2024 NEW EDITION

팔로우 다낭·호이안·후에 박진주 지음 | 값 18,500원

팔로우 스페인·포르투갈 정꽃나래·정꽃보라 지음 | 값 22,000원

Travelike

Da Nang+Hoi An+Hue

follow

팔로우 시리즈는 여행의 새로운 시각과
즐거움을 추구하는 가이드북입니다.

팔로우 시리즈가
제안하는
다낭 여행
버킷 리스트

- 다낭 최고의 해변에서 힐링하기
- 호이안 산책하며 아날로그 감성 충전하기
- 아오자이 입고 인생 사진 찍어보기
- 맛있는 베트남 요리 직접 만들어보기
- 현지인처럼 로컬 술 문화 즐겨보기